21世纪全国高等院校自动化系列实用规划教材

现代控制理论基础

侯媛彬　嵇启春　张建军　杜京义　编著

内 容 简 介

本书是21世纪全国高等院校实用规划教材之一，并按照教育部自动化类专业本科教学大纲编写的。本书共分为7章，内容包括系统的状态空间模型、状态方程的解、系统的能控性与能观测性、动态系统的稳定性分析、极点配置与观测器设计、最优控制、自适应控制。本书在选材上，力图内容全面，重点突出，讲明基本概念和方法，尽量减少繁琐的数学推导，并给出一些结合工程应用的例题。另外配合各章内容给出了MATLAB软件的开发程序。本书附带有动画课件、各章配套的源程序、实验指导书、各个实验配套的源程序及其注释程序等内容，可在出版社相关网站上下载，本书既可作为自动化和电气自动化专业的本科教材，也适用工程硕士和非自动化专业硕士选用，还可作为有兴趣的读者自学与应用的参考。

图书在版编目(CIP)数据

现代控制理论基础/侯媛彬等编著. —北京：北京大学出版社，2006.1
(21世纪全国高等院校自动化系列实用规划教材)
ISBN 978-7-301-10512-2

Ⅰ.现… Ⅱ.侯… Ⅲ.现代控制理论—高等学校—教材 Ⅳ.0231

中国版本图书馆CIP数据核字(2006)第003443号

书　　名：现代控制理论基础
著作责任者：侯媛彬等　编著
责 任 编 辑：程志强
标 准 书 号：ISBN 978-7-301-10512-2/TP・0878
出　版　者：北京大学出版社
地　　址：北京市海淀区成府路205号　100871
网　　址：http://cbs.pku.edu.cn　http://www.pup6.com
电　　话：邮购部62752015　发行部62750672　编辑部62750667　出版部62754962
电 子 信 箱：pup_6@163.com
印　刷　者：三河市博文印刷厂
发　行　者：北京大学出版社
经　销　者：新华书店
787毫米×1092毫米　16开本　14.5印张　330千字
2006年1月第1版　2013年7月第4次印刷
定　　价：20.00元

总　　序

我们所处的时代被称为信息时代。信息科学与技术的迅速发展和广泛应用，深深地改变着人类生产、生活的各个方面。人类社会生产力发展和人们生活质量的提高越来越得益于和依赖于信息科学与技术的发展。自动化科学与技术涉及到信息的检测、分析、处理、控制和应用等各个方面，是信息科学与技术领域的重要组成部分。在我国经济建设的进程中，工业化是不可逾越的发展阶段。面对全面建设小康社会的发展目标，党和国家提出走新型工业化道路的战略决策，这是一条我国当代工业化进程的必由之路。实现新型工业化，就是要坚持走科技含量高、经济效益好、资源消耗低、环境污染少、人力资源优势得到充分发挥的可持续发展的科学发展之路。在这个过程中，自动化科学与技术起着不可替代的重要作用，高等学校的自动化学科肩负着人才培养和科学研究的光荣的历史使命。

我国高等教育中工科在校大学生数占在校大学生总数的 35%～40%，其中自动化类的学生是工科各专业中学生人数最多的专业之一。在我国高等教育已走进大众化阶段的今天，人才培养模式多样化已成为必然的趋势，其中应用型人才是我国经济建设和社会发展需求最多的一大类人才。为了促进自动化领域应用型人才培养，发挥院校之间相互合作的优势，北京大学出版社组织出版了这套“21 世纪全国高等院校自动化系列实用规划教材”。

参加这一系列教材编写的基本上都是来自地方工科院校自动化学科的专家学者，由此确定了教材的使用范围，也为“实用教材”的定位找到了落脚点。本系列教材具有如下特点：

(1) 注重实用性。地方工科院校的人才培养规格大多定位在高级应用型，对这一大类人才的培养要注重面向工程实践，培养学生理论联系实际、解决实际问题的能力。从这一教学原则出发，本系列教材注重实用性，注意引用工程中的实例，培养学生的工程意识和工程应用能力，因此将更适合地方工科院校的教学要求。

(2) 体现新颖性。更新教材内容，跟进时代，加入一些新的先进实用的知识，同时淘汰一些陈旧过时的内容。

(3) 院校间合作交流的成果。每一本教材都有几所院校的教师参加编写。北京大学出版社先后在西安市和长春市召开了编写计划会和审纲会，来自各院校的教师比较充分地交流了经验，在相互借鉴、取长补短的基础上，形成了编写大纲，确定了编写原则。因此，这一系列教材可以反映出各参编院校一些好的经验和作法。

(4) 这一系列教材几乎涵盖了自动化类专业从技术基础课到专业课的各门课程，到目前为止，列入计划的已有 30 多门，教材种类多，参与的院校多，参加编写人员多。

地方工科院校是我国高等院校中比例最大的一部分。本系列教材面向地方工科院校自动化类专业教学之用，将拥有众多的读者。教材专家编审委员会深感教材的编写质量对教学质量的重要性，在审纲会上强调了“质量第一，明确责任，统筹兼顾，严格把关”的原则，要求各位主编加强协调，认真负责，努力保证和提高教材质量。各位主编和编者也将尽职尽责，密切合作，努力使自己的作品受到读者的认可和欢迎。尽管如此，由于院校之间、编者之间的差异性，教材中还是难免会出现一些问题和不足，欢迎选用本系列教材的教师、学生提出批评和建议。

张德江

2006 年 1 月

序

现代控制理论是对古典控制理论的进一步发展，它包括线性系统理论、最优控制、现代系统辨识及自适应控制等多个分支。现代控制理论主要研究多输入多输出（MIMO）系统的建模、分析和综合。MIMO 系统是以状态空间法为理论，以状态空间模型作为描述受控对象的数学模型，主要对系统的能控性、能观测性及稳定性等品质进行分析；设计状态观测器使系统品质达到最佳；或者以泛函、变分法为理论基础，采用极值原理、动态规划对系统进行最优控制。而系统辨识、自适应控制也是现代控制理论的研究领域。从现代控制理论诞生以来，不论在理论还是应用方面一直处于十分活跃的状态，它不仅在航空航天领域取得了惊人的成就，而且工业、军事等领域都得到了广泛的应用。随着受控对象的复杂程度增加，激发了智能控制的崛起与发展。智能控制理论的主要研究对象则是更复杂的系统，特别是对具有非线性特性的过程(系统)的预测、辨识或控制，才能显示智能控制理论的优势。

侯媛彬系我们西安交通大学培养的工学博士。现为西安科技大学博士生导师、陕西省重点学科“控制理论与控制工程”学科带头人，兼任中国自动化学会教育委员会委员、陕西省自动化学会常务理事及教育委员会主任。多年来一直从事自动化方面的教学和研究工作，讲授过博士、硕士和本科各层面的专业课程 10 多门，其中主讲“自动控制原理”和“现代控制理论”均有 10 多个循环。在国内外公开发表学术论文 100 多篇，其中被 EI 和 ISTP 检索 20 多篇。出版专著、教材 8 部，承担省部级科研项目及横向项目 10 余项，获科技进步奖和教学方面的各种奖 10 多项。该教材的另三位编者西安建筑科技大学嵇启春教授、西安石油大学副教授张建军博士及西安科技大学杜京义副教授也都是在自动化专业从事教学多年，讲授现代控制理论课程多个循环的教师。

本书在选材上，力图内容全面，重点突出，讲明基本概念和方法，尽量减少繁琐的数学推导，并给出一些结合工程应用的例题。另外各章给出了结合本章内容的 MATLAB 软件的开发程序。本书的教学辅助资料包括 6 个附录，附录 1 到附录 3 为相关说明及试验指导，附录 4 为用 Authorware 和 Flash 软件制作的动画课件，附录 5 和附录 6 分别为结合现代控制理论实验及配合各章的仿真源程序，读者可从书中获得知识和程序开发的方法。

韩崇昭

2005 年 12 月

前　言

控制理论从内容上，可分为古典控制理论、现代控制理论和智能控制理论。若从时间上划分：1958 年前为古典控制理论发展时期；1958 年到 1978 年为现代控制理论发展时期；从 1978 年复杂的大系统理论问世，开始了智能控制理论的发展。古典控制理论主要讨论单输入单输出(Single Input Single Output，简称 SISO)系统的建模、分析和综合设计。智能控制理论的主要研究对象是复杂系统。现代控制理论是对古典控制理论的进一步发展，它包括线性系统理论、最优控制、现代系统辨识及自适应控制等多个分支。对现代控制理论的奠基做出重大贡献的有苏联庞特里亚金(Понтрягин)的极值原理，美国贝尔曼(Bellman)的动态规划和匈牙利卡尔曼(Kalman)的滤波、能控性与能观测性理论。现代控制理论主要研究多输入多输出(Multiply Input Multiply Output，简称 MIMO)系统的建模、分析和综合。MIMO 系统是以状态空间法为理论，以状态空间模型作为描述受控对象的数学模型，主要对系统的能控性、能观测性及稳定性等品质进行分析，必要时对系统的状态空间模型变换、状态结构分解进行分析，在此基础上，采用状态反馈对系统重构，设计状态观测器使 MIMO 多变量的系统品质达到最佳；或者以泛函、变分法为理论基础，采用极值原理、动态规划对系统进行最优控制。而系统辨识、自适应控制都又是现代控制理论的很大的研究领域。现代控制理论在其诞生的近 50 年来，不论在理论还是应用方面一直处于十分活跃的状态，它不仅在航空航天领域取得了惊人的成就，而且在冶金、石油、纺织、煤炭、医疗、企管等自然科学和社会科学领域都得到了广泛的应用。

本书是 21 世纪全国高等院校自动化系列实用规划教材之一，按照教育部自动化类专业本科教学大纲编写。教学学时为 50 学时。该教材的四位编者均是在自动化专业一线从事教学多年，讲授本课程多个循环的教师。在选材上，力图内容全面，重点突出，讲明基本概念和方法，尽量减少繁琐的数学推导，并给出了一些结合工程应用的例题。另外第 1 章到第 7 章给出了结合该章内容的 MATLAB 软件的开发程序。本书附带的教学辅助资料包括 6 个附录：附录 1 为二次型及其定号性；附录 2 为 MATLAB 软件在控制中常用指令说明；附录 3 为本课程的实验指导书；附录 4 为用 Authorware 和 Flash 软件制作的动画课件；附录 5 为结合现代控制理论实验开发的源程序及其说明；附录 6 为配合各章的仿真源程序。

全书共分为 7 章，前 5 章为线性系统理论，第 6 章为最优控制，第 7 章为自适应控制。其中第 2 章和第 3 章由西安建筑科技大学嵇启春老师编写；第 4 章的第 1 节到第 5 节和第 5 章的第 1 节到第 5 节由西安石油大学张建军老师编写；第 6 章和第 7 章由西安科技大学杜京义老师编写；第 1 章、第 4 章的第 6 节、第 5 章的第 6 节和附录 1、附录 2、附录 3 和附录 5 内容由西安科技大学侯媛彬老师编写；附录 4 动画课件由王勇老师和侯媛彬老师制作；附录 6 由几位作者共同编写。全书由侯媛彬老师和嵇启春老师统编。本书还得到了西安科技大学、西安建筑科技大学、西安石油大学及北京大学出版社第六事业部林章波主任及李虎等老师的支持，在此一并表示感谢。

由于编者的能力有限，错误之处在所难免，欢迎读者批评指正并提出宝贵意见。

编著者
2005 年 10 月

目　　录

第 1 章　状态空间模型

对多输入多输出(MIMO)系统的建模分析常用状态和状态空间的概念，现代控制理论就是在多变量的状态和状态空间基础上发展起来的，建立系统的状态空间模型是最首要的问题。因此本章首先介绍状态空间模型表示法，包括状态空间的概念和状态空间模型的建立；其次介绍状态空间模型的图示法；重点讨论连续系统的数学模型的转换，其中包括从状态方程求解系统的传递函数矩阵，将传递函数阵变换成能控标准型、能观标准型、对角标准型或约当标准型；然后是离散系统的传递函数阵及其转换；最后介绍基于 MATLAB 的系统数学模型转换。

1.1　状态空间模型表示法

1.1.1　状态空间法的基本概念

实际中存在输入输出关系完全不同的两类系统。一类系统是只要给定输入信息，则可立即获得输出信息，这类系统输入和输出之间关系是一个代数方程，例如各种比例放大器。另一类系统的输出信息确定，不仅要考虑系统施加的输入信息，还必须考虑系统的初始条件，这类系统输入和输出之间关系要用微分方程来描述。例如，一个直流电源 $u(t)$和电感 L 串联的电路，当接通电源时，电路的微分方程由式(1.1)给出

$$L\frac{\mathrm{d}i(t)}{\mathrm{d}t}=u(t) \tag{1.1}$$

则电路输出(电感电流) $i(t)$ 和输入电压 $u(t)$ 之间的关系可写成式(1.2)的形式，即

$$\begin{aligned} i(t) &= \frac{1}{L}\int_{t_0}^{t}u(\tau)\mathrm{d}\tau + I_0 \\ &= \frac{1}{L}\int_{t_0}^{t}u(\tau)\mathrm{d}\tau + \frac{1}{L}\int_{-\infty}^{t_0}u(\tau)\mathrm{d}\tau \\ &= \frac{1}{L}\int_{-\infty}^{t}u(\tau)\mathrm{d}\tau \end{aligned} \tag{1.2}$$

式中，I_0 为初始时刻 t_0 在电感 L 中流过的电流。由于电感是贮能元件，能把初始时刻 t_0 以前的输入信息以磁能的形式贮存在电感线圈中，因此初始电流 I_0 为在 $[-\infty,t_0]$ 时间区间的电流 $i(t)$ 积分。从而可见，对于诸如这类含有贮能元件的系统，在 t 时刻的输出信息不但依赖于 $[t_0,t]$ 时间区间内所施加给系统的输入信息，而且还依赖于初始时刻 t_0 以前的输入信息。这是一个按确定规律随时间演化的系统，并称之为动态系统。由于动态系统的理论来源于古典力学，故又称之为动力学系统。

引用一个纯动力学系统的例子，设有一个质量为 m 的质点，其运动方程由牛顿第二定律描述为式(1.3)，即

$$ma(t)=f(t) \tag{1.3}$$

或

$$m\frac{\mathrm{d}v(t)}{\mathrm{d}t}=f(t) \tag{1.4}$$

则质点在 t 时刻的速度 $v(t)$ 和施加在质点上的力 $f(t)$ 之间的关系由式(1.5)表示为

$$v(t)=\frac{1}{m}\int_{t_0}^{t}f(\tau)\mathrm{d}\tau+v_0 \tag{1.5}$$

式中 m——质点的质量；

a——质点在 t 时刻的加速度；

v_0——在 $[-\infty,t_0]$ 时间区间内作用在质点 m 上的作用力所产生的初始速度。

比较式(1.2)和式(1.5)，上述的电感电路和该质点的动力学模型具有相同的输入输出关系，因此，能够贮存输入信息量的系统都能用微分方程来描述，则将这类能用微分方程描述的系统称之为动态系统。

所谓“动态”是指描述系统的过去、现在和将来的运动情况。上述质点在 t 时刻的位移 $y(t)$ 可由式(1.6)来描述

$$m\frac{\mathrm{d}^2y(t)}{\mathrm{d}t^2}=f(t) \tag{1.6}$$

如果令 $m=1$，位移 $y(t)$ 又可写成式(1.7)，即

$$y(t)=y(t_0)+v(t_0)+\frac{1}{2}f(t)t^2=y(t_0)+v(t_0)+\frac{1}{2}a(t)t^2 \tag{1.7}$$

从而可见，若要确定某一时刻的位移 $y(t)$，不仅要给定作用力 $f(t)$，还必须了解质点的初始位置 $y(t_0)$ 和初始速度 $v(t_0)$。也就是说，该质点每一时刻的状态，除了给定作用力外，必须用该时刻的位置和速度这两个物理量才能完全描述。这两个物理量就是能够完全描述该系统运动状态的一组变量，这一变量可以构成一个二维空间。

下面介绍有关状态空间描述的“状态”、“状态向量”、“状态空间”几个基本术语。

状态：动态系统的状态，是指能完全描述系统时域行为的一个最小变量组。该变量组中的每一个变量被称为状态变量。所谓的完全描述，是指若给定了 t_0 时刻这组变量的初值，且给定了 $t\geqslant t_0$ 时系统的输入函数，则该系统在 $t\geqslant t_0$ 的任何时刻的行为就可以完全确定了。所谓最小的变量组，是指变量组中的每个变量都是相互独立的。

状态向量：若一个系统有 n 个状态变量，即 $x_1(t),x_2(t),\cdots,x_n(t)$，用这 n 个状态变量作为分量构成的列向量 $\boldsymbol{x}(t)$，称为该系统的状态向量，即

$$\boldsymbol{x}(t)=\begin{bmatrix}x_1(t)\\x_2(t)\\\cdots\\x_n(t)\end{bmatrix}=\begin{bmatrix}x_1(t) & x_2(t) & \cdots & x_n(t)\end{bmatrix}^{\mathrm{T}} \tag{1.8}$$

状态空间：状态向量 $\boldsymbol{x}(t)$ 的所有可能值的集合在几何学上叫状态空间。或者说由 $x_1(t)$ 轴、$x_2(t)$ 轴⋯ $x_n(t)$ 轴所组成的 n 维空间称为状态空间。

状态空间中的每一个点，对应于系统的某一特定状态。反过来，系统在任意时刻的状态都可用状态空间中的一个点来表示。显然，系统在不同时刻下的状态，可用状态空间中的一条轨迹表示。轨迹的形状，完全由系统在 t_0 时刻的初态 $x(t_0)$ 和 $t>t_0$ 时的输入函数以及系统本身的动力学特性所决定。在古典理论中所讨论的相平面就是一个特殊的二维空间。

1.1.2 状态空间模型的一般形式

在现代控制理论中，状态空间模型所能描述的系统可以是单输入单输出(SISO)的，也可以是多输入多输出(MIMO)的。状态空间表达式是一种采用状态描述系统动态行为(动态特性)的时域描述的数学模型。它包含状态方程和输出方程。状态方程是一个一阶向量微分方程，输出方程是一个代数变换方程。

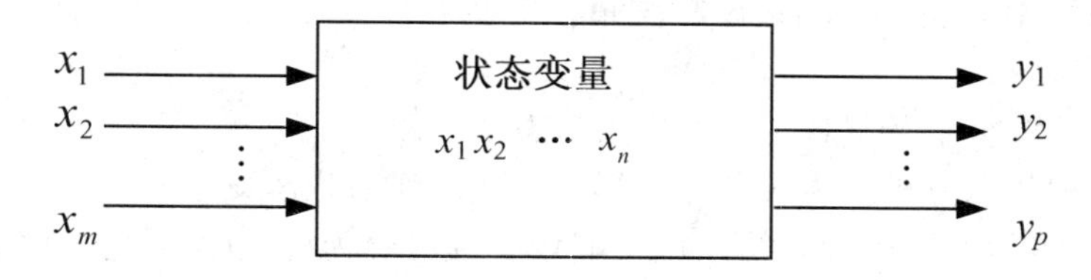

图 1.1 系统表示

设描述某一动态系统的一个状态向量 $\boldsymbol{x}(t)=[x_1 \quad x_2 \quad x_3 \quad \cdots \quad x_n]^{\mathrm{T}}$(这里 T 为矩阵的转置)，如图 1.1 所示。显然，该系统是 n 阶系统，若系统有 m 个输入 $u_1,u_2,u_3,\cdots,u_m$，有 p 个输出 $y_1,y_2,y_3,\cdots,y_p$，且分别记 $\boldsymbol{u}(t)=[u_1 \quad u_2 \quad u_3 \quad \cdots \quad u_m]^{\mathrm{T}}$ 和 $\boldsymbol{y}(t)=[y_1 \quad y_2 \quad y_3 \quad \cdots \quad y_p]^{\mathrm{T}}$，则系统的状态空间模型的一般形式为

$$\dot{\boldsymbol{x}}(t)=\boldsymbol{f}(\boldsymbol{x}(t),\boldsymbol{u}(t),t) \tag{1.9}$$

$$\boldsymbol{y}(t)=\boldsymbol{\psi}(\boldsymbol{x}(t),\boldsymbol{u}(t),t) \tag{1.10}$$

式中，$\boldsymbol{f}(\cdot)=[f_1 \quad f_2 \quad f_3 \quad \cdots \quad f_n]^{\mathrm{T}}$ 是 n 维向量函数；$\boldsymbol{\psi}(\cdot)$ 是 p 维向量函数。式(1.9)是一阶向量微分方程，也可以看作由 n 个一阶微分方程所构成的方程组，称其为系统的状态方程；式(1.10)是一个代数方程，表示系统的输出量和输入量以及状态变量之间的关系，称之为系统的输出方程，或称为观测方程。这两个方程总称为系统的状态空间表达式。

如果状态空间表达式所描述的系统是线性的，则式(1.9)和式(1.10)可以写成

$$\dot{\boldsymbol{x}}(t)=\boldsymbol{A}(t)\boldsymbol{x}(t)+\boldsymbol{B}(t)\boldsymbol{u}(t) \tag{1.11}$$

$$\boldsymbol{y}(t)=\boldsymbol{C}(t)\boldsymbol{x}(t)+\boldsymbol{D}(t)\boldsymbol{u}(t) \tag{1.12}$$

式中，$\boldsymbol{u}\in R^m,\boldsymbol{x}\in R^n,\boldsymbol{y}\in R^p$，$\boldsymbol{A}(t)$、$\boldsymbol{B}(t)$、$\boldsymbol{C}(t)$、$\boldsymbol{D}(t)$ 分别为 $n\times n$ 维状态矩阵、$n\times m$ 维输入(控制)矩阵、$p\times n$ 维输出矩阵和 $p\times m$ 维传递矩阵。其元素都是时间 t 的函数。因此，式(1.11)和式(1.12)所描述的系统是线性时变系统。如果这些矩阵的所有元素都是与 t 无关的常数，则称为时不变或线性定常系统。线性定常系统的状态空间模型由式(1.13)和式(1.14)给出，即

$$\dot{\boldsymbol{x}}(t)=\boldsymbol{A}\boldsymbol{x}(t)+\boldsymbol{B}\boldsymbol{u}(t) \tag{1.13}$$

$$\boldsymbol{y}(t)=\boldsymbol{C}\boldsymbol{x}(t)+\boldsymbol{D}\boldsymbol{u}(t) \tag{1.14}$$

在实际中，通常 $n>m$，传递矩阵 $\boldsymbol{D}$ 常为零；时间变量 $\boldsymbol{u}(t)$、$\boldsymbol{x}(t)$ 和 $\boldsymbol{y}(t)$ 可以简写成 $\boldsymbol{u}$、$\boldsymbol{x}$ 和 $\boldsymbol{y}$，因此，线性定常系统可用 $(\boldsymbol{A},\boldsymbol{B},\boldsymbol{C})$ 表示，也可简写成式(1.15)的形式，即

$$\begin{cases}\dot{\boldsymbol{x}}=\boldsymbol{A}\boldsymbol{x}+\boldsymbol{B}\boldsymbol{u}\\ \boldsymbol{y}=\boldsymbol{C}\boldsymbol{x}\end{cases} \tag{1.15}$$

如果是 SISO 线性定常系统，可以用 $(\boldsymbol{A},\boldsymbol{b},\boldsymbol{c})$ 表示，$\boldsymbol{b}$ 为 $n\times 1$ 维输入矩阵，$\boldsymbol{c}$ 为 $1\times n$ 维

输出矩阵。

1.1.3　状态空间模型的建立

要建立状态空间表达式，首要问题是选取状态变量，状态变量一定要是系统中相互独立的变量。对于同一系统，状态变量选取的不同，所建立的状态空间表达式也不同，通常选取状态变量采取以下三种途径。

(1) 选择系统中贮能元件的输出物理量作为状态变量，然后根据系统的结构用物理定律列写出状态方程。

(2) 选择系统的输出及其各阶导数作为状态变量。

(3) 选择能使状态方程成为某种标准形式的变量作为状态变量。

一般常见的实际工程控制系统，按其能量属性可分为电气(包括电网络、电机等)、机械、液压、热力学等，根据其物理定理，如基尔霍夫定律、牛顿定律、能量守恒定律等，可以建立系统的状态方程，当指定系统输出后，便可方便地写出系统的输出方程。另外，既然动态系统是一个贮存输入信息的系统，则根据系统中贮能元件及其相应的能量方程也能方便地建立起状态方程。

状态变量的选取直接影响系统状态空间表达式的形式。不同物理性质的两个系统，可能得到同维数的、形式相似的状态空间表达式；而同一系统由于选择状态变量不同，会得到完全不同形式的状态空间表达式。

这里先讨论选择系统中贮能元件的输出物理量作为状态变量的方法。为了便于理解，将常见的主要贮能元件及其能量方程列于表 1-1。

表 1-1　常见的主要贮能元件及其能量方程

序　号	贮能元件	能量方程	物理变量
1	电容 C	$Cu_C^2/2$	电容 C 的电压 u
2	电感 L	$Li^2/2$	电感 L 的电流 i
3	质量 M	$Mv^2/2$	质量 M 的位移速度 v
4	转动惯量 J	$J\omega^2/2$	旋转角速度 ω
5	弹簧 K	$ky^2/2$	位移 y

下面举例讨论系统状态方程的建立。

[例 1.1] 如图 1.2 所示的 RLC 电路，试以电压 $\boldsymbol{u}$ 为输入，以电容 C 上的电压 $\boldsymbol{u}_C$ 为输出变量，列写其状态空间表达式。

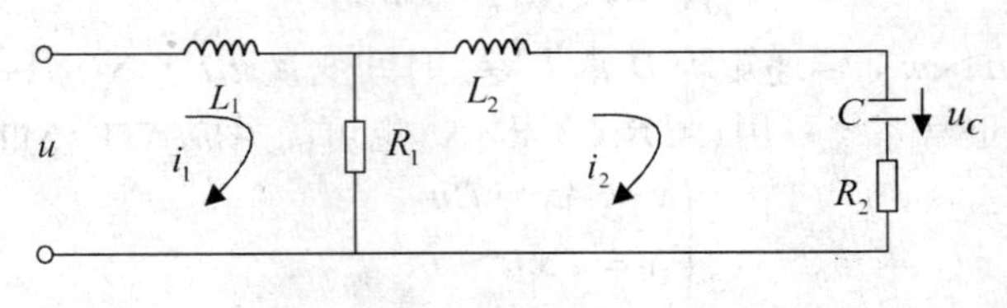

图 1.2　RLC 电路

[解] 图 1.2 所示电路的贮能元件有电感 L_1, L_2 和电容 C。根据基尔霍夫定律列写电路方程：

$$\begin{cases} L_1 \dfrac{\mathrm{d}i_1}{\mathrm{d}t} + R_1 i_1 - R_1 i_2 = u \\ L_2 \dfrac{\mathrm{d}i_2}{\mathrm{d}t} + R_1 i_2 - R_1 i_1 + R_2 i_2 + u_C = 0 \\ C \dfrac{\mathrm{d}u_C}{\mathrm{d}t} = i_2 \end{cases}$$

考虑到 i_1、i_2、u_C 这三个变量是独立的，故可确定为系统的状态变量，经整理，上式变为

$$\begin{cases} \dfrac{\mathrm{d}i_1}{\mathrm{d}t} = -\dfrac{R_1}{L_1} i_1 + \dfrac{R_1}{L_1} i_2 + \dfrac{1}{L_1} u \\ \dfrac{\mathrm{d}i_2}{\mathrm{d}t} = \dfrac{R_1}{L_2} i_1 - \dfrac{R_1 + R_2}{L_2} i_2 - \dfrac{u_C}{L_2} \\ \dfrac{\mathrm{d}u_C}{\mathrm{d}t} = \dfrac{1}{C} i_2 \end{cases}$$

现在令状态 $x_1 = i_1$、$x_2 = i_2$、$x_3 = u_C$，将上式写成矩阵形式即为状态方程：

$$\begin{bmatrix} \dot{x}_1 \\ \dot{x}_2 \\ \dot{x}_3 \end{bmatrix} = \begin{bmatrix} -\dfrac{R_1}{L_1} & \dfrac{R_1}{L_1} & 0 \\ \dfrac{R_1}{L_2} & -\dfrac{R_1 + R_2}{L_2} & -\dfrac{1}{L_2} \\ 0 & \dfrac{1}{C} & 0 \end{bmatrix} \begin{bmatrix} x_1 \\ x_2 \\ x_3 \end{bmatrix} + \begin{bmatrix} \dfrac{1}{L_1} \\ 0 \\ 0 \end{bmatrix} \boldsymbol{u}$$

由于前面已指出电容上的电压 u_C 为输出变量，故系统的输出方程为

$$\boldsymbol{y} = \begin{bmatrix} 0 & 0 & 1 \end{bmatrix} \begin{bmatrix} x_1 \\ x_2 \\ x_3 \end{bmatrix}$$

由此可见，该电路的系统矩阵、控制(输入)矩阵、输出矩阵分别为

$$\boldsymbol{A} = \begin{bmatrix} -\dfrac{R_1}{L_1} & \dfrac{R_1}{L_1} & 0 \\ \dfrac{R_1}{L_2} & -\dfrac{R_1 + R_2}{L_2} & -\dfrac{1}{L_2} \\ 0 & \dfrac{1}{C} & 0 \end{bmatrix}, \quad \boldsymbol{B} = \begin{bmatrix} \dfrac{1}{L_1} \\ 0 \\ 0 \end{bmatrix}, \quad \boldsymbol{C} = \begin{bmatrix} 0 & 0 & 1 \end{bmatrix}$$

显然，图 1.2 所示的 RLC 电路是一个单输入单输出(SISO)网络。此时，输入矩阵为列向量、输出矩阵为行向量。x_1、x_2、x_3 分别为电路中的 i_1、i_2、u_C，由它们确定电路的内部状态。状态方程式的一个解 $x_1(t)$、$x_2(t)$、$x_3(t)$ 就确定了电路的一个动态过程。由此可见，向量 $\boldsymbol{x} = [x_1 \quad x_2 \quad x_3]^{\mathrm{T}}$ 完全描述了该电路内部状态，故称之为该电路的状态向量，称 x_1、

x_2、x_3 为状态变量。由于状态方程是一阶微分方程组，并且该方程组的解由状态的初始值 $x_1(t_0)$、$x_2(t_0)$、$x_3(t_0)$（即 $i_1(t_0)$、$i_2(t_0)$、$u_C(t_0)$）和外部输入 $\boldsymbol{u}$ 所唯一确定。换句话说，电路的动态过程由状态的初始值和外加输入唯一确定。另外，在本例中有三个贮能元件，其中两个电感，一个电容，且这三个贮能元件相互独立，因此，该电路的状态变量的维数正好等于独立贮能元件的个数。

[例 1.2] 图 1.3(a)是一个机械阻尼运动模型，在系统中 M_1 和 M_2 是物体的质量；k_1 和 k_2 是弹簧系数，B_1 和 B_2 是粘性摩擦系数，f 是施加在系统上的外力，y_1 和 y_2 分别表示两个质量离开平衡点的位移。要求写出系统以 f 输入，以 y_1 和 y_2 为输出的状态空间表达式。

[解] 在图 1.3(a)中，弹簧 k_1、k_2、质量块 M_1 和 M_2 是贮能元件，将弹簧的伸长度即质量块的位移 y_1、y_2 和质量块的位移速度 $v_1=\dot{y}_1$、$v_2=\dot{y}_2$ 选作状态变量。由于这四个状态变量是相互独立的，因此，可以确定为能描述系统时域行为的一组最小的变量组。为了便于列写系统的运动方程式，先画出系统的隔离体分解图，如图 1.3(b)所示。根据牛顿第二定律，有

$$Ma=f-f_c$$

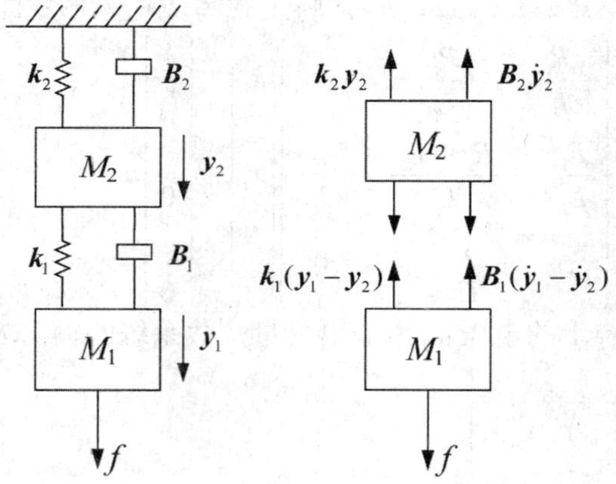

(a) 示意图 (b) 隔离体图

图 1.3 机械阻尼运动模型

式中，M 是质量，a 是加速度，f 是施加在质量块上的外力，f_C 是阻力。从图 1.3(b)可知，对于质量块 M_1 而言，弹簧 k_1 产生的阻力为 $k_1(y_1-y_2)$，粘性摩擦系数 B_1 产生的阻力为 $B_1(v_1-v_2)$；对于质量块 M_2 而言，弹簧 k_1 产生的力 $k_1(y_1-y_2)$ 为拉力，粘性摩擦系数 B_1 产生的力 $B_1(v_1-v_2)$ 也为拉力，而弹簧 k_2 产生的力 k_2y_2 是阻力，B_2 产生的力 B_2v_2 也是阻力。据此可以分别写出关于质量块 M_1 和 M_2 位移时力的平衡方程式为

$$M_1\frac{\mathrm{d}v_1}{\mathrm{d}t}=f-k_1(y_1-y_2)-B_1(v_1-v_2)$$

$$M_2\frac{\mathrm{d}v_2}{\mathrm{d}t}=k_1(y_1-y_2)+B_1(v_1-v_2)-k_2y_2-B_2v_2$$

令状态变量 $x_1=y_1$，$x_2=y_2$，$x_3=\dot{y}_1=v_1$，$x_4=\dot{y}_2=v_2$，$u=f$，经整理可得该机械

阻尼运动系统的状态方程为

$$\begin{cases}\dot{x}_1 = x_3 \\ \dot{x}_2 = x_4 \\ \dot{x}_3 = -\dfrac{k_1}{M_1}x_1 + \dfrac{k_1}{M_1}x_2 - \dfrac{B_1}{M_1}x_3 + \dfrac{B_1}{M_1}x_4 + \dfrac{f}{M_1} \\ \dot{x}_4 = \dfrac{k_1}{M_2}x_1 - \dfrac{k_1+k_2}{M_2}x_2 + \dfrac{B_1}{M_2}x_3 - \dfrac{B_1+B_2}{M_2}x_4\end{cases}$$

写成矩阵形式

$$\begin{bmatrix}\dot{x}_1 \\ \dot{x}_2 \\ \dot{x}_3 \\ \dot{x}_4\end{bmatrix} = \begin{bmatrix}0 & 0 & 1 & 0 \\ 0 & 0 & 0 & 1 \\ -\dfrac{k_1}{M_1} & \dfrac{k_1}{M_1} & -\dfrac{B_1}{M_1} & \dfrac{B_1}{M_1} \\ \dfrac{k_1}{M_2} & -\dfrac{k_1+k_2}{M_2} & \dfrac{B_1}{M_2} & -\dfrac{B_1+B_2}{M_2}\end{bmatrix}\begin{bmatrix}x_1 \\ x_2 \\ x_3 \\ x_4\end{bmatrix} + \begin{bmatrix}0 \\ 0 \\ \dfrac{1}{M_1} \\ 0\end{bmatrix}\boldsymbol{u}$$

原题已规定 y_1(即 x_1)和 y_2(即 x_2)为系统的输出，则系统的输出方程可写成

$$\begin{bmatrix}y_1 \\ y_2\end{bmatrix} = \begin{bmatrix}1 & 0 & 0 & 0 \\ 0 & 1 & 0 & 0\end{bmatrix}\begin{bmatrix}x_1 \\ x_2 \\ x_3 \\ x_4\end{bmatrix}$$

例 1.2 是一个单输入(即 m=1)、二输出(即 p=2)的含有四个状态变量(即 n=4)的系统，输入矩阵 $\boldsymbol{B}$为$n\times m = 4\times 1$维，系数矩阵 $\boldsymbol{A}$为$n\times n = 4\times 4$ 维，输出矩阵 $\boldsymbol{C}$为$p\times n = 2\times 4$ 维。但要注意，该系统的状态变量的排序并非唯一，如果选择 $x_1 = y_1$，$x_2 = \dot{y}_1 = v_1$，$x_3 = y_2$，$x_4 = \dot{y}_2 = v_2$，则系统的 $\boldsymbol{A}$、$\boldsymbol{B}$、$\boldsymbol{C}$ 矩阵的元素会发生变化，但由于系统的输入、输出和状态变量的个数(即 m=1、p=2 和 n=4)未变，因此 $\boldsymbol{A}$、$\boldsymbol{B}$、$\boldsymbol{C}$ 矩阵的维数不会变。

[例 1.3] 直流电机系统如图 1.4 所示，其中 M 为直流电动机，J 为转动惯量，R 和 L 分别为电机电枢回路的等效电阻和电感，B 为摩擦系数。若以电枢电压 u 为输入，分三步分别选择不同状态变量，并以电机角速度 ω 为输出、以转矩 T_r 为输出、以电枢电流 i 同时以旋转速度 n 为输出，建立系统的状态空间表达式。

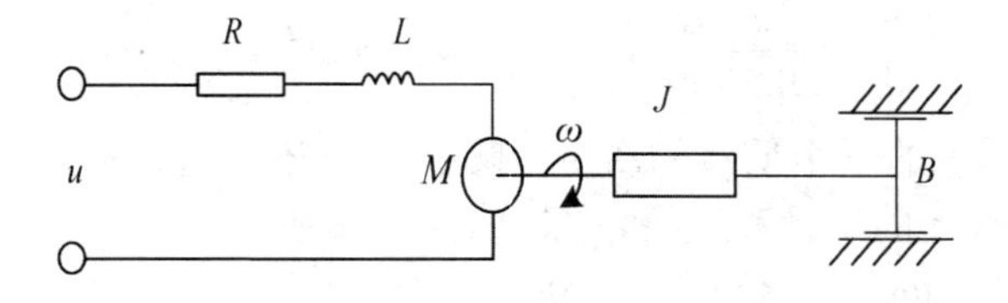

图 1.4　直流电机系统示意图

[解]　(1) 根据回路电压法列写电机电枢回路方程式、根据牛顿第二定律列写运动平衡方程式，即如下面一组微分方程式

$$\begin{cases} L\dfrac{\mathrm{d}i}{\mathrm{d}t}+Ri+\mathrm{e}=u \\ J\dfrac{\mathrm{d}\omega}{\mathrm{d}t}+B\omega=T_r \end{cases}$$

式中，反电势 $\mathrm{e}=C_e n=K_e\omega$，转矩 $T_r=C_m i$，其中，n 为电机旋转速度、ω 为角速度，C_e 和 K_e 分别是电势时间常数和其对应的常数；C_m 为转矩时间常数。选择状态变量 $x_1=i$，$x_2=\omega$，则从上式可得系统的状态方程

$$\begin{cases} \dot{x}_1=-\dfrac{R}{L}x_1-\dfrac{K_e}{L}x_2+\dfrac{1}{L}u \\ \dot{x}_2=\dfrac{C_m}{J}x_1-\dfrac{B}{J}x_2 \end{cases}$$

写成矩阵形式，再写出以角速度 ω 为输出的输出方程，从而得到系统的状态空间表达式

$$\begin{bmatrix}\dot{x}_1\\ \dot{x}_2\end{bmatrix}=\begin{bmatrix}-\dfrac{R}{L} & -\dfrac{K_e}{L}\\ \dfrac{C_m}{J} & -\dfrac{B}{J}\end{bmatrix}\begin{bmatrix}x_1\\ x_2\end{bmatrix}+\begin{bmatrix}\dfrac{1}{L}\\ 0\end{bmatrix}\boldsymbol{u},\qquad \boldsymbol{y}=\begin{bmatrix}0 & 1\end{bmatrix}\begin{bmatrix}x_1\\ x_2\end{bmatrix} \tag{1.16}$$

(2) 写出以电枢电压 u 为输入，选取转矩 T_r 和角速度 ω 为状态变量，以转矩 T_r 为输出的状态空间表达式。由于 $T_r=C_m i$，从上述解所列的一组微分方程式可得

$$\begin{cases} \dfrac{L}{C_m}\dfrac{\mathrm{d}T_r}{\mathrm{d}t}+\dfrac{R}{C_m}T_r+K_e\omega=u \\ J\dfrac{\mathrm{d}\omega}{\mathrm{d}t}+B\omega=T_r \end{cases}$$

选择状态变量 $x_1=T_r$，$x_2=\omega$，则可得到状态空间表达式

$$\begin{bmatrix}\dot{x}_1\\ \dot{x}_2\end{bmatrix}=\begin{bmatrix}-\dfrac{R}{L} & -\dfrac{K_e C_m}{L}\\ \dfrac{1}{J} & -\dfrac{B}{J}\end{bmatrix}\begin{bmatrix}x_1\\ x_2\end{bmatrix}+\begin{bmatrix}\dfrac{C_m}{L}\\ 0\end{bmatrix}\boldsymbol{u},\qquad \boldsymbol{y}=\begin{bmatrix}1 & 0\end{bmatrix}\begin{bmatrix}x_1\\ x_2\end{bmatrix} \tag{1.17}$$

(3) 列写电枢电压 u 为输入，以电流 i 和旋转速度 n 为输出的状态空间表达式。由于 $n=60\omega/2\pi=9.55\omega$，可得

$$J\frac{\mathrm{d}\omega}{\mathrm{d}t}=\frac{J}{9.55}\frac{\mathrm{d}n}{\mathrm{d}t},\qquad J=mR^2=\frac{G}{g}\left(\frac{D}{2}\right)^2$$

式中，m 为一个旋转体上的一个质点的质量，质量 m 为该质量的重量 G 和重力加速度 g 之比，R 和 D 分别为旋转体的半径和直径，综合上两式可推得

$$J\frac{\mathrm{d}\omega}{\mathrm{d}t}=\frac{G\times D^2}{9.55\times 9.8\times 4}\frac{\mathrm{d}n}{\mathrm{d}t}=\frac{GD^2}{375}\frac{\mathrm{d}n}{\mathrm{d}t}$$

从而可得到电机电枢回路电压平衡和电机运动平衡的一组微分方程式

$$\begin{cases} L\dfrac{\mathrm{d}i}{\mathrm{d}t}+Ri+C_e n=u \\ \dfrac{GD^2}{375}\dfrac{\mathrm{d}n}{\mathrm{d}t}+K_b n=C_m i \end{cases}$$

式中，摩擦系数 $K_b=B/9.55$。选择状态变量 $x_1=i$，$x_2=n$，则系统得状态空间表达式为

$$\begin{bmatrix}\dot{x}_1\\ \dot{x}_2\end{bmatrix}=\begin{bmatrix}-\dfrac{R}{L} & -\dfrac{C_e}{L}\\ \dfrac{375C_m}{GD^2} & -\dfrac{375K_b}{GD^2}\end{bmatrix}\begin{bmatrix}x_1\\ x_2\end{bmatrix}+\begin{bmatrix}\dfrac{1}{L}\\ 0\end{bmatrix}\boldsymbol{u} \qquad \boldsymbol{y}=\begin{bmatrix}1 & 0\\ 0 & 1\end{bmatrix}\begin{bmatrix}x_1\\ x_2\end{bmatrix} \tag{1.18}$$

比较式(1.16)、式(1.17)和式(1.18)，都是以电枢电压 u 为输入的同一系统，由于状态变量和输出变量选择不同，得到了三种不同的状态空间表达式。而这三种不同的状态空间表达式分别描述了系统的物理变量 u,i,ω 之间、物理变量 u,T_r,ω 之间、物理变量 u,i,n 之间的内部关系。

以上三例是结构和参数已知的系统建立状态空间表达式空间模型的方法，对结构和参数未知的系统，通常通过辨识的途径确定其数学模型，读者可参考有关辨识的书籍。

1.2　状态空间模型的图示法

在状态空间分析中，可以用状态结构图或采用模拟机的模拟结构图来表示系统各个状态变量之间的信息传递关系，如同在古典控制理论中的传递函数可以用方框图来表示一样，具有清晰、直观的特点。这里先给出状态结构图的基本元件表示符号，如图 1.5 所示。基本元件表示符号包括积分器、加法器和比例器。

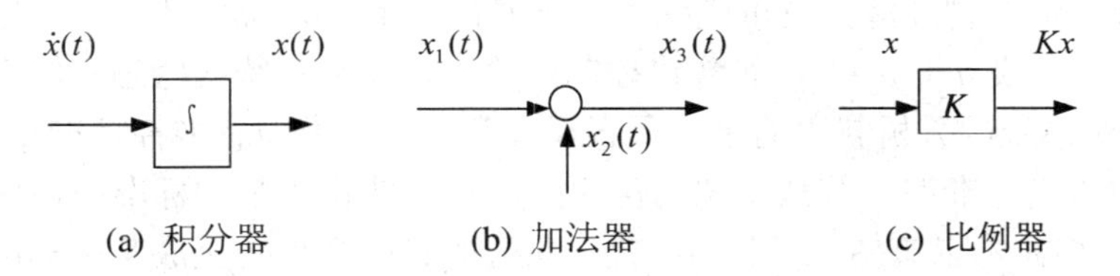

图 1.5　状态结构基本元件

系统状态空间表达式的结构图绘制方法是：先按系统状态变量的个数绘出积分器(积分器的数目应是系统状态变量的个数)，并将这些积分器放在适当的位置；每个积分器的输出表示相应的一个状态变量，应标明该状态变量的编号；然后根据所给定的状态方程和输出方程绘出加法器和比例器；最后将各个环节连接起来，便可表示该系统的状态结构图。

图 1.6 是一阶标量微分方程的一阶系统状态结构图，其状态空间表达式为

$$\dot{x}=ax+bu$$

显然，图 1.6 状态结构图表示单输入单输出(SISO)、且只有一个状态变量的一阶系统。同理，对于式(1.13)和式(1.14)所描述的多输入多输出(MIMO)、多变量的系统，对应的状态结构图如图 1.7 所示。

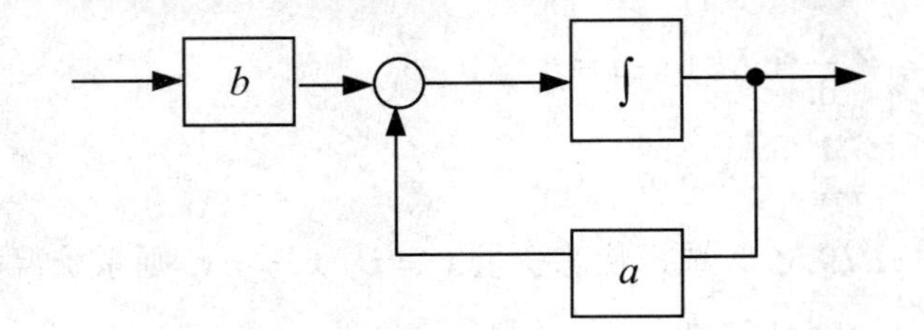

图 1.6　一阶系统状态结构图

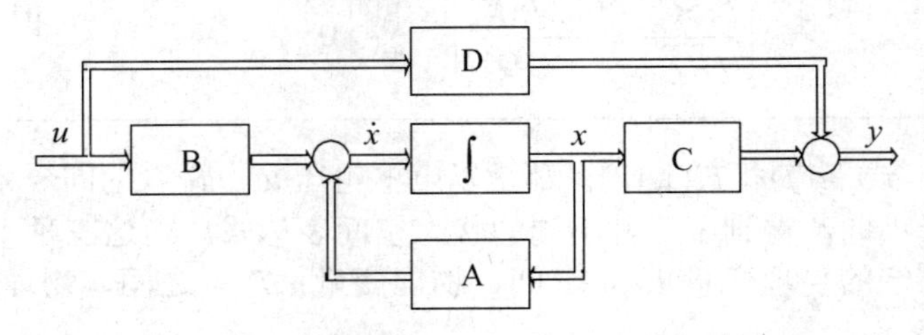

图 1.7　多输入多输出系统状态结构图

图中带箭头的双线表示向量信号的传递通道，显然，图 1.6 所示 SISO 一阶系统结构图是 MIMO 系统状态结构图 1.7 的一种特殊形式。

单输入单输出线性定常系统微分方程的标准形式为

$$\begin{aligned} &y^{(n)}+a_1y^{(n-1)}+\cdots+a_{n-1}\dot{y}+a_ny \\ &=b_0u^{(m)}+b_1u^{(m-1)}+\cdots+b_{m-1}\dot{u}+b_mu \end{aligned} \tag{1.19}$$

与式(1.19)对应的传递函数写成

$$G(s)=\frac{b_0s^m+b_1s^{m-1}+\cdots+b_{m-1}s+b_m}{s^n+a_1s^{n-1}+\cdots+a_{n-1}s+a_n} \tag{1.20}$$

考虑系统实际的物理意义及可实现性，一般情况下，$n \geqslant m$。当 $n=m$ 时，传递矩阵 $\boldsymbol{D}$ 是一个常数，这里设 $n=m+1$，在现代控制理论中，如果系统的状态空间表达是某种标准型(规范型)，对系统的分析就更简单、更直观。常见的标准型有能控标准型、能观标准型、对角标准型和约当标准型。若从系统的传递函数直接转化成某种标准型，称之为系统某种标准型的转换(将在本章第 3 节讨论)；若从系统的状态方程转化成某种标准型，要通过一个非奇异的变换矩阵进行状态空间变换完成，故称之为系统某种标准型的变换(将在第 3 章讨论)。下面先分别给出这 4 种标准型的状态空间模型及其状态结构图。

1. 能控标准型

式(1.20)的状态空间表达式的能控标准型为

$$\begin{bmatrix}\dot{x}_1\\ \dot{x}_2\\ \vdots\\ \dot{x}_{n-1}\\ \dot{x}_n\end{bmatrix}=\begin{bmatrix}0 & & & \\ \vdots & & \boldsymbol{I}_{n-1} & \\ \vdots & & & \\ \vdots & & & \\ -a_n & -a_{n-1} & \cdots & -a_1\end{bmatrix}\begin{bmatrix}x_1\\ x_2\\ \vdots\\ x_{n-1}\\ x_n\end{bmatrix}+\begin{bmatrix}0\\ 0\\ \vdots\\ 0\\ 1\end{bmatrix}\boldsymbol{u} \tag{1.21}$$

$$
y=[b_m \quad b_{m-1} \quad \cdots \quad b_1 \quad b_0]\begin{bmatrix} x_1 \\ x_2 \\ \vdots \\ x_{n-1} \\ x_n \end{bmatrix} \tag{1.22}
$$

式(1.21)中，$\boldsymbol{I}_{n-1}$为$n-1$阶单位矩阵。把这种标准型中的 $\boldsymbol{A}$ 系数阵称之为友阵。只要系统状态方程的系数阵 $\boldsymbol{A}$ 和输入阵 $\boldsymbol{b}$ 具有式(1.21)和式(1.22)的形式，$\boldsymbol{c}$ 阵的形式可以任意，则称之为能控标准型，其结构图如图 1.8 所示。

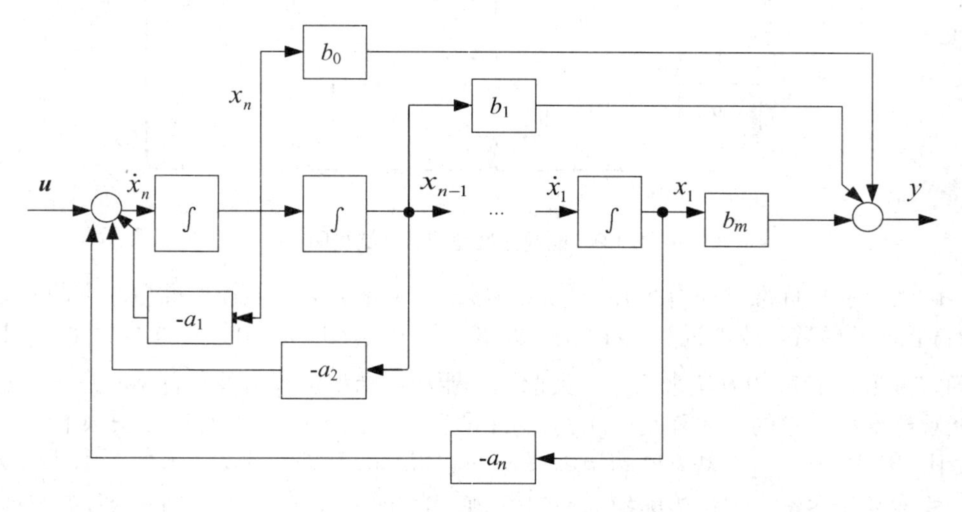

图 1.8　能控标准型的状态结构图

2. 能观标准型

式(1.20)的状态空间表达式的能观标准型为

$$
\begin{bmatrix} \dot{x}_1 \\ \dot{x}_2 \\ \vdots \\ \dot{x}_{n-1} \\ \dot{x}_n \end{bmatrix}=\begin{bmatrix} 0 & \cdots & 0 & -a_n \\ & & & -a_{n-1} \\ & \boldsymbol{I}_{n-1} & & \vdots \\ & & & -a_2 \\ & & & -a_1 \end{bmatrix}\begin{bmatrix} x_1 \\ x_2 \\ \vdots \\ x_{n-1} \\ x_n \end{bmatrix}+\begin{bmatrix} b_m \\ b_{m-1} \\ \vdots \\ b_1 \\ b_0 \end{bmatrix}\boldsymbol{u} \tag{1.23}
$$

$$
y=[0 \quad 0 \quad \cdots \quad 0 \quad 1]\begin{bmatrix} x_1 \\ x_2 \\ \vdots \\ x_{n-1} \\ x_n \end{bmatrix} \tag{1.24}
$$

式(1.23)中，$\boldsymbol{I}_{n-1}$为$n-1$阶单位矩阵。只要系统状态空间表达式的 $\boldsymbol{A}$ 阵和 $\boldsymbol{c}$ 阵具有式(1.23)和式(1.24)的形式，$\boldsymbol{b}$ 阵的形式可以任意，则称为能观标准型，结构图如图 1.9 所示。

从上述可见，能控标准型和能观标准型的系数阵 $\boldsymbol{A}$ 是互为转置，能控标准型输入阵 $\boldsymbol{b}$ 和能观标准型输出阵 $\boldsymbol{c}$ 互为转置，这种互为转置的关系被称为对偶关系。将在第 3 章进一步讨论。

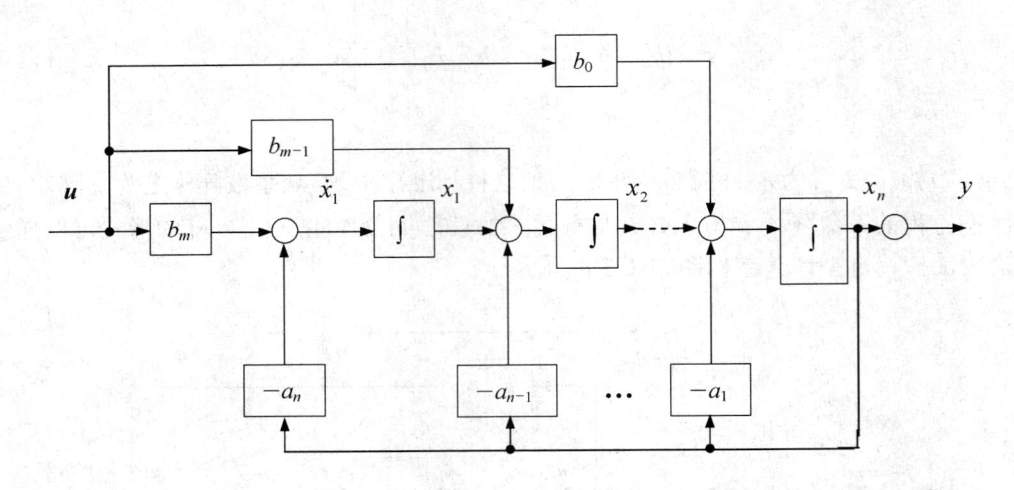

图 1.9　能观标准型的状态结构图

实际上，能控标准型还有另外一种结构形式，也称为第二能控标准型。它的系数阵是式(1.21)中 $\boldsymbol{A}$ 的转置，或者说和式(1.23)中 $\boldsymbol{A}$ 相同，其输入阵 $\boldsymbol{b}=\begin{bmatrix}1 & 0 & 0 & \cdots & 0\end{bmatrix}^{\mathrm{T}}$，其 $\boldsymbol{c}$ 阵要用确定 $\boldsymbol{A}$ 和 $\boldsymbol{b}$ 相应的方法来确定。类似地，能观标准型也有另外一种结构形式，也称为第二能观标准型，它的系数阵是式(1.23)中 $\boldsymbol{A}$ 的转置，或者说和式(1.21)中 $\boldsymbol{A}$ 相同，其输出阵 $\boldsymbol{C}=\begin{bmatrix}1 & 0 & 0 & \cdots & 0\end{bmatrix}$，其 $\boldsymbol{b}$ 阵要用确定 $\boldsymbol{A}$ 和 $\boldsymbol{c}$ 相应的方法来确定。为什么上述的状态空间表达式或其状态结构图称为能控标准型(能观标准型)？在第 3 章学习能控性(能观性)的定义及其能控性(能观性)的判别之后就会有更深入的理解。

3. 对角标准型

如果式(1.20)的特征值(极点)是互异的值，其状态空间表达式可以写成对角标准型的形式，即

$$\begin{bmatrix}\dot{x}_1\\ \dot{x}_2\\ \vdots\\ \dot{x}_n\end{bmatrix}=\begin{bmatrix}\lambda_1 & & & 0\\ & \lambda_2 & & \\ & & \ddots & \\ 0 & & & \lambda_n\end{bmatrix}\begin{bmatrix}x_1\\ x_2\\ \vdots\\ x_n\end{bmatrix}+\begin{bmatrix}1\\ 1\\ \vdots\\ 1\end{bmatrix}\boldsymbol{u} \tag{1.25}$$

$$\boldsymbol{y}=\begin{bmatrix}c_1 & c_2 & \cdots & c_n\end{bmatrix}\begin{bmatrix}x_1\\ x_2\\ \vdots\\ x_n\end{bmatrix} \tag{1.26}$$

式中，$\lambda_1,\lambda_2\cdots,\lambda_n$ 为系统互异的特征值；$c_1,c_2\cdots,c_n$ 为对应特征值的待定系数，对角标准型的系数阵 $\boldsymbol{A}$ 除了主对角线上的元素为互异的特征值 $\lambda_1,\lambda_2\cdots,\lambda_n$ 外，其余元素均为零(大号的 0 表示多个元素为 0)。在这种情况，系统的状态结构图如图 1.10 所示。

如果系统的状态方程的 $\boldsymbol{A}$ 阵是对角阵，表示系统的各个变量之间是解耦的。多变量的系统解耦是复杂系统实现精确控制的关键问题。

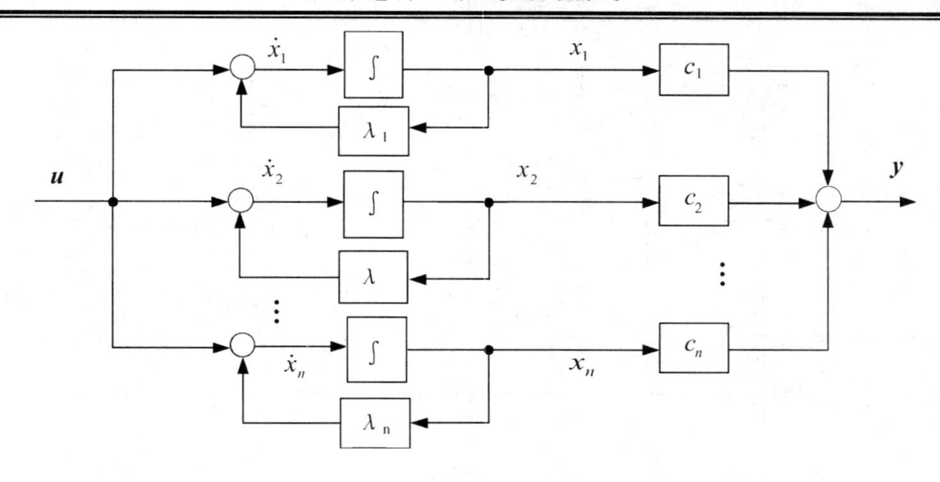

图 1.10　对角标准型的状态结构图

4. 约当标准型

当式(1.20)的特征值有重值时，为了简单、直观，假设系统只有一个重特征值，且重数为 j 次，其状态空间表达式可以写成约当标准型，即

$$\begin{bmatrix}\dot{x}_1\\ \dot{x}_2\\ \vdots\\ \dot{x}_j\\ \cdots\\ \dot{x}_{j+1}\\ \vdots\\ \dot{x}_n\end{bmatrix}=\begin{bmatrix}\lambda_1 & 1 & & 0 & \vdots & & & \\ & \lambda_1 & \ddots & & \vdots & & & \\ & 0 & \ddots & 1 & \vdots & & 0 & \\ & & & \lambda_1 & \vdots & & & \\ \cdots & \cdots & \cdots & \cdots & \vdots & \cdots & \cdots & \cdots\\ & & & & \vdots & \lambda_{j+1} & & 0\\ & 0 & & & \vdots & & \ddots & \\ & & & & \vdots & & 0 & \lambda_n\end{bmatrix}\begin{bmatrix}x_1\\ x_2\\ \vdots\\ x_j\\ \cdots\\ x_{j+1}\\ \vdots\\ x_n\end{bmatrix}+\begin{bmatrix}0\\ 0\\ \vdots\\ 1\\ \cdots\\ 1\\ \vdots\\ 1\end{bmatrix}\boldsymbol{u} \tag{1.27}$$

$$\boldsymbol{y}=[c_{11}\quad c_{12}\quad \cdots\quad c_{1j}\quad \vdots\quad c_{j+1}\quad \cdots\quad c_n]\begin{bmatrix}x_1\\ x_2\\ \vdots\\ x_j\\ \cdots\\ x_{j+1}\\ \vdots\\ x_n\end{bmatrix} \tag{1.28}$$

上述约当标准型的状态方程式(1.27)中的系数阵 $\boldsymbol{A}$ 的主对角线上有两块子阵，其中，上边的子阵是 j 次重特征值对应的约当块，下边的子阵是互异的特征值对应的子阵；输出方程式(1.28)的 $\boldsymbol{c}$ 阵中，$c_{1i}(i=1,2,\cdots,j)$ 为重特征值 λ_1 所对应的待定系数，$c_{j+1},c_{j+2},\cdots,c_n$ 为系统中互异的特征值对应的待定系数，其具体求法将在本章第 3 节举例说明。约当块所对应的状态结构图如图 1.11 所示。

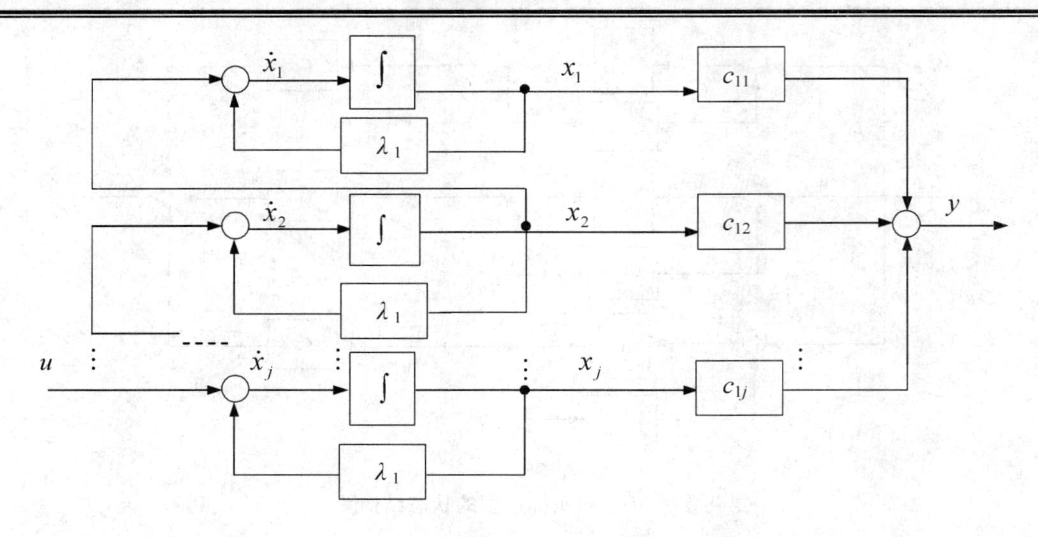

图 1.11　约当块的状态结构图

1.3　连续系统的数学模型转换

对于动态系统，高阶微分方程、传递函数、状态方程表示的数学模型实际上是对系统动态过程的三种不同的形式的描述。微分方程和传递函数是古典控制理论中描述系统的数学模型，它们对事物外部特征进行描述，只反映系统输入输出之间的关系。而现代控制理论采用的状态空间表示，可以深入反映系统内部状态之间的关系。因此，两者之间存在着内在联系，可以通过适当的方法进行相互转换。

本节首先讨论系统的状态空间表达式转换成传递函数矩阵的问题，对于 SISO 系统，传递函数阵就退化成传递函数。然后讨论将传递函数阵转换到状态空间表达式的方法。在现代控制理论中，从传递函数阵转换到状态空间模型，由于选择状态变量方法并非唯一，故同一个系统的传递函数阵可能转换成多种状态空间模型。因此，这里讨论将传递函数阵转换成能控标准型、能观标准型、对角标准型和约当标准型的方法。

1.3.1　由状态空间模型转换成传递函数阵

在工程设计中，一个系统通常要用多种方法分析。比如，把现代控制理论设计的系统用古典控制理论的方法进行分析或验证，而传递函数又是古典控制理论中主要的数学模型之一，这就提出了把状态空间模型转换成传递函数阵问题。

线性定常系统的状态空间表达式包括状态方程和输出方程，即式(1.13)和式(1.14)。可简写成式(1.29)的形式，即

$$\begin{cases}\dot{\boldsymbol{x}}=\boldsymbol{A}\boldsymbol{x}+\boldsymbol{B}\boldsymbol{u}\\ \boldsymbol{y}=\boldsymbol{C}\boldsymbol{x}+\boldsymbol{D}\boldsymbol{u}\end{cases} \tag{1.29}$$

式中，$\boldsymbol{u},\boldsymbol{x},\boldsymbol{y}$ 分别为 m 维、n 维和 p 维向量。在式(1.29)中，上式为状态方程，下式为输出方程。状态空间表达式实际上是对 MIMO 系统的时域描述，而传递函数阵则是对系统的频域描述，把时域的数学模型转换成频域的数学模型，其基本方法是在零初始条件下取拉氏

变换。因此，对式(1.29)在零初始条件下取拉氏变换，则有

$$\begin{cases} s\boldsymbol{X}(s)=\boldsymbol{AX}(s)+\boldsymbol{BU}(s) \\ \boldsymbol{Y}(s)=\boldsymbol{CX}(s)+\boldsymbol{DU}(s) \end{cases} \tag{1.30}$$

由式(1.30)状态方程的拉氏变换式，得

$$s\boldsymbol{X}(s)-\boldsymbol{AX}(s)=(s\boldsymbol{I}-\boldsymbol{A})\boldsymbol{X}(s)=+\boldsymbol{BU}(s) \tag{1.31}$$

上式两边左乘以逆矩阵$[s\boldsymbol{I}-\boldsymbol{A}]^{-1}$,有

$$\boldsymbol{X}(s)=(s\boldsymbol{I}-\boldsymbol{A})^{-1}\boldsymbol{BU}(s) \tag{1.32}$$

把式(1.32)代入式(1.30)输出方程的拉氏变换式，得

$$\boldsymbol{Y}(s)=\boldsymbol{C}(s\boldsymbol{I}-\boldsymbol{A})^{-1}\boldsymbol{BU}(s)+\boldsymbol{DU}(s)$$

按照传递函数的定义，从上式可直接写出 MIMO 系统的传递函数阵，即

$$\boldsymbol{Y}(s)=[\boldsymbol{C}(s\boldsymbol{I}-\boldsymbol{A})^{-1}\boldsymbol{B}+\boldsymbol{D}]\boldsymbol{U}(s) \tag{1.33}$$

在工程实际中，对 SISO 系统的传递函数式(1.20)，一般情况下 $n \geqslant m$，对 MIMO 系统也不例外。当 $n=m$ 时，系统的传递函数阵为式(1.33)；而当 $n>m$ 时，传递矩阵 $\boldsymbol{D}$=0，系统的传递函数阵由式(1.34)来表达，即

$$\boldsymbol{G}(s)=\boldsymbol{C}(s\boldsymbol{I}-\boldsymbol{A})^{-1}\boldsymbol{B}=\boldsymbol{C}\frac{\mathrm{adj}(s\boldsymbol{I}-\boldsymbol{A})}{\det(s\boldsymbol{I}-\boldsymbol{A})}\boldsymbol{B}=\boldsymbol{C}\frac{(s\boldsymbol{I}-\boldsymbol{A})^{*}}{|s\boldsymbol{I}-\boldsymbol{A}|}\boldsymbol{B} \tag{1.34}$$

式中，“det”为求行列式的多项式，$|s\boldsymbol{I}-\boldsymbol{A}|$ 是 $\boldsymbol{A}$ 阵的特征多项式，“adj”和上标“*”均表示伴随矩阵。

[例 1.4] 已知 SISO 系统的状态空间表达式如下所示，试求其传递函数阵。

$$\begin{bmatrix}\dot{x}_1\\ \dot{x}_2\\ \dot{x}_3\end{bmatrix}=\begin{bmatrix}0&1&0\\0&0&1\\-4&-3&-2\end{bmatrix}\begin{bmatrix}x_1\\x_2\\x_3\end{bmatrix}+\begin{bmatrix}1\\3\\-6\end{bmatrix}\boldsymbol{u}$$

$$\boldsymbol{y}=[1\quad 0\quad 0]\begin{bmatrix}x_1\\x_2\\x_3\end{bmatrix}$$

[解] 根据式(1.34)，可得

$$\boldsymbol{G}(s)=\boldsymbol{C}(s\boldsymbol{I}-\boldsymbol{A})^{-1}\boldsymbol{B}=\boldsymbol{C}\frac{(s\boldsymbol{I}-\boldsymbol{A})^{*}}{|s\boldsymbol{I}-\boldsymbol{A}|}\boldsymbol{B}$$

$$=[1\quad 0\quad 0]\frac{\begin{bmatrix}s&-1&0\\0&s&-1\\4&3&s+2\end{bmatrix}^{*}}{\begin{vmatrix}s&-1&0\\0&s&-1\\4&3&s+2\end{vmatrix}}\begin{bmatrix}1\\3\\-6\end{bmatrix}$$

$$=\frac{\left[(s^2+2s+3)\quad (s+2)\quad 1\right][1\quad 3\quad -6]^{\mathrm{T}}}{s^3+2s^2+3s+4}$$

$$=\frac{s^2+5s+3}{s^3+2s^2+3s+4}$$

[例 1.5] 已知 MIMO 系统的状态空间表达式如下所示，试求其传递函数阵。

$$\begin{bmatrix}\dot{x}_1\\ \dot{x}_2\\ \dot{x}_3\end{bmatrix}=\begin{bmatrix}0 & 1 & 0\\ 0 & 0 & 1\\ -6 & -11 & -6\end{bmatrix}\begin{bmatrix}x_1\\ x_2\\ x_3\end{bmatrix}+\begin{bmatrix}1 & 0\\ 2 & -1\\ 0 & 2\end{bmatrix}\begin{bmatrix}u_1\\ u_2\end{bmatrix}$$

$$\begin{bmatrix}y_1\\ y_2\end{bmatrix}=\begin{bmatrix}1 & -1 & 0\\ 2 & 1 & -1\end{bmatrix}\begin{bmatrix}x_1\\ x_2\\ x_3\end{bmatrix}$$

[解] 根据式(1.34)，可得

$$\boldsymbol{G}(s)=\boldsymbol{C}(s\boldsymbol{I}-\boldsymbol{A})^{-1}\boldsymbol{B}=\boldsymbol{C}\frac{(s\boldsymbol{I}-\boldsymbol{A})^{*}}{|s\boldsymbol{I}-\boldsymbol{A}|}\boldsymbol{B}=\begin{bmatrix}1 & -1 & 0\\ 2 & 1 & -1\end{bmatrix}\frac{\begin{bmatrix}s & -1 & 0\\ 0 & s & -1\\ 6 & 11 & s+6\end{bmatrix}^{*}}{\begin{vmatrix}s & -1 & 0\\ 0 & s & -1\\ 6 & 11 & s+6\end{vmatrix}}\begin{bmatrix}1 & 0\\ 2 & -1\\ 0 & 2\end{bmatrix}$$

$$\boldsymbol{G}(s)=\frac{1}{s^3+6s^2+11s-6}\begin{bmatrix}1 & -1 & 0\\ 2 & 1 & -1\end{bmatrix}\begin{bmatrix}s^2+6s+11 & s+6 & 1\\ -6 & s(s+6) & s\\ -6s & -11s-6 & s^2\end{bmatrix}\begin{bmatrix}1 & 0\\ 2 & -1\\ 0 & 2\end{bmatrix}$$

$$\boldsymbol{G}(s)=\frac{1}{s^3+6s^2+11s+6}\begin{bmatrix}s^2+6s+17 & -(s^2+5s-6) & -(s-1)\\ 2s^2+18s+16 & s^2+19s+18 & -(s^2-s-2)\end{bmatrix}\begin{bmatrix}1 & 0\\ 2 & -1\\ 0 & 2\end{bmatrix}$$

$$\boldsymbol{G}(s)=\frac{1}{s^3+6s^2+11s-6}\begin{bmatrix}-s^2-4s+29 & s^2+3s-4\\ 4s^2+56s+52 & -3s^2-17s-14\end{bmatrix}=\begin{bmatrix}g_{11} & g_{12}\\ g_{21} & g_{22}\end{bmatrix}$$

式中，该系统的传递函数矩阵包括四个元素，它们均是 s 的有理真分式，即 $g_{11},g_{12},g_{21},g_{22}$，它们代表 MIMO 系统的子系统的传递函数，如图 1.12 所示。

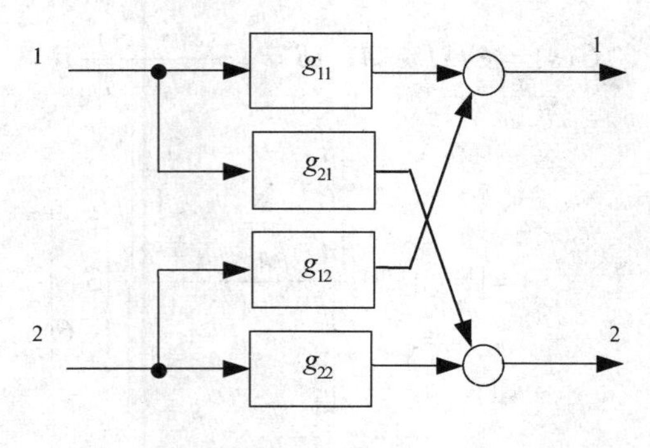

图 1.12 多输入多输出系统示意图

从而可见，该系统的传递函数矩阵具有两行两列，这是由于所给的系统是二输入二输出，即 $m=2, p=2$，所以，系统的传递函数阵 $\boldsymbol{G}(s)$ 的维数为 $p\times m$ 维，即其行数是系统输出的维数，其列数是系统输入的维数。

图中，g_{ij} 的下标中的 i 表示该系统输出向量的下标，j 表示系统输入向量的下标。比如当 $u_1=0$，以 u_2 为输入，以 y_1 为输出时子系统的传递函数为

$$g_{12}=\frac{y_1(s)}{u_2(s)}=\frac{s^2+3s-4}{s^3+6s^2+11s+6}$$

当 $u_2=0$，以 u_1 为输入，以 y_2 为输出时子系统的传递函数为

$$g_{21}=\frac{y_2(s)}{u_1(s)}=\frac{4s^2+56s+52}{s^3+6s^2+11s+6}$$

依此类推，可方便地写出子系统的传递函数 $g_{11}=y_1(s)/u_1(s)$ 和 $g_{22}=y_2(s)/u_2(s)$。

该系统的传递函数矩阵还可以写成

$$\boldsymbol{G}(s)=\frac{\begin{bmatrix}-1 & 1\\ 4 & -3\end{bmatrix}s^2+\begin{bmatrix}-4 & 3\\ 56 & -17\end{bmatrix}s+\begin{bmatrix}29 & -4\\ 52 & -14\end{bmatrix}}{s^3+6s^2+11s+6}$$

显然，MIMO 系统的这种表述形式和 SISO 系统的传递函数相类似，其区别仅在于分子多项式的系数是 $p\times m$ 矩阵，而不是标量。

1.3.2　传递函数(阵) 转换为状态空间模型

下面分别讨论系统传递函数阵到能控标准型、能观标准型、对角标准型和约当标准型的转换。

1. 能控标准型的转换

对于单输入单输出(SISO)系统，传递函数阵退化成传递函数。要把 SISO 系统的传递函数式(1.20)的形式转换成式(1.21)和式(1.22)能控标准性的状态空间模型，其中

$$\boldsymbol{A}=\begin{bmatrix}0 & & & \\ \vdots & & \boldsymbol{I}_{n-1} & \\ 0 & & & \\ -a_n & -a_{n-1} & \cdots & -a_1\end{bmatrix}\qquad \boldsymbol{b}=\begin{bmatrix}0\\0\\ \vdots\\1\end{bmatrix}\tag{1.35}$$

是能控对($\boldsymbol{A}$，$\boldsymbol{b}$)，这种形式的 $\boldsymbol{A}$ 阵称为友阵。由于系统是 SISO，输入矩阵 $\boldsymbol{B}$ 只有一列，所以可以写成 $\boldsymbol{b}$，输出矩阵 $\boldsymbol{C}$ 只有一行，因此也可以写成 $\boldsymbol{c}$；上述 $\boldsymbol{A}$ 阵是 $n\times n$ 方阵，n 是传递函数的分母阶数；$\boldsymbol{A}$ 阵的最后一行元素正好是传递函数式(1.20)分母所对应的系数 a_i，只不过均相差一个负号；$\boldsymbol{A}$ 阵的次对角线的元素均为 1，其余为零，这是 $n-1$ 阶单位矩阵 $\boldsymbol{I}_{n-1}$ 的形式；而 $\boldsymbol{b}$ 阵是一个列向量，最后一个元素为 1，其余为零。正是 $\boldsymbol{b}$ 阵中的唯一的 1 对应友阵 $\boldsymbol{A}$ 的这种能控对($\boldsymbol{A}$，$\boldsymbol{b}$)形式，才使得输入信号 u 能对系统的每一个状态进行控制，因此称其为能控标准型。

下面讨论能控标准型的转换方法。为了得到能控对(A，b)，对于传递函数式(1.20)，引入中间变量 $Z(s)$

$$G(s)=\frac{Y(s)}{U(s)}=\frac{Y(s)}{Z(s)}\cdot\frac{Z(s)}{U(s)}=\frac{b_0s^m+b_1s^{m-1}+\cdots+b_{m-1}s+b_m}{s^n+a_1s^{n-1}+\cdots+a_{n-1}s+a_n} \tag{1.36}$$

设

$$\frac{Z(s)}{U(s)}=\frac{1}{s^n+a_1s^{n-1}+\cdots+a_{n-1}s+a_n} \tag{1.37}$$

$$\frac{Y(s)}{Z(s)}=b_0s^m+b_1s^{m-1}+\cdots+b_{m-1}s+b_m \tag{1.38}$$

即

$$U(s)=(s^n+a_1s^{n-1}+\cdots+a_{n-1}s+a_n)Z(s) \tag{1.39}$$

$$Y(s)=(b_0s^m+b_1s^{m-1}+\cdots+b_{m-1}s+b_m)Z(s) \tag{1.40}$$

按下列规律选择状态变量，设 $x_1=z, x_2=\dot{z},\cdots,x_n=z^{(n-1)}$，考虑式(1.39)，于是有

$$\begin{cases}\dot{x}_1=x_2\\ \dot{x}_2=x_3\\ \quad\vdots\\ \dot{x}_n=-a_nx_1-a_{n-1}x_2-\cdots-a_1x_n+u\end{cases} \tag{1.41}$$

把式(1.41)写成矩阵形式，便可得到能控标准型的状态方程式(1.21)，换句话说，直接得到了系统能控标准型状态方程的系数阵 A 和输入阵 b，即式(1.35)的能控对。现在的问题就是设法求出满足上述关系的输出矩阵 c。

对式(1.40)取拉氏反变换，则

$$y=b_0z^{(m)}+b_1z^{(m-1)}+\cdots+b_{m-1}\dot{z}+b_mz \tag{1.42}$$

由于式(1.20)在写成能控标准型式(1.21)和式(1.22)时，设 $n=m+1$，考虑到状态变量的选取方式，则有

$$y=b_0x_n+b_1x_{n-1}+\cdots+b_{m-1}x_2+b_mx_1 \tag{1.43}$$

写成矩阵形式，便得到系统能控标准型的输出方程式(1.22)。

可见，式(1.41)和式(1.43)完全地描述了由传递函数式(1.20)所表示的系统。这一组能反映系统状态之间关系和输出变量的方程，也可以直接从能控标准型图 1-8 的结构图写出。把式(1.41)和式(1.43)写成矩阵形式，则可得系统能控标准型式(1.21)和式(1.22)。

对于系统的输入函数中不含 $\boldsymbol{u}$ 的导数的特殊情况，或者说传递函数式中不含零点时，则式(1.20)变成

$$G(s)=\frac{b_m}{s^n+a_1s^{n-1}+\cdots+a_{n-1}s+a_n} \tag{1.44}$$

能控标准型 $\boldsymbol{A}$ 阵，$\boldsymbol{b}$ 阵不变，并与式(1.35)相同，但 $\boldsymbol{c}$ 阵变成

$$\boldsymbol{c}=\begin{bmatrix}b_m & 0 & \cdots & 0\end{bmatrix} \tag{1.45}$$

在需要对实际系统进行数学模型转换时，只要把微分方程或传递函数化成式(1.19)或式(1.20)的标准形式，不必进行计算就可以方便地根据式(1.21)和式(1.22)一一对应写出状态空间模型的 $\boldsymbol{A}$、$\boldsymbol{b}$、$\boldsymbol{c}$ 矩阵的所有元素。

[例 1.6] 已知 SISO 系统的传递函数如下，试求系统的能控标准型状态空间模型。

$$\frac{Y(s)}{U(s)}=\frac{3+8s}{s^3+3s^2+2s+4}$$

[解] 先将已知传递函数化成如式(1.20)的标准形式

$$\frac{Y(s)}{U(s)}=\frac{8s+3}{s^3+3s^2+2s+4}$$

从而可得

$$a_1=3 \quad a_2=2 \quad a_3=4$$
$$b_0=0 \quad b_1=8 \quad b_2=3$$

根据式(1.21)和式(1.22)，则直接得到系统进行能控标准型的转换，即

$$\begin{bmatrix}\dot{x}_1\\ \dot{x}_2\\ \dot{x}_3\end{bmatrix}=\begin{bmatrix}0 & 1 & 0\\ 0 & 0 & 1\\ -a_3 & -a_2 & -a_1\end{bmatrix}\begin{bmatrix}x_1\\ x_2\\ x_3\end{bmatrix}+\begin{bmatrix}0\\ 0\\ 1\end{bmatrix}\boldsymbol{u}=\begin{bmatrix}0 & 1 & 0\\ 0 & 0 & 1\\ -4 & -2 & -3\end{bmatrix}\begin{bmatrix}x_1\\ x_2\\ x_3\end{bmatrix}+\begin{bmatrix}0\\ 0\\ 1\end{bmatrix}\boldsymbol{u}$$

$$\boldsymbol{y}=[b_2 \quad b_1 \quad b_0]\begin{bmatrix}x_1\\ x_2\\ x_3\end{bmatrix}=[3 \quad 8 \quad 0]\begin{bmatrix}x_1\\ x_2\\ x_3\end{bmatrix}$$

[例 1.7] 已知某系统的传递函数如下，试求系统能控标准型的状态空间模型。

$$\frac{Y(s)}{U(s)}=\frac{4s^2+10s+2}{2s^3+6s^2+8}$$

[解] 先将给定的传递函数化成如式(1.20)的标准形式，即不但传递函数的分子和分母要按 s 的降幂排列，而且分母多项式的 s 的最高次幂 s^n 的系数为 1，则有

$$\frac{Y(s)}{U(s)}=\frac{2s^2+5s+1}{s^3+3s^2+0s+4}$$

从而可得

$$a_1=3 \quad a_2=0 \quad a_3=4$$
$$b_0=2 \quad b_1=5 \quad b_2=1$$

则可写出对应式(1.21)和式(1.22)能控标准型的状态空间模型的 $\boldsymbol{A}$，$\boldsymbol{b}$，$\boldsymbol{c}$ 矩阵

$$\boldsymbol{A}=\begin{bmatrix}0 & 1 & 0\\ 0 & 0 & 1\\ -a_3 & -a_2 & -a_1\end{bmatrix}=\begin{bmatrix}0 & 1 & 0\\ 0 & 0 & 1\\ -4 & 0 & -3\end{bmatrix}, \qquad \boldsymbol{b}=\begin{bmatrix}0\\ 0\\ 1\end{bmatrix}, \quad \boldsymbol{c}=[1 \quad 5 \quad 2]$$

下面讨论多输入多输出(MIMO)线性定常系统的传递函数阵状态空间模型转换。设系统的输入 $\boldsymbol{u}$ 和输出 $\boldsymbol{y}$ 分别是 m 维和 p 维的，则传递函数阵 $\boldsymbol{G}(s)$ 是一个 $p\times m$ 的关于 s 的多项式矩阵，其元素是 s 的有理真分式。

设 $\boldsymbol{G}(s)$ 的所有元素的分母多项式的最小公倍式为 $g(s)$，即

$$g(s)=s^q+a_1s^{q-1}+\cdots+a_{q-1}s+a_q \tag{1.46}$$

式中，q 是 MIMO 系统 $\boldsymbol{G}(s)$ 中最高阶 s 的有理真分式的阶数。则可以将 $\boldsymbol{G}(s)$ 写成

$$G(s)=\frac{1}{g(s)}N(s)=\frac{1}{g(s)}N(s) \tag{1.47}$$

其中，$N(s)$ 是 $p\times m$ 多项式矩阵，它可按 s 的降幂数展开成矩阵多项式

$$N(s)=N_1 s^{q-1}+N_2 s^{q-2}+\cdots+N_{q-1}s+N_q \tag{1.48}$$

同理，可推导出 MIMO 系统传递函数阵对应的能控标准型的状态空间模型为

$$\dot{x}=\begin{bmatrix} \mathbf{0}_m & \boldsymbol{I}_m & \mathbf{0}_m & \cdots & \mathbf{0}_m \\ \vdots & & & \ddots & \mathbf{0}_m \\ \mathbf{0}_m & \cdots & & \mathbf{0}_m & \boldsymbol{I}_m \\ -a_q\boldsymbol{I}_m & -a_{q-1}\boldsymbol{I}_m & \cdots & & -a_1\boldsymbol{I}_m \end{bmatrix}x+\begin{bmatrix}\mathbf{0}_m\\ \vdots\\ \mathbf{0}_m\\ \boldsymbol{I}_m\end{bmatrix}u \tag{1.49}$$

$$y=\begin{bmatrix}N_q & N_{q-1} & \cdots & N_1\end{bmatrix}x \tag{1.50}$$

式中，$\mathbf{0}_m$ 和 $\boldsymbol{I}_m$ 分别是 m 阶零矩阵和 m 阶单位矩阵，$N_1\quad N_2\quad\cdots\quad N_q$ 是 $p\times m$ 的实数矩阵，x 是 $m\times q$ 维向量，系数阵 A 阵是 $(m\times q)\times(m\times q)$ 维方阵。

[例 1.8] 已知二输入二输出系统的传递函数阵为

$$G(s)=\begin{bmatrix}\dfrac{1}{(s+1)^2(s+2)} & \dfrac{-1}{(s+1)(s+2)}\\ 0 & \dfrac{1}{(s+1)^2}\end{bmatrix}$$

试求系统能控标准型的状态空间模型。

[解] 所给系统的传递函数阵的所有元素的分母多项式的最小公倍式为

$$g(s)=(s+1)^2(s+2)=s^3+4s^2+5s+2$$

上式与式(1.46)对比，则有 $q=3$，$a_1=4$，$a_2=5$，$a_3=2$。将传递函数阵写成

$$G(s)=\begin{bmatrix}\dfrac{1}{(s+1)^2(s+2)} & \dfrac{-(s+1)}{(s+1)^2(s+2)}\\ 0 & \dfrac{(s+2)}{(s+1)^2(s+2)}\end{bmatrix}=\frac{1}{s^3+4s^2+5s+2}\begin{bmatrix}1 & -(s+1)\\ 0 & s+2\end{bmatrix}$$

对照式(1.48)，则有

$$N(s)=\begin{bmatrix}1 & -(s+1)\\ 0 & s+2\end{bmatrix}=\begin{bmatrix}0 & 0\\ 0 & 0\end{bmatrix}s^2+\begin{bmatrix}0 & -1\\ 0 & 1\end{bmatrix}s+\begin{bmatrix}1 & -1\\ 0 & 2\end{bmatrix}=N_1 s^2+N_2 s+N_3$$

由于系统的输入维 $m=2$，则由式(1.49)和式(1.50)可直接得出能控标准型实现为

$$\dot{x}=\begin{bmatrix}\mathbf{0}_2 & \boldsymbol{I}_2 & \mathbf{0}_2\\ \mathbf{0}_2 & \mathbf{0}_2 & \boldsymbol{I}_2\\ -a_3\boldsymbol{I}_2 & -a_2\boldsymbol{I}_2 & -a_1\boldsymbol{I}_2\end{bmatrix}x+\begin{bmatrix}\mathbf{0}_2\\ \mathbf{0}_2\\ \boldsymbol{I}_2\end{bmatrix}u$$

则有

$$\begin{bmatrix}\dot{x}_1\\\dot{x}_2\\\dot{x}_3\\\dot{x}_4\\\dot{x}_5\\\dot{x}_6\end{bmatrix}=\begin{bmatrix}0&0&1&0&0&0\\0&0&0&1&0&0\\0&0&0&0&1&0\\0&0&0&0&0&1\\-2&0&-5&0&-4&0\\0&-2&0&-5&0&-4\end{bmatrix}\begin{bmatrix}x_1\\x_2\\x_3\\x_4\\x_5\\x_6\end{bmatrix}+\begin{bmatrix}0&0\\0&0\\0&0\\0&0\\1&0\\0&1\end{bmatrix}\begin{bmatrix}u_1\\u_2\end{bmatrix}$$

$$\begin{bmatrix}y_1\\y_2\end{bmatrix}=\begin{bmatrix}\boldsymbol{N}_3&\boldsymbol{N}_2&\boldsymbol{N}_1\end{bmatrix}\begin{bmatrix}x_1\\x_2\\x_3\\x_4\\x_5\\x_6\end{bmatrix}=\begin{bmatrix}1&-1&0&-1&0&0\\0&2&0&1&0&0\end{bmatrix}\begin{bmatrix}x_1\\x_2\\x_3\\x_4\\x_5\\x_6\end{bmatrix}$$

---

2. 能观标准型的转换

设 SISO 系统的传递函数如式(1.20)，若选择状态变量 $\boldsymbol{x}=\begin{bmatrix}x_1 & x_2 & \cdots & x_n\end{bmatrix}^{\mathrm{T}}$ 满足下列条件：

$$\begin{cases}x_n=y\\x_{n-1}=\dot{y}+a_1y-b_0u\\x_{n-2}=\ddot{y}+a_1\dot{y}+a_2y-b_0\dot{u}-b_1u\\\qquad\vdots\\x_2=y^{(n-2)}+a_1y^{(n-3)}+\cdots+a_{n-2}y-b_0u^{(m-2)}-b_1u^{(m-3)}-\cdots-b_{m-1}u\\x_1=y^{(n-1)}+a_1y^{(n-2)}+\cdots+a_ny-b_0u^{(m-1)}-b_1u^{(m-2)}-\cdots-b_mu\end{cases}\tag{1.51}$$

将这些方程逐个对 t 求导，并考虑式(1.19)的关系，设系统的输出 $y=x_n$，依次对式(1.51)的第一式求导，并带入第二式；对第二式求导，并带入第三式；依次类推，便得到传递函数式(1.20)对应的能观标准型的状态空间模型。即

$$\begin{cases}\dot{x}_1=-a_nx_n+b_mu\\\dot{x}_2=x_1-a_{n-1}x_n+b_{m-1}u\\\qquad\vdots\\\dot{x}_{n-1}=x_{n-2}-a_2x_n+b_1u\\\dot{x}_n=x_{n-1}-a_1x_n+b_0u\end{cases}\tag{1.52}$$

写成矩阵形式，即为 SISO 系统的能观标准型式(1.23)和式(1.24)。

从前述已知，SISO 系统的能观标准型式(1.23)和式(1.24)与能控标准型式(1.21)和式(1.22)是互为对偶的；SISO 系统的能控标准型式(1.21)和式(1.22)与 MIMO 系统的能控标准型式(1.49)和式(1.50)具有相似的形式。因此，从 SISO 系统的能观标准型式(1.23)和式(1.24)，可得到 MIMO 系统的能观标准型的状态空间模型。即

$$\dot{\boldsymbol{x}}=\begin{bmatrix}\boldsymbol{0}_p & \cdots & \boldsymbol{0}_p & -a_q\boldsymbol{I}_p\\ \boldsymbol{I}_p & \ddots & \vdots & \vdots\\ \boldsymbol{0}_p & \ddots & \boldsymbol{0}_p & -a_2\boldsymbol{I}_p\\ \boldsymbol{0}_p & \boldsymbol{0}_p & \boldsymbol{I}_p & -a_1\boldsymbol{I}_p\end{bmatrix}\boldsymbol{x}+\begin{bmatrix}\boldsymbol{N}_q\\ \boldsymbol{N}_{q-1}\\ \vdots\\ \boldsymbol{N}_1\end{bmatrix}\boldsymbol{u} \tag{1.53}$$

$$\boldsymbol{y}=\begin{bmatrix}\boldsymbol{0}_p & \cdots & \boldsymbol{0}_p & \boldsymbol{I}_p\end{bmatrix}\boldsymbol{x} \tag{1.54}$$

式中，$\boldsymbol{I}_p$、$\boldsymbol{0}_p$ 是 p 阶单位阵与 p 阶零阵；$\boldsymbol{x}$ 是 $p\times q$ 维向量，其中 q 是 MIMO 系统 $\boldsymbol{G}(s)$ 中最高阶 s 的有理真分式的阶数。系数阵 $\boldsymbol{A}$ 为 $(p\times q)\times(p\times q)$ 维矩阵。

通过以上对传递函数阵的能控标准型或能观标准型转换的讨论，对单输入系统而言，应注意如下问题。

(1) 传递函数转化成能控标准型的状态空间表达式，状态方程的结构只由传递函数阵的极点(特征)多项式确定，而与其零点多项式无关，零点多项式只影响输出方程的结构。

(2) 从能观标准型的转换可以看出，系数阵 $\boldsymbol{A}$ 的元素仅决定于传递函数极点多项式系数，而其零点多项式则确定输入阵 $\boldsymbol{B}$ 的元素。

(3) 只有当传递函数零点和极点多项式同阶时，即 $m=n$，状态空间表达式的输出方程中才出现 $\boldsymbol{Du}$ 项，否则 $\boldsymbol{D}$ 为零阵。

而 MIMO 系统的能控标准型(能观标准型)与 SISO 系统的能控标准型(能观标准型)具有相似的形式，但最大区别为 MIMO 系统能控标准型(能观标准型)的状态向量 $\boldsymbol{x}$ 为是 $m\times q$ 维 ($p\times q$ 维)，q 是 MIMO 系统 $\boldsymbol{G}(s)$ 中 s 的有理真分式的最高阶的阶数；而 SISO 系统能控标准型(能观标准型)的状态向量 $\boldsymbol{x}$ 为 n 维。

[例 1.9] 求例 1.6 和例 1.8 的能观标准型的状态空间模型。

[解] 根据式(1.23)和式(1.24)，可直接得到例 1.6 能观标准型的状态空间模型，即

$$\begin{bmatrix}\dot{x}_1\\ \dot{x}_2\\ \dot{x}_3\end{bmatrix}=\begin{bmatrix}0 & 0 & -4\\ 1 & 0 & -2\\ 0 & 1 & -3\end{bmatrix}\begin{bmatrix}x_1\\ x_2\\ x_3\end{bmatrix}+\begin{bmatrix}3\\ 8\\ 0\end{bmatrix}\boldsymbol{u}$$

$$\boldsymbol{y}=[0\quad 0\quad 1][x_1\quad x_2\quad x_3]^{\mathrm{T}}$$

根据式(1.53)和式(1.54)，可直接得到例 1.8 的能观标准型的状态空间模型，即

$$\dot{x}=\begin{bmatrix}\boldsymbol{0}_p & \boldsymbol{0}_p & -a_3\boldsymbol{I}_p\\ \boldsymbol{I}_p & \boldsymbol{0}_p & -a_2\boldsymbol{I}_p\\ \boldsymbol{0}_p & \boldsymbol{I}_p & -a_1\boldsymbol{I}_p\end{bmatrix}x+\begin{bmatrix}\boldsymbol{N}_3\\ \boldsymbol{N}_2\\ \boldsymbol{N}_1\end{bmatrix}u=\begin{bmatrix}0&0&0&0&-2&0\\ 0&0&0&0&0&-2\\ 1&0&0&0&-5&0\\ 0&1&0&0&0&-5\\ 0&0&1&0&-4&0\\ 0&0&0&1&0&-4\end{bmatrix}\begin{bmatrix}x_1\\ x_2\\ x_3\\ x_4\\ x_5\\ x_6\end{bmatrix}+\begin{bmatrix}1&-1\\ 0&2\\ \hline 0&-1\\ 0&1\\ \hline 0&0\\ 0&0\end{bmatrix}\begin{bmatrix}u_1\\ u_2\end{bmatrix}$$

$$\begin{bmatrix}y_1\\ y_2\end{bmatrix}=\begin{bmatrix}\boldsymbol{0}_p & \boldsymbol{0}_p & \boldsymbol{I}_p\end{bmatrix}x=\begin{bmatrix}0&0&0&0&1&0\\ 0&0&0&0&0&1\end{bmatrix}[x_1\quad x_2\quad x_3\quad x_4\quad x_5\quad x_6]^{\mathrm{T}}$$

上述 MIMO 系统的系统输入的维数和输出的维数相同，即 $m=p$，所以例 1.8 系统的

能控标准型模型与例 1.9 能观标准型的模型的 $\boldsymbol{A}$、$\boldsymbol{B}$、$\boldsymbol{C}$ 的维数相同。换句话说，系统的 $\boldsymbol{x}$ 向量维数相同。当 MIMO 系统输入的维数 m 和输出的维数 p 不相同时，即 $m \neq p$，则系统能控标准型与能观标准型模型的 $\boldsymbol{x}$ 向量维数也不相同，从系统的传递函数阵转换得到的能控标准型模型与能观标准型模型的 $\boldsymbol{A}$、$\boldsymbol{B}$、$\boldsymbol{C}$ 的维数大不相同。下面举例说明。

[例 1.10] 已知系统的传递函数阵如下，试分别求系统能控标准型和能观标准型的模型。

$$\boldsymbol{G}(s)=\begin{bmatrix}\dfrac{1}{s+1} & \dfrac{1}{(s+1)^2}\end{bmatrix}$$

[解] 系统传递函数阵的分母的最小公倍式为

$$g(s)=(s+1)^2=s^2+2s+1$$

从而可得 $q=2$,　$a_1=2$,　$a_2=1$

$$\boldsymbol{G}(s)=\begin{bmatrix}\dfrac{s+1}{(s+1)^2} & \dfrac{1}{(s+1)^2}\end{bmatrix}=\frac{1}{s^2+2s+1}\begin{bmatrix}s+1 & 1\end{bmatrix}$$

则

$$\boldsymbol{N}(s)=\begin{bmatrix}s+1 & 1\end{bmatrix}=\begin{bmatrix}1 & 0\end{bmatrix}s+\begin{bmatrix}1 & 1\end{bmatrix}=\boldsymbol{N}_1 s+\boldsymbol{N}_2$$

根据 MIMO 系统能控标准型式(1.49)和式(1.50)，考虑到系统的输入 $m=2$，输出 $p=1$，系统能控标准型实现的状态向量为 $m\times q=2\times 2=4$，故能控标准型模型为

$$\dot{\boldsymbol{x}}=\begin{bmatrix}\boldsymbol{0}_2 & \boldsymbol{I}_2\\ -a_2\boldsymbol{I}_2 & -a_1\boldsymbol{I}_2\end{bmatrix}x+\begin{bmatrix}\boldsymbol{0}_2\\ \boldsymbol{I}_2\end{bmatrix}\boldsymbol{u},\qquad \boldsymbol{y}=\begin{bmatrix}\boldsymbol{N}_2 & \boldsymbol{N}_1\end{bmatrix}\boldsymbol{x}$$

即

$$\begin{bmatrix}\dot{x}_1\\ \dot{x}_2\\ \dot{x}_3\\ \dot{x}_4\end{bmatrix}=\begin{bmatrix}0 & 0 & 1 & 0\\ 0 & 0 & 0 & 1\\ -1 & 0 & -2 & 0\\ 0 & -1 & 0 & -2\end{bmatrix}\begin{bmatrix}x_1\\ x_2\\ x_3\\ x_4\end{bmatrix}+\begin{bmatrix}0 & 0\\ 0 & 0\\ 1 & 0\\ 0 & 1\end{bmatrix}\begin{bmatrix}u_1\\ u_2\end{bmatrix}$$

$$\boldsymbol{y}=\begin{bmatrix}1 & 1 & 1 & 0\end{bmatrix}\begin{bmatrix}x_1 & x_2 & x_3 & x_4\end{bmatrix}^{\mathrm{T}}$$

而系统能观标准型模型的状态向量为 $p\times q=1\times 2=2$，所以能观标准型模型为

$$\dot{\boldsymbol{x}}=\begin{bmatrix}\boldsymbol{0}_p & -a_2\boldsymbol{I}_p\\ \boldsymbol{I}_p & -a_1\boldsymbol{I}_p\end{bmatrix}\boldsymbol{x}+\begin{bmatrix}\boldsymbol{N}_2\\ \boldsymbol{N}_1\end{bmatrix}\boldsymbol{u},\qquad \boldsymbol{y}=\begin{bmatrix}\boldsymbol{0}_p & \boldsymbol{I}_p\end{bmatrix}\boldsymbol{x}$$

由于 $p=1$，则上式中的 p 阶零阵 $\boldsymbol{0}_p$ 退化成 0，p 阶单位 $\boldsymbol{I}$ 阵 $\boldsymbol{I}_p$ 退化成 1。则能观标准型状态空间模型为

$$\begin{bmatrix}\dot{x}_1\\ \dot{x}_2\end{bmatrix}=\begin{bmatrix}0 & -1\\ 1 & -2\end{bmatrix}\begin{bmatrix}x_1\\ x_2\end{bmatrix}+\begin{bmatrix}1 & 1\\ 1 & 0\end{bmatrix}\begin{bmatrix}u_1\\ u_2\end{bmatrix},\quad \boldsymbol{y}=\begin{bmatrix}0 & 1\end{bmatrix}\begin{bmatrix}x_1\\ x_2\end{bmatrix}$$

从例 1.10 可见，由于系统的输入 $m=2$，输出 $p=1$，$m\neq p$，能控标准型状态向量为 $m\times q=2\times 2=4$ 维，因此其 $\boldsymbol{A},\boldsymbol{B},\boldsymbol{C}$ 分别是 $4\times 4, 4\times 2, 1\times 4$ 维；能观标准型的状态向量为 $p\times q=1\times 2=2$ 维，所以其 $\boldsymbol{A},\boldsymbol{B},\boldsymbol{C}$ 分别是 $2\times 2, 2\times 2, 1\times 2$ 维矩阵。

3. 对角标准型的转换

若 SISO 系统的传递函数式(1.20)不存在相同极点，或者说极点互异，则可求得对角标准型的模型，且状态空间模型如式(1.25)和式(1.26)所示。下面讨论这种转换方法。

当系统的极点互异时，系统传递函数分子分母写成因式相乘形式

$$G(s)=\frac{Y(s)}{U(S)}=\frac{K(s-z_1)(s-z_2)\cdots(s-z_m)}{(s-\lambda_1)(s-\lambda_2)\cdots(s-\lambda_n)} \tag{1.55}$$

式中 $z_1,z_2,\cdots,z_m$ 为系统 $G(s)$ 的零点；$\lambda_1,\lambda_2,\cdots,\lambda_n$ 为系统 $G(s)$ 的互异极点，也是对角标准型式(1.25)的系数阵 $\boldsymbol{A}$ 对角线上的元素。

将式(1.55)写成部分分式

$$G(s)=\frac{Y(s)}{U(s)}=\frac{c_1}{s-\lambda_1}+\frac{c_2}{s-\lambda_2}+\cdots+\frac{c_n}{s-\lambda_n}=\sum_{i=1}^{n}\frac{c_i}{s-\lambda_i} \tag{1.56}$$

其中 c_i，$i=1,2,\cdots,n$ 为待定系数，其值为

$$c_i=\lim_{s\to\lambda_i}G(s)(s-\lambda_i) \tag{1.57}$$

为了得到如式(1.25)和式(1.26)的对角标准型的模型，其状态变量的选择原则为

$$X_i(s)=\frac{U(s)}{s-\lambda_i},\qquad i=1,2,\cdots,n \tag{1.58}$$

即

$$sX_i(s)-\lambda_i X_i(s)=U(s) \tag{1.59}$$

对上式拉氏反变换，得

$$\dot{x}_i-\lambda_i x_i=u$$

即

$$\begin{cases}\dot{x}_1=\lambda_1 x_1+u\\ \dot{x}_2=\lambda_2 x_2+u\\ \vdots\\ \dot{x}_n=\lambda_n x_n+u\end{cases} \tag{1.60}$$

写成矩阵形式，得对角标准型实现的状态方程，同式(1.25)，即

$$\begin{bmatrix}\dot{x}_1\\ \dot{x}_2\\ \vdots\\ \dot{x}_n\end{bmatrix}=\begin{bmatrix}\lambda_1 & & & \\ & \lambda_2 & & \\ & & \ddots & \\ & & & \lambda_n\end{bmatrix}\begin{bmatrix}x_1\\ x_2\\ \vdots\\ x_n\end{bmatrix}+\begin{bmatrix}1\\ 1\\ \vdots\\ 1\end{bmatrix}\boldsymbol{u}$$

式中，系数矩阵 $\boldsymbol{A}$ 为对角阵。对角线上的元素是传递函数 $G(s)$的极点，即系统的特征值。$\boldsymbol{b}$ 阵是元素全为 1 的 $n\times 1$ 矩阵。

求对角标准型模型的输出方程中 $\boldsymbol{c}$ 的结构，由式(1.56)有

$$Y(s)=\sum_{i=1}^{n}\frac{c_i}{s-\lambda_i}U(s) \tag{1.61}$$

再由式(1.58)知

$$U(s)=(s-\lambda_i)X_i(s) \tag{1.62}$$

将式(1.62)代入式(1.61)，有

$$Y(s)=\sum_{i=1}^{n}c_i X_i(s) \tag{1.63}$$

对上式拉氏反变换，得

$$y=\sum_{i=1}^{n}c_i x_i=[c_1 \quad c_2 \quad \cdots \quad c_n][x_1 \quad x_2 \quad \cdots \quad x_n]^{\mathrm{T}} \tag{1.64}$$

上式就是对应 $\boldsymbol{A}$ 为对角标准型的输出方程，即同式(1.26)。$\boldsymbol{c}$ 阵的结构应是

$$\boldsymbol{c}=[c_1 \quad c_2 \quad \cdots \quad c_n] \tag{1.65}$$

[例 1.11] 设系统的闭环传递函数如下，试求系统对角标准型的转换

$$G(s)=\frac{Y(s)}{U(s)}=\frac{6s+8}{s^3+6s^2+11s+6}$$

[解] 将 $G(s)$ 用部分分式展开

$$G(s)=\frac{6s+8}{(s+1)(s+2)(s+3)}=\frac{c_1}{s+1}+\frac{c_2}{s+2}+\frac{c_3}{s+3}$$

从而可得 $G(s)$ 的极点 $\lambda_1=-1,\lambda_1=-2,\lambda_1=-3$ 为互异的，根据式(1.57)求待定系数 c_i

$$c_1=\lim_{s\to\lambda_1}G(s)(s-\lambda_1)=\lim_{s\to -1}\frac{6s+8}{(s+2)(s+3)}=1$$

$$c_2=\lim_{s\to\lambda_2}G(s)(s-\lambda_2)=\lim_{s\to -2}\frac{6s+8}{(s+1)(s+3)}=4$$

$$c_3=\lim_{s\to\lambda_3}G(s)(s-\lambda_3)=\lim_{s\to -3}\frac{6s+8}{(s+1)(s+2)}=-5$$

把求得的 $G(s)$ 的极点和待定系数 c_i 代入式(1.25)和式(1.26)，可得对角标准型的转换为

$$\begin{bmatrix}\dot{x}_1\\ \dot{x}_2\\ \dot{x}_3\end{bmatrix}=\begin{bmatrix}-1 & 0 & 0\\ 0 & -2 & 0\\ 0 & 0 & -3\end{bmatrix}\begin{bmatrix}x_1\\ x_2\\ x_3\end{bmatrix}+\begin{bmatrix}1\\ 1\\ 1\end{bmatrix}\boldsymbol{u}$$

$$\boldsymbol{y}=[1 \quad 4 \quad -5][x_1 \quad x_2 \quad x_3]^{\mathrm{T}}$$

---

4. 约当标准型的转换

对 SISO 系统式(1.20)，当其特征值有重时，可以得到约当标准型的状态空间模型。此时模型的系数矩阵 $\boldsymbol{A}$ 中与重特征值对应的那些子块都是与这些特征值相对应的约当块，即

$$\boldsymbol{J}_i=\begin{bmatrix}\lambda_i & 1 & & \\ & \lambda_i & \ddots & \\ & & \ddots & 1\\ & & & \lambda_i\end{bmatrix} \tag{1.66}$$

下面讨论约当标准型的转换方法。设系统的传递函数如式(1.20)，如果当系统具有一个重特征值 λ_1，其重数为 j，而其余不重(互异)的特征值为 $\lambda_{j+1},\cdots,\lambda_n$，则传递函数可以用部分分式展开成

$$G(s)=\frac{c_{11}}{(s-\lambda_1)^j}+\frac{c_{12}}{(s-\lambda_1)^{j-1}}+\cdots+\frac{c_{1i}}{(s-\lambda_1)^i}+\cdots+\frac{c_{1j}}{(s-\lambda_1)} \\ +\frac{c_{j+1}}{(s-\lambda_{j+1})}+\cdots+\frac{c_i}{(s-\lambda_i)}+\cdots+\frac{c_n}{(s-\lambda_n)} \tag{1.67}$$

式中，待定系数$c_{11},c_{12},\cdots c_{1j}$对应的是重极点的待定系数，其值为

$$c_{1i}=\frac{1}{(i-1)!}\lim_{s\to\lambda_1}\frac{\mathrm{d}^{(i-1)}}{\mathrm{d}s^{(i-1)}}[G(s)(s-\lambda_1)^j] \tag{1.68}$$

式中，其余互异的待定系数$c_i(i=j+1,j+2,\cdots,n)$仍用特征值互异时的公式(1.57)，即

$$c_i=\lim_{s\to\lambda_1}[G(s)(s-\lambda_i)$$

把求出的特征值和待定系数代入式(1.27)和式(1.28)，便可得到系统约当标准型的模型。

[例 1.12] 设系统的闭环传递函数如下，试求系统对约当标准型的状态空间模型

$$G(s)=\frac{Y(s)}{U(s)}=\frac{3(s+5)}{(s+3)^2(s+2)(s+1)}$$

[解] 从已知系统的传递函数$G(s)$可知，该系统为四阶，有一个重极点，重数为j=2，有两个互异的极点，即$\lambda_1=\lambda_2=-3,\lambda_3=-2,\lambda_4=-1$，根据式(1.67)，将$G(s)$按部分分式展开

$$G(s)=\frac{c_{11}}{(s+3)^2}+\frac{c_{12}}{(s+3)}+\frac{c_3}{s+2}+\frac{c_4}{s+1}$$

根据式(1.68)求重极点对应的待定系数c_{1i}

$$c_{11}=\frac{1}{(1-1)!}\lim_{s\to\lambda_1}\frac{\mathrm{d}^{(1-1)}}{\mathrm{d}s^{(1-1)}}[G(s)(s+3)^2]=\lim_{s\to-3}\frac{3(s+5)}{(s+2)(s+1)}=3$$

$$c_{12}=\frac{1}{(2-1)!}\lim_{s\to\lambda_1}\frac{\mathrm{d}^{(2-1)}}{\mathrm{d}s^{(2-1)}}[G(s)(s+3)^2]=\lim_{s\to-3}\frac{\mathrm{d}}{\mathrm{d}s}\left[\frac{3(s+5)}{(s+2)(s+1)}\right]$$

$$=\lim_{s\to-3}\frac{3(s^2+3s+2)-3(s+5)(2s+3)}{(s^2+3s+2)^2}=6$$

根据式(1.57)求互异极点对应得待定系数c_3,c_4。

$$c_3=\lim_{s\to\lambda_3}G(s)(s+2)=\lim_{s\to-2}\frac{3(s+5)}{(s+3)^2(s+1)}=-9$$

$$c_4=\lim_{s\to\lambda_4}G(s)(s+1)=\lim_{s\to-1}\frac{3(s+5)}{(s+3)^2(s+2)}=3$$

把求得的$G(s)$的极点和待定系数代入式(1.27)和式(1.28)，可得约当标准型的模型为

$$\begin{bmatrix}\dot{x}_1\\\dot{x}_2\\\dot{x}_3\\\dot{x}_4\end{bmatrix}=\begin{bmatrix}-3&1&0&0\\0&-3&0&0\\0&0&-2&0\\0&0&0&-1\end{bmatrix}\begin{bmatrix}x_1\\x_2\\x_3\\x_4\end{bmatrix}+\begin{bmatrix}0\\1\\1\\1\end{bmatrix}\boldsymbol{u}$$

$$\boldsymbol{y}=[3\quad 6\quad -9\quad 3][x_1\quad x_2\quad x_3\quad x_4]^{\mathrm{T}}$$

式中的虚线把系统的重极点和互异的极点所对应的状态和矩阵划分开来，其中重极点

$\lambda_1=\lambda_2=-3$ 对应的约当块为系统 $\boldsymbol{A}$ 阵主对角线上方的子矩阵，即

$$\boldsymbol{A}_j=\begin{bmatrix}-3 & 1\\ 0 & -3\end{bmatrix}$$

在工程实际中，一般的系统类似于例 1.12，既有重极点又有互异的极点。若系统含有两个以上不同的重极点，对于其他重极点所对应的约当块的求法类同于例 1.12。但也有特殊情况，可能系统的所有极点均是重极点，这种情况下问题就简单了，只要根据式(1.68)求重极点对应得待定系数 c_{1i}，便可直接按约当块的形式得到约当标准型模型。

[例 1.13] 设系统的闭环传递函数如下，试求系统的约当标准型的状态空间模型

$$G(s)=\frac{Y(s)}{U(s)}=\frac{2s^2+5s+1}{s^3-6s^2+12s-8}$$

[解] 将 $G(s)$ 用部分分式展开

$$G(s)=\frac{2s^2+5s+1}{(s-2)^3}=\frac{c_1}{(s-2)^3}+\frac{c_2}{(s-2)^2}+\frac{c_3}{s-2}$$

显然 $G(s)$ 是三阶系统且是三重极点，即 $\lambda_1=\lambda_2=\lambda_3=2$，根据式(1.68)求重极点对应得待定系数 $c_i,(i=1,2,3)$

$$c_1=\frac{1}{(1-1)!}\lim_{s\to 2}\frac{\mathrm{d}^{(1-1)}}{\mathrm{d}s^{(1-1)}}[\frac{2s^2+5s+1}{(s-2)^3}(s-2)^3]=\lim_{s\to 2}[2s^2+5s+1]=19$$

$$c_2=\frac{1}{(2-1)!}\lim_{s\to 2}\frac{\mathrm{d}^{(2-1)}}{\mathrm{d}s^{(2-1)}}[\frac{2s^2+5s+1}{(s-2)^3}(s-2)^3]=\lim_{s\to 2}[4s+5]=13$$

$$c_3=\frac{1}{(3-1)!}\lim_{s\to 2}\frac{\mathrm{d}^{(3-1)}}{\mathrm{d}s^{(3-1)}}[\frac{2s^2+5s+1}{(s-2)^3}(s-2)^3]=\frac{1}{2}\lim_{s\to 2}\frac{\mathrm{d}}{\mathrm{d}s}[4s+5]=2$$

故系统的约当标准型实现为

$$\begin{bmatrix}\dot{x}_1\\ \dot{x}_2\\ \dot{x}_3\end{bmatrix}=\begin{bmatrix}2 & 1 & 0\\ 0 & 2 & 1\\ 0 & 0 & 2\end{bmatrix}\begin{bmatrix}x_1\\ x_2\\ x_3\end{bmatrix}+\begin{bmatrix}0\\ 0\\ 1\end{bmatrix}\boldsymbol{u},\qquad \boldsymbol{y}=\begin{bmatrix}19 & 13 & 2\end{bmatrix}\begin{bmatrix}x_1\\ x_2\\ x_3\end{bmatrix}$$

1.4　离散系统的数学模型转换

离散系统的数学模型转换包括从差分方程到离散的状态空间模型的转换及离散的状态空间模型到传递函数的转换，另外为便于后一种转换，讨论线性系统的离散化方法。

1.4.1　离散系统的状态空间模型与传递函数(阵)

1. 离散系统的状态空间模型

在古典控制理论中，离散系统用差分方程描述，利用长除法从离散系统的 Z 传递函数可以求得系统的差分方程。系统差分方程和描述连续系统的微分方程有着对应的关系。事

实上，对微分方程以差商来近似微分时，微分方程就可由差分方程来近似。与连续系统相似，对 n 阶离散系统的差分方程

$$\begin{aligned} &y((k+n)T)+a_1y((k+n-1)T)+\cdots+a_{n-1}y((k+1)T)+a_ny(kT) \\ &=b_0u((k+m)T)+b_1u((k+m-1)T)+\cdots+b_{n-1}u((k+1)T)+b_mu(kT) \end{aligned} \tag{1.69}$$

若选择适当的状态变量就可将其转换成一组一阶差分方程或一阶向量差分方程，从而得到与其对应的状态空间模型。即

$$\begin{cases} \boldsymbol{x}((k+1)T)=\boldsymbol{Gx}(kT)+\boldsymbol{Hu}(kT) \\ \boldsymbol{y}(kT)=\boldsymbol{Cx}(kT)+\boldsymbol{Du}(kT) \end{cases} \tag{1.70}$$

式中，$\boldsymbol{x}\in R^n,\boldsymbol{u}\in R^m,\boldsymbol{y}\in R^p$，系数矩阵 $\boldsymbol{F}$ 为 $n\times n$ 维，输入矩阵 $\boldsymbol{G}$ 为 $n\times m$ 维，输出矩阵 $\boldsymbol{C}$ 为 $p\times n$ 维。为了书写简便，通常将式(1.69)中的采样时间 T 设为 1(但在实际工程中 T 不能随意设定)，则式(1.69)简写为式(1.71)。

$$\begin{aligned} &y(k+n)+a_1y(k+n-1)+\cdots+a_{n-1}y(k+1)+a_ny(k) \\ &=b_0u(k+m)+b_1u(k+m-1)+\cdots+b_{n-1}u(k+1)+b_mu(k) \end{aligned} \tag{1.71}$$

则对应的状态空间模型可简写成

$$\begin{cases} \boldsymbol{x}(k+1)=\boldsymbol{Gx}(k)+\boldsymbol{Hu}(k) \\ \boldsymbol{y}(kT)=\boldsymbol{Cx}(k)+\boldsymbol{Du}(k) \end{cases} \tag{1.72}$$

下面举例说明把差分方程转换为状态空间模型的方法。

[例 1.14] 已知某离散系统的差分方程为

$$y(k+3)+3y(k+2)+y(k+1)+2y(k)=u(k)$$

试求其状态空间表达式。

[解] 与连续线性定常系统的微分方程转化为状态空间模型的方法相类似，应选择所给系统的输出 y 和 y 的各阶差分为状态变量，因此，选状态变量 $x_1(k)=y(k)$，$x_2(k)=y(k+1)$，$x_3(k)=y(k+2)$，则可直接写出状态空间表达式。

$$\begin{cases} x_1(k+1)=x_2(k) \\ x_2(k+1)=x_3(k) \\ x_3(k+1)=-2x_1(k)-x_2(k)-3x_3(k)+u(k) \end{cases}$$

$$y(k)=x_1(k)$$

写成矩阵形式

$$\begin{bmatrix} x_1(k+1) \\ x_2(k+1) \\ x_3(k+1) \end{bmatrix}=\begin{bmatrix} 0 & 1 & 0 \\ 0 & 0 & 1 \\ -2 & -1 & -3 \end{bmatrix}\begin{bmatrix} x_1(k) \\ x_2(k) \\ x_3(k) \end{bmatrix}+\begin{bmatrix} 0 \\ 0 \\ 1 \end{bmatrix}\boldsymbol{u}$$

$$\boldsymbol{y}(k)=\begin{bmatrix} 1 & 0 & 0 \end{bmatrix}\begin{bmatrix} x_1(k) \\ x_2(k) \\ x_3(k) \end{bmatrix}$$

显然上例是能控标准型。若改变选择状态变量的方法，也可以将该离散系统的差分方程转换成另一种形式的状态空间表达式。

2. 离散系统的传递函数阵

与连续系统相对应，离散系统也可以用传递函数阵作为数学模型来描述，为此对状态空间模型式(1.72)的两边取 Z 变换，有

$$zX(z)-zX_0=\boldsymbol{G}X(z)+\boldsymbol{H}U(z) \tag{1.73}$$

$$Y(z)=\boldsymbol{C}X(z)+\boldsymbol{D}U(z) \tag{1.74}$$

从式(1.73)得

$$X(z)=(z\boldsymbol{I}-\boldsymbol{G})^{-1}\boldsymbol{H}U(z)+z(z\boldsymbol{I}-\boldsymbol{G})^{-1}x_0 \tag{1.75}$$

把式(1.75)代入式(1.74)，有

$$Y(z)=[\boldsymbol{C}(z\boldsymbol{I}-\boldsymbol{G})^{-1}\boldsymbol{H}+\boldsymbol{D}]U(z)+z\boldsymbol{C}(z\boldsymbol{I}\boldsymbol{G})^{-1}x_0 \tag{1.76}$$

若初值 $x_0=0$，则有

$$Y(z)=[\boldsymbol{C}(z\boldsymbol{I}-\boldsymbol{G})^{-1}\boldsymbol{H}+\boldsymbol{D}]U(z) \tag{1.77}$$

所以，离散系统的传递函数阵为

$$\boldsymbol{G}(z)=\boldsymbol{C}(z\boldsymbol{I}-\boldsymbol{G})^{-1}\boldsymbol{H}+\boldsymbol{D} \tag{1.78}$$

当式(1.71)中，系统输出 y 差分的步数 n 大于系统输入 u 差分的步数 m 时，即 $n>m$ 时，传递矩阵 $\boldsymbol{D}=0$，则式(1.78)变为式(1.79)

$$\boldsymbol{G}(z)=\boldsymbol{C}(z\boldsymbol{I}-\boldsymbol{G})^{-1}\boldsymbol{H} \tag{1.79}$$

1.4.2　线性系统的离散化

以上讨论了将差分方程转换为状态空间模型。此外对连续系统的状态空间模型离散化也可得到离散的状态空间表达式，称之为线性系统的离散化。

1. 线性定常系统状态方程的离散化

线性定常连续系统的状态方程为

$$\dot{\boldsymbol{x}}=\boldsymbol{A}\boldsymbol{x}+\boldsymbol{B}\boldsymbol{u} \tag{1.80}$$

由第 2 章可知，其基本解式为

$$\boldsymbol{x}(t)=\mathrm{e}^{\boldsymbol{A}(t-t_0)}\boldsymbol{x}(t_0)+\int_{t_0}^{t}\mathrm{e}^{\boldsymbol{A}(t-t_0)}\boldsymbol{B}\boldsymbol{u}(\tau)\mathrm{d}r \tag{1.81}$$

取 $t_0=kT,t=(k+1)T,k=0,1,2,\cdots$，式(1.81)变成

$$\boldsymbol{x}((k+1)T)=\mathrm{e}^{\boldsymbol{A}T}\boldsymbol{x}(kT)+\int_{kT}^{(k+1)T}\mathrm{e}^{\boldsymbol{A}((k+1)T-\tau)}\boldsymbol{B}\boldsymbol{u}(\tau)\mathrm{d}\tau \tag{1.82}$$

(1.82)式的 τ 在 kT 和 $(k+1)T$ 之间，且有 $\boldsymbol{u}(\tau)=\boldsymbol{u}(kT)=$ 常数。这是由于在离散化式采样器后面常放置零阶保持器，故输入 $\boldsymbol{u}(kT)$ 可以放到积分符号之外，从而有

$$\boldsymbol{x}((k+1)T)=\mathrm{e}^{\boldsymbol{A}T}\boldsymbol{x}(kT)+\int_{kT}^{(k+1)T}\mathrm{e}^{\boldsymbol{A}((k+1)T-\tau)}\mathrm{d}\tau\cdot\boldsymbol{B}\boldsymbol{u}(kT) \tag{1.83}$$

式中，令 $t=(k+1)T-\tau$，则 $\mathrm{d}t=-\mathrm{d}\tau$，而积分下限 $\tau=kT$，则 $t=(k+1)T-kT=T$。当积分上限 $\tau=(k+1)T$ 时，则 $t=(k+1)T-\tau=0$，故式(1.83)可化简为

$$\boldsymbol{x}((k+1)T)=\mathrm{e}^{\boldsymbol{A}T}\boldsymbol{x}(kT)+\int_{T}^{0}\mathrm{e}^{\boldsymbol{A}t}\mathrm{d}(-t)\cdot\boldsymbol{B}\boldsymbol{u}(kT)$$

$$=e^{AT}\boldsymbol{x}(kT)+\int_0^T e^{At}\mathrm{d}t\cdot\boldsymbol{Bu}(kT) \tag{1.84}$$

将式(1.84)与式(1.70)比较

$$\boldsymbol{G}(kT)=e^{AT}=\boldsymbol{L}^{-1}[(s\boldsymbol{I}-\boldsymbol{A})^{-1}] \tag{1.85}$$

$$\boldsymbol{H}(kT)=\int_0^T e^{At}\boldsymbol{B}\mathrm{d}t \tag{1.86}$$

[例 1.15] 已知某连续系统的状态空间表达式为

$$\begin{bmatrix}\dot{x}_1\\ \dot{x}_2\end{bmatrix}=\begin{bmatrix}0 & 1\\ 0 & -1\end{bmatrix}\begin{bmatrix}x_1\\ x_2\end{bmatrix}+\begin{bmatrix}0\\ 1\end{bmatrix}\boldsymbol{u}$$

$$\boldsymbol{y}=\begin{bmatrix}1 & 0\end{bmatrix}\begin{bmatrix}x_1\\ x_2\end{bmatrix}$$

试求其离散状态空间表达式。

[解] 根据式(1.85)可求出离散状态方程的系数阵

$$\boldsymbol{G}(kT)=e^{AT}=\boldsymbol{L}^{-1}[(s\boldsymbol{I}-\boldsymbol{A})^{-1}]=\boldsymbol{L}^{-1}\begin{bmatrix}s & -1\\ 0 & s+1\end{bmatrix}^{-1}$$

$$=\boldsymbol{L}^{-1}\begin{bmatrix}\dfrac{1}{s} & \dfrac{1}{s(s+1)}\\ 0 & \dfrac{1}{s+1}\end{bmatrix}=\begin{bmatrix}1 & 1-e^{-T}\\ 0 & e^{-T}\end{bmatrix}$$

其离散状态方程的输入阵根据式(1.86)写成

$$\boldsymbol{H}(kT)=\int_0^T e^{At}\boldsymbol{B}\mathrm{d}t=\int_0^T\begin{bmatrix}1 & 1-e^{-t}\\ 0 & e^{-t}\end{bmatrix}\begin{bmatrix}0\\ 1\end{bmatrix}\mathrm{d}t$$

$$=\int_0^T\begin{bmatrix}1-e^{-t}\\ e^{-t}\end{bmatrix}\mathrm{d}t=\begin{bmatrix}T-1+e^{-T}\\ 1-e^{-T}\end{bmatrix}$$

从而可得该系统的状态空间表达式

$$\begin{bmatrix}x_1((k+1)T)\\ x_2((k+1)T)\end{bmatrix}=\begin{bmatrix}1 & 1-e^{-T}\\ 0 & e^{-T}\end{bmatrix}\begin{bmatrix}x_1(kT)\\ x_2(kT)\end{bmatrix}+\begin{bmatrix}T-1+e^{-T}\\ 1-e^{-T}\end{bmatrix}\boldsymbol{u}(kT)$$

$$\boldsymbol{y}(kT)=\begin{bmatrix}1 & 0\end{bmatrix}\begin{bmatrix}x_1(kT)\\ x_2(kT)\end{bmatrix}$$

---

2. 线性时变系统状态方程的离散化

对线性时变连续系统的状态方程式

$$\dot{\boldsymbol{x}}(t)=\boldsymbol{A}(t)\boldsymbol{x}(t)+\boldsymbol{B}(t)\boldsymbol{u}(t) \tag{1.87}$$

可以近似为

$$\dot{\boldsymbol{x}}(kT)\approx\frac{1}{T}[\boldsymbol{x}((k+1)T)-\boldsymbol{x}(kT)] \qquad (k\leqslant T\leqslant t(k+1)T) \tag{1.88}$$

把式(1.88)代入式(1.87)，且认为在 $t\in[kT,(k+1)T]$ 的 $\boldsymbol{x}(t)$、$\boldsymbol{u}(t)$ 及 $\boldsymbol{A}(t)$、$\boldsymbol{B}(t)$ 的元素

均为 $t=kT$ 的值，则有

$$\frac{1}{T}\big[\boldsymbol{x}((k+1)T)-\boldsymbol{x}(kT)\big]=\boldsymbol{A}(kT)\boldsymbol{x}(kT)+\boldsymbol{B}(kT)\boldsymbol{u}(kT)$$

或

$$\begin{aligned}\boldsymbol{x}((k+1)T)&=[\boldsymbol{I}+T\boldsymbol{A}(kT)]\boldsymbol{x}(kT)+T\boldsymbol{B}(kT)\boldsymbol{u}(kT)\\&=\boldsymbol{G}(kT)\boldsymbol{x}(kT)+\boldsymbol{H}(kT)\boldsymbol{u}(kT)\end{aligned}\tag{1.89}$$

式中

$$\boldsymbol{G}(kT)=\boldsymbol{I}+T\boldsymbol{A}(kT)\tag{1.90}$$

$$\boldsymbol{H}(kT)=T\boldsymbol{B}(kT)\tag{1.91}$$

式(1.90)和 (1.91)就是线性时变连续系统的状态方程离散化求系数阵和输入阵的公式。

[例 1.16] 已知某系统的状态方程为

$$\dot{\boldsymbol{x}}(t)=\boldsymbol{A}(t)\boldsymbol{x}(t)+\boldsymbol{B}(t)\boldsymbol{u}(t)$$

其中

$$\boldsymbol{A}(t)=\begin{bmatrix}\mathrm{e}^{-t} & 1\\ 0 & 4t\end{bmatrix},\qquad \boldsymbol{B}(t)=\begin{bmatrix}1 & \mathrm{e}^{-2t}\\ 0 & \mathrm{e}^{-t}\end{bmatrix}$$

试求 $T=0.5s$ 时的离散化状态方程。

[解] 根据式(1.90)得

$$\boldsymbol{G}(kT)=\begin{bmatrix}1 & 0\\ 0 & 1\end{bmatrix}+0.5\begin{bmatrix}\mathrm{e}^{-0.5k} & 1\\ 0 & 2k\end{bmatrix}=\begin{bmatrix}1+0.5\mathrm{e}^{-0.5k} & 1\\ 0 & 1+2k\end{bmatrix}$$

根据式(1.91)得

$$\boldsymbol{H}(kT)=0.5\begin{bmatrix}1 & \mathrm{e}^{-k}\\ 0 & \mathrm{e}^{-0.5k}\end{bmatrix}=\begin{bmatrix}0.5 & 0.5\mathrm{e}^{-k}\\ 0 & 0.5\mathrm{e}^{-0.5k}\end{bmatrix}$$

从而可得该时变系统的离散状态方程

$$\begin{bmatrix}x_1((k+1)T)\\ x_2((k+1)T)\end{bmatrix}=\begin{bmatrix}1+0.5\mathrm{e}^{-0.5k} & 1\\ 0 & 1+2k\end{bmatrix}\begin{bmatrix}x_1(kT)\\ x_2(kT)\end{bmatrix}+\begin{bmatrix}0.5 & 0.5\mathrm{e}^{-k}\\ 0 & 0.5\mathrm{e}^{-0.5k}\end{bmatrix}\begin{bmatrix}u_1(kT)\\ u_2(kT)\end{bmatrix}$$

1.5　基于 MATLAB 的系统数学模型转换

用 MATLAB 软件编程，可以方便地实现状态空间模型与传递函数矩阵之间的相互转换，特别是对 MIMO 系统，只要掌握编程方法，将给定的系统参数按一定格式写在程序中，运行程序，便可获得所要转换的模型参数。可以达到事半功倍的效果。因此采用 MATLAB 软件进行系统的模型转换对于系统(特别是 MIMO 系统)的分析与设计提供了极大的方便。

设线性定常系统的模型如式(1.92)示。

$$\begin{cases} \dot{\boldsymbol{x}} = \boldsymbol{A}\boldsymbol{x} + \boldsymbol{B}\boldsymbol{u} \\ \boldsymbol{y} = \boldsymbol{C}\boldsymbol{x} + \boldsymbol{D}\boldsymbol{u} \end{cases} \tag{1.92}$$

其中 $\boldsymbol{x}\in R^n$，$\boldsymbol{u}\in R^m$，$\boldsymbol{y}\in R^p$,$\boldsymbol{A}$ 为 $n\times n$ 维系数矩阵、$\boldsymbol{B}$ 为 $n\times m$ 维输入矩阵、$\boldsymbol{C}$ 为 $p\times n$ 维输出矩阵、$\boldsymbol{D}$ 为传递阵，一般情况下为 0，只有 n 和 m 维数相同时，$\boldsymbol{D}$ 为 $n\times m$ 维。系统的传递函数阵式(1.33)用式(1.93)来描述。

$$\boldsymbol{G}(s) = \boldsymbol{C}(s\boldsymbol{I} - \boldsymbol{A})^{-1}\boldsymbol{B} + \boldsymbol{D} = \frac{\text{num}\begin{bmatrix} s^n & s^{n-1} & \cdots & s^0 \end{bmatrix}^{\mathrm{T}}}{\text{den}\begin{bmatrix} s^n & s^{n-1} & \cdots & s^0 \end{bmatrix}^{\mathrm{T}}} \tag{1.93}$$

在 MATLAB 仿真时，num 表示传递函数矩阵的分子的系数矩阵，其维数是 $p\times(n+1)$；den 表示传递函数阵的最小公倍式的系数向量，其系数按 s 降幂排列。若在 SISO 系统中，传递函数阵 $\boldsymbol{G}(s)$ 退化为传递函数，num 表示传递函数的分子多项式的系数向量，den 表示传递函数的分母多项式的系数向量，或者说 SISO 系统的 num 和 den 均是 $1\times(n+1)$ 矩阵。

MATLAB 软件是由美国 Mathwork 公司于 1986 年推出的，目前已升级到 7.x 版本。MATLAB 是 Matrix Laboratory 的缩写。它是一种进行科学和工程计算的交互式程序设计语言软件，它具有智能化程度高、灵活和编程效率高的优势，并具有强大的仿真功能。它具有三大部分的功能：其一是具有各个领域的数百个范例演示“DEMO”，可帮助大家理解程序和其编成技巧；其二是面对框图的仿真“Simulink”，可以对简单系统按照环节划分，像搭积木对系统进行仿真，既简便又直观；其三是 MATLAB 的 file.m 编程，这种软件编程适用于各种系统的仿真，特别是对复杂的非线性系统、MIMO 的多变量系统的仿真更能显示出 MATLAB 强大的运算功能优势，在这方面，它比其他的高级计算机语言(如 Visual C++、Visual Basic)编程、绘图更简便、省时。

有关 MATLAB 常用指令在本书附带的光盘中的附录 2 给出。光盘上给出的与各个实验配套的源程序“XKshiexj”(表示第 i 个试验第 j 个举例)，还给出了各章配套的源程序 chiexj(表示第 i 章的第 j 例)，可直接在 MATLAB 6.x 或 MATLAB 7.x 软件界面下运行。在这里只对本章用到的指令功能给予解释。

ss2tf 和 tf2ss 是互为逆转换的指令。

ss2tf：其功能是状态空间模型转换成传递函数阵。

格式：[num,den]=ss2tf(A,B,C,D,iu)；其中 iu 指系统的输入。

tf2ss：其功能是传递函数阵转换成状态空间模型。

格式：[A,B,C,D]=tf2ss(num,den)。

这里对传递函数矩阵的分子的系数矩阵 num 和传递函数阵的最小共倍式的系数向量 den 进一步说明。例如，对 SISO 系统

$$G(s) = \frac{Y(s)}{U(s)} = \frac{4s^3 + 2s^2 + 5s + 1}{s^5 + 2s^3 - 6s^2 + 12s - 8}$$

对应的 num 向量和 den 向量为

num=[0　0　4　2　5　1]

den=[1　0　2　−6　12　−8]。

必须注意 num 向量和 den 向量维数要相同，在传递函数的分母和分子按 s 降幂排列缺项处补零。所给系统为 5 阶系统，即 n=5、num 向量和 den 向量维数为 n+1=6。

对于多输出系统，num 为 $p\times m$ 矩阵。比如单输入二输出系统的传递函数阵为

$$\boldsymbol{G}(s)=\frac{1}{2s^4+s^3+2s^2+3s+4}\begin{bmatrix}3s^2+1.5s+2\\4s^3+s^2+5s+3\end{bmatrix}$$

对应的 num 和 den 分别为

num＝[0.0　0.0　3.0　1.5　2.0
　　　0.0　4.0　1.0　5.0　3.0];
den＝[2.0　1.0　2.0　3.0　4.0];

[例 1.17] 已知 SISO 系统的状态空间表达式为

$$\begin{bmatrix}\dot{x}_1\\\dot{x}_2\\\dot{x}_3\end{bmatrix}=\begin{bmatrix}0&1&0\\0&0&1\\-4&-3&-2\end{bmatrix}\begin{bmatrix}x_1\\x_2\\x_3\end{bmatrix}+\begin{bmatrix}1\\3\\-6\end{bmatrix}\boldsymbol{u},\qquad \boldsymbol{y}=\begin{bmatrix}1&0&0\end{bmatrix}\begin{bmatrix}x_1\\x_2\\x_3\end{bmatrix}\tag{1.94}$$

采用 MATLAB 的 file.m 编程求系统的传递函数

[解] 由于系统是 SISO 系统，设将状态空间模型转换成传递函数阵的格式 [num,den]=ss2tf(A,B,C,D,iu)中的输入 iu 为 1。

程序：

```
A=[0 1 0;0 0 1;-4 -3 -2];    %首先给 A、B、C 阵赋值；
B=[1;3;-6];
C=[1 0 0];
D=0;
[num,den]=ss2tf(A,B,C,D,1)  %将状态空间模型转换成传递函数；
```

程序运行结果：

```
num =
0    1.0000    5.0000    3.0000
den =
1.0000    2.0000    3.0000    4.0000
```

从程序运行结果得到系统的传递函数为：

$$G(s)=\frac{s^2+5s+3}{s^3+2s^2+3s+4}\tag{1.95}$$

[例 1.18] 从系统的传递函数(1.95)式求状态空间表达式。

[解] 由传递函数阵转换成状态空间模型的格式 [A,B,C,D]=tf2ss(num,den)编程。

程序：

```
num =[0 1 5 3];  %在给 num 赋值时，在系数前补 0，使 num 和 den 赋值的个数相同；
den =[1 2 3 4];
[A,B,C,D]=tf2ss(num,den)  %将传递函数转换成状态空间模型；
```

程序运行结果：

```
A =
   -2    -3    -4
```

```
       1    0    0
       0    1    0
B =
   1
   0
   0
C =
    1    5    3
D =
    0
```

由于一个系统的状态空间表达式并不唯一，例 1.18 的程序运行结果虽然与例 1.17 的式(1.94)中的 $\boldsymbol{A}$、$\boldsymbol{B}$、$\boldsymbol{C}$ 阵不同，但该结果与式(1.94)是等效的。可对上述结果进行验证。

［例 1.19］ 对上述结果进行编程验证

［解］ 将例 1.18 的结果赋值给 $\boldsymbol{A}$、$\boldsymbol{B}$、$\boldsymbol{C}$、$\boldsymbol{D}$ 阵，编程序。

程序：

```
A =[-2 -3 -4;1 0 0; 0 1 0];  %首先给 A、B、C 阵赋值;
B =[1;0;0];
C =[1 5 3];
D=0;
[num,den]=ss2tf(A, B, C, D,1)     %将状态空间模型转换成传递函数;
```

程序运行结果与例 1.18 的结果式(1.95)中的完全相同。

［例 1.20］ 多输出系统的状态空间模型如下，试编程序求系统的传递函数矩阵。

$$\begin{bmatrix}\dot{x}_1\\\dot{x}_2\\\dot{x}_3\end{bmatrix}=\begin{bmatrix}-2&-1&-3\\1&0&0\\0&1&0\end{bmatrix}\begin{bmatrix}x_1\\x_2\\x_3\end{bmatrix}+\begin{bmatrix}1\\0\\0\end{bmatrix}\boldsymbol{u},\qquad \boldsymbol{y}=\begin{bmatrix}2&3&1\\1.6&1&1.2\end{bmatrix}\begin{bmatrix}x_1\\x_2\\x_3\end{bmatrix}\tag{1.96}$$

［解］ 在 MIMO 系统的状态空间模型转换成传递函数阵时，传递阵 $\boldsymbol{D}$ 与输入阵 $\boldsymbol{B}$ 必须维数相同。

程序：

```
A =[-2 -1 -3;1 0 0;0 1 0];    %首先给将多输出系统 A、B、C 阵赋值;
B =[1; 0; 0];
C=[2 3 1;1.6 1 1.2];
D =[0; 0];
[num,den]=ss2tf(A, B, C, D, 1)    %将状态空间模型转换成传递函数阵;
```

程序运行结果：

```
num =
         0    2.0000    3.0000    1.0000
         0    1.6000    1.0000    1.2000
         0         0         0         0
den =
    1.0000    2.0000    1.0000    3.0000
```

所以系统的传递函数阵为

$$G(s)=\frac{\text{num}}{\text{den}}=\frac{1}{s^3+2s^2+s+3}\begin{bmatrix}2s^2+3s+1\\1.6s^2+s+1.2\end{bmatrix} \tag{1.97}$$

［例 1.21］求例 1.20 的逆运算，将式(1.97)传递函数阵转换成状态空间模型。

［解］式(1.97)为单输入二输出系统，在传递函数阵的 num(s)中，两个 s 的多项式是同阶，num=[2　3　1；1.6　1　1.2]的两行长度相同。

程序：

```
num=[2 3 1; 1.6 1 1.2];      % 赋值;
den = [1 2 1 3];
[A,B,C,D]=tf2ss(num,den)   %将多输出系统的传递函数阵转换成状态空间模型;
```

程序运行结果所得到状态空间模型的 $\boldsymbol{A}$、$\boldsymbol{B}$、$\boldsymbol{C}$、$\boldsymbol{D}$ 完全与式(1.96)相同。必须注意，当传递函数阵的 num(s)中 s 的多项式不是同阶时，在写 num 阵时，在各行的元素前补 0，使各行为相同长度。

1.6　小　　结

本章是全书的理论基础。其中 1.1 节强调了状态空间法的基本概念，状态空间模型的一般形式，并阐述了对系统建立状态空间表达式的方法。其难点在于对概念的理解，为了帮助读者克服这一困难，本节列举了多种不同物理性质系统的例子。1.2 节给出了几种常用的状态空间模型的标准型(即能控、能观、对角及约当标准型)及其状态结构图，从而可以更直观地理解数学模型的物理意义。1.3 节和 1.4 节则和古典控制理论的数学模型相结合，讨论了连续系统和离散系统的数学模型转换，使读者加深对概念的理解。1.5 节是基于 MATLAB 的数学模型的转换，使状态空间模型和传递函数矩阵之间的转换的复杂运算变得简单直观。其中基本概念和数学模型的转换是本章的重点。学好本章对于学习以后各章有至关重要的作用。

1.7　习　　题

1.1 简述状态空间法中的术语：什么是状态？什么是状态空间？

1.2 一网络系统如图 1.13 所示，设 u_C 和 I_L 为状态变量。试求系统的状态方程。

1.3 已知系统的状态空间表达式为

(1) $\begin{bmatrix}\dot{x}_1\\\dot{x}_2\end{bmatrix}=\begin{bmatrix}1&2\\4&3\end{bmatrix}\begin{bmatrix}x_1\\x_2\end{bmatrix}+\begin{bmatrix}1\\0\end{bmatrix}\boldsymbol{u}\qquad \boldsymbol{y}=\begin{bmatrix}0&1\end{bmatrix}\begin{bmatrix}x_1\\x_2\end{bmatrix}$

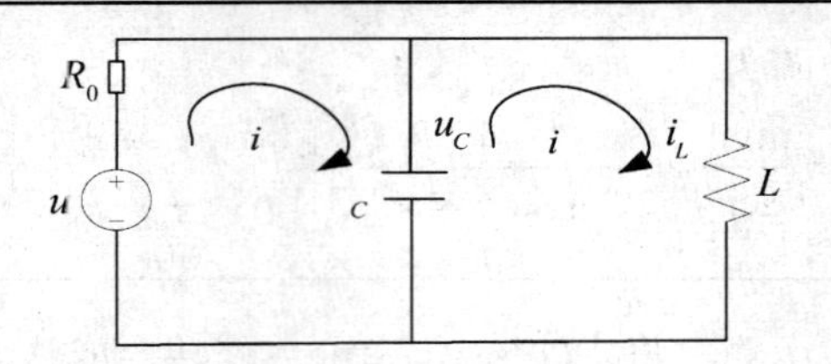

图 1.13　第 2 题图

$$(2)\quad \begin{bmatrix}\dot{x}_1\\ \dot{x}_2\\ \dot{x}_3\end{bmatrix}=\begin{bmatrix}-4 & 1 & 0\\ 0 & -4 & 0\\ 0 & 0 & -2\end{bmatrix}\begin{bmatrix}x_1\\ x_2\\ x_3\end{bmatrix}+\begin{bmatrix}0 & 1\\ 1 & 0\\ 1 & 1\end{bmatrix}\begin{bmatrix}u_1\\ u_2\end{bmatrix}\qquad \boldsymbol{y}=\begin{bmatrix}y_1\\ y_2\end{bmatrix}=\begin{bmatrix}1 & 0 & 0\\ 0 & 0 & 3\end{bmatrix}\begin{bmatrix}x_1\\ x_2\\ x_3\end{bmatrix}$$

试绘出系统的状态空间图。

1.4 已知系统的状态空间表达式为

$$(1)\quad \begin{bmatrix}\dot{x}_1\\ \dot{x}_2\\ \dot{x}_3\end{bmatrix}=\begin{bmatrix}-2 & 1 & 0\\ 0 & -2 & 1\\ 0 & 0 & -2\end{bmatrix}\begin{bmatrix}x_1\\ x_2\\ x_3\end{bmatrix}+\begin{bmatrix}0\\ 0\\ 1\end{bmatrix}[u]\qquad \boldsymbol{y}=\begin{bmatrix}1 & 2 & 0\end{bmatrix}\begin{bmatrix}x_1\\ x_2\\ x_3\end{bmatrix}$$

$$(2)\quad \begin{bmatrix}\dot{x}_1\\ \dot{x}_2\\ \dot{x}_3\end{bmatrix}=\begin{bmatrix}2 & 1 & 4\\ 0 & 2 & 0\\ 0 & 0 & 1\end{bmatrix}\begin{bmatrix}x_1\\ x_2\\ x_3\end{bmatrix}+\begin{bmatrix}1 & 0\\ 3 & 4\\ 2 & 1\end{bmatrix}\begin{bmatrix}u_1\\ u_2\end{bmatrix}\qquad \boldsymbol{y}=\begin{bmatrix}3 & 5 & 1\end{bmatrix}\begin{bmatrix}x_1\\ x_2\\ x_3\end{bmatrix}$$

试计算系统的传递函数矩阵，并用 MATLAB 编程求系统的传递函数矩阵，验证计算结果。

1.5 已知系统传递函数阵为

$$(1)\quad \boldsymbol{G}(s)=\frac{Y(s)}{U(s)}=\frac{3s+5}{(s+3)^2(s+2)}\qquad (2)\quad \frac{Y(s)}{U(s)}=\frac{2s^2+3s+5}{(s+4)(s+1)(s+2)}$$

$$(3)\quad \boldsymbol{G}(s)=\frac{1}{s^4+2s^3+3s^2+2}\begin{bmatrix}s^3+4s^2+2s+2\\ 3s^2+s+1\end{bmatrix}$$

试分别用传递函数阵的状态空间模型实现和 MATLAB 数学模型转换的方法求系统的状态空间模型。

提示：在 s 的多项式有缺项时要补 0；MIMO 系统的 num 矩阵要补 0 使长度相同。

第 2 章　线性系统的运动分析

系统的状态空间模型的建立为分析系统的行为和特征提供了可能性。系统分析包含定性分析和定量分析，定性分析主要研究系统的稳定性、能控性和能观测性等一般性质；定量分析主要研究系统在外部激励作用下的响应特性。

本章研究状态空间模型描述下线性系统的运动行为，即对线性系统进行定量分析，求出系统的状态响应和输出响应，并给出了利用 MATLAB 求解的例子。

2.1　线性定常系统状态方程的解

考虑线性定常系统

$$\begin{cases}\dot{\boldsymbol{x}}(t)=\boldsymbol{A}\boldsymbol{x}(t)+\boldsymbol{B}\boldsymbol{u}(t)\\ \boldsymbol{x}(t_0)=\boldsymbol{x}_0\end{cases}\qquad t\geqslant t_0 \tag{2.1}$$

式中，$\boldsymbol{x}(t)\in R^n,\boldsymbol{u}(t)\in R^m$。

分析系统的运动行为，就是要分析系统的状态变量随时间变化的规律。从数学上看，可以归结为给定初始状态 $\boldsymbol{x}_0$ 和输入 $\boldsymbol{u}(t)$，求解状态变量 $\boldsymbol{x}(t)$ 的问题。由于线性系统满足叠加原理，初始状态 $\boldsymbol{x}_0$ 和输入 $\boldsymbol{u}(t)$ 对系统的作用可以分别考虑，因而系统的状态响应可分解为两个独立的响应之和，即由初始状态 $\boldsymbol{x}_0$ 引起的自由运动和由输入 $\boldsymbol{u}(t)$ 作用引起的强迫运动，对应的数学描述分别为齐次方程和非齐次方程，由此，以下将按此思路对系统进行运动分析。

2.1.1　齐次状态方程的求解

考虑 $t_0=0$ 时，初始状态引起的自由运动，即 $\boldsymbol{u}(t)\equiv 0$，则方程(2.1)变为

$$\begin{cases}\dot{\boldsymbol{x}}(t)=\boldsymbol{A}\boldsymbol{x}(t)\\ \boldsymbol{x}(0)=\boldsymbol{x}_0\end{cases}\qquad t\geqslant 0 \tag{2.2}$$

在解此矩阵齐次微分方程之前，先复习一下标量微分方程的情况。对标量微分方程

$$\begin{cases}\dot{\boldsymbol{x}}(t)=a\boldsymbol{x}(t)\\ \boldsymbol{x}(0)=\boldsymbol{x}_0\end{cases}\qquad t\geqslant 0$$

其解为

$$\boldsymbol{x}(t)=\mathrm{e}^{at}\boldsymbol{x}_0$$

其中

$$\mathrm{e}^{at}=1+at+\frac{1}{2!}a^2t^2+\frac{1}{3!}a^3t^3+\cdots=\sum_{k=0}^{\infty}\frac{1}{k!}a^kt^k$$

称为指数函数。

仿照标量指数函数，定义矩阵指数函数

$$e^{At}=I+At+\frac{1}{2!}A^2t^2+\frac{1}{3!}A^3t^3+\cdots=\sum_{k=0}^{\infty}\frac{1}{k!}A^kt^k \tag{2.3}$$

结论 2.1 由方程(2.2)所描述的齐次状态方程的解的表达式为

$$x(t)=e^{At}x_0 \qquad t\geqslant 0 \tag{2.4}$$

式中，$e^{At}=\sum_{k=0}^{\infty}\frac{1}{k!}A^kt^k$ 称为矩阵指数函数。

证明：对式(2.4)两边微分，可得

$$\dot{x}(t)=Ae^{At}x_0=Ax(t)$$

且有

$$x(0)=e^{A\cdot 0}x_0=x_0$$

因此结论得证。

若对方程(2.2)两边进行拉氏变换，则有

$$sX(s)-x(0)=AX(s)$$

$$X(s)=(sI-A)^{-1}x(0)$$

故

$$x(t)=L^{-1}[(sI-A)^{-1}]x(0)$$

于是得到齐次状态方程的解的另一种表达形式，且有以下结论：

$$e^{At}=L^{-1}[(sI-A)^{-1}] \tag{2.5}$$

式中 $(sI-A)^{-1}$ 称为预解矩阵。

在方程(2.2)中将初始时间取为 $t_0=0$，考虑到定常系统的分析结果和初始时间的选取无关，因此这样做并不失去问题的一般性。但若实际问题中需要选取 $t_0\neq 0$，那么此时齐次状态方程的解的表达式可由以下结论给出。

结论 2.2 线性定常齐次状态方程

$$\begin{cases}\dot{x}(t)=Ax(t)\\ x(t_0)=x_0\end{cases} \qquad t\geqslant 0$$

的解的表达式为

$$x(t)=e^{A(t-t_0)}x_0 \qquad t\geqslant 0 \tag{2.6}$$

定义 2.1 线性定常系统的状态转移矩阵是满足如下微分方程和初始条件

$$\dot{\Phi}(t-t_0)=A(t)\Phi(t-t_0),\quad \Phi(t_0-t_0)=I$$

的解阵 $\Phi(t-t_0)$。

很显然，$e^{A(t-t_0)}$ 满足此条件，故 $e^{A(t-t_0)}$ 称为线性定常系统的状态转移矩阵，即 $\Phi(t-t_0)=e^{A(t-t_0)}$。

齐次状态方程解的物理意义是：$e^{A(t-t_0)}$ 将系统的状态从初始时刻 t_0 的初始状态 x_0 转移到 t 时刻的状态 $x(t)$，且 $x(t)$ 的运动轨线由 $e^{A(t-t_0)}$ 唯一地决定。

[例 2.1] 已知 $\Phi(t)=\begin{bmatrix}2e^{-t}-e^{-2t} & 2(e^{-2t}-e^{-t})\\ e^{-t}-e^{-2t} & 2e^{-2t}-e^{-t}\end{bmatrix}$，求系统矩阵 A。

[解] 由状态转移矩阵的性质 $\dot{\Phi}(t)=A\Phi(t)$

令 $t=0$，$\Phi(0)=I$，从而有

$$A=\dot{\Phi}(t)\Big|_{t=0}=\frac{\mathrm{d}}{\mathrm{d}t}\begin{bmatrix}2\mathrm{e}^{-t}-\mathrm{e}^{-2t} & 2(\mathrm{e}^{-2t}-\mathrm{e}^{-t})\\ \mathrm{e}^{-t}-\mathrm{e}^{-2t} & 2\mathrm{e}^{-2t}-\mathrm{e}^{-t}\end{bmatrix}\Bigg|_{t=0}$$

$$=\begin{bmatrix}-2\mathrm{e}^{-t}+2\mathrm{e}^{-2t} & 2(-2\mathrm{e}^{-2t}+\mathrm{e}^{-t})\\ -\mathrm{e}^{-t}+2\mathrm{e}^{-2t} & -4\mathrm{e}^{-2t}+\mathrm{e}^{-t}\end{bmatrix}\Bigg|_{t=0}=\begin{bmatrix}0 & -2\\ 1 & -3\end{bmatrix}$$

$\mathrm{e}^{A(t-t_0)}$包含了自由运动性质的全部信息。考虑到矩阵指数函数$\mathrm{e}^{A(t-t_0)}$在线性定常系统运动分析中的重要性，下面对其性质和计算方法进行介绍。

2.1.2　矩阵指数函数 e^{At} 的性质

(1) $\lim\limits_{t\to 0}\mathrm{e}^{At}=I$ 。

(2) 令t和τ为两个自变量，则有

$$\mathrm{e}^{A(t+\tau)}=\mathrm{e}^{At}\cdot\mathrm{e}^{A\tau}=\mathrm{e}^{A\tau}\cdot\mathrm{e}^{At}$$

(3) e^{At}总是非奇异的，且其逆为

$$(\mathrm{e}^{At})^{-1}=\mathrm{e}^{-At}$$

(4) 对$n\times n$阶常数矩阵A，B，若满足交换律，即$AB=BA$，则有

$$\mathrm{e}^{(A+B)t}=\mathrm{e}^{At}\cdot\mathrm{e}^{Bt}=\mathrm{e}^{Bt}\cdot\mathrm{e}^{At}$$

(5) 对于给定方阵A，下式成立

$$(\mathrm{e}^{At})^k=\mathrm{e}^{kAt}\quad(k=0,1,2,\cdots)$$

(6) e^{At}对t的导数为

$$\frac{\mathrm{d}}{\mathrm{d}t}\mathrm{e}^{At}=A\mathrm{e}^{At}=\mathrm{e}^{At}A$$

(7) 设P是与A同阶的非奇异矩阵，则有

$$\mathrm{e}^{P^{-1}APt}=P^{-1}\mathrm{e}^{At}P$$

以上性质可以根据矩阵指数的定义来证明。下面以性质(7)为例来证明。

证明：根据e^{At}的定义有

$$\mathrm{e}^{P^{-1}APt}=\sum_{k=0}^{\infty}\frac{(P^{-1}AP)^k t^k}{k!}$$

$$\because\qquad (P^{-1}AP)^k=P^{-1}A^kP$$

$$\therefore\qquad \mathrm{e}^{P^{-1}APt}=\sum_{k=0}^{\infty}\frac{P^{-1}A^kPt^k}{k!}=P^{-1}\sum_{k=0}^{\infty}\frac{A^kt^k}{k!}P=P^{-1}\mathrm{e}^{At}P$$

证毕。

根据以上矩阵指数的性质，可以得到状态转移矩阵的重要性质。

(1) 可逆性：$\Phi^{-1}(t-t_0)=\Phi(t_0-t)$ 。

证明：$\Phi(t-t_0)\Phi(t_0-t)=\mathrm{e}^{A(t-t_0)}\cdot\mathrm{e}^{A(t_0-t)}=\mathrm{e}^{A\cdot 0}=I$

(2) 传递性对任意t_2,t_1,t_0，且$t_2>t_1>t_0$，有$\Phi(t_2-t_1)\Phi(t_1-t_0)=\Phi(t_2-t_0)$ 。

证明：$\Phi(t_2-t_1)\Phi(t_1-t_0)=\mathrm{e}^{A(t_2-t_1)}\mathrm{e}^{A(t_1-t_0)}=\mathrm{e}^{A(t_2-t_0)}=\Phi(t_2-t_0)$

状态转移矩阵具有可逆性，反映了状态传递的可逆性，传递性反映了状态的传递是可

以分段进行的。

2.1.3 矩阵指数函数 e^{At} 的计算方法

1. 级数展开法

根据矩阵指数的定义求解 e^{At}。

$$e^{At} = I + At + \frac{1}{2!}A^2t^2 + \frac{1}{3!}A^3t^3 + \cdots = \sum_{k=0}^{\infty}\frac{1}{k!}A^kt^k$$

这种方法用乘法和加法即可求出 e^{At}，用计算机计算时，程序简单，容易编写，但一般不易写出解析式，不适于手工运算。

[例 2.2] 已知 $A=\begin{bmatrix}0 & 1\\ 0 & 2\end{bmatrix}$，求 e^{At}。

[解] 由于　　$A^2=\begin{bmatrix}0 & 2\\ 0 & 4\end{bmatrix}$，　$A^3=\begin{bmatrix}0 & 4\\ 0 & 8\end{bmatrix}$

所以

$$\begin{aligned}
e^{At} &= I + At + \frac{1}{2!}A^2t^2 + \frac{1}{3!}A^3t^3 + \cdots\\
&= \begin{bmatrix}1 & 0\\ 0 & 1\end{bmatrix} + \begin{bmatrix}0 & 1\\ 0 & 2\end{bmatrix}t + \frac{1}{2}\begin{bmatrix}0 & 2\\ 0 & 4\end{bmatrix}t^2 + \frac{1}{3!}\begin{bmatrix}0 & 4\\ 0 & 8\end{bmatrix}t^3 + \cdots\\
&= \begin{bmatrix}1 & t + t^2 + \frac{2}{3}t^3 + \cdots\\ 0 & 1 + 2t + 2t^2 + \frac{4}{3}t^3 + \cdots\end{bmatrix}
\end{aligned}$$

---

2. 拉氏变换法

根据 $e^{At} = L^{-1}[(sI-A)^{-1}]$，先求出预解矩阵 $(sI-A)^{-1}$，便可求出 e^{At}。

当 A 维数较高时，直接求逆比较困难，法捷耶夫(Faddeev)给出了一种递推算法。

令
$$(sI-A)^{-1} = \frac{\mathrm{adj}(sI-A)}{|sI-A|} = \frac{\Gamma_1 s^{n-1} + \Gamma_2 s^{n-2} + \cdots + \Gamma_{n-1}s + \Gamma_n}{s^n + a_1 s^{n-1} + \cdots a_{n-1}s + a_n} \tag{2.7}$$

其中 $\mathrm{adj}(sI-A)$ 是矩阵 $(sI-A)$ 的伴随矩阵，Γ_i, a_i 由以下迭代公式求出。

取
$$\Gamma_1 = I$$

则
$$a_i = -\frac{1}{i}\mathrm{tr}(A\Gamma_i) \quad (i=1,2,3,\cdots,n)$$

$$\Gamma_i = A\Gamma_{i-1} + a_{i-1}I \quad (i=2,3,\cdots,n)$$

式中 tr 表示求矩阵的迹，即矩阵对角元素之和。迭代结果的正确性可以用 $\Gamma_{n+1}=0$ 来验证，若 $\Gamma_{n+1}\neq 0$，则计算必有误。

[例 2.3]　已知 $\boldsymbol{A}=\begin{bmatrix}0 & 1\\0 & 2\end{bmatrix}$，求 $\mathrm{e}^{\boldsymbol{A}t}$。

[解]　方法一：利用公式求预解矩阵。

$$(s\boldsymbol{I}-\boldsymbol{A})^{-1}=\begin{bmatrix}s & -1\\0 & s-2\end{bmatrix}^{-1}=\frac{1}{s^2-2s}\begin{bmatrix}s-2 & 1\\0 & s\end{bmatrix}$$

方法二：利用式(2.7)递推公式求解预解矩阵。

$$\boldsymbol{\Gamma}_1=\boldsymbol{I}\qquad a_1=-\mathrm{tr}(\boldsymbol{A}\boldsymbol{\Gamma}_1)=-\mathrm{tr}\left(\begin{bmatrix}0 & 1\\0 & 2\end{bmatrix}\begin{bmatrix}1 & 0\\0 & 1\end{bmatrix}\right)=-2$$

$$\boldsymbol{\Gamma}_2=\boldsymbol{A}\boldsymbol{\Gamma}_1+a_1\boldsymbol{I}=\begin{bmatrix}-2 & 1\\0 & 0\end{bmatrix}\qquad a_2=-\frac{1}{2}\mathrm{tr}(\boldsymbol{A}\boldsymbol{\Gamma}_2)=0$$

代入式(2.6)得

$$(s\boldsymbol{I}-\boldsymbol{A})^{-1}=\frac{\boldsymbol{\Gamma}_1 s+\boldsymbol{\Gamma}_2}{s^2+a_1 s+a_2}=\frac{1}{s^2-2s}\left(\begin{bmatrix}1 & 0\\0 & 1\end{bmatrix}s+\begin{bmatrix}-2 & 1\\0 & 0\end{bmatrix}\right)=\frac{1}{s^2-2s}\begin{bmatrix}s-2 & 1\\0 & s\end{bmatrix}$$

所以

$$\mathrm{e}^{\boldsymbol{A}t}=\boldsymbol{L}^{-1}[(s\boldsymbol{I}-\boldsymbol{A})^{-1}]=\boldsymbol{L}^{-1}\begin{bmatrix}\dfrac{1}{s} & \dfrac{-\frac{1}{2}}{s}+\dfrac{\frac{1}{2}}{s-2}\\0 & \dfrac{1}{s-2}\end{bmatrix}=\begin{bmatrix}1 & \frac{1}{2}(\mathrm{e}^{2t}-1)\\0 & \mathrm{e}^{2t}\end{bmatrix}$$

---

3. 凯莱−哈密尔顿(Cayley-Hamilton)法

这种方法利用凯莱−哈密尔顿定理，将 $\mathrm{e}^{\boldsymbol{A}t}$ 的无穷级数表为矩阵 $\boldsymbol{A}$ 的有限项之和进行计算。

对给定 $n\times n$ 常数阵 $\boldsymbol{A}$，其特征多项式为

$$|s\boldsymbol{I}-\boldsymbol{A}|=s^n+a_1 s^{n-1}+\cdots+a_{n-1}s+a_n$$

根据凯莱−哈密尔顿定理，矩阵 $\boldsymbol{A}$ 必满足其自身的零化特征多项式，即

$$\boldsymbol{A}^n+a_1\boldsymbol{A}^{n-1}+\cdots+a_{n-1}\boldsymbol{A}+a_n\boldsymbol{I}=0$$

这表明，①$\boldsymbol{A}$ 与 $\boldsymbol{A}$ 的特征值具有同等地位；② $\boldsymbol{A}^n$ 可表为 $\boldsymbol{A}^{n-1},\boldsymbol{A}^{n-2},\cdots,\boldsymbol{A},\boldsymbol{I}$ 的线性组合，即

$$\boldsymbol{A}^n=-a_1\boldsymbol{A}^{n-1}-\cdots-a_{n-1}\boldsymbol{A}-a_n\boldsymbol{I}$$

而

$$\begin{aligned}\boldsymbol{A}^{n+1}&=\boldsymbol{A}\cdot\boldsymbol{A}^n=\boldsymbol{A}\cdot(-a_1\boldsymbol{A}^{n-1}-\cdots-a_{n-1}\boldsymbol{A}-a_n\boldsymbol{I})\\&=-a_1(-a_1\boldsymbol{A}^{n-1}-\cdots-a_{n-1}\boldsymbol{A}-a_n\boldsymbol{I})-a_2\boldsymbol{A}^{n-1}-\cdots-a_n\boldsymbol{A}^2-a_n\boldsymbol{A}\\&=(a_1^2-a_2)\boldsymbol{A}^{n-1}+\cdots+(a_1a_{n-1}-a_n)\boldsymbol{A}+a_1a_n\boldsymbol{I}\end{aligned}$$

表明，$\boldsymbol{A}^{n+1}$ 也可表为 $\boldsymbol{A}^{n-1},\boldsymbol{A}^{n-2},\cdots,\boldsymbol{A},\boldsymbol{I}$ 的线性组合，由此可归纳出 $\boldsymbol{A}^n,\boldsymbol{A}^{n+1},\boldsymbol{A}^{n+2},\cdots$ 都可表为 $\boldsymbol{A}^{n-1},\boldsymbol{A}^{n-2},\cdots,\boldsymbol{A},\boldsymbol{I}$ 的线性组合，因而 $\mathrm{e}^{\boldsymbol{A}t}=\boldsymbol{I}+\boldsymbol{A}t+\frac{1}{2!}\boldsymbol{A}^2t^2+\frac{1}{3!}\boldsymbol{A}^3t^3+\cdots$ 也可由 $\boldsymbol{A}^{n-1}$，$\boldsymbol{A}^{n-2},\cdots,\boldsymbol{A},\boldsymbol{I}$ 线性表示，设

$$\mathrm{e}^{At}=\alpha_0(t)\boldsymbol{I}+\alpha_1(t)\boldsymbol{A}+\alpha_2(t)\boldsymbol{A}^2+\cdots+\alpha_{n-1}(t)\boldsymbol{A}^{n-1} \tag{2.8}$$

$\alpha_i(t)$ 是待定系数，这样求 e^{At} 的问题就转化为如何求待定系数的问题。下面按 $\boldsymbol{A}$ 的特征值形态分两种情况讨论。

(1) $\boldsymbol{A}$ 有 n 个互异特征值，设 $\boldsymbol{A}$ 的特征值为 λ_1，$\lambda_2,\cdots$，λ_n，由于 $\boldsymbol{A}$ 的特征值与 $\boldsymbol{A}$ 具有同等地位，将 n 个特征值带入式(2.8)，得到 n 个独立方程，联立求解可以唯一确定 n 个待定系数 $\alpha_i(t)$，其解的形式为

$$\begin{bmatrix}\alpha_0(t)\\ \alpha_1(t)\\ \vdots\\ \alpha_{n-1}(t)\end{bmatrix}=\begin{bmatrix}1 & \lambda_1 & \lambda_1^2 & \cdots & \lambda_1^{n-1}\\ 1 & \lambda_2 & \lambda_2^2 & \cdots & \lambda_2^{n-1}\\ \vdots & \vdots & \vdots & \ddots & \vdots\\ 1 & \lambda_n & \lambda_n^2 & \cdots & \lambda_n^{n-1}\end{bmatrix}^{-1}\begin{bmatrix}\mathrm{e}^{\lambda_1 t}\\ \mathrm{e}^{\lambda_2 t}\\ \vdots\\ \mathrm{e}^{\lambda_n t}\end{bmatrix}$$

(2) $\boldsymbol{A}$ 有重特征值时，用上面方法得不到 n 个独立方程，因此必须增加一些方程来构成 n 个独立方程，具体做法举例加以说明。

设 $\boldsymbol{A}$ 的 n 个特征值中，λ_1 为 m 重根，其余 $n-m$ 个根为互异特征值，即

$$\underbrace{\lambda_1,\ \lambda_1,\cdots,\ \lambda_1}_{m个},\lambda_{m+1},\lambda_{m+2},\cdots,\ \lambda_n$$

将 $n-m$ 个单根代入式(2.8)后，得到 $n-m$ 个独立的方程如下。

$$\mathrm{e}^{\lambda_i t}=\alpha_0(t)\boldsymbol{I}+\alpha_1(t)\lambda_i+\alpha_2(t)\lambda_i^{\ 2}+\cdots+\alpha_{n-1}(t)\lambda_i^{\ n-1}\qquad (i=m+1,m+2,\cdots,n) \tag{2.9}$$

将 λ_1 代入方程后，得到下式

$$\mathrm{e}^{\lambda_1 t}=\alpha_0(t)+\alpha_1(t)\lambda_1+\alpha_2(t)\lambda_1^{\ 2}+\cdots+\alpha_{n-1}(t)\lambda_1^{\ n-1} \tag{2.10}$$

上式对 λ_1 求一次导数，得到一个方程，求 $m-1$ 次导数，便可得到 $m-1$ 个独立方程，将这 $m-1$ 个方程与式(2.9)、式(2.10)联立求解，即可求出 n 个待定系数 $\alpha_i(t)$。

设 $\boldsymbol{A}$ 的特征值中，λ_1 为三重根，λ_2 为二重根，其余为单根，则其解的表达形式为

$$\begin{bmatrix}\alpha_0(t)\\ \alpha_1(t)\\ \alpha_2(t)\\ \hline \alpha_3(t)\\ \alpha_4(t)\\ \hline \alpha_5(t)\\ \alpha_6(t)\\ \vdots\\ \alpha_{n-1}(t)\end{bmatrix}=\begin{bmatrix}1 & \lambda_1 & \lambda_1^2 & \lambda_1^3 & \cdots & \lambda_1^{n-1}\\ 0 & 1 & 2\lambda_1 & 3\lambda_1^2 & \cdots & \dfrac{(n-1)}{1!}\lambda_1^{n-2}\\ 0 & 0 & 2 & 3\lambda_1 & \cdots & \dfrac{(n-1)(n-2)}{2!}\lambda_1^{n-3}\\ \hline 1 & \lambda_2 & \lambda_2^2 & \lambda_2^3 & \cdots & \lambda_2^{n-1}\\ 0 & 1 & 2\lambda_2 & 3\lambda_2^2 & \cdots & \dfrac{(n-1)}{1!}\lambda_2^{n-2}\\ \hline 1 & \lambda_3 & \lambda_3^2 & \lambda_3^3 & \cdots & \lambda_3^{n-1}\\ 1 & \lambda_4 & \lambda_4^2 & \lambda_4^3 & \cdots & \lambda_4^{n-1}\\ \vdots & \vdots & \vdots & \vdots & \ddots & \vdots\\ 1 & \lambda_{n-1} & \lambda_{n-3}^2 & \lambda_{n-3}^3 & \cdots & \lambda_{n-3}^{n-1}\end{bmatrix}^{-1}\begin{bmatrix}\mathrm{e}^{\lambda_1 t}\\ \dfrac{1}{1!}t\mathrm{e}^{\lambda_1 t}\\ \dfrac{1}{2!}t^2\mathrm{e}^{\lambda_1 t}\\ \hline \mathrm{e}^{\lambda_2 t}\\ \dfrac{1}{1!}t\mathrm{e}^{\lambda_2 t}\\ \hline \mathrm{e}^{\lambda_3 t}\\ \mathrm{e}^{\lambda_4 t}\\ \vdots\\ \mathrm{e}^{\lambda_{n-3} t}\end{bmatrix}$$

[例 2.4] 已知 $\boldsymbol{A}=\begin{bmatrix}0 & 1\\ 0 & 2\end{bmatrix}$，求 e^{At}。

[解] $|\lambda\boldsymbol{I}-\boldsymbol{A}|=\lambda^2-2\lambda$。

所以有 $\lambda_1=0$，　$\lambda_2=2$。

根据式(2.8)有

$$\mathrm{e}^{0t}=\alpha_0(t)+\alpha_1(t)\cdot 0$$
$$\mathrm{e}^{2t}=\alpha_0(t)+\alpha_1(t)\cdot 2$$

解之得

$$\alpha_0(t)=1,\quad \alpha_1(t)=\frac{1}{2}(\mathrm{e}^{2t}-1)$$

$$\mathrm{e}^{At}=\alpha_0(t)\boldsymbol{I}+\alpha_1(t)\boldsymbol{A}=\begin{bmatrix}1&0\\0&1\end{bmatrix}+\frac{1}{2}(\mathrm{e}^{2t}-1)\begin{bmatrix}0&1\\0&2\end{bmatrix}=\begin{bmatrix}1&\frac{1}{2}(\mathrm{e}^{2t}-1)\\0&\mathrm{e}^{2t}\end{bmatrix}$$

[例 2.5] 已知 $\boldsymbol{A}=\begin{bmatrix}0&1&0\\0&0&1\\2&3&0\end{bmatrix}$，求 e^{At}。

[解] $|\lambda\boldsymbol{I}-\boldsymbol{A}|=\begin{vmatrix}\lambda&-1&0\\0&\lambda&-1\\-2&-3&\lambda\end{vmatrix}=\lambda^3-3\lambda-2=(\lambda+1)^2(\lambda-2)$

所以有 $\lambda_1=2$，　$\lambda_2=\lambda_3=-1$。

则

$$\mathrm{e}^{\lambda_1 t}=\alpha_0(t)+\alpha_1(t)\lambda_1+\alpha_2(t){\lambda_1}^2$$
$$\mathrm{e}^{\lambda_2 t}=\alpha_0(t)+\alpha_1(t)\lambda_2+\alpha_2(t){\lambda_2}^2$$
$$t\mathrm{e}^{\lambda_2 t}=\alpha_1(t)+2\alpha_2(t)\lambda_2$$

代入 λ_1，λ_2，联立求解上三式，得

$$\begin{bmatrix}\alpha_0(t)\\\alpha_1(t)\\\alpha_2(t)\end{bmatrix}=\begin{bmatrix}1&2&4\\1&-1&1\\0&1&-2\end{bmatrix}^{-1}\begin{bmatrix}\mathrm{e}^{2t}\\\mathrm{e}^{-t}\\t\mathrm{e}^{-t}\end{bmatrix}=\frac{1}{9}\begin{bmatrix}\mathrm{e}^{-2t}-8\mathrm{e}^{-t}+6t\mathrm{e}^{-t}\\2\mathrm{e}^{-2t}-2\mathrm{e}^{-t}+3t\mathrm{e}^{-t}\\\mathrm{e}^{-2t}-\mathrm{e}^{-t}-3t\mathrm{e}^{-t}\end{bmatrix}$$

$$\begin{aligned}\mathrm{e}^{At}&=\alpha_0(t)\boldsymbol{I}+\alpha_1(t)\boldsymbol{A}+\alpha_2(t)\boldsymbol{A}^2\\&=\frac{1}{9}(\mathrm{e}^{-2t}-8\mathrm{e}^{-t}+6t\mathrm{e}^{-t})\begin{bmatrix}1&0&0\\0&1&0\\0&0&1\end{bmatrix}+\frac{1}{9}(2\mathrm{e}^{-2t}-2\mathrm{e}^{-t}+3t\mathrm{e}^{-t})\begin{bmatrix}0&1&0\\0&0&1\\2&3&0\end{bmatrix}\\&\quad+\frac{1}{9}(\mathrm{e}^{-2t}-\mathrm{e}^{-t}-3t\mathrm{e}^{-t})\begin{bmatrix}0&1&0\\0&0&1\\2&3&0\end{bmatrix}\begin{bmatrix}0&1&0\\0&0&1\\2&3&0\end{bmatrix}\\&=\frac{1}{9}\begin{bmatrix}\mathrm{e}^{-2t}+(8+6t)\mathrm{e}^{-t}&2\mathrm{e}^{-2t}+(-2+3t)\mathrm{e}^{-t}&\mathrm{e}^{-2t}-(1+3t)\mathrm{e}^{-t}\\2\mathrm{e}^{-2t}-(2+6t)\mathrm{e}^{-t}&\mathrm{e}^{-2t}+(5-3t)\mathrm{e}^{-t}&2\mathrm{e}^{-2t}+(-2+3t)\mathrm{e}^{-t}\\4\mathrm{e}^{-2t}+(-4+6t)\mathrm{e}^{-t}&8\mathrm{e}^{-2t}+(-8+3t)\mathrm{e}^{-t}&4\mathrm{e}^{-2t}+(5-3t)\mathrm{e}^{-t}\end{bmatrix}\end{aligned}$$

---

4. 非奇异变换法

将一般的 $\boldsymbol{A}$ 矩阵化为对角阵或约旦阵后，再求 $e^{\boldsymbol{A}t}$。

若 $\boldsymbol{A}$ 为对角阵或约旦阵时，其矩阵指数可直接写出，即

$$若\ \boldsymbol{A}=\begin{bmatrix}\lambda_1 & & & \\ & \lambda_2 & & \\ & & \ddots & \\ & & & \lambda_n\end{bmatrix},\qquad 则\qquad e^{\boldsymbol{A}t}=\begin{bmatrix}e^{\lambda_1 t} & & & \\ & e^{\lambda_2 t} & & \\ & & \ddots & \\ & & & e^{\lambda_n t}\end{bmatrix}$$

$$若\ \boldsymbol{J}_i=\begin{bmatrix}\lambda_i & 1 & & \\ & \lambda_i & \ddots & \\ & & \ddots & 1 \\ & & & \lambda_i\end{bmatrix},\qquad 则\qquad e^{\boldsymbol{J}_i t}=\begin{bmatrix}1 & t & \frac{1}{2}t^2 & \cdots & \frac{t^{n-1}}{(n-1)!} \\ & 1 & t & & \frac{t^{n-2}}{(n-2)!} \\ & & 1 & \ddots & \vdots \\ & & & \ddots & t \\ & & & & 1\end{bmatrix}e^{\lambda_i t}$$

$$当\ \boldsymbol{A}=\begin{bmatrix}\boldsymbol{J}_1 & & & \\ & \boldsymbol{J}_2 & & \\ & & \ddots & \\ & & & \boldsymbol{J}_k\end{bmatrix},\qquad 则\qquad e^{\boldsymbol{A}t}=\begin{bmatrix}e^{\boldsymbol{J}_1 t} & & & \\ & e^{\boldsymbol{J}_2 t} & & \\ & & \ddots & \\ & & & e^{\boldsymbol{J}_k t}\end{bmatrix}$$

对于一般形式的 $\boldsymbol{A}$ 阵，根据线性代数知识，可以找到一个非奇异变换矩阵 $\boldsymbol{P}$，使 $\boldsymbol{P}^{-1}\boldsymbol{A}\boldsymbol{P}$ 为对角形式或约旦形式，根据矩阵指数的性质(7)，下式成立。

$$e^{\boldsymbol{A}t}=\boldsymbol{P}e^{\boldsymbol{P}^{-1}\boldsymbol{A}\boldsymbol{P}t}\boldsymbol{P}^{-1}$$

因而可以通过非奇异变换求得 $e^{\boldsymbol{A}t}$。

如何选取非奇异变换矩阵 $\boldsymbol{P}$ 呢？下面分两种情况讨论。

(1) $\boldsymbol{A}$ 有 n 个互异特征值，对应的 n 个线性无关的特征向量可以由下式求得

$$(\lambda_i\boldsymbol{I}-\boldsymbol{A})\boldsymbol{p}_i=0\qquad(i=1,2,3,\cdots,n)\tag{2.11}$$

由 n 个特征向量构成的矩阵 $\boldsymbol{P}=\begin{bmatrix}\boldsymbol{p}_1 & \boldsymbol{p}_2 & \cdots & \boldsymbol{p}_n\end{bmatrix}$ 非奇异，且有

$$\boldsymbol{P}^{-1}\boldsymbol{A}\boldsymbol{P}=\begin{bmatrix}\lambda_1 & & & \\ & \lambda_2 & & \\ & & \ddots & \\ & & & \lambda_n\end{bmatrix}$$

当 $\boldsymbol{A}$ 有 n 个互异特征值时，一定可以通过非奇异变换将其变换为对角标准形式。

2) 设 $\boldsymbol{A}$ 的 n 个特征值中有重根时，若能通过式(2.11)求出 n 个线性无关的特征向量，则也能通过非奇异变换将其变换为对角形式。一般情况下，只能变换为约旦标准形式。下面举例说明。设 $\boldsymbol{A}$ 的 n 个互异特征值中 λ_1 为 q 重根，其余 $n-q$ 个根为互异特征值，即

$$\underbrace{\lambda_1,\ \lambda_1,\cdots,\ \lambda_1}_{q个},\lambda_{q+1},\lambda_{q+2},\cdots,\ \lambda_n$$

设对应 λ_1，由式(2.11)可求得的 1 个线性无关的特征向量，表示为 p_1，还需要由下式求 $q-1$ 个广义特征向量。

$$(\lambda_i \boldsymbol{I}-\boldsymbol{A})\boldsymbol{p}_{i+1}=-\boldsymbol{p}_i \qquad (i=1,2,3,\cdots,q-1)$$

对应 $n-q$ 个单根，由式(2.11)可求得的线性无关的特征向量有 $n-q$ 个，表为 $p_{q+1},p_{q+2},\cdots,p_n$，由此可以构成非奇异变换阵

$$\boldsymbol{P}=\left[\begin{array}{cccc|ccc}\boldsymbol{p}_1 & \boldsymbol{p}_2 & \cdots & \boldsymbol{p}_q & \boldsymbol{p}_{q+1} & \cdots & \boldsymbol{p}_n\end{array}\right]$$

且有

$$\boldsymbol{P}^{-1}\boldsymbol{A}\boldsymbol{P}=\left[\begin{array}{cccc|cccc}\overbrace{\lambda_1 & 1 & & }^{q} & & & & \\ & \lambda_1 & \ddots & & & & & \\ & & \ddots & 1 & & & & \\ & & & \lambda_1 & & & & \\ \hline & & & & \lambda_{q+1} & & & \\ & & & & & \lambda_{q+2} & & \\ & & & & & & \ddots & \\ & & & & & & & \lambda_n\end{array}\right]$$

特别地，当 $\boldsymbol{A}$ 矩阵是友矩阵形式时，非奇异变换阵可以由其特征根直接构成。若 $\boldsymbol{A}$ 有 n 个互异特征值 λ_1，λ_2，$\cdots$，λ_n，则以下范德蒙特(Vandermond)矩阵可使 $\boldsymbol{A}$ 对角化。

$$\boldsymbol{P}=\begin{bmatrix}1 & 1 & \cdots & 1\\ \lambda_1 & \lambda_2 & \cdots & \lambda_n\\ \vdots & \vdots & \ddots & \vdots\\ \lambda_1^{n-1} & \lambda_2^{n-1} & \cdots & \lambda_n^{n-1}\end{bmatrix}$$

若 $\boldsymbol{A}$ 有重特征值，以 λ_1 为三重根，对应有一个独立的特征向量 $\boldsymbol{p}_1=\begin{bmatrix}1 & \lambda_1 & \cdots & \lambda_1^{n-1}\end{bmatrix}^{\mathrm{T}}$，$\lambda_2$ 为二重根，对应有一个独立的特征向量 $\boldsymbol{p}_2=\begin{bmatrix}1 & \lambda_2 & \cdots & \lambda_2^{n-1}\end{bmatrix}^{\mathrm{T}}$，其余为单根为例，其变换阵可写为

$$\boldsymbol{P}=\left[\begin{array}{ccc|cc|ccc}\boldsymbol{p}_1 & \dfrac{\mathrm{d}\boldsymbol{p}_1}{\mathrm{d}\lambda_1} & \dfrac{1}{2}\dfrac{\mathrm{d}^2\boldsymbol{p}_1}{\mathrm{d}\lambda_1^{\,2}} & \boldsymbol{p}_2 & \dfrac{\mathrm{d}\boldsymbol{p}_2}{\mathrm{d}\lambda_2} & \boldsymbol{p}_3 & \cdots & \boldsymbol{p}_{n-3}\end{array}\right]$$

[例 2.6] 已知 $\boldsymbol{A}=\begin{bmatrix}0 & 1\\ 0 & 2\end{bmatrix}$，求 $\mathrm{e}^{\boldsymbol{A}t}$。

[解] 由例 2.3 已求出 $\lambda_1=0,\lambda_2=2$。

对 $\lambda_1=0$，求特征向量

$$(\lambda_1\boldsymbol{I}-\boldsymbol{A})\boldsymbol{p}_1=\begin{bmatrix}\lambda_1 & -1\\ 0 & \lambda_1-2\end{bmatrix}\begin{bmatrix}\boldsymbol{p}_{11}\\ \boldsymbol{p}_{12}\end{bmatrix}=0$$

解得 $\boldsymbol{p}_1=\begin{bmatrix}1 & 0\end{bmatrix}^{\mathrm{T}}$，同理求得 $\boldsymbol{p}_2=\begin{bmatrix}1 & 2\end{bmatrix}^{\mathrm{T}}$

所以 $\boldsymbol{P}=\begin{bmatrix}\boldsymbol{p}_1 & \boldsymbol{p}_2\end{bmatrix}=\begin{bmatrix}1 & 1\\ 0 & 2\end{bmatrix}$，其逆阵为 $\boldsymbol{P}^{-1}=\dfrac{1}{2}\begin{bmatrix}2 & -1\\ 0 & 1\end{bmatrix}$。

$$P^{-1}AP=\frac{1}{2}\begin{bmatrix}2 & -1\\0 & 1\end{bmatrix}\begin{bmatrix}0 & 1\\0 & 2\end{bmatrix}\begin{bmatrix}1 & 1\\0 & 2\end{bmatrix}=\begin{bmatrix}0 & 0\\0 & 2\end{bmatrix}$$

$$e^{At}=Pe^{P^{-1}APt}P^{-1}=\frac{1}{2}\begin{bmatrix}1 & 1\\0 & 2\end{bmatrix}\begin{bmatrix}e^{0t} & \\ & e^{2t}\end{bmatrix}\begin{bmatrix}2 & -1\\0 & 1\end{bmatrix}=\begin{bmatrix}1 & \frac{1}{2}(e^{2t}-1)\\0 & e^{2t}\end{bmatrix}$$

由于本例中，A 是友矩阵形式，故变换阵 P 可直接写出。

[例 2.7] 已知 $A=\begin{bmatrix}0 & 1 & 0\\0 & 0 & 1\\2 & 3 & 0\end{bmatrix}$，求 e^{At}。

[解] 由例 2.5 已求出 $\lambda_1=2$， $\lambda_2=\lambda_3=-1$。

由于 A 是友矩阵形式，注意到有重根，可直接写出变换阵 P。

$$P=\begin{bmatrix}1 & 1 & 0\\2 & -1 & 1\\4 & 1 & -2\end{bmatrix}$$

其逆阵为

$$P^{-1}=\frac{1}{9}\begin{bmatrix}1 & 2 & 1\\8 & -2 & -1\\6 & 3 & -3\end{bmatrix}$$

$$e^{At}=Pe^{P^{-1}APt}P^{-1}=\frac{1}{9}\begin{bmatrix}1 & 1 & 0\\2 & -1 & 1\\4 & 1 & -2\end{bmatrix}\begin{bmatrix}e^{2t} & & \\ & e^{-t} & te^{-t}\\ & & e^{-t}\end{bmatrix}\begin{bmatrix}1 & 2 & 1\\8 & -2 & -1\\6 & 3 & -3\end{bmatrix}$$

$$=\frac{1}{9}\begin{bmatrix}e^{-2t}+(8+6t)e^{-t} & 2e^{-2t}+(-2+3t)e^{-t} & e^{-2t}-(1+3t)e^{-t}\\2e^{-2t}-(2+6t)e^{-t} & e^{-2t}+(5-3t)e^{-t} & 2e^{-2t}+(-2+3t)e^{-t}\\4e^{-2t}+(-4+6t)e^{-t} & 8e^{-2t}+(-8+3t)e^{-t} & 4e^{-2t}+(5-3t)e^{-t}\end{bmatrix}$$

2.1.4 非齐次状态方程的求解

考虑 $t_0=0$ 时，初始状态为零的线性定常系统的强迫运动方程

$$\begin{cases}\dot{x}(t)=Ax(t)+Bu(t)\\x(0)=0\end{cases}\qquad t\geqslant 0 \tag{2.12}$$

式中， $x(t)\in R^n, u(t)\in R^m$

求解状态响应，就是要求解这个非齐次方程。将状态方程作如下变形

$$\dot{x}(t)-Ax(t)=Bu(t)$$

上式左乘 e^{-At} 整理可得

$$e^{-At}[\dot{x}(t)-Ax(t)]=\frac{d}{dt}[e^{-At}x(t)]=e^{-At}Bu(t)$$

对上式从 0 到 t 进行积分，得到

$$e^{-At}[x(t)-x(0)]=\int_0^t e^{-A\tau}\boldsymbol{B}\boldsymbol{u}(\tau)d\tau$$

考虑到 $\boldsymbol{x}(0)=0$，并将上式两边左乘 e^{At}，就得到如下结论。

结论 2.3 由方程(2.12)所描述的非齐次状态方程的解的表达式为

$$\boldsymbol{x}(t)=\int_0^t e^{A(t-\tau)}\boldsymbol{B}\boldsymbol{u}(\tau)d\tau \qquad t\geqslant 0 \tag{2.13}$$

进一步，考虑 $t_0\neq 0$，那么系统的非齐次状态方程的解的更一般表达形式为

$$\boldsymbol{x}(t)=\int_{t_0}^t e^{A(t-\tau)}\boldsymbol{B}\boldsymbol{u}(\tau)d\tau \qquad t\geqslant t_0 \tag{2.14}$$

同时考虑初始状态 $\boldsymbol{x}_0$ 和控制作用 $\boldsymbol{u}(t)$ 的线性定常系统的运动规律，即状态方程

$$\dot{\boldsymbol{x}}(t)=\boldsymbol{A}\boldsymbol{x}(t)+\boldsymbol{B}\boldsymbol{u}(t),\quad \boldsymbol{x}(0)=\boldsymbol{x}_0 \qquad t\geqslant 0$$

的解的一般表达式可由式(2.4)和式(2.13)叠加而得到，因此给出如下结论。

结论 2.4 线性定常系统在初始状态 $\boldsymbol{x}_0$ 和控制作用 $\boldsymbol{u}(t)$ 同时作用下的状态运动的表达式为

$$\boldsymbol{x}(t)=e^{At}\boldsymbol{x}_0+\int_0^t e^{A(t-\tau)}\boldsymbol{B}\boldsymbol{u}(\tau)d\tau \qquad t\geqslant 0 \tag{2.15}$$

当 $t_0\neq 0$ 时，其表达式为

$$\boldsymbol{x}(t)=e^{A(t-t_0)}\boldsymbol{x}_0+\int_{t_0}^t e^{A(t-\tau)}\boldsymbol{B}\boldsymbol{u}(\tau)d\tau \qquad t\geqslant t_0 \tag{2.16}$$

式(2.15)或式(2.16)在物理上的含义是系统的运动由两部分组成，第一项是初始状态的转移项，第二项为控制输入作用下的受控项。正是由于受控项的存在，提供了通过选取适当的 $\boldsymbol{u}(t)$ 使状态 $\boldsymbol{x}(t)$ 的运动轨迹满足期望要求的可能性。控制作用是否对所有状态产生影响，还需进行判断，这就是第 3 章所要介绍的能控性问题。

[例 2.8] 已知系统方程为

$$\dot{\boldsymbol{x}}=\begin{bmatrix}-1 & 0\\ 0 & -2\end{bmatrix}\boldsymbol{x}+\begin{bmatrix}1\\1\end{bmatrix}\boldsymbol{u},\qquad \boldsymbol{x}(0)=\begin{bmatrix}2\\3\end{bmatrix}$$

$$\boldsymbol{y}=\begin{bmatrix}1.5 & 0.5\end{bmatrix}\boldsymbol{x}$$

求当(1) $\boldsymbol{u}(t)=0$；(2) $\boldsymbol{u}(t)=1(t)$ 时，系统的状态响应和输出响应。

[解] 首先求状态转移矩阵，由于 $\boldsymbol{A}$ 是对角形式，所以 $e^{At}=\begin{bmatrix}e^{-t} & \\ & e^{-2t}\end{bmatrix}$。

(1) 当 $\boldsymbol{u}(t)=0$ 时

$$\boldsymbol{x}(t)=e^{At}\boldsymbol{x}_0=\begin{bmatrix}e^{-t} & \\ & e^{-2t}\end{bmatrix}\begin{bmatrix}2\\3\end{bmatrix}=\begin{bmatrix}2e^{-t}\\3e^{-2t}\end{bmatrix}$$

$$\boldsymbol{y}(t)=\begin{bmatrix}1.5 & 0.5\end{bmatrix}\boldsymbol{x}(t)=3e^{-t}+1.5e^{-2t}$$

(2) 当 $\boldsymbol{u}(t)=1(t)$ 时

$$\int_0^t e^{A(t-\tau)}\boldsymbol{b}u(\tau)d\tau=\begin{bmatrix} e^{-t}\int_0^t e^{-\tau}d\tau \\ e^{-2t}\int_0^t e^{-2\tau}d\tau \end{bmatrix}=\begin{bmatrix} 1-e^{-t} \\ \frac{1}{2}(1-e^{-2t}) \end{bmatrix}$$

$$\boldsymbol{x}(t)=e^{At}x_0+\int_0^t e^{A(t-\tau)}\boldsymbol{b}u(\tau)d\tau=\begin{bmatrix} 2e^{-t} \\ 3e^{-2t} \end{bmatrix}+\begin{bmatrix} 1-e^{-t} \\ \frac{1}{2}(1-e^{-2t}) \end{bmatrix}=\begin{bmatrix} e^{-t}+1 \\ \frac{5}{2}e^{-2t}+\frac{1}{2} \end{bmatrix}$$

$$\boldsymbol{y}(t)=[1.5 \quad 0.5]\boldsymbol{x}(t)=\frac{7}{4}+\frac{3}{2}e^{-t}+\frac{5}{4}e^{-2t}$$

2.2 线性时变系统状态方程的解

2.2.1 线性时变系统的状态转移矩阵

对于线性时变系统

$$\dot{\boldsymbol{x}}(t)=\boldsymbol{A}(t)\boldsymbol{x}(t)+\boldsymbol{B}(t)\boldsymbol{u}(t),\quad \boldsymbol{x}(t_0)=\boldsymbol{x}_0 \qquad t\in[t_0,t_a] \tag{2.17}$$

式中，$\boldsymbol{x}(t)\in R^n,\boldsymbol{u}(t)\in R^m$。

当 $\boldsymbol{u}(t)\equiv 0$ 时，其自由运动可由下面的齐次状态方程描述

$$\dot{\boldsymbol{x}}(t)=\boldsymbol{A}(t)\boldsymbol{x}(t),\quad \boldsymbol{x}(t_0)=\boldsymbol{x}_0 \qquad t\in[t_0,t_a] \tag{2.18}$$

定义 2.2 线性时变系统的状态转移矩阵是满足如下矩阵微分方程和初始条件

$$\dot{\boldsymbol{\Phi}}(t,t_0)=\boldsymbol{A}(t)\boldsymbol{\Phi}(t,t_0),\quad \boldsymbol{\Phi}(t_0,t_0)=\boldsymbol{I} \tag{2.19}$$

的解阵 $\boldsymbol{\Phi}(t,t_0)$。

2.2.2 线性时变系统状态方程的解

由于

$$\frac{d}{dt}[\boldsymbol{\Phi}(t,t_0)\boldsymbol{x}(t_0)]=\boldsymbol{A}(t)\boldsymbol{\Phi}(t,t_0)\boldsymbol{x}(t_0)$$

令 $\boldsymbol{x}(t)=\boldsymbol{\Phi}(t,t_0)\boldsymbol{x}(t_0)$，则有

$$\dot{\boldsymbol{x}}(t)=\boldsymbol{A}(t)\boldsymbol{x}(t)$$

由此得到以下结论。

结论 2.5 方程(2.18)描述的线性时变系统齐次状态方程的解的一般表达形式为

$$\boldsymbol{x}(t)=\boldsymbol{\Phi}(t,t_0)\boldsymbol{x}(t_0) \qquad t\in[t_0,t_a]$$

其物理意义是：$\boldsymbol{\Phi}(t,t_0)$ 将系统的状态从初始时刻 t_0 的初始状态 $\boldsymbol{x}_0$ 转移到 t 时刻的状态 $\boldsymbol{x}(t)$，且 $\boldsymbol{x}(t)$ 的运动轨线由 $\boldsymbol{\Phi}(t,t_0)$ 所唯一地决定。

$\boldsymbol{\Phi}(t,t_0)$ 的表达式为

$$\boldsymbol{\Phi}(t,t_0)=\boldsymbol{I}+\int_{t_0}^{t}\boldsymbol{A}(\tau)d\tau+\int_{t_0}^{t}\boldsymbol{A}(\tau_1)\left[\int_{t_0}^{\tau_1}\boldsymbol{A}(\tau_2)d\tau_2\right]d\tau_1+\cdots \tag{2.20}$$

此式的正确性，可通过判断其满足式(2.19)的方程和起始条件而得到证实。

设式(2.18)的 n 个线性无关的解向量为 $\boldsymbol{\psi}_1(t)$，$\boldsymbol{\psi}_2(t)$，…，$\boldsymbol{\psi}_n(t)$，以其构成下列基本解

阵$\sum(t)$。

$$\sum(t)=\begin{bmatrix}\boldsymbol{\psi}_1(t) & \boldsymbol{\psi}_2(t) & \cdots & \boldsymbol{\psi}_n(t)\end{bmatrix}$$

由于基本解阵满足式(2.18)，即

$$\dot{\sum}(t)=\boldsymbol{A}(t)\sum(t)$$

进而有

$$\sum(t)=\boldsymbol{\Phi}(t,t_0)\sum(t_0)$$

$$\boldsymbol{\Phi}(t,t_0)=\sum(t)\sum{}^{-1}(t_0) \tag{2.21}$$

事实上状态转移矩阵可看作当$\sum(t_0)=\boldsymbol{I}$ (初态为自然基底)时的特殊基本解阵。由式(2.20)和式(2.21)出发，可以导出状态转移的重要性质。

(1) 可逆性：$\boldsymbol{\Phi}^{-1}(t,t_0)=\boldsymbol{\Phi}(t_0,t)$。

(2) 传递性：对任意t_2,t_1,t_0，且$t_2>t_1>t_0$，有$\boldsymbol{\Phi}(t_2,t_1)\boldsymbol{\Phi}(t_1,t_0)=\boldsymbol{\Phi}(t_2,t_0)$。

(3) 当$\boldsymbol{A}(t)$给定后，$\boldsymbol{\Phi}(t,t_0)$是唯一的。

[例 2.9] 已知线性时变系统$\dot{\boldsymbol{x}}=\boldsymbol{A}(t)\boldsymbol{x}$，其解如下。

当$\boldsymbol{x}(t_0)=\begin{bmatrix}0\\1\end{bmatrix}$时，$\boldsymbol{x}(t)=\begin{bmatrix}0\\1\end{bmatrix}$；当$\boldsymbol{x}(t_0)=\begin{bmatrix}2\\0\end{bmatrix}$时，$\boldsymbol{x}(t)=\begin{bmatrix}2\\t^2-t_0^2\end{bmatrix}$。

求系统的状态转移矩阵。

[解] 从$\boldsymbol{x}(t)=\boldsymbol{\Phi}(t,t_0)\boldsymbol{x}(t_0)$，可以写出下列方程

$$\begin{bmatrix}0 & 2\\1 & t^2-t_0^2\end{bmatrix}=\boldsymbol{\Phi}(t,t_0)\begin{bmatrix}0 & 2\\1 & 0\end{bmatrix}$$

所以

$$\boldsymbol{\Phi}(t,t_0)=\begin{bmatrix}0 & 2\\1 & t^2-t_0^2\end{bmatrix}\begin{bmatrix}0 & 2\\1 & 0\end{bmatrix}^{-1}=\begin{bmatrix}1 & 0\\\frac{1}{2}(t^2-t_0^2) & 1\end{bmatrix}$$

根据以上分析可以看出，线性时变系统的状态转移矩阵和线性定常系统的状态转移矩阵是相类似的，但应注意到它们的重要区别。

(1) 线性定常系统的状态转移矩阵只与$(t-t_0)$的时间差有关，故记为$\boldsymbol{\Phi}(t-t_0)$，而线性时变系统的状态转移矩阵与$[t,t_0]$的区间有关，其值依赖于t_0，故记为$\boldsymbol{\Phi}(t,t_0)$；

(2) 线性定常系统的状态转移矩阵通常总可以写成闭合形式$\boldsymbol{\Phi}(t-t_0)=\mathrm{e}^{\boldsymbol{A}(t-t_0)}$，而时变系统的状态转移矩阵往往无法求得闭合形式。分析式(2.20)，只有当

$$\boldsymbol{A}(t)\int_{t_0}^{t}\boldsymbol{A}(\tau)\mathrm{d}\tau=\int_{t_0}^{t}\boldsymbol{A}(\tau)\mathrm{d}\tau\cdot\boldsymbol{A}(t)$$

成立，即$\boldsymbol{A}(t)$和$\int_{t_0}^{t}\boldsymbol{A}(\tau)\mathrm{d}\tau$可交换时，也就是说，对任意时刻$t_1$和$t_2$都有

$$\boldsymbol{A}(t_1)\boldsymbol{A}(t_2)=\boldsymbol{A}(t_2)\boldsymbol{A}(t_1)$$

成立，才存在下列闭合的矩阵指数形式

$$\boldsymbol{\Phi}(t,t_0)=\mathrm{e}^{\int_{t_0}^{t}\boldsymbol{A}(\tau)\mathrm{d}\tau}$$

下面讨论式(2.17)中所示非齐次方程的解。

结论 2.6 式(2.17)中所示非齐次方程的解的表示形式为

$$\boldsymbol{x}(t)=\boldsymbol{\Phi}(t,t_0)\boldsymbol{x}_0+\int_{t_0}^{t}\boldsymbol{\Phi}(t,\tau)\boldsymbol{B}(\tau)\boldsymbol{u}(\tau)\mathrm{d}\tau \tag{2.22}$$

证明： 采用参数变易法。设方程的解为

$$\boldsymbol{x}(t)=\boldsymbol{\Phi}(t,t_0)\boldsymbol{\xi}(t)$$

则

$$\begin{aligned}\dot{\boldsymbol{x}}(t)&=\dot{\boldsymbol{\Phi}}(t,t_0)\boldsymbol{\xi}(t)+\boldsymbol{\Phi}(t,t_0)\dot{\boldsymbol{\xi}}(t)\\&=\boldsymbol{A}(t)\boldsymbol{\Phi}(t,t_0)\boldsymbol{\xi}(t)+\boldsymbol{\Phi}(t,t_0)\dot{\boldsymbol{\xi}}(t)\\&=\boldsymbol{A}(t)\boldsymbol{x}(t)+\boldsymbol{\Phi}(t,t_0)\dot{\boldsymbol{\xi}}(t)\end{aligned}$$

而

$$\dot{\boldsymbol{x}}(t)=\boldsymbol{A}(t)\boldsymbol{x}(t)+\boldsymbol{B}(t)\boldsymbol{u}(t)$$

因此

$$\dot{\boldsymbol{\xi}}(t)=\boldsymbol{\Phi}^{-1}(t,t_0)\boldsymbol{B}(t)\boldsymbol{u}(t)$$

两边积分

$$\boldsymbol{\xi}(t)=\boldsymbol{\xi}(t_0)+\int_{t_0}^{t}\boldsymbol{\Phi}^{-1}(\tau,t_0)\boldsymbol{B}(\tau)\boldsymbol{u}(\tau)\mathrm{d}\tau$$

因为

$$\boldsymbol{x}(t_0)=\boldsymbol{\Phi}(t_0,t_0)\boldsymbol{\xi}(t_0)=\boldsymbol{\xi}(t_0)$$

则

$$\begin{aligned}\boldsymbol{x}(t)&=\boldsymbol{\Phi}(t,t_0)\boldsymbol{x}(t_0)+\boldsymbol{\Phi}(t,t_0)\int_{t_0}^{t}\boldsymbol{\Phi}^{-1}(\tau,t_0)\boldsymbol{B}(\tau)\boldsymbol{u}(\tau)\mathrm{d}\tau\\&=\boldsymbol{\Phi}(t,t_0)\boldsymbol{x}_0+\int_{t_0}^{t}\boldsymbol{\Phi}(t,\tau)\boldsymbol{B}(\tau)\boldsymbol{u}(\tau)\mathrm{d}\tau\end{aligned}$$

证毕。

从式(2.22)中可以看出，线性时变系统解的表达式和线性定常系统解的表达式有类似的形式，系统的响应分为两个部分，一部分由初始状态引起，另一部分由输入作用引起。

[例 2.10] 给定线性时变系统

$$\dot{\boldsymbol{x}}=\begin{bmatrix}0 & t\\0 & 0\end{bmatrix}\boldsymbol{x}+\begin{bmatrix}1\\1\end{bmatrix}\boldsymbol{u},\qquad \boldsymbol{x}(1)=\begin{bmatrix}1\\2\end{bmatrix}$$

其中 $\boldsymbol{u}=1(t-1)$，求系统的状态响应。

[解] 因为 $\boldsymbol{A}(t_1)\boldsymbol{A}(t_2)=\boldsymbol{A}(t_2)\boldsymbol{A}(t_1)=0$

所以有

$$\boldsymbol{\Phi}(t,t_0)=\mathrm{e}^{\int_{t_0}^{t}\boldsymbol{A}(\tau)\mathrm{d}\tau}=\boldsymbol{I}+\int_1^t\begin{bmatrix}0 & \tau\\0 & 0\end{bmatrix}\mathrm{d}\tau+\frac{1}{2}\left\{\int_1^t\begin{bmatrix}0 & \tau\\0 & 0\end{bmatrix}\mathrm{d}\tau\right\}^2+\cdots=\begin{bmatrix}1 & \frac{1}{2}(t^2-1)\\0 & 1\end{bmatrix}$$

$$\int_{t_0}^{t}\boldsymbol{\Phi}(t,\tau)\boldsymbol{B}(\tau)\boldsymbol{u}(\tau)\mathrm{d}\tau=\int_1^t\begin{bmatrix}1 & \frac{1}{2}(t^2-\tau^2)\\0 & 1\end{bmatrix}\begin{bmatrix}1\\1\end{bmatrix}\mathrm{d}\tau=\begin{bmatrix}\frac{1}{3}t^3-\frac{1}{2}t^2+t-\frac{5}{6}\\t-1\end{bmatrix}$$

$$\boldsymbol{x}(t)=\boldsymbol{\Phi}(t,t_0)x_0+\int_{t_0}^{t}\boldsymbol{\Phi}(t,\tau)\boldsymbol{B}(\tau)\boldsymbol{u}(\tau)\mathrm{d}\tau=\begin{bmatrix}1 & \frac{1}{2}(t^2-1)\\0 & 1\end{bmatrix}\begin{bmatrix}1\\2\end{bmatrix}+\begin{bmatrix}\frac{1}{3}t^3-\frac{1}{2}t^2+t-\frac{5}{6}\\t-1\end{bmatrix}$$

$$=\begin{bmatrix}\frac{1}{3}t^3+\frac{1}{2}t^2+t-\frac{5}{6}\\t+1\end{bmatrix}$$

[例 2.11] 计算线性时变系统 $\dot{\boldsymbol{x}}=\begin{bmatrix}0 & 1\\0 & t\end{bmatrix}\boldsymbol{x}$ 的状态转移矩阵 $\boldsymbol{\Phi}(t,t_0)$。

[解] 因为

$$\boldsymbol{A}(t_1)\boldsymbol{A}(t_2)=\begin{bmatrix}0 & 1\\0 & t_1\end{bmatrix}\begin{bmatrix}0 & 1\\0 & t_2\end{bmatrix}=\begin{bmatrix}0 & t_2\\0 & t_1t_2\end{bmatrix}$$

$$\boldsymbol{A}(t_2)\boldsymbol{A}(t_1)=\begin{bmatrix}0 & 1\\0 & t_2\end{bmatrix}\begin{bmatrix}0 & 1\\0 & t_1\end{bmatrix}=\begin{bmatrix}0 & t_1\\0 & t_1t_2\end{bmatrix}$$

显然

$$\boldsymbol{A}(t_1)\boldsymbol{A}(t_2)\neq\boldsymbol{A}(t_2)\boldsymbol{A}(t_1)$$

所以必须按下式计算状态转移矩阵 $\boldsymbol{\Phi}(t,t_0)$

$$\boldsymbol{\Phi}(t,0)=\boldsymbol{I}+\int_0^t\boldsymbol{A}(\tau)\mathrm{d}\tau+\int_0^t\boldsymbol{A}(\tau_1)\left[\int_0^{\tau_1}\boldsymbol{A}(\tau_2)\mathrm{d}\tau_2\right]\mathrm{d}\tau_1+\cdots$$

$$=\boldsymbol{I}+\begin{bmatrix}0 & t\\0 & \frac{t^2}{2}\end{bmatrix}+\begin{bmatrix}0 & \frac{t^3}{6}\\0 & \frac{t^4}{8}\end{bmatrix}+\cdots=\begin{bmatrix}1 & t+\frac{t^3}{6}+\cdots\\0 & 1+\frac{t^2}{2}+\frac{t^4}{8}+\cdots\end{bmatrix}$$

2.3　线性定常离散时间系统的运动分析

对线性定常离散系统

$$\boldsymbol{x}(k+1)=\boldsymbol{G}\boldsymbol{x}(k)+\boldsymbol{H}\boldsymbol{u}(k),\quad \boldsymbol{x}(0)=\boldsymbol{x}_0,\quad k=0,1,2,\cdots \tag{2.23}$$

的运动分析，从数学上看，归结为对此差分方程的求解，其求解方法主要有两种：迭代法和 Z 变换法。

1. 迭代法

将 $k=0,1,2,\cdots,k-1$ 逐次代入式(2.23)后，得到

$$
\begin{aligned}
&\boldsymbol{x}(1)=\boldsymbol{G}\boldsymbol{x}(0)+\boldsymbol{H}\boldsymbol{u}(0)\\
&\boldsymbol{x}(2)=\boldsymbol{G}\boldsymbol{x}(1)+\boldsymbol{H}\boldsymbol{u}(1)=\boldsymbol{G}^2\boldsymbol{x}(0)+\boldsymbol{G}\boldsymbol{H}\boldsymbol{u}(0)+\boldsymbol{H}\boldsymbol{u}(1)\\
&\boldsymbol{x}(3)=\boldsymbol{G}\boldsymbol{x}(2)+\boldsymbol{H}\boldsymbol{u}(2)=\boldsymbol{G}^3\boldsymbol{x}(0)+\boldsymbol{G}^2\boldsymbol{H}\boldsymbol{u}(0)+\boldsymbol{G}\boldsymbol{H}\boldsymbol{u}(1)+\boldsymbol{H}\boldsymbol{u}(2)\\
&\vdots
\end{aligned}
$$

因此

$$\boldsymbol{x}(k)=\boldsymbol{G}^k\boldsymbol{x}(0)+\sum_{i=0}^{k-1}\boldsymbol{G}^{k-i-1}\boldsymbol{H}\boldsymbol{u}(i) \tag{2.24}$$

或表示为

$$\boldsymbol{x}(k)=\boldsymbol{G}^k\boldsymbol{x}(0)+\sum_{j=0}^{k-1}\boldsymbol{G}^j\boldsymbol{H}\boldsymbol{u}(k-j-1)$$

2. Z 变换法

对式(2.23)两边进行 Z 变换，可得

$$z\boldsymbol{X}(z)-z\boldsymbol{x}(0)=\boldsymbol{G}\boldsymbol{X}(z)+\boldsymbol{H}\boldsymbol{U}(z)$$

变形得

$$(z\boldsymbol{I}-\boldsymbol{G})\boldsymbol{X}(z)=z\boldsymbol{x}(0)+\boldsymbol{H}\boldsymbol{U}(z)$$

因此

$$\boldsymbol{X}(z)=(z\boldsymbol{I}-\boldsymbol{G})^{-1}z\boldsymbol{x}(0)+(z\boldsymbol{I}-\boldsymbol{G})^{-1}\boldsymbol{H}\boldsymbol{U}(z)$$

对上式两边进行 Z 反变换，可得

$$\boldsymbol{x}(k)=\boldsymbol{Z}^{-1}[(z\boldsymbol{I}-\boldsymbol{G})^{-1}z]\boldsymbol{x}(0)+\boldsymbol{Z}^{-1}[(z\boldsymbol{I}-\boldsymbol{G})^{-1}\boldsymbol{H}\boldsymbol{U}(z)] \tag{2.25}$$

结论 2.7 式(2.23)所描述的系统的解的表达式为

$$
\begin{aligned}
\boldsymbol{x}(k)&=\boldsymbol{G}^k\boldsymbol{x}(0)+\sum_{i=0}^{k-1}\boldsymbol{G}^{k-i-1}\boldsymbol{H}\boldsymbol{u}(i)\\
&=\boldsymbol{Z}^{-1}[(z\boldsymbol{I}-\boldsymbol{G})^{-1}z]\boldsymbol{x}(0)+\boldsymbol{Z}^{-1}[(z\boldsymbol{I}-\boldsymbol{G})^{-1}\boldsymbol{H}\boldsymbol{U}(z)]
\end{aligned}
$$

分析线性定常离散系统的解的表达式，有以下结论。

(1) 解的形式与连续系统状态方程的解很相似，解的第一部分只与系统的结构和初始状态有关，是由初始状态引起的自由运动分量。

(2) 解的第二部分是由输入的各次采样信号引起的受控分量，其值与控制作用 $\boldsymbol{u}$ 的大小、性质及系统的结构有关。在输入引起的响应中，第 k 个时刻的状态只取决于所有此时刻之前的输入采样值，与第 k 个时刻的输入采样值无关。

(3) 比较式(2.24)和式(2.25)知

$$
\begin{aligned}
&\boldsymbol{G}^k=\boldsymbol{Z}^{-1}[(z\boldsymbol{I}-\boldsymbol{G})^{-1}z]\\
&\sum_{i=0}^{k-1}\boldsymbol{G}^{k-i-1}\boldsymbol{H}\boldsymbol{u}(i)=\boldsymbol{Z}^{-1}[(z\boldsymbol{I}-\boldsymbol{G})^{-1}\boldsymbol{H}\boldsymbol{U}(z)]
\end{aligned}
$$

(4) 与连续时间系统的解对照，可以看出，在离散时间系统中，状态转移矩阵为

$$\boldsymbol{\Phi}(k)=\boldsymbol{G}^k$$

显然它是

$$\boldsymbol{\Phi}(k+1)=\boldsymbol{G}\boldsymbol{\Phi}(k),\quad \boldsymbol{\Phi}(0)=\boldsymbol{I}$$

的唯一解，具有前述状态转移矩阵的性质。

[例 2.12] 给定离散时间系统方程和初始状态如下，求系统的状态转移矩阵和输入为单位阶跃信号时系统的状态响应。

$$\boldsymbol{x}(k+1)=\begin{bmatrix}0 & 1\\ -0.16 & -1\end{bmatrix}\boldsymbol{x}(k)+\begin{bmatrix}1\\1\end{bmatrix}\boldsymbol{u}(k),\quad \boldsymbol{x}(0)=\begin{bmatrix}1\\-1\end{bmatrix}$$

[解] (1) 求系统的状态转移矩阵 $\boldsymbol{\Phi}(k)=\boldsymbol{G}^k=\boldsymbol{Z}^{-1}[(z\boldsymbol{I}-\boldsymbol{G})^{-1}z]$。

$$(z\boldsymbol{I}-\boldsymbol{G})^{-1}=\begin{bmatrix}z & -1\\ 0.16 & z+1\end{bmatrix}^{-1}=\frac{1}{(z+0.2)(z+0.8)}\begin{bmatrix}z+1 & 1\\ -0.16 & z\end{bmatrix}$$

$$=\begin{bmatrix}\dfrac{\frac{4}{3}}{z+0.2}+\dfrac{-\frac{1}{3}}{z+0.8} & \dfrac{\frac{5}{3}}{z+0.2}+\dfrac{-\frac{5}{3}}{z+0.8}\\ \dfrac{-\frac{4}{15}}{z+0.2}+\dfrac{\frac{4}{15}}{z+0.8} & \dfrac{-\frac{1}{3}}{z+0.2}+\dfrac{\frac{4}{3}}{z+0.8}\end{bmatrix}$$

$$\boldsymbol{\Phi}(k)=\boldsymbol{G}^k=\boldsymbol{Z}^{-1}[(z\boldsymbol{I}-\boldsymbol{G})^{-1}z]=\begin{bmatrix}\frac{4}{3}(-0.2)^k-\frac{1}{3}(-0.8)^k & \frac{5}{3}(-0.2)^k-\frac{5}{3}(-0.8)^k\\ -\frac{4}{15}(-0.2)^k+\frac{4}{15}(-0.8)^k & -\frac{1}{3}(-0.2)^k+\frac{4}{3}(-0.8)^k\end{bmatrix}$$

(2) 求系统的状态响应。

方法一：利用递推公式。

$$\boldsymbol{x}(1)=\begin{bmatrix}0 & 1\\ -0.16 & -1\end{bmatrix}\boldsymbol{x}(0)+\begin{bmatrix}1\\1\end{bmatrix}\boldsymbol{u}(0)=\begin{bmatrix}0 & 1\\ -0.16 & -1\end{bmatrix}\begin{bmatrix}1\\-1\end{bmatrix}+\begin{bmatrix}1\\1\end{bmatrix}=\begin{bmatrix}0\\1.84\end{bmatrix}$$

$$\boldsymbol{x}(2)=\begin{bmatrix}0 & 1\\ -0.16 & -1\end{bmatrix}\boldsymbol{x}(1)+\begin{bmatrix}1\\1\end{bmatrix}\boldsymbol{u}(1)=\begin{bmatrix}0 & 1\\ -0.16 & -1\end{bmatrix}\begin{bmatrix}0\\1.84\end{bmatrix}+\begin{bmatrix}1\\1\end{bmatrix}=\begin{bmatrix}2.84\\-0.84\end{bmatrix}$$

$$\boldsymbol{x}(3)=\begin{bmatrix}0 & 1\\ -0.16 & -1\end{bmatrix}\boldsymbol{x}(2)+\begin{bmatrix}1\\1\end{bmatrix}\boldsymbol{u}(2)=\begin{bmatrix}0 & 1\\ -0.16 & -1\end{bmatrix}\begin{bmatrix}2.84\\-0.84\end{bmatrix}+\begin{bmatrix}1\\1\end{bmatrix}=\begin{bmatrix}0.16\\1.386\end{bmatrix}$$

$$\vdots$$

依此类推，可以得到状态的解序列。

方法二：利用 Z 变换法。

$$z\boldsymbol{x}(0)+\boldsymbol{h}U(z)=z\begin{bmatrix}1\\-1\end{bmatrix}+\begin{bmatrix}1\\1\end{bmatrix}\frac{z}{z-1}=\begin{bmatrix}\dfrac{z^2}{z-1}\\ \dfrac{-z^2+2z}{z-1}\end{bmatrix}$$

所以

$$\boldsymbol{X}(z)=\begin{bmatrix}\dfrac{-\frac{17z}{6}}{z+0.2}+\dfrac{\frac{22z}{9}}{z+0.8}+\dfrac{\frac{25z}{18}}{z-1}\\ \dfrac{\frac{17z}{30}}{z+0.2}+\dfrac{-\frac{88z}{45}}{z+0.8}+\dfrac{\frac{7z}{18}}{z-1}\end{bmatrix}$$

$$x(k)=\begin{bmatrix} -\frac{17}{6}(-0.2)^k+\frac{22}{9}(-0.8)^k+\frac{25}{18} \\ \frac{17}{30}(-0.2)^k-\frac{88}{45}(-0.8)^k+\frac{7}{18} \end{bmatrix} \qquad k=1,2,3,\cdots$$

2.4　利用 MATLAB 分析状态空间模型

本节将举例介绍如何用 MATLAB 计算、分析本章的内容。

[例 2.13] 已知 $A=\begin{bmatrix} 0 & 1 \\ -2 & -3 \end{bmatrix}$，求 e^{At}。

[解] 本题用三种方法求解。

源程序：

```
% ex2_13_1.m
% 状态转移矩阵的指数矩阵计算法
a=[0 1;-2 -3];              % 输入状态矩阵 A;
syms t;                     % 定义变量;
eat1=expm(a*t)              % 求 e^At ;
```

运行结果：

```
eat1 =
[    -exp(-2*t)+2*exp(-t),       exp(-t)-exp(-2*t)]
[ -2*exp(-t)+2*exp(-2*t),      2*exp(-2*t)-exp(-t)]
```

源程序：

```
% ex2_13_2.m
% 状态转移矩阵的拉氏反变换计算法
a=[0 1;-2 -3];                       % 输入状态矩阵 A;
syms s t;
G= inv(s*eye(size(a))-a)             % 求预解矩阵;
eat2 =ilaplace(G)                    % 求拉氏反变换;
```

运行结果：

```
G =
[ (s+3)/(s^2+3*s+2),      1/(s^2+3*s+2)]
[     -2/(s^2+3*s+2),      s/(s^2+3*s+2)]
eat2 =
[    -exp(-2*t)+2*exp(-t),       exp(-t)-exp(-2*t)]
[ -2*exp(-t)+2*exp(-2*t),     2*exp(-2*t)-exp(-t)]
```

源程序：

```
% ex2_13_3.m
% 非奇异变换法—计算特征值及特征向量矩阵
```

```
a=[0 1;-2 -3];                % 输入状态矩阵 A;
syms t;
[P,D]=eig(a);                 % 求 A 的特征值和特征向量(P 为特征向量构成的矩阵;
                              % D 为特征值构成的矩阵);
Q=inv(P);                     % 求变换阵的逆阵;
eat3=P*expm(D*t)*Q
```

运行结果：

```
eat3 =
[   -exp(-2*t)+2*exp(-t),      exp(-t)-exp(-2*t)]
[ -2*exp(-t)+2*exp(-2*t),    2*exp(-2*t)-exp(-t)]
```

[例 2.14] 利用 MATLAB 求解例 2.8 题，并画出状态响应和输出响应曲线。

[解] 源程序：

```
% ex2_14.m
% 计算例 2.8 题的零状态响应、零输入响应和输出响应，并画出响应图
a=[-1 0;0 -2]; b=[1;1];          % 输入系统矩阵 A
c=[1.5 0.5]; d=0;
G=ss(a,b,c,d);                   % 建立状态空间描述的系统模型
x0=[2;3];                        % 初始状态
syms s t;
G0=inv(s*eye(size(a))-a);        % 求零输入响应 x1
x1=ilaplace(G0)*x0
G1=inv(s*eye(size(a))-a)*b;      % 求零状态响应 x2
x2=ilaplace(G1/s)
x=x1+x2                          % 系统的状态响应 x
y=c*x                            % 系统的输出响应 y
for I=1:61;                      % 计算在各时间点状态值 xt 和输出值 yt
    tt=0.1*(I-1);
    xt(:,I)=subs(x(:),'t',tt);
    yt(I)=subs(y,'t',tt);
end;
plot(0:60,[xt;yt]);              % 绘响应曲线
```

运行结果：

```
x1 =
[   2*exp(-t)]
[ 3*exp(-2*t)]
x2 =
[          1-exp(-t)]
[ 1/2-1/2*exp(-2*t)]
x =
[          exp(-t)+1]
[ 5/2*exp(-2*t)+1/2]
y =
3/2*exp(-t)+7/4+5/4*exp(-2*t)
```

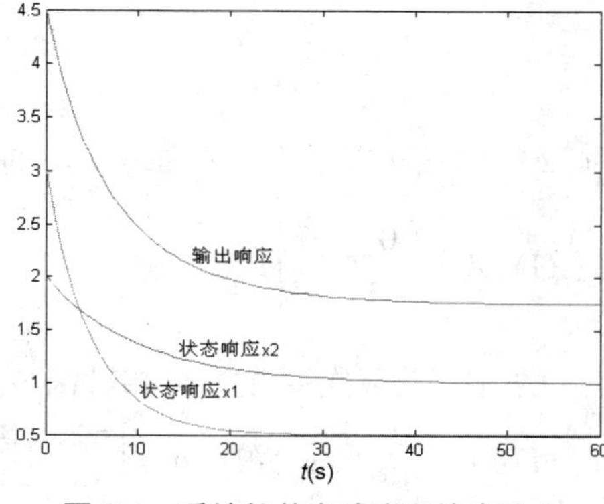

图 2.1 系统的状态响应和输出响应

[例 2.15] 利用 MATLAB 求解例 2.12 题。

[解] 源程序：

```
% ex2_15.m
% 求解例 2.12
G=[0 1;-0.16 -1]; h=[1;1];                % 输入系统矩阵
x0=[1;-1];                                 % 初始状态
syms z n k;
thta=inv(z*eye(size(G))-G)*z;              % 求状态转移矩阵 thtak
thtak=iztrans(thta,k)
uz=z/(z-1);                                % 求单位阶跃响应 xk
xk=iztrans(thta*x0+thta/z*h*uz)
```

运行结果：

```
thtak =
[   4/3*(-1/5)^k-1/3*(-4/5)^k,    5/3*(-1/5)^k-5/3*(-4/5)^k]
[ -4/15*(-1/5)^k+4/15*(-4/5)^k,   -1/3*(-1/5)^k+4/3*(-4/5)^k]
xk =
[ -17/6*(-1/5)^n+22/9*(-4/5)^n+25/18]
[ 17/30*(-1/5)^n-88/45*(-4/5)^n+7/18]
```

2.5 小　　结

本章主要对线性系统的运动行为进行了定量分析，从数学上讲，是求解状态方程的解。引出了状态转移矩阵的概念，线性系统的解的表达式由两部分组成，第一部分与系统的初始状态有关，是由初始状态引起的自由运动分量；第二部分是由输入引起的受控分量，其值与控制作用 $u(t)$ 及系统的结构有关。本章重点讨论了线性定常系统状态方程的解，对其状态转移矩阵 e^{At} 给出了四种求解方法。最后，举例介绍了用 MATLAB 计算、分析本章内容的方法。

2.6 习　　题

2.1 用三种方法计算下列矩阵 $\boldsymbol{A}$ 的矩阵指数函数 e^{At}。

(1) $\boldsymbol{A}=\begin{bmatrix}0 & 6\\ -1 & -5\end{bmatrix}$；　(2) $\boldsymbol{A}=\begin{bmatrix}0 & 1 & 0\\ 0 & 0 & 1\\ -6 & -11 & -6\end{bmatrix}$

2.2 计算下列矩阵的矩阵指数函数 e^{At}。

(1) $\boldsymbol{A}=\begin{bmatrix}0 & 1\\ 0 & 0\end{bmatrix}$；(2) $\boldsymbol{A}=\begin{bmatrix}-2 & 0\\ 0 & -1\end{bmatrix}$；(3) $\boldsymbol{A}=\begin{bmatrix}0 & 1\\ -1 & 0\end{bmatrix}$；(4) $\boldsymbol{A}=\begin{bmatrix}1 & 2\\ 0 & 1\end{bmatrix}$

(5) $A=\begin{bmatrix}-1 & 1 & 0\\ 0 & -1 & 0\\ 0 & 0 & -2\end{bmatrix}$；　(6) $A=\begin{bmatrix}1 & 0 & 0\\ 0 & 1 & 0\\ 0 & 1 & 2\end{bmatrix}$；　(7) $A=\begin{bmatrix}0 & 1 & 0\\ 0 & 0 & 1\\ 0 & 0 & 0\end{bmatrix}$

2.3 已知系统方程如下。

$$\dot{x}=\begin{bmatrix}0 & 1\\ -6 & -5\end{bmatrix}x+\begin{bmatrix}1\\ 0\end{bmatrix}u$$

$$y=\begin{bmatrix}1 & -1\end{bmatrix}x$$

求输入和初值为以下值时的状态响应和输出响应。

(1) $u(t)=0$，$x(0)=\begin{bmatrix}1\\ 0\end{bmatrix}$；　(2) $u(t)=1(t)$，$x(0)=\begin{bmatrix}0\\ 0\end{bmatrix}$

(3) $u(t)=1(t)$，$x(0)=\begin{bmatrix}1\\ 1\end{bmatrix}$；　(4) $u(t)=t\cdot 1(t)$，$x(0)=\begin{bmatrix}0\\ 1\end{bmatrix}$

2.4 验证下列矩阵是否满足状态转移矩阵的条件，若满足，求相应的状态系数矩阵 A。

$$\Phi(t)=\begin{bmatrix}\frac{1}{2}(e^{-t}+e^{-3t}) & \frac{1}{4}(-e^{-t}+e^{-3t})\\ -e^{-t}+e^{-3t} & \frac{1}{2}(e^{-t}+e^{-3t})\end{bmatrix}$$

2.5 对线性定常系统 $\dot{x}=Ax(t)$，已知

$$x(0)=\begin{bmatrix}1\\ -1\end{bmatrix}\text{ 时}\qquad x(t)=\begin{bmatrix}e^{-2t}\\ -e^{-2t}\end{bmatrix}$$

$$x(0)=\begin{bmatrix}2\\ -1\end{bmatrix}\text{ 时}\qquad x(t)=\begin{bmatrix}2e^{-t}\\ -e^{-t}\end{bmatrix}$$

求系统矩阵 A。

2.6 已知线性时变系统的系统矩阵如下，计算状态转移矩阵 $\Phi(t,0)$。

(1) $A(t)=\begin{bmatrix}t & 0\\ 0 & 0\end{bmatrix}$；　(2) $A(t)=\begin{bmatrix}1 & 0\\ t & 1\end{bmatrix}$

2.7 给定系统 $\dot{x}=A(t)x$ 和其伴随方程 $\dot{z}=-A^{T}(t)z$，其状态转移矩阵分别用 $\Phi(t,t_0)$ 和 $\Phi_z(t,t_0)$ 表示，证明：$\Phi(t,t_0)\Phi_z^{T}(t,t_0)=I$。

2.8 求解下列系统的状态响应。

$$\dot{x}=\begin{bmatrix}0 & 0\\ t & 0\end{bmatrix}x+\begin{bmatrix}1\\ 1\end{bmatrix}u,\qquad x(1)=\begin{bmatrix}1\\ 2\end{bmatrix},\qquad u(t)=1(t-1)$$

2.9 已知如下离散时间系统，$x(0)=\begin{bmatrix}-1 & 1\end{bmatrix}^{T}$，$u(k)$ 是从单位斜坡函数 t 采样得到的，求系统的状态响应。

$$x(k+1)=\begin{bmatrix}0.5 & 0.125\\ 0.125 & 0.5\end{bmatrix}x(k)+\begin{bmatrix}1\\ 1\end{bmatrix}u(k)$$

2.10 已知如下离散时间系统，初值 $x(0)=[1\ \ 2]^{T}$，试求 $u(k)$，使系统能在第二个采样时刻转移到原点。

$$x(k+1)=\begin{bmatrix}1 & 0.5\\ 0 & 0.1\end{bmatrix}x(k)+\begin{bmatrix}0.3\\ 0.4\end{bmatrix}u(k)$$

第 3 章　能控性与能观测性

本章讨论线性系统的定性分析问题，主要介绍系统的两个基本结构特性：能控性和能观测性，并给出其若干判据。这两个概念由 R.E.Kalman 于 20 世纪 60 年代初首先提出并研究，对于控制和估计问题的研究，有着重要的意义。此外，还将讨论标准型、结构分解、最小实现等对系统的综合和设计而言十分基本的内容。

图 3.1 给出一个由控制对象和控制器构成的控制系统。这里有两个问题：一是由控制器所提供的控制作用是否必然能对系统所有状态起到控制作用，即系统的全部状态是否均能在控制信号作用下，由初始状态转移到任意状态，这就是将要讨论的能控性问题；二是要检测系统的实际状态，来确定控制器发出的控制信号，但系统的状态往往不是都可以测量的，而输出量一般都可以测量到，那么能否利用有限时间内的系统输出量的量测值，确定系统的状态，这就是将要讨论的能观测性问题。注意，观测带有估计的含义，而量测是指用仪表来检测。

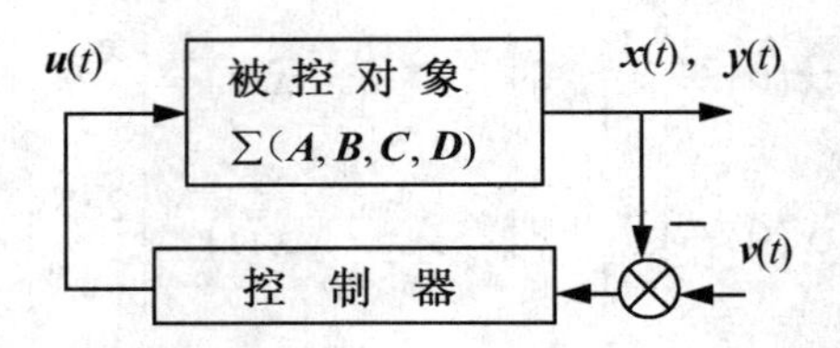

图 3.1　控制系统的示意图

3.1　线性连续系统的能控性与能观测性

3.1.1　线性系统的能控性定义及判据

1. 线性系统的能控性定义

定义 3.1 设线性时变系统的状态方程为

$$\begin{cases}\dot{\boldsymbol{x}}(t)=\boldsymbol{A}(t)\boldsymbol{x}(t)+\boldsymbol{B}(t)\boldsymbol{u}(t)\\ \boldsymbol{x}(t_0)=\boldsymbol{x}_0\end{cases}\qquad (t\in J)\tag{3.1}$$

式中，$\boldsymbol{x}(t)\in R^n,\boldsymbol{u}(t)\in R^m$

(1) 对于 $t_0\in J$ 时刻的初始状态 $\boldsymbol{x}_0\neq 0$，存在 $t_1\in J$，$t_1>t_0$ 和容许控制 $\boldsymbol{u}(t)$，使 $\boldsymbol{x}(t_1)=0$，则称系统的状态 $\boldsymbol{x}_0$ 在 t_0 时刻是能控的。

(2) 如果状态空间中的所有非零状态在 $t_0\in J$ 时刻为能控的，则称系统的状态在 t_0 时刻完全能控，简称系统完全可控，或系统可控。

(3) 若状态空间中有一个或多个非零状态在 $t_0 \in J$ 时刻是不能控状态，则称系统是不完全能控的。

对定义 3.1 作如下说明。

(1) 容许控制 $\boldsymbol{u}(t)$ 是指在讨论的时间区间 $[t_0,t_1]$ 内，$\boldsymbol{u}(t)$ 是平方可积的。

(2) 选取 $\boldsymbol{x}(t_1)=0$，是为了分析、计算方便。

(3) 若假定 $\boldsymbol{x}(t_0)$=0，在有限时间 $[t_0,t_1]$ 内，存在容许控制 $\boldsymbol{u}(t)$，使状态转移到任意指定状态 $\boldsymbol{x}(t_1)\neq 0$，则称为状态能达性。对连续的线性定常系统，二者等价。

(4) 式(3.1)的状态解在 $t=t_1$ 时为

$$\boldsymbol{x}(t_1)=\boldsymbol{\Phi}(t_1,t_0)x_0+\int_{t_0}^{t_1}\boldsymbol{\Phi}(t_1,\tau)\boldsymbol{B}(\tau)\boldsymbol{u}(\tau)\mathrm{d}\tau$$

根据能控性定义有

$$0=\boldsymbol{\Phi}(t_1,t_0)x_0+\int_{t_0}^{t_1}\boldsymbol{\Phi}(t_1,\tau)\boldsymbol{B}(\tau)\boldsymbol{u}(\tau)\mathrm{d}\tau$$

考虑 $\boldsymbol{\Phi}(t_1,t_0)$ 非奇异及其性质，上式整理变形为

$$\boldsymbol{x}_0=-\int_{t_0}^{t_1}\boldsymbol{\Phi}(t_0,\tau)\boldsymbol{B}(\tau)\boldsymbol{u}(\tau)\mathrm{d}\tau$$

对于线性定常系统，上式可写成

$$\boldsymbol{x}_0=-\int_{t_0}^{t_1}\mathrm{e}^{\boldsymbol{A}(t_0-\tau)}\boldsymbol{B}\boldsymbol{u}(\tau)\mathrm{d}\tau$$

定义中只要求能找到 $\boldsymbol{u}(t)$，使 t_0 时刻的非零状态在有限的时间内转移到状态空间的坐标原点，而对状态转移的轨迹不作任何规定。

(5) 对线性时变系统，其能控性与初始时刻 t_0 的选取有关；而对于线性定常系统，其能控性与初始时刻 t_0 无关，若系统在 t_0 时刻完全能控，则系统在任意初始时刻能控，为计算、分析方便，可设 $t_0=0$。

2. 线性时变系统的能控性判据

定理 3.1 由式(3.1)描述的线性时变系统，在 $t_0\in J$ 时刻完全能控的充分必要条件是，存在一个有限时间 $t_1\in J$，$t_1>t_0$，使如下定义的格拉姆(Gram)矩阵

$$\boldsymbol{W}_c(t_0,t_1)\triangleq\int_{t_0}^{t_1}\boldsymbol{\Phi}(t_0,t)\boldsymbol{B}(t)\boldsymbol{B}^{\mathrm{T}}(t)\boldsymbol{\Phi}^{\mathrm{T}}(t_0,t)\mathrm{d}t \tag{3.2}$$

为非奇异，其中 $\boldsymbol{\Phi}(t_0,t)$ 为系统式(3.1)的状态转移矩阵的逆矩阵。

证明 充分性，采用构造法证明。

在 t_1 时刻　$\boldsymbol{x}(t_1)=\boldsymbol{\Phi}(t_1,t_0)\boldsymbol{x}_0+\int_{t_0}^{t_1}\boldsymbol{\Phi}(t_1,t)\boldsymbol{B}(t)\boldsymbol{u}(t)\mathrm{d}t$

若对某个 $t_1>t_0$，$\boldsymbol{W}_c(t_0,t_1)$ 非奇异，构造 $\boldsymbol{u}(t)$ 为

$$\boldsymbol{u}(t)=-\boldsymbol{B}^{\mathrm{T}}(t)\boldsymbol{\Phi}^{\mathrm{T}}(t_0,t)\boldsymbol{W}_c^{-1}(t_0,t_1)\boldsymbol{x}_0 \qquad t\in[t_0,t_1]$$

则

$$\boldsymbol{x}(t_1)=\boldsymbol{\Phi}(t_1,t_0)\boldsymbol{x}_0-\left[\int_{t_0}^{t_1}\boldsymbol{\Phi}(t_1,t)\boldsymbol{B}(t)\boldsymbol{B}^{\mathrm{T}}(t)\boldsymbol{\Phi}^{\mathrm{T}}(t_0,t)\mathrm{d}t\right]\boldsymbol{W}_c^{-1}(t_0,t_1)\boldsymbol{x}_0$$

$$
=\boldsymbol{\Phi}(t_1,t_0)\boldsymbol{x}_0-\boldsymbol{\Phi}(t_1,t_0)\boldsymbol{W}_c(t_0,t_1)\boldsymbol{W}_c^{-1}(t_0,t_1)\boldsymbol{x}_0
$$

$$
=0
$$

上式表明，若$\boldsymbol{W}_c(t_0,t_1)$非奇异，只要选择构造的$\boldsymbol{u}(t)$，就能使最终状态$\boldsymbol{x}(t_1)=0$，因此，系统是完全能控的。

必要性。采用反证法证明。

设系统状态完全能控，$\boldsymbol{W}_c(t_0,t_1)$是奇异的，若存在一非零向量$\boldsymbol{x}_0(x_0\neq 0)$，则有$\boldsymbol{x}_0^{\mathrm{T}}\boldsymbol{W}_c(t_0,t_1)\boldsymbol{x}_0=0$。即

$$
\boldsymbol{x}_0^{\mathrm{T}}\boldsymbol{W}_c(t_0,t_1)\boldsymbol{x}_0=\int_{t_0}^{t_1}\boldsymbol{x}_0^{\mathrm{T}}\boldsymbol{\Phi}(t_0,t)\boldsymbol{B}(t)\boldsymbol{B}^{\mathrm{T}}(t)\boldsymbol{\Phi}^{\mathrm{T}}(t_0,t)\boldsymbol{x}_0\mathrm{d}t
$$

$$
=\int_{t_0}^{t_1}\boldsymbol{h}^{\mathrm{T}}\boldsymbol{h}\mathrm{d}t
$$

$$
\boldsymbol{h}=\boldsymbol{B}^{\mathrm{T}}(t)\boldsymbol{\Phi}^{\mathrm{T}}(t_0,t)\boldsymbol{x}_0 \quad \text{(列向量)}
$$

($\boldsymbol{h}^{\mathrm{T}}\boldsymbol{h}$为$\boldsymbol{h}$的范数的平方)由于被积函数的连续非负性，意味着$\boldsymbol{h}^{\mathrm{T}}=0$或$\boldsymbol{h}=0$。因为

$$
\boldsymbol{x}(t_1)=\boldsymbol{\Phi}(t_1,t_0)\boldsymbol{x}_0+\int_{t_0}^{t_1}\boldsymbol{\Phi}(t_1,t)\boldsymbol{B}(t)\boldsymbol{u}(t)\mathrm{d}t
$$

上式两边先左乘$\boldsymbol{\Phi}^{-1}(t_1,t_0)$，再左乘$x_0^{\mathrm{T}}$

$$
\boldsymbol{x}_0^{\mathrm{T}}\boldsymbol{\Phi}(t_0,t_1)\boldsymbol{x}(t_1)=\boldsymbol{x}_0^{\mathrm{T}}\boldsymbol{x}_0+\int_{t_0}^{t_1}\boldsymbol{x}_0^{\mathrm{T}}\boldsymbol{\Phi}(t_0,t)\boldsymbol{B}(t)\boldsymbol{u}(t)\mathrm{d}t=\boldsymbol{x}_0^{\mathrm{T}}\boldsymbol{x}_0
$$

因假设系统是能控的，即$\boldsymbol{x}(t_1)=0$。所以　$\boldsymbol{x}_0^{\mathrm{T}}\boldsymbol{x}_0=0$，即　$\boldsymbol{x}_0=0$。与假设$\boldsymbol{x}_0\neq 0$矛盾，所以，在能控的条件下，假设$\boldsymbol{W}_c(t_0,t_1)$为奇异的不能成立。

即系统完全能控的充分必要条件是$\boldsymbol{W}_c(t_0,t_1)$满秩。

证毕。

[例 3.1]　判断如下系统的能控性。

$$
\dot{\boldsymbol{x}}=\begin{bmatrix}0 & t\\ 0 & 0\end{bmatrix}x+\begin{bmatrix}1\\ 0\end{bmatrix}\boldsymbol{u},\qquad t_0=0
$$

[解]　首先求状态转移矩阵，在例 2.10 中已求出$\boldsymbol{\Phi}(t,t_0)$为

$$
\boldsymbol{\Phi}(t,t_0)=\begin{bmatrix}1 & \frac{1}{2}(t^2-t_0^2)\\ 0 & 1\end{bmatrix}
$$

$$
\boldsymbol{W}_c(0,t_1)=\int_0^{t_1}\boldsymbol{\Phi}(0,t)\boldsymbol{B}(t)\boldsymbol{B}^{\mathrm{T}}(t)\boldsymbol{\Phi}^{\mathrm{T}}(0,t)\mathrm{d}t
$$

$$
=\int_0^{t_1}\begin{bmatrix}1 & -\frac{1}{2}t^2\\ 0 & 1\end{bmatrix}\begin{bmatrix}1\\ 0\end{bmatrix}\begin{bmatrix}1 & 0\end{bmatrix}\begin{bmatrix}1 & 0\\ -\frac{1}{2}t^2 & 1\end{bmatrix}\mathrm{d}t
$$

$$
=\int_0^{t_1}\begin{bmatrix}1 & 0\\ 0 & 0\end{bmatrix}\mathrm{d}t
$$

$$
=\begin{bmatrix}t_1 & 0\\ 0 & 0\end{bmatrix}
$$

可以看出，$\boldsymbol{W}_c(0,t_1)$ 是奇异的，即不存在 $t_1>0$ 使 $\boldsymbol{W}_c(0,t_1)$ 非奇异，故系统在 $t_0=0$ 状态不完全能控。

---

3. 线性定常系统的能控性判据

设线性定常系统的状态方程为

$$\dot{\boldsymbol{x}}(t)=\boldsymbol{A}\boldsymbol{x}(t)+\boldsymbol{B}\boldsymbol{u}(t),\quad \boldsymbol{x}(0)=\boldsymbol{x}_0,\quad t\geqslant 0 \tag{3.3}$$

式中，$\boldsymbol{x}\in R^n,\boldsymbol{u}\in R^m$。

定理 3.2 由式(3.3)描述的线性定常系统完全能控的充分必要条件是，存在时刻 $t_1>0$，使如下定义的格拉姆(Gram)矩阵

$$\boldsymbol{W}_c(0,t_1)\triangleq\int_0^{t_1}\mathrm{e}^{-\boldsymbol{A}t}\boldsymbol{B}\boldsymbol{B}^{\mathrm{T}}\mathrm{e}^{-\boldsymbol{A}^{\mathrm{T}}t}\mathrm{d}t$$

为非奇异的。

此定理的证明与时变情况相同，此处略去。

定理 3.3 由式(3.3)描述的线性定常系统完全能控的充分必要条件是

$$\mathrm{rank}\boldsymbol{Q}_c=\mathrm{rank}[\boldsymbol{B}\vdots\boldsymbol{A}\boldsymbol{B}\vdots\cdots\vdots\boldsymbol{A}^{n-1}\boldsymbol{B}]=n$$

其中，n 为矩阵 $\boldsymbol{A}$ 的维数，$\boldsymbol{Q}_c$ 称为系统的能控性判别矩阵。

证明：式(3.3)状态方程的解

$$\boldsymbol{x}(t)=\mathrm{e}^{\boldsymbol{A}t}\boldsymbol{x}_0+\int_0^t\mathrm{e}^{\boldsymbol{A}(t-\tau)}\boldsymbol{B}\boldsymbol{u}(\tau)\mathrm{d}\tau$$

根据能控性定义

$$\boldsymbol{x}(t_1)=\mathrm{e}^{\boldsymbol{A}t_1}\boldsymbol{x}_0+\int_0^{t_1}\mathrm{e}^{\boldsymbol{A}(t_1-\tau)}\boldsymbol{B}\boldsymbol{u}(\tau)\mathrm{d}\tau=0$$

$$\boldsymbol{x}_0=-\int_0^{t_1}\mathrm{e}^{-\boldsymbol{A}\tau}\boldsymbol{B}\boldsymbol{u}(\tau)\mathrm{d}\tau$$

利用凯莱-哈密尔顿定理，任一方阵都满足其自身的特征方程，根据式(2.8)，状态转移矩阵 $\mathrm{e}^{\boldsymbol{A}t}$ 可表示为 $\boldsymbol{A}^{n-1},\boldsymbol{A}^{n-2},\cdots,\boldsymbol{A},\boldsymbol{I}$ 的线性组合，即 $\mathrm{e}^{-\boldsymbol{A}\tau}=\sum\limits_{i=0}^{n-1}\alpha_i(-\tau)\boldsymbol{A}^i$，$\alpha_i(-\tau)$ 是 $-\tau$ 的无穷级数，则

$$\begin{aligned}\boldsymbol{x}_0&=-\int_0^{t_1}\sum_{i=0}^{n-1}\alpha_i(-\tau)\boldsymbol{A}^i\boldsymbol{B}\boldsymbol{u}(\tau)\mathrm{d}\tau\\&=-\sum_{i=0}^{n-1}\boldsymbol{A}^i\boldsymbol{B}\int_0^{t_1}\alpha_i(-\tau)\boldsymbol{u}(\tau)\mathrm{d}\tau\\&=-\sum_{i=0}^{n-1}\boldsymbol{A}^i\boldsymbol{B}f_i\end{aligned}$$

$$\left[\boldsymbol{B}\ \vdots\ \boldsymbol{A}\boldsymbol{B}\ \vdots\ \cdots\ \vdots\ \boldsymbol{A}^{n-1}\boldsymbol{B}\right]\begin{bmatrix}f_0\\f_1\\\vdots\\f_{n-1}\end{bmatrix}=-\boldsymbol{x}_0$$

如果方程组有解，则必须使 $\mathrm{rank}\boldsymbol{Q}_c = n$，即有 n 个线性独立的列向量。

证毕。

[例 3.2] 已知系统状态方程为

$$\begin{bmatrix}\dot{x}_1\\ \dot{x}_2\\ \dot{x}_3\end{bmatrix}=\begin{bmatrix}1&1&0\\0&1&0\\0&1&1\end{bmatrix}\begin{bmatrix}x_1\\x_2\\x_3\end{bmatrix}+\begin{bmatrix}0&1\\1&0\\0&1\end{bmatrix}\begin{bmatrix}u_1\\u_2\end{bmatrix}$$

试判断系统的能控性。

[解] 构造能控性判别矩阵

$$\boldsymbol{Q}_c=\begin{bmatrix}\boldsymbol{B} & \boldsymbol{AB} & \boldsymbol{A}^2\boldsymbol{B}\end{bmatrix}=\begin{bmatrix}0&1&1&1&2&1\\1&0&1&0&1&0\\0&1&1&1&2&1\end{bmatrix}$$

因为 $\mathrm{rank}\boldsymbol{Q}_c = 2 < n$，所以系统是状态不完全能控的，有一个状态不能控，系统能控子空间为二维。

[例 3.3] 判断图 3.2 所示两个蓄水池系统的能控性。设两个蓄水池的横截面积分别为 S_1, S_2，液面高度为 h_1, h_2，平衡工作状态为 (Q_0, C_{10}, C_{20})，离开平衡状态单位时间的流量为 Q，通过阀的流量为 C_1，漏流量为 C_2，阀的流量的阻抗和漏流量的阻抗分别为 R_1, R_2。分析以流量 Q 为输入，蓄水池 2 的液位 h_2 为输出时，系统的能控性。

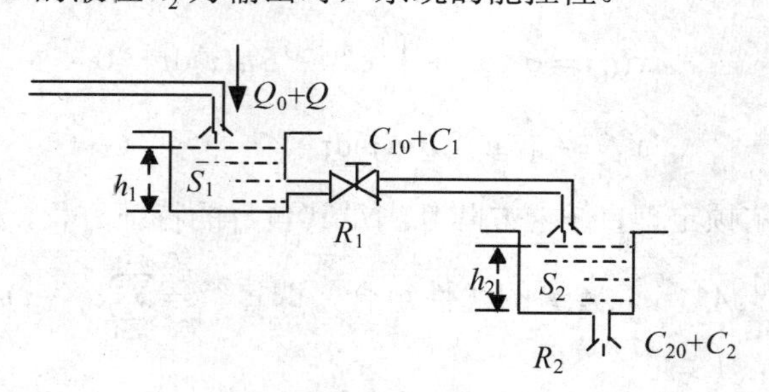

图 3.2 两个蓄水池系统

[解] 首先建立系统的状态方程。根据流体力学定律，考虑到离开平衡状态的液面变化，可列写下面一组微分方程

$$\begin{cases} S_1\dfrac{\mathrm{d}h_1}{\mathrm{d}t}=Q-C_1 \\ S_2\dfrac{\mathrm{d}h_2}{\mathrm{d}t}=C_1-C_2 \end{cases}$$

令 $x_1 = h_1, x_2 = h_2, u = Q$，且 C_1、C_2 与液位成正比，$C_1=\dfrac{x_1}{R_1}, C_2=\dfrac{x_2}{R_2}$，上式经整理可写出下面矩阵形式

$$\begin{bmatrix}\dot{x}_1\\ \dot{x}_2\end{bmatrix}=\begin{bmatrix}-\dfrac{1}{S_1R_1} & 0\\ \dfrac{1}{S_2R_1} & -\dfrac{1}{S_2R_2}\end{bmatrix}\begin{bmatrix}x_1\\ x_2\end{bmatrix}+\begin{bmatrix}\dfrac{1}{S_1}\\ 0\end{bmatrix}\boldsymbol{u}$$

$$\boldsymbol{Q}_c=[\boldsymbol{b}\quad \boldsymbol{Ab}]=\begin{bmatrix}\dfrac{1}{S_1} & -\dfrac{1}{S_1^2R_1}\\ 0 & \dfrac{1}{S_1S_2R_1}\end{bmatrix}$$

因为 $\text{rank}\boldsymbol{Q}_c=2=n$，所以系统是状态完全能控的，说明输入量能够引起两个水槽的水位 h_1、h_2 的变化。

[例 3.4] 给定二阶系统

$$\dot{\boldsymbol{x}}=\begin{bmatrix}a & 1\\ 0 & b\end{bmatrix}\boldsymbol{x}+\begin{bmatrix}1\\ 1\end{bmatrix}\boldsymbol{u}$$

确定使系统完全能控的参数 a 和 b 的关系式。

[解] 因为　$\boldsymbol{Q}_c=[\boldsymbol{b}\quad \boldsymbol{Ab}]=\begin{bmatrix}1 & a+1\\ 1 & b\end{bmatrix}$

为使系统完全能控，能控性矩阵的行列式应不为零，即 $b\neq a+1$。

定理 3.4 由式(3.3)描述的线性定常系统完全能控的充分必要条件是

(1) 当矩阵 $\boldsymbol{A}$ 为对角标准型，且对角元素均不相同时，对应的 $\boldsymbol{B}$ 阵无元素全为零的行。

(2) 当矩阵 $\boldsymbol{A}$ 为约当标准型，且每个约当块所对应的特征值均不相同时，对应的 $\boldsymbol{B}$ 阵中与每个约当块最后一行所对应的各行无元素全为零的行。

此定理可以用能控性判别矩阵的秩来证明。

[例 3.5] 判断下列系统的能控性。

(1) $\begin{bmatrix}\dot{x}_1\\ \dot{x}_2\\ \dot{x}_3\end{bmatrix}=\begin{bmatrix}-1 & 0 & 0\\ 0 & -2 & 0\\ 0 & 0 & -3\end{bmatrix}\begin{bmatrix}x_1\\ x_2\\ x_3\end{bmatrix}+\begin{bmatrix}1\\ -1\\ 1\end{bmatrix}\boldsymbol{u}$

(2) $\begin{bmatrix}\dot{x}_1\\ \dot{x}_2\\ \dot{x}_3\end{bmatrix}=\begin{bmatrix}0 & 0 & 0\\ 0 & 5 & 0\\ 0 & 0 & 2\end{bmatrix}\begin{bmatrix}x_1\\ x_2\\ x_3\end{bmatrix}+\begin{bmatrix}0 & 1\\ 0 & 0\\ 2 & 4\end{bmatrix}\boldsymbol{u}$

(3) $\begin{bmatrix}\dot{x}_1\\ \dot{x}_2\\ \dot{x}_3\end{bmatrix}=\begin{bmatrix}-1 & 1 & 0\\ 0 & -1 & 0\\ 0 & 0 & -2\end{bmatrix}\begin{bmatrix}x_1\\ x_2\\ x_3\end{bmatrix}+\begin{bmatrix}0\\ 4\\ 3\end{bmatrix}\boldsymbol{u}$

(4) $\begin{bmatrix}\dot{x}_1\\ \dot{x}_2\\ \dot{x}_3\\ \dot{x}_4\\ \dot{x}_5\end{bmatrix}=\begin{bmatrix}-5 & 1 & 0 & 0 & 0\\ 0 & -5 & 0 & 0 & 0\\ 0 & 0 & -3 & 1 & 0\\ 0 & 0 & 0 & -3 & 0\\ 0 & 0 & 0 & 0 & -2\end{bmatrix}\begin{bmatrix}x_1\\ x_2\\ x_3\\ x_4\\ x_5\end{bmatrix}+\begin{bmatrix}0 & 0\\ 4 & 2\\ 0 & 1\\ 0 & 0\\ 1 & 0\end{bmatrix}\begin{bmatrix}u_1\\ u_2\end{bmatrix}$

[解] (1)、(2)是对角标准型，(1)中 $\boldsymbol{b}$ 阵中无元素全零的行，故系统完全能控；(2)中 $\boldsymbol{B}$ 阵第二行元素全零，故系统不完全能控。

(3)、(4)是约当标准型，(3)中约当块 $\begin{bmatrix}-1 & 1\\ 0 & -1\end{bmatrix}$ 最后一行和单根-2 对应的 $\boldsymbol{b}$ 阵相应的行均不是零向量，故系统完全能控；(4)中约当块 $\begin{bmatrix}-3 & 1\\ 0 & -3\end{bmatrix}$ 最后一行对应的 $\boldsymbol{B}$ 阵相应行为零向量，故系统不完全能控。

在使用定理 3.4 时，必须注意使用条件，要求对角元素均不相同或每个约当块所对应的特征值均不相同时才能使用，否则将出错。

[例 3.6] 判断下列系统的能控性。

(1) $\dot{\boldsymbol{x}}=\begin{bmatrix}-2 & 0\\ 0 & -2\end{bmatrix}\boldsymbol{x}+\begin{bmatrix}2\\ 1\end{bmatrix}\boldsymbol{u}$

(2) $\dot{\boldsymbol{x}}=\begin{bmatrix}-3 & 1 & 0\\ 0 & -3 & 0\\ 0 & 0 & -3\end{bmatrix}\boldsymbol{x}+\begin{bmatrix}0\\ 1\\ 3\end{bmatrix}\boldsymbol{u}$

[解] 对系统(1)：$\mathrm{rank}\boldsymbol{Q}_c=\mathrm{rank}\begin{bmatrix}2 & -4\\ 1 & -2\end{bmatrix}=1$

对系统(2)：$\mathrm{rank}\boldsymbol{Q}_c=\mathrm{rank}\begin{bmatrix}0 & 1 & -6\\ 1 & -3 & 9\\ 3 & -9 & 27\end{bmatrix}=2$

故系统(1)、(2)均不完全能控。

注意到，在本例中，虽然(1)是对角标准型，(2)是约当标准型，但不满足定理 3.4 的条件，若直接引用定理 3.4 将得出错误的结论。

状态能控的条件也可由频域形式给出，即分析状态-输入间传递函数(阵)有无零极点对消现象。

[例 3.7] 判断下列系统的能控性，并求状态-输入间的传递函数。

[解] 因为

$$\begin{bmatrix}\dot{x}_1\\ \dot{x}_2\\ \dot{x}_3\end{bmatrix}=\begin{bmatrix}0&0&-1\\1&0&-3\\0&1&-3\end{bmatrix}\begin{bmatrix}x_1\\x_2\\x_3\end{bmatrix}+\begin{bmatrix}1\\1\\0\end{bmatrix}\boldsymbol{u}$$

$$\boldsymbol{y}=\begin{bmatrix}0&1&-2\end{bmatrix}\begin{bmatrix}x_1\\x_2\\x_3\end{bmatrix}$$

$$\text{rank}\boldsymbol{Q}_c=\text{rank}\begin{bmatrix}\boldsymbol{b}&\boldsymbol{Ab}&\boldsymbol{A}^2\boldsymbol{b}\end{bmatrix}=\text{rank}\begin{bmatrix}1&0&-1\\1&1&-3\\0&1&-2\end{bmatrix}=2$$

所以系统是不完全能控的。

状态−输入间的传递函数

$$\frac{\boldsymbol{X}(s)}{\boldsymbol{U}(s)}=(s\boldsymbol{I}-\boldsymbol{A})^{-1}\boldsymbol{b}=\begin{bmatrix}s&0&1\\-1&s&3\\0&-1&s+3\end{bmatrix}^{-1}\begin{bmatrix}1\\1\\0\end{bmatrix}=\frac{1}{(s+1)^3}\begin{bmatrix}s^2+3s+2\\s^2+4s+3\\s+1\end{bmatrix}=\frac{1}{(s+1)^2}\begin{bmatrix}s+2\\s+3\\1\end{bmatrix}$$

由此例可以看出，系统不完全能控，在求状态−输入间的传递函数时，出现了零极点对消现象，显然此时系统的传递函数 $\boldsymbol{c}(s\boldsymbol{I}-\boldsymbol{A})^{-1}\boldsymbol{b}$ 中必会出现零极点对消现象。

定理 3.5 对单输入系统，$(s\boldsymbol{I}-\boldsymbol{A})^{-1}\boldsymbol{b}$ 无零极点对消是系统完全能控的充分必要条件。

注意：此定理对多输入系统仅是充分条件。

[例 3.8] 判断下列系统的能控性，并求状态−输入间的传递函数和系统的传递函数。

$$\dot{\boldsymbol{x}}=\begin{bmatrix}1&3&2\\0&4&2\\0&0&1\end{bmatrix}\boldsymbol{x}+\begin{bmatrix}0&1\\0&0\\1&0\end{bmatrix}\boldsymbol{u},\quad \boldsymbol{y}=\begin{bmatrix}1&0&0\\0&0&1\end{bmatrix}\boldsymbol{x}$$

[解] 因为

$$\text{rank}\boldsymbol{Q}_c=\text{rank}\begin{bmatrix}0&1&2&1&10&1\\0&0&2&0&10&0\\1&0&1&0&1&0\end{bmatrix}=3$$

所以系统是状态完全能控的。其状态−输入间的传递函数为

$$\frac{\boldsymbol{X}(s)}{\boldsymbol{U}(s)}=(s\boldsymbol{I}-\boldsymbol{A})^{-1}\boldsymbol{B}=\frac{1}{(s-1)^2(s-4)}\begin{bmatrix}(s-1)(s-4)&3(s-1)&2(s-1)\\0&(s-1)^2&2(s-1)\\0&0&(s-1)(s-4)\end{bmatrix}\begin{bmatrix}0&1\\0&0\\1&0\end{bmatrix}$$

$$=\frac{1}{(s-1)(s-4)}\begin{bmatrix}2&s-4\\2&0\\s-4&0\end{bmatrix}$$

$$C(sI-A)^{-1}B=\frac{1}{(s-1)^2(s-4)}\begin{bmatrix}1&0&0\\0&0&1\end{bmatrix}\begin{bmatrix}(s-1)(s-4)&3(s-1)&2(s-1)\\0&(s-1)^2&2(s-1)\\0&0&(s-1)(s-4)\end{bmatrix}\begin{bmatrix}0&1\\0&0\\1&0\end{bmatrix}$$

$$=\frac{1}{(s-1)(s-4)}\begin{bmatrix}2&s-4\\s-4&0\end{bmatrix}$$

从本例可以看出，系统是完全能控的，但在求状态−输入间的传递函数和系统的传递函数时发生因子对消，因此，对于多输入系统来说，定理 3.5 不是系统完全能控的充分必要条件。

3.1.2　线性系统的能观测性定义及判据

1. 线性系统的能观测性定义

能观测性表征系统状态可由输出的完全反映性，所以要同时考虑系统的状态方程和输出方程

$$\begin{aligned}\dot{x}(t)&=A(t)x(t)+B(t)u(t) \qquad t\in J\\ y(t)&=C(t)x(t)+D(t)u(t) \qquad x(t_0)=x_0\end{aligned} \tag{3.4}$$

式中，$x\in R^n, u\in R^m, y\in R^p$，是有限时间域。

式(3.4)状态方程的解为

$$x(t)=\Phi(t,t_0)x_0+\int_{t_0}^{t}\Phi(t,\tau)B(\tau)u(\tau)\mathrm{d}\tau$$

将其代入输出方程，可得输出响应

$$y(t)=C(t)\Phi(t,t_0)x_0+C(t)\int_{t_0}^{t}\Phi(t,\tau)B(\tau)u(\tau)\mathrm{d}\tau+D(t)u(t)$$

在研究能观测性问题中，对给定的$u(t)$，讨论由$y(t)$确定x_0的问题，若x_0能确定，那么由状态方程解的方程便可以确定任意时刻的状态。因此$u(t)$不影响系统的能观测性，故可令$u(t)=0$，因而有如下结论。

结论 3.1　强迫运动系统式(3.4)的能观测性等价于它的自由运动系统的能观测性。

以后研究能观测性问题时都基于下式进行

$$\begin{aligned}\dot{x}(t)&=A(t)x(t) \qquad t\in J\\ y(t)&=C(t)x(t) \qquad x(t_0)=x_0\end{aligned} \tag{3.5}$$

定义 3.2　对式(3.5)描述的线性时变系统

(1) 若存在$t_1\in J$，根据$[t_0,t_1]$上的$y(t)$的量测值，能够唯一的确定系统在t_0时刻的状态x_0，则称x_0在时刻t_0是能观测状态。

(2) 若根据$[t_0,t_1]$上的$y(t)$的量测值，能够唯一地确定系统在t_0时刻的任意初始状态x_0，则称系统状态完全能观测，简称系统完全能观测。

(3) 若根据$[t_0,t_1]$上的$y(t)$的量测值，不能唯一地确定系统所有初始状态，则称系统状态不完全能观测，简称系统不完全能观测。

对定义 3.2 也可像对能控性定义那样给出类似的解释。

2. 线性时变系统的能观测性判据

定理 3.6 由式(3.5)描述的线性时变系统在 $t_0 \in J$ 时刻完全可观测的充分必要条件是，存在一个有限时间 $t_1 \in J$，$t_1 > t_0$，使如下定义的格拉姆(Gram)矩阵

$$\boldsymbol{W}_\mathrm{o}(t_0,t_1) \triangleq \int_{t_0}^{t_1} \boldsymbol{\Phi}^\mathrm{T}(t,t_0)\boldsymbol{C}^\mathrm{T}(t)\boldsymbol{C}(t)\boldsymbol{\Phi}(t,t_0)\mathrm{d}t \tag{3.6}$$

为非奇异的，其中 $\boldsymbol{\Phi}(t,t_0)$ 为系统(3.5)的状态转移矩阵。

证明： 充分性。对给定的任意 $\boldsymbol{x}_0$

$$\begin{cases}\boldsymbol{x}(t) = \boldsymbol{\Phi}(t,t_0)\boldsymbol{x}_0 \\ \boldsymbol{y}(t) = \boldsymbol{C}(t)\boldsymbol{\Phi}(t,t_0)\boldsymbol{x}_0\end{cases}$$

左乘 $\boldsymbol{\Phi}^\mathrm{T}(t,t_0)\boldsymbol{C}^\mathrm{T}(t)$，再在 $[t_0,t_1]$ 上进行积分

$$\begin{aligned}\int_{t_0}^{t_1} \boldsymbol{\Phi}^\mathrm{T}(t,t_0)\boldsymbol{C}^\mathrm{T}(t)\boldsymbol{y}(t)\mathrm{d}t &= \boldsymbol{x}_0\int_{t_0}^{t_1} \boldsymbol{\Phi}^\mathrm{T}(t,t_0)\boldsymbol{C}^\mathrm{T}(t)\boldsymbol{C}(t)\boldsymbol{\Phi}(t,t_0)\mathrm{d}t \\ &= \boldsymbol{W}_\mathrm{o}(t_0,t_1)\boldsymbol{x}_0\end{aligned}$$

上式表明，仅当 $\boldsymbol{W}_\mathrm{o}(t_0,t_1)$ 为非奇异时，$\boldsymbol{x}_0$ 有唯一解，即可以根据 $[t_0,t_1]$ 上的量测量 $\boldsymbol{y}(t)$ 唯一地确定出 $\boldsymbol{x}_0$，也就是系统在 t_0 的状态完全能观测。

必要性。若系统是 $[t_0,t_1]$ 上状态完全能观的，但设 $\boldsymbol{W}_\mathrm{o}(t_0,t_1)$ 奇异，存在非零状态 $\boldsymbol{x}_0$，则

$$\begin{aligned}\int_{t_0}^{t_1} \boldsymbol{y}^\mathrm{T}(t)\boldsymbol{y}(t)\mathrm{d}t &= \int_{t_0}^{t_1} \boldsymbol{x}_0^\mathrm{T}\boldsymbol{\Phi}^\mathrm{T}(t,t_0)\boldsymbol{C}^\mathrm{T}(t)\boldsymbol{C}(t)\boldsymbol{\Phi}(t,t_0)\boldsymbol{x}_0\mathrm{d}t \\ &= \boldsymbol{x}_0^\mathrm{T}\boldsymbol{W}_\mathrm{o}(t_0,t_1)\boldsymbol{x}_0 \equiv 0\end{aligned}$$

也即

$$\boldsymbol{y}^\mathrm{T}(t)\boldsymbol{y}(t) = \|\boldsymbol{y}(t)\|^2 \equiv 0$$

$$\boldsymbol{y}(t) = \boldsymbol{C}(t)\boldsymbol{\Phi}(t,t_0)\boldsymbol{x}_0 \equiv 0$$

上式表明无法通过 $\boldsymbol{y}(t)$ 来确定非零 $\boldsymbol{x}_0$，即 $\boldsymbol{x}_0$ 为不能观状态，而这与假设矛盾，所以假设 $\boldsymbol{W}_\mathrm{o}(t_0,t_1)$ 奇异不成立。

所以，在 $t_0 \in J$ 时刻完全可观测，则 $\boldsymbol{W}_\mathrm{o}(t_0,t_1)$ 是非奇异的。

证毕。

线性定常系统的能观测性判据。

设线性定常系统的状态方程和输出方程为

$$\dot{\boldsymbol{x}}(t) = \boldsymbol{A}\boldsymbol{x}(t) + \boldsymbol{B}\boldsymbol{u}(t),\quad \boldsymbol{y}(t) = \boldsymbol{C}\boldsymbol{x}(t),\qquad \boldsymbol{x}(t_0) = \boldsymbol{x}_0,\quad t \geqslant 0 \tag{3.7}$$

式中，$\boldsymbol{x} \in R^n, \boldsymbol{u} \in R^m, \boldsymbol{y} \in R^p$。

定理 3.7 由式(3.7)描述的线性定常系统完全能观测的充分必要条件是，存在时刻 $t_1 > 0$，使如下定义的格拉姆(Gram)矩阵

$$\boldsymbol{W}_\mathrm{o}(0,t_1) \triangleq \int_0^{t_1} \mathrm{e}^{\boldsymbol{A}^\mathrm{T}t}\boldsymbol{C}^\mathrm{T}\boldsymbol{C}\mathrm{e}^{\boldsymbol{A}t}\mathrm{d}t$$

为非奇异的。

线性定常系统，是时变系统的特例，此处证明略去。

定理 3.8 由式(3.7)描述的线性定常系统完全可观测的充分必要条件是

$$\operatorname{rank}\boldsymbol{Q}_{\mathrm{o}}=\operatorname{rank}\begin{bmatrix}\boldsymbol{C}\\ \hline \boldsymbol{CA}\\ \hline \vdots\\ \hline \boldsymbol{CA}^{n-1}\end{bmatrix}=n$$

其中，n 为矩阵 $\boldsymbol{A}$ 的维数，$\boldsymbol{Q}_{\mathrm{o}}$ 称为系统的能观测性判别矩阵。

[例 3.9] 已知系统状态方程和输出方程为

$$\begin{bmatrix}\dot{x}_1\\ \dot{x}_2\\ \dot{x}_3\end{bmatrix}=\begin{bmatrix}1 & 1 & 0\\ 0 & 1 & 0\\ 0 & 1 & 1\end{bmatrix}\begin{bmatrix}x_1\\ x_2\\ x_3\end{bmatrix}+\begin{bmatrix}0 & 1\\ 1 & 0\\ 0 & 1\end{bmatrix}\begin{bmatrix}u_1\\ u_2\end{bmatrix}$$

$$\begin{bmatrix}y_1\\ y_2\end{bmatrix}=\begin{bmatrix}1 & 0 & 1\\ 0 & 1 & 0\end{bmatrix}\begin{bmatrix}x_1\\ x_2\\ x_3\end{bmatrix}$$

试判断系统的能观测性。

[解] 构造能观测性判别矩阵

$$\boldsymbol{Q}_{\mathrm{o}}=\begin{bmatrix}\boldsymbol{C}\\ \boldsymbol{CA}\\ \boldsymbol{CA}^2\end{bmatrix}=\begin{bmatrix}1 & 0 & 1\\ 0 & 1 & 0\\ 1 & 2 & 1\\ 0 & 1 & 0\\ 1 & 4 & 1\\ 0 & 1 & 0\end{bmatrix}$$

因为 $\operatorname{rank}\boldsymbol{Q}_{\mathrm{o}}=2<n$，所以系统是状态不完全能观测的。

[例 3.10] 判断图 3.2 所示两个蓄水槽系统的能观测性。

[解] 首先建立系统的状态方程，这一步已在例 3.3 中完成，即

$$\begin{bmatrix}\dot{x}_1\\ \dot{x}_2\end{bmatrix}=\begin{bmatrix}-\dfrac{1}{S_1R_1} & 0\\ \dfrac{1}{S_2R_1} & -\dfrac{1}{S_2R_2}\end{bmatrix}\begin{bmatrix}x_1\\ x_2\end{bmatrix}+\begin{bmatrix}\dfrac{1}{S_1}\\ 0\end{bmatrix}\boldsymbol{u}$$

$$\boldsymbol{y}=\begin{bmatrix}0 & 1\end{bmatrix}\begin{bmatrix}x_1\\ x_2\end{bmatrix}$$

$$\boldsymbol{Q}_{\mathrm{o}}=\begin{bmatrix}\boldsymbol{c}\\ \boldsymbol{cA}\end{bmatrix}=\begin{bmatrix}0 & 1\\ \dfrac{1}{S_2R_1} & -\dfrac{1}{S_2R_2}\end{bmatrix}$$

因为 $\operatorname{rank}\boldsymbol{Q}_{\mathrm{o}}=2=n$，所以系统是状态完全能观测的。

若改变系统的被控量为蓄水槽 1 的液位 h_1，则系统的 $\boldsymbol{A}$ 阵不变，$\boldsymbol{c}$ 阵变为 $\begin{bmatrix}1 & 0\end{bmatrix}$，这时系统的能观测性矩阵为

$$Q_o=\begin{bmatrix}c\\cA\end{bmatrix}=\begin{bmatrix}1 & 0\\ -\dfrac{1}{S_1R_1} & 0\end{bmatrix}$$

显然，$\mathrm{rank}\boldsymbol{Q}_o=1<n$，这说明该系统选择蓄水槽 1 的液位 h_1 作为输出量不合适。

定理 3.9 由式(3.7)描述的线性定常系统完全可观测的充分必要条件是

(1) 当矩阵 $\boldsymbol{A}$ 为对角标准型，且对角元素均不相同时，对应的 $\boldsymbol{C}$ 阵中无元素全为零的列；

(2) 当矩阵 $\boldsymbol{A}$ 为约当标准型，且每个约当块所对应的特征值均不相同时，对应的 $\boldsymbol{C}$ 阵中与每个约当块第一列所对应的各列无元素全为零的列。

[例 3.11] 判断下列系统的能观测性。

(1)
$$\dot{\boldsymbol{x}}=\begin{bmatrix}-1 & 0 & 0\\0 & -2 & 0\\0 & 0 & -3\end{bmatrix}\boldsymbol{x}+\begin{bmatrix}1\\-1\\1\end{bmatrix}\boldsymbol{u}$$
$$\boldsymbol{y}=\begin{bmatrix}1 & -1 & 1\end{bmatrix}\boldsymbol{x}$$

(2)
$$\dot{\boldsymbol{x}}=\begin{bmatrix}0 & 0 & 0\\0 & 5 & 0\\0 & 0 & 2\end{bmatrix}\boldsymbol{x}+\begin{bmatrix}0 & 1\\0 & 0\\2 & 4\end{bmatrix}\boldsymbol{u}$$
$$\boldsymbol{y}=\begin{bmatrix}1 & 4 & 0\\2 & 1 & 0\end{bmatrix}\boldsymbol{x}$$

(3)
$$\dot{\boldsymbol{x}}=\begin{bmatrix}-1 & 1 & 0\\0 & -1 & 0\\0 & 0 & -2\end{bmatrix}\boldsymbol{x}+\begin{bmatrix}0\\4\\3\end{bmatrix}\boldsymbol{u}$$
$$\boldsymbol{y}=\begin{bmatrix}1 & 0 & 1\end{bmatrix}\boldsymbol{x}$$

(4)
$$\dot{\boldsymbol{x}}=\begin{bmatrix}-5 & 1 & 0 & 0 & 0\\0 & -5 & 0 & 0 & 0\\0 & 0 & -3 & 1 & 0\\0 & 0 & 0 & -3 & 0\\0 & 0 & 0 & 0 & -2\end{bmatrix}\boldsymbol{x}+\begin{bmatrix}0 & 0\\4 & 2\\0 & 1\\0 & 0\\1 & 0\end{bmatrix}\boldsymbol{u}$$
$$\boldsymbol{y}=\begin{bmatrix}0 & 1 & -1 & 0 & 1\\0 & 2 & 0 & 1 & 0\end{bmatrix}\boldsymbol{x}$$

[解] (1)、(2)是对角标准型，(1)中 $\boldsymbol{c}$ 阵无元素全为零的列，故系统完全能观测；(2)中 $\boldsymbol{C}$ 阵第三列元素全为零，故系统不完全能观测。

(3)、(4)是约当标准型，(3)中约当块 $\begin{bmatrix}-1 & 1\\0 & -1\end{bmatrix}$ 第一列和单根-2 对应的 $\boldsymbol{c}$ 阵中相应的列均不为零向量，故系统完全能观测；(4)中约当块 $\begin{bmatrix}-5 & 1\\0 & -5\end{bmatrix}$ 第一列对应的 $\boldsymbol{C}$ 阵中相应列为零

向量，故系统不完全能观测。

同样在使用定理 3.9 时，必须注意使用条件，要求对角元素均不相同或每个约当块所对应的特征值均不相同时才能使用，否则将出错。

状态能观测的条件也可由频域形式给出，即分析初始状态-输出间传递函数(阵)有无零极点对消现象。

[例 3.12] 判断下列系统的能观测性，并求初始状态-输出间的传递函数。

$$\begin{bmatrix}\dot{x}_1\\ \dot{x}_2\\ \dot{x}_3\end{bmatrix}=\begin{bmatrix}0 & 0 & -1\\ 1 & 0 & -3\\ 0 & 1 & -3\end{bmatrix}\begin{bmatrix}x_1\\ x_2\\ x_3\end{bmatrix}+\begin{bmatrix}1\\ 1\\ 0\end{bmatrix}\boldsymbol{u}$$

$$\boldsymbol{y}=\begin{bmatrix}0 & 1 & -2\end{bmatrix}\begin{bmatrix}x_1\\ x_2\\ x_3\end{bmatrix}$$

[解] 因为

$$\text{rank}\boldsymbol{Q}_{\text{o}}=\text{rank}\begin{bmatrix}\boldsymbol{c}\\ \boldsymbol{cA}\\ \boldsymbol{cA}^2\end{bmatrix}=\text{rank}\begin{bmatrix}0 & 1 & -2\\ 1 & -2 & 3\\ -2 & 3 & -4\end{bmatrix}=2$$

所以系统不完全能观测。

初始状态-输出间的传递函数

$$\frac{\boldsymbol{Y}(s)}{\boldsymbol{X}(s)}=\boldsymbol{c}(s\boldsymbol{I}-\boldsymbol{A})^{-1}=\begin{bmatrix}0 & 1 & -2\end{bmatrix}\begin{bmatrix}s & 0 & 1\\ -1 & s & 3\\ 0 & -1 & s+3\end{bmatrix}^{-1}$$

$$=\frac{1}{(s+1)^3}\begin{bmatrix}s+1 & s^2+s & -(2s^2+3s+1)\end{bmatrix}$$

$$=\frac{1}{(s+1)^2}\begin{bmatrix}1 & s & -(2s+1)\end{bmatrix}$$

系统的传递函数为

$$\boldsymbol{G}(s)=\begin{bmatrix}0 & 1 & -2\end{bmatrix}\begin{bmatrix}s & 0 & 1\\ -1 & s & 3\\ 0 & -1 & s+3\end{bmatrix}^{-1}\begin{bmatrix}1\\ 1\\ 0\end{bmatrix}=\frac{(s+1)^2}{(s+1)^3}=\frac{1}{s+1}$$

由此例，可以看出系统不完全能观测，在求初始状态-输出间的传递函数时出现了零极点对消现象，显然此时系统的传递函数 $\boldsymbol{c}(s\boldsymbol{I}-\boldsymbol{A})^{-1}\boldsymbol{b}$ 中必会出现零极点对消现象。

定理 3.10 对单输入系统，$\boldsymbol{c}(s\boldsymbol{I}-\boldsymbol{A})^{-1}$ 无零极点对消是系统完全能观测的充分必要条件。

注意： 此定理对多输出系统仅是充分条件。

[例 3.13] 判断下列系统的能观测性，并求状态-输出间的传递函数和系统的传递函数。

$$\dot{\boldsymbol{x}}=\begin{bmatrix}1&3&2\\0&4&2\\0&0&1\end{bmatrix}\boldsymbol{x}+\begin{bmatrix}0&1\\0&0\\1&0\end{bmatrix}\boldsymbol{u},\quad \boldsymbol{y}=\begin{bmatrix}1&0&0\\0&0&1\end{bmatrix}\boldsymbol{x}$$

[解] 因为

$$\mathrm{rank}\boldsymbol{Q}_{\mathrm{o}}=\mathrm{rank}\begin{bmatrix}1&0&0\\0&0&1\\1&3&2\\0&0&1\\1&15&10\\0&0&1\end{bmatrix}=3$$

所以系统是状态完全能观测的。其状态-输出间的传递函数为

$$\boldsymbol{C}(s\boldsymbol{I}-\boldsymbol{A})^{-1}=\frac{1}{(s-1)^2(s-4)}\begin{bmatrix}1&0&0\\0&0&1\end{bmatrix}\begin{bmatrix}(s-1)(s-4)&3(s-1)&2(s-1)\\0&(s-1)^2&2(s-1)\\0&0&(s-1)(s-4)\end{bmatrix}$$

$$=\frac{1}{(s-1)(s-4)}\begin{bmatrix}s-4&3&2\\0&0&s-4\end{bmatrix}$$

$$\boldsymbol{C}(s\boldsymbol{I}-\boldsymbol{A})^{-1}\boldsymbol{B}=\frac{1}{(s-1)^2(s-4)}\begin{bmatrix}1&0&0\\0&0&1\end{bmatrix}\begin{bmatrix}(s-1)(s-4)&3(s-1)&2(s-1)\\0&(s-1)^2&2(s-1)\\0&0&(s-1)(s-4)\end{bmatrix}\begin{bmatrix}0&1\\0&0\\1&0\end{bmatrix}$$

$$=\frac{1}{(s-1)(s-4)}\begin{bmatrix}2&s-4\\s-4&0\end{bmatrix}$$

从本例可以看出，系统是完全能观测的，但在求状态-输出间的传递函数和系统的传递函数时发生因子对消，因此，对于多输入系统来说，定理 3.10 不是系统完全能观测的充分必要条件。

根据定理 3.9 和定理 3.10，可以得到以下重要结论。

(1) 对单输入单输出系统，$\boldsymbol{c}(s\boldsymbol{I}-\boldsymbol{A})^{-1}\boldsymbol{b}$ 无零极点对消是系统完全能控又完全能观测的充分必要条件。

(2) 传递函数描述的只是能控又能观测部分。

(3) 传递函数中消去的极点对应于不能控或者不能观测模态。

3.1.3　对偶性原理

从以上各节的讨论中可以看出，线性系统的能控性和能观测性之间，无论在概念上还是在判据的形式上都存在着一种对偶关系。这种内在的对偶关系反映了系统的控制问题和估计问题的对偶性。

1. 对偶系统

考虑由下述状态空间表达式描述的系统$\sum_1$

$$\dot{\boldsymbol{x}} = \boldsymbol{A}(t)\boldsymbol{x} + \boldsymbol{B}(t)\boldsymbol{u}$$
$$\boldsymbol{y} = \boldsymbol{C}(t)\boldsymbol{x}$$

式中，$\boldsymbol{x}$ 是 n 维状态变量，$\boldsymbol{u}$ 是 m 维输入，$\boldsymbol{y}$ 是 p 维输出。及由下述状态空间表达式描述的系统$\sum_2$

$$\dot{\boldsymbol{z}} = \boldsymbol{A}^{\mathrm{T}}(t)\boldsymbol{z} + \boldsymbol{C}^{\mathrm{T}}(t)\boldsymbol{v}$$
$$\boldsymbol{w} = \boldsymbol{B}^{\mathrm{T}}(t)\boldsymbol{z}$$

式中，$\boldsymbol{z}$ 是 n 维状态变量，$\boldsymbol{v}$ 是 p 维输入，$\boldsymbol{w}$ 是 m 维输出。则定义系统$\sum_2$与系统$\sum_1$互为对偶系统。

对偶系统之间存在以下一些对应关系。

(1) 系统$\sum_1$和系统$\sum_2$的方框图是对偶的，如图 3.3 所示。

(2) 系统$\sum_1$的运动是在状态空间中由 t_0 至 t 的正时向转移，而其对偶系统$\sum_2$的运动是在状态空间中由 t 至 t_0 的反时向转移。

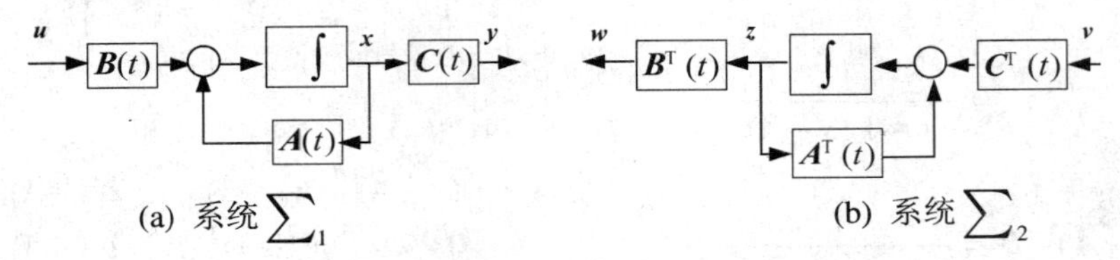

(a) 系统$\sum_1$　　　　(b) 系统$\sum_2$

图 3.3　对偶系统

2. 对偶原理

系统$\sum_1$与系统$\sum_2$是互为对偶的两个系统，系统$\sum_1$的完全能控性等同于系统$\sum_2$的完全能观测性；系统$\sum_1$的完全能观测性等同于系统$\sum_2$的完全能控性。

此原理的正确性可利用状态能控和能观测的充分必要条件来验证。下面以定常系统为例加以说明。

对于系统$\sum_1$

(1) 状态能控的充要条件是 $n\times nm$ 维能控性矩阵$[\boldsymbol{B} \vdots \boldsymbol{AB} \vdots \cdots \vdots \boldsymbol{A}^{n-1}\boldsymbol{B}]$的秩为 n。

(2) 状态能观测的充要条件是 $np\times n$ 维能观测性矩阵$[\boldsymbol{C}^{\mathrm{T}} \vdots \boldsymbol{A}^{\mathrm{T}}\boldsymbol{C}^{\mathrm{T}} \vdots \cdots \vdots (\boldsymbol{A}^{\mathrm{T}})^{n-1}\boldsymbol{C}^{\mathrm{T}}]$

对于系统$\sum_2$

(1) 状态能控的充要条件是 $np\times n$ 维能控性矩阵$[\boldsymbol{C}^{\mathrm{T}} \vdots \boldsymbol{A}^{\mathrm{T}}\boldsymbol{C}^{\mathrm{T}} \vdots \cdots \vdots (\boldsymbol{A}^{\mathrm{T}})^{n-1}\boldsymbol{C}^{\mathrm{T}}]$的秩为 n。

(2) 状态能观测的充要条件是 $n\times nm$ 维能观测性矩阵$[\boldsymbol{B} \vdots \boldsymbol{AB} \vdots \cdots \vdots \boldsymbol{A}^{n-1}\boldsymbol{B}]$的秩为 n。

对比这些条件，可以很明显地看出对偶原理的正确性。

对偶原理不仅提供了由能控性(能观测性)的判据来导出能观测性(能控性)的判据的途径，而且还建立了控制问题和估计问题的基本结论间的对应关系。

3.1.4　输出能控性

以上讨论的系统能控性是针对系统的状态而言的，但在实际控制系统设计中，需要对输出进行控制，而状态的能控性与输出的能控性没有什么必然的联系，因此，有必要讨论输出的能控性。

线性定常系统的状态空间表达式为

$$\begin{cases}\dot{\boldsymbol{x}}=\boldsymbol{A}\boldsymbol{x}+\boldsymbol{B}\boldsymbol{u}\\ \boldsymbol{y}=\boldsymbol{C}\boldsymbol{x}+\boldsymbol{D}\boldsymbol{u}\end{cases}\qquad \boldsymbol{x}(t_0)=\boldsymbol{x}_0 \tag{3.8}$$

式中，$\boldsymbol{x}\in R^n,\boldsymbol{u}\in R^m,\boldsymbol{y}\in R^p$。

定义 3.3 如果存在一个无约束的控制向量$\boldsymbol{u}(t)$，在有限的时间间隔$[t_0,t_1]$内，使任一给定的初始输出$\boldsymbol{y}(t_0)$转移到任一最终输出$\boldsymbol{y}(t_1)$，那么称由式(3.8)所描述的系统为输出能控的。

定理 3.11 式(3.8)所描述的系统输出能控的充分必要条件为，当且仅当$p\times(n+1)m$维输出能控性矩阵

$$\boldsymbol{S}=[\,\boldsymbol{CB}\,\vdots\,\boldsymbol{CAB}\,\vdots\,\boldsymbol{CA}^2\boldsymbol{B}\,\vdots\cdots\vdots\,\boldsymbol{CA}^{n-1}\boldsymbol{B}\,\vdots\,\boldsymbol{D}\,]$$

的秩为p时，由式(3.8)所描述的系统为输出能控的。注意到，在式(3.8)中存在$\boldsymbol{Du}$项，对确定输出能控性是有帮助的。本书中，若不特别指明，能控性均指状态的能控性。

[**例 3.14**] 确定下列系统的状态能控性和输出能控性。

$$\dot{\boldsymbol{x}}=\begin{bmatrix}-3 & -2\\ 0 & 1\end{bmatrix}\boldsymbol{x}+\begin{bmatrix}1\\ 0\end{bmatrix}\boldsymbol{u},\qquad \boldsymbol{y}=\begin{bmatrix}1 & 0\\ 0 & 1\end{bmatrix}\boldsymbol{x}$$

[**解**] 状态能控性

$$\text{rank}\boldsymbol{Q}_c=\text{rank}[\boldsymbol{b}\quad \boldsymbol{Ab}]=\text{rank}\begin{bmatrix}1 & -3\\ 0 & 0\end{bmatrix}=1<n$$

所以系统是状态不完全能控的。输出能控性

$$\text{rank}\boldsymbol{S}=\text{rank}[\boldsymbol{Cb}\quad \boldsymbol{CAb}]=\text{rank}\begin{bmatrix}1 & -3\\ 0 & 0\end{bmatrix}=1<n$$

所以系统是输出不完全能控的。

本例中，若系统的关联阵$\boldsymbol{d}=[0\quad 1]^{\mathrm{T}}$，则输出能控性

$$\text{rank}\boldsymbol{S}=\text{rank}[\boldsymbol{Cb}\quad \boldsymbol{CAb}\quad \boldsymbol{d}]=\text{rank}\begin{bmatrix}1 & -3 & 0\\ 0 & 0 & 1\end{bmatrix}=2=n$$

所以系统是输出完全能控的，可见由于$\boldsymbol{d}$的存在，使系统输出是能控的。

3.2　线性离散时间系统的能控性与能观测性

线性离散时间系统的能控性和能观测性的概念和判据，在本质上和连续时间系统的能控性和能观测性没有差别，在表示形式上也相类似。本节不做证明地介绍线性定常离散时间系统的能控性和能观测性的概念和判据。

3.2.1　线性定常离散时间系统的能控性定义及判据

1. 线性定常离散时间系统的能控性定义

设线性定常离散时间系统的状态方程为

$$\begin{aligned} \boldsymbol{x}(k+1) &= \boldsymbol{G}\boldsymbol{x}(k) + \boldsymbol{H}\boldsymbol{u}(k) \\ \boldsymbol{y}(k) &= \boldsymbol{C}\boldsymbol{x}(k) + \boldsymbol{D}\boldsymbol{u}(k) \end{aligned} \qquad k \in J_k \tag{3.9}$$

J_k 为离散时间定义域。

定义 3.4　若存在 $N \in J_k$，存在控制作用序列 $\boldsymbol{u}(k)$，能将系统(3.9)的某个初始状态 $\boldsymbol{x}(0) \neq 0$ 转移到状态空间的原点，即使 $\boldsymbol{x}(N) = 0$，则称此状态是能控的。若系统的所有状态均能控，则称此系统是完全能控的，简称系统能控。

2. 线性定常离散时间系统的能控性判据

定理 3.12　由式(3.9)描述的线性定常离散时间系统完全能控的充分必要条件是

$$\boldsymbol{R}_c = [\boldsymbol{H} \vdots \boldsymbol{G}\boldsymbol{H} \vdots \cdots \vdots \boldsymbol{G}^{n-1}\boldsymbol{H}]$$

的秩等于 n，即 $\mathrm{rank}\boldsymbol{R}_c = n$，$n$ 为矩阵 $\boldsymbol{G}$ 的维数，$\boldsymbol{R}_c$ 称为离散系统的能控性判别矩阵。

对单输入的线性定常离散时间系统 $\boldsymbol{x}(k+1) = \boldsymbol{G}\boldsymbol{x}(k) + \boldsymbol{h}u(k)$，由迭代法可得到系统在第 n 步的解的表达式

$$\begin{aligned} \boldsymbol{x}(n) &= \boldsymbol{G}^n\boldsymbol{x}_0 + [\boldsymbol{G}^{n-1}\boldsymbol{h}u(0) + \cdots + \boldsymbol{G}\boldsymbol{h}u(N-2) + \boldsymbol{h}u(N-1)] \\ &= \boldsymbol{G}^n\boldsymbol{x}_0 + \boldsymbol{G}^n[\boldsymbol{G}^{-1}\boldsymbol{h}u(0) + \cdots + \boldsymbol{G}^{-(n-1)}\boldsymbol{h}u(n-2) + \boldsymbol{G}^{-n}\boldsymbol{h}u(n-1)] \\ &= \boldsymbol{G}^n\boldsymbol{x}_0 + \boldsymbol{G}^n\begin{bmatrix}\boldsymbol{G}^{-n}\boldsymbol{h} & \cdots & \boldsymbol{G}^{-1}\boldsymbol{h}\end{bmatrix}\begin{bmatrix}u(n-1) \\ \vdots \\ u(0)\end{bmatrix} \end{aligned}$$

当系统完全能控时，有

$$\begin{bmatrix}u(n-1) \\ \vdots \\ u(0)\end{bmatrix} = -\begin{bmatrix}\boldsymbol{h} & \cdots & \boldsymbol{G}^{n-1}\boldsymbol{h}\end{bmatrix}^{-1}\boldsymbol{G}^n\boldsymbol{x}_0 = -\begin{bmatrix}\boldsymbol{G}^{-n}\boldsymbol{h} & \cdots & \boldsymbol{G}^{-1}\boldsymbol{h}\end{bmatrix}^{-1}\boldsymbol{x}_0$$

即可以找到控制序列 $\{u(0),\ u(1),\ \cdots,\ u(n-1)\}$，使在 n 步内将任意状态 $\boldsymbol{x}_0$ 转移到状态空间的原点。

[例 3.15] 判断下面系统的能控性。

$$\begin{bmatrix}x_1(k+1) \\ x_2(k+1)\end{bmatrix} = \begin{bmatrix}-1 & 0 \\ 0 & 2\end{bmatrix}\begin{bmatrix}x_1(k) \\ x_2(k)\end{bmatrix} + \begin{bmatrix}1 \\ 1\end{bmatrix}u(k)$$

[解]　$\mathrm{rank}\boldsymbol{R}_c = \mathrm{rank}\begin{bmatrix}\boldsymbol{h} & \boldsymbol{G}\boldsymbol{h}\end{bmatrix} = \mathrm{rank}\begin{bmatrix}1 & -1 \\ 1 & 2\end{bmatrix} = 2 = n$

所以系统是状态完全能控的。

[例 3.16] 线性定常离散系统的系数矩阵如下。

$$G = \begin{bmatrix} 1 & 0 & 0 \\ 0 & 2 & -2 \\ -1 & 1 & 0 \end{bmatrix}, \quad h = \begin{bmatrix} 1 \\ 0 \\ 1 \end{bmatrix}$$

试分析，对于初态 $x(0) = [2 \quad 1 \quad 0]^{T}$，系统能否在 3 步内使状态转移到零状态，若能，请确定控制序列。

［解］ $\mathrm{rank}R_c = \mathrm{rank}\left[h \quad Gh \quad G^2h\right] = \mathrm{rank}\begin{bmatrix} 1 & 1 & 1 \\ 0 & -2 & -2 \\ 1 & -1 & -3 \end{bmatrix} = 3 = n$

所以系统是状态完全能控的，可以在 3 步内使状态转移到零状态。利用递推法有

$$x(1) = Gx(0) + hu(0) = \begin{bmatrix} 2 \\ 2 \\ -1 \end{bmatrix} + \begin{bmatrix} 1 \\ 0 \\ 1 \end{bmatrix} u(0)$$

$$x(2) = Gx(1) + hu(1) = \begin{bmatrix} 2 \\ 6 \\ 0 \end{bmatrix} + \begin{bmatrix} 1 \\ -2 \\ -1 \end{bmatrix} u(0) + \begin{bmatrix} 1 \\ 0 \\ 1 \end{bmatrix} u(1)$$

$$x(3) = Gx(2) + hu(2) = \begin{bmatrix} 2 \\ 12 \\ 4 \end{bmatrix} + \begin{bmatrix} 1 \\ -2 \\ -3 \end{bmatrix} u(0) + \begin{bmatrix} 1 \\ -2 \\ -1 \end{bmatrix} u(1) + \begin{bmatrix} 1 \\ 0 \\ 1 \end{bmatrix} u(2)$$

设 $x(3) = 0$，上式可写成

$$\begin{bmatrix} 1 & 1 & 1 \\ 0 & -2 & -2 \\ 1 & -1 & -3 \end{bmatrix} \begin{bmatrix} u(2) \\ u(1) \\ u(0) \end{bmatrix} = \begin{bmatrix} -2 \\ -12 \\ -4 \end{bmatrix}$$

可以看出 $\begin{bmatrix} 1 & 1 & 1 \\ 0 & -2 & -2 \\ 1 & -1 & -3 \end{bmatrix}$ 即为系统的能控性矩阵，当其满秩时，系统完全能控，便可求出控制序列，在 3 步内使状态转移到零状态，其解为

$$\begin{bmatrix} u(2) \\ u(1) \\ u(0) \end{bmatrix} = \begin{bmatrix} 1 & 1 & 1 \\ 0 & -2 & -2 \\ 1 & -1 & -3 \end{bmatrix}^{-1} \begin{bmatrix} -2 \\ -12 \\ -4 \end{bmatrix} = \begin{bmatrix} -8 \\ 11 \\ -5 \end{bmatrix}$$

3.2.2 线性定常离散时间系统的能观测性定义及判据

1. 线性定常离散时间系统的能观测性定义

定义 3.5 若存在 $N \in J_k$，可由 $[0, N]$ 上的输出 $y(k)$ 唯一地确定系统(3.9)的任意 x_0，则称 x_0 为能观测状态，或系统状态完全能观测。

2. 线性定常离散时间系统的能观测性判据

定理 3.13 由式(3.9)描述的线性定常离散时间系统完全可观测的充分必要条件是

$$\boldsymbol{R}_{\mathrm{o}}=\begin{bmatrix}\boldsymbol{C}\\ \boldsymbol{CG}\\ \vdots\\ \boldsymbol{CG}^{n-1}\end{bmatrix}$$

的秩等于 n，即 $\operatorname{rank}\boldsymbol{R}_{\mathrm{o}}=n$，$n$ 为矩阵 $\boldsymbol{G}$ 的维数，$\boldsymbol{R}_{\mathrm{o}}$ 称为离散系统的能观测性判别矩阵。

对单输出的线性定常离散时间系统，考虑自由运动方程 $\boldsymbol{x}(k+1)=\boldsymbol{Gx}(k)$，$\boldsymbol{y}(k)=\boldsymbol{cx}(k)$，其解为 $\boldsymbol{x}(k)=\boldsymbol{G}^k\boldsymbol{x}_0$，$\boldsymbol{y}(k)=\boldsymbol{c}\boldsymbol{G}^k\boldsymbol{x}_0$，若测得 n 个输出

$$\begin{aligned}&\boldsymbol{y}(0)=\boldsymbol{cx}_0\\&\boldsymbol{y}(1)=\boldsymbol{cGx}_0\\&\vdots\\&\boldsymbol{y}(n-1)=\boldsymbol{cG}^{n-1}\boldsymbol{x}_0\end{aligned}$$

因为系统完全能观测，上式整理得

$$\boldsymbol{x}_0=\begin{bmatrix}\boldsymbol{c}\\ \boldsymbol{cG}\\ \vdots\\ \boldsymbol{cG}^{n-1}\end{bmatrix}^{-1}\begin{bmatrix}y(0)\\ y(1)\\ \vdots\\ y(n-1)\end{bmatrix}$$

[例 3.17] 已知系统的状态空间表达式为

$$\boldsymbol{x}(k+1)=\begin{bmatrix}1&0&-1\\0&-2&1\\3&0&2\end{bmatrix}\boldsymbol{x}(k)+\begin{bmatrix}2\\-1\\1\end{bmatrix}\boldsymbol{u}(k)$$

$$\boldsymbol{y}(k)=\begin{bmatrix}0&0&1\\1&0&0\end{bmatrix}\boldsymbol{x}(k)$$

判断系统的能观测性。

[解] 因为 $$\boldsymbol{R}_{\mathrm{o}}=\begin{bmatrix}0&0&1\\1&0&0\\3&0&2\\1&0&-1\\9&0&1\\-2&0&-3\end{bmatrix}$$

能观测矩阵的一列元素均为零，所以系统是不完全能观测的。

[例 3.18] 给定离散系统的动态方程为

$$x(k+1)=\begin{bmatrix}1 & 0 & -1\\ 0 & -2 & 1\\ 3 & 0 & 2\end{bmatrix}x(k)+\begin{bmatrix}2\\ -1\\ 1\end{bmatrix}u(k)$$

$$y(k)=\begin{bmatrix}0 & 1 & 0\end{bmatrix}x(k)$$

试判别系统的能观测性；若能观测，请确定 $x(0)$ 。

[解]

$$\text{rank}R_o=\text{rank}\begin{bmatrix}c\\ cG\\ cG^2\end{bmatrix}=\text{rank}\begin{bmatrix}0 & 1 & 0\\ 0 & -2 & 1\\ 3 & 4 & 0\end{bmatrix}=3=n$$

所以系统完全能观测。

用递推法求输出方程

$$y(0)=cx(0)=\begin{bmatrix}0 & 1 & 0\end{bmatrix}x(0)$$

$$y(1)=cx(1)=c\left[Gx(0)+hu(0)\right]$$

$$=\begin{bmatrix}0 & -2 & 1\end{bmatrix}x(0)-u(0)$$

$$y(2)=cx(2)=c\left[Gx(1)+hu(1)\right]$$

$$=\begin{bmatrix}3 & 4 & 0\end{bmatrix}x(0)+3u(0)-u(1)$$

若给定 $u(0),u(1)$ ，测量得到 $y(0),y(1),y(2)$ 。

解上述方程得

$$\begin{bmatrix}x_1(0)\\ x_2(0)\\ x_3(0)\end{bmatrix}=\begin{bmatrix}0 & 1 & 0\\ 0 & -2 & 1\\ 3 & 4 & 0\end{bmatrix}^{-1}\begin{bmatrix}y(0)\\ y(1)+u(0)\\ y(2)+u(1)-3u(0)\end{bmatrix}$$

对于连续系统及其离散化后的离散系统，在能控性与能观测性上有如下对应关系。

(1) 如果连续系统是不完全能控(不完全能观测)，则离散化之后的离散系统必定是不完全能控(不完全能观测)的。

(2) 如果连续系统是完全能控(完全能观测)，则离散化之后的离散系统不一定是完全能控(完全能观测)的，能否保持完全能控(完全能观测)，取决于采样周期 T 的选择。

[例 3.19] 给定系统如下所示

$$\dot{x}=\begin{bmatrix}0 & 1\\ -1 & 0\end{bmatrix}x+\begin{bmatrix}1\\ 0\end{bmatrix}u$$

$$y=\begin{bmatrix}0 & 1\end{bmatrix}x$$

试对其离散化，并分析离散化前后系统的能控性和能观测性。

[解] 连续系统的能控性、能观测性

$$\operatorname{rank}\boldsymbol{Q}_c=\operatorname{rank}\begin{bmatrix}1 & 0\\0 & -1\end{bmatrix}=2=n$$

$$\operatorname{rank}\boldsymbol{Q}_o=\operatorname{rank}\begin{bmatrix}0 & 1\\-1 & 0\end{bmatrix}=2=n$$

所以原系统是完全能控、完全能观测的。

离散化后

$$\mathrm{e}^{At}=\boldsymbol{L}^{-1}\begin{bmatrix}s & -1\\1 & s\end{bmatrix}^{-1}=\boldsymbol{L}^{-1}\begin{bmatrix}\dfrac{s}{s^2+1} & \dfrac{1}{s^2+1}\\-\dfrac{1}{s^2+1} & \dfrac{s}{s^2+1}\end{bmatrix}=\begin{bmatrix}\cos t & \sin t\\-\sin t & \cos t\end{bmatrix}$$

$$\boldsymbol{G}=\mathrm{e}^{AT}=\begin{bmatrix}\cos T & \sin T\\-\sin T & \cos T\end{bmatrix}$$

$$h=\int_0^T \mathrm{e}^{A(T-t)}\boldsymbol{b}\,\mathrm{d}t=\begin{bmatrix}\sin T\\\cos T-1\end{bmatrix}$$

$$\boldsymbol{c}=\boldsymbol{c}=[0\quad 1]$$

离散化系统的能控性、能观测性

$$\det\boldsymbol{R}_c=\det\begin{bmatrix}\sin T & -\sin T+2\sin T\cos T\\\cos T-1 & \cos^2 T-\sin^2 T-\cos T\end{bmatrix}=2\sin T(\cos T-1)$$

$$\det\boldsymbol{R}_o=\det\begin{bmatrix}0 & 1\\-\sin T & \cos T\end{bmatrix}=\sin T$$

所以它们是否满秩取决于T的取值，当$T=k\pi$，$k=1,2,\cdots$时，离散化系统既不完全能控又不完全能观测；当$T\neq k\pi$，$k=1,2,\cdots$时，离散化系统保持原连续系统的能控性和能观测性。

3.3　能控标准型与能观测标准型

在分析线性系统时，总希望首先把系统表述为更为简单的具有特殊结构的表述形式。在 1.3 节中，介绍了能控标准型、能观测标准型、对角标准型和约当标准型等结构简单、含义明确的表述形式，那么对于一般的系统表述形式，能否转化为等价的简单表述形式，若能，如何转化将是本节和下节讨论的问题。

本节考虑如下单输入–单输出线性定常系统

$$\begin{aligned}\dot{\boldsymbol{x}}&=\boldsymbol{A}\boldsymbol{x}+\boldsymbol{b}u\\y&=\boldsymbol{c}\boldsymbol{x}\end{aligned}\tag{3.10}$$

设$\boldsymbol{A}$的特征多项式为

$$\det(s\boldsymbol{I}-\boldsymbol{A})=s^n+a_1s^{n-1}+\cdots+a_{n-1}s+a_n$$

3.3.1　系统的等价变换

设系统的状态空间方程为

$$\dot{\boldsymbol{x}} = \boldsymbol{A}\boldsymbol{x} + \boldsymbol{B}\boldsymbol{u},\quad \boldsymbol{y} = \boldsymbol{C}\boldsymbol{x} + \boldsymbol{D}\boldsymbol{u}$$

引入坐标变换 $\boldsymbol{x} = \boldsymbol{P}\tilde{\boldsymbol{x}}$，且 $\det \boldsymbol{P} \neq 0$，代入上式，得到变换后的状态空间方程为

$$\dot{\tilde{\boldsymbol{x}}} = \tilde{\boldsymbol{A}}\tilde{\boldsymbol{x}} + \tilde{\boldsymbol{B}}\boldsymbol{u},\quad \boldsymbol{y} = \tilde{\boldsymbol{C}}\tilde{\boldsymbol{x}} + \tilde{\boldsymbol{D}}\boldsymbol{u}$$

且有如下关系成立

$$\tilde{\boldsymbol{A}} = \boldsymbol{P}^{-1}\boldsymbol{A}\boldsymbol{P},\quad \tilde{\boldsymbol{B}} = \boldsymbol{P}^{-1}\boldsymbol{B},\quad \tilde{\boldsymbol{C}} = \boldsymbol{C}\boldsymbol{P},\quad \tilde{\boldsymbol{D}} = \boldsymbol{D} \tag{3.11}$$

结论 3.2 如果两个状态空间描述之间存在式(3.11)的关系，则称它们是代数等价的；变换 $\boldsymbol{x} = \boldsymbol{P}\tilde{\boldsymbol{x}}$ 称为线性非奇异等价变换，简称等价变换。

坐标变换的实质是换基底，这种变换改变了系统的数学模型的形式，而不改变系统的固有内在性质。这里所提到的内在性质至少包含以下内容。

(1) 变换前后，系统的特征值不变，即 $\det(s\boldsymbol{I} - \boldsymbol{A}) = \det(s\boldsymbol{I} - \tilde{\boldsymbol{A}})$。

证明： $\det(s\boldsymbol{I} - \tilde{\boldsymbol{A}}) = \det(s\boldsymbol{P}^{-1}\boldsymbol{P} - \boldsymbol{P}^{-1}\boldsymbol{A}\boldsymbol{P}) = \det[\boldsymbol{P}^{-1}(s\boldsymbol{I} - \boldsymbol{A})\boldsymbol{P}]$

$$= \det \boldsymbol{P}^{-1} \cdot \det(s\boldsymbol{I} - \boldsymbol{A}) \cdot \det \boldsymbol{P} = \det(s\boldsymbol{I} - \boldsymbol{A})$$

(2) 变换前后，系统的传递函数阵不变，即 $\boldsymbol{C}(s\boldsymbol{I} - \boldsymbol{A})^{-1}\boldsymbol{B} = \tilde{\boldsymbol{C}}(s\boldsymbol{I} - \tilde{\boldsymbol{A}})^{-1}\tilde{\boldsymbol{B}}$。

证明： $\tilde{\boldsymbol{C}}(s\boldsymbol{I} - \tilde{\boldsymbol{A}})^{-1}\tilde{\boldsymbol{B}} = \boldsymbol{C}\boldsymbol{P}(s\boldsymbol{P}^{-1}\boldsymbol{P} - \boldsymbol{P}^{-1}\boldsymbol{A}\boldsymbol{P})^{-1}\boldsymbol{P}^{-1}\boldsymbol{B}$

$$= \boldsymbol{C}\boldsymbol{P}[\boldsymbol{P}^{-1}(s\boldsymbol{I} - \boldsymbol{A})\boldsymbol{P}]^{-1}\boldsymbol{P}^{-1}\boldsymbol{B} = \boldsymbol{C}(s\boldsymbol{I} - \boldsymbol{A})^{-1}\boldsymbol{B}$$

(3) 变换前后，系统的能控性与能观测性不变，即

$$\text{rank}[\,\boldsymbol{B} \vdots \boldsymbol{A}\boldsymbol{B} \vdots \cdots \vdots \boldsymbol{A}^{n-1}\boldsymbol{B}\,] = \text{rank}[\tilde{\boldsymbol{B}} \vdots \tilde{\boldsymbol{A}}\tilde{\boldsymbol{B}} \vdots \cdots \vdots \tilde{\boldsymbol{A}}^{n-1}\tilde{\boldsymbol{B}}\,]$$

$$\text{rank}\begin{bmatrix} \boldsymbol{C} \\ \boldsymbol{C}\boldsymbol{A} \\ \vdots \\ \boldsymbol{C}\boldsymbol{A}^{n-1} \end{bmatrix} = \text{rank}\begin{bmatrix} \tilde{\boldsymbol{C}} \\ \tilde{\boldsymbol{C}}\tilde{\boldsymbol{A}} \\ \vdots \\ \tilde{\boldsymbol{C}}\tilde{\boldsymbol{A}}^{n-1} \end{bmatrix}$$

证明： $\tilde{\boldsymbol{Q}}_c = [\tilde{\boldsymbol{B}} \vdots \tilde{\boldsymbol{A}}\tilde{\boldsymbol{B}} \vdots \cdots \vdots \tilde{\boldsymbol{A}}^{n-1}\tilde{\boldsymbol{B}}\,] = [\,\boldsymbol{P}^{-1}\boldsymbol{B} \vdots \boldsymbol{P}^{-1}\boldsymbol{A}\boldsymbol{B} \vdots \cdots \vdots \boldsymbol{P}^{-1}\boldsymbol{A}^{n-1}\boldsymbol{B}\,] = \boldsymbol{P}^{-1}\boldsymbol{Q}_c$。

考虑到 $\text{rank}\boldsymbol{P} = n$，因此

$$\text{rank}\tilde{\boldsymbol{Q}}_c \leqslant \min\{\text{rank}\boldsymbol{P}, \text{rank}\boldsymbol{Q}_c\} = \text{rank}\boldsymbol{Q}_c$$

又由 $\boldsymbol{Q}_c = \boldsymbol{P}\tilde{\boldsymbol{Q}}_c$，则

$$\text{rank}\boldsymbol{Q}_c \leqslant \min\{\text{rank}\boldsymbol{P}, \text{rank}\tilde{\boldsymbol{Q}}_c\} = \text{rank}\tilde{\boldsymbol{Q}}_c$$

所以

$$\text{rank}\boldsymbol{Q}_c = \text{rank}\tilde{\boldsymbol{Q}}_c$$

同理，可以证明 $\text{rank}\boldsymbol{Q}_o = \text{rank}\tilde{\boldsymbol{Q}}_o$

3.3.2　能控标准型

定义 3.6 对式(3.10)描述的系统，若

$$A=\left[\begin{array}{c|ccc}0 & & & \\ \vdots & & I_{n-1} & \\ 0 & & & \\ \hline -a_n & -a_{n-1} & \cdots & -a_1\end{array}\right],\quad b=\begin{bmatrix}0\\ \vdots\\ 0\\ 1\end{bmatrix},\quad c\text{ 无要求}$$

则称这种形式为能控标准型，且系统是完全能控的。

该系统的能控性可通过判断此时系统的能控性判别矩阵的秩得到验证。

定理 3.14 若式(3.10)描述的系统完全能控，则必存在非奇异变换

$$x=P\bar{x}$$

其中

$$P=\begin{bmatrix}b & Ab & \cdots & A^{n-1}b\end{bmatrix}\begin{bmatrix}a_{n-1} & a_{n-2} & \cdots & a_1 & 1\\ a_{n-2} & \therefore & \therefore & 1 & \\ \vdots & a_1 & \therefore & & \\ a_1 & 1 & & & \\ 1 & & & & \end{bmatrix}=Q_cF$$

能将系统(3.10)变换为代数等价的能控标准型

$$\dot{\bar{x}}=\bar{A}\bar{x}+\bar{b}u$$

$$y=\bar{c}\bar{x}$$

式中

$$\bar{A}=P^{-1}AP=\left[\begin{array}{c|ccc}0 & & & \\ \vdots & & I_{n-1} & \\ 0 & & & \\ \hline -a_n & -a_{n-1} & \cdots & -a_1\end{array}\right],\quad \bar{b}=P^{-1}b=\begin{bmatrix}0\\ \vdots\\ 0\\ 1\end{bmatrix},\quad \bar{c}=cP$$

证明：因系统完全能控，故 $\operatorname{rank}\begin{bmatrix}b, Ab, \cdots, A^{n-1}b\end{bmatrix}=n$ ，即 b， Ab， …， $A^{n-1}b$ 线性无关，因此

$$\begin{bmatrix}p_1 & p_2 & \cdots & p_n\end{bmatrix}=\begin{bmatrix}b & Ab & \cdots & A^{n-1}b\end{bmatrix}\begin{bmatrix}a_{n-1} & a_{n-2} & \cdots & a_1 & 1\\ a_{n-2} & \therefore & \therefore & 1 & \\ \vdots & a_1 & \therefore & & \\ a_1 & 1 & & & \\ 1 & & & & \end{bmatrix}$$

也线性无关，

$$p_1=a_{n-1}b+a_{n-2}Ab+\cdots+a_1A^{n-2}b+A^{n-1}b$$
$$\vdots$$
$$p_i=a_{n-i}b+a_{n-i-1}Ab+\cdots+a_1A^{n-i-1}b+A^{n-i}b$$
$$\vdots$$
$$p_n=b$$

进而得到

$$p_i=a_{n-i}p_n+Ap_{i+1}\qquad i=1,2,\cdots,n-1$$

移项得

$$\boldsymbol{A}p_{i+1} = p_i - a_{n-i}p_n \qquad i = 1, 2, \cdots, n-1 \tag{3.12}$$

利用凯莱–哈密尔顿定理

$$\begin{aligned} \boldsymbol{A}p_1 &= \boldsymbol{A}(a_{n-1}\boldsymbol{b} + a_{n-2}\boldsymbol{A}\boldsymbol{b} + \cdots + a_1\boldsymbol{A}^{n-2}\boldsymbol{b} + \boldsymbol{A}^{n-1}\boldsymbol{b}) \\ &= -a_n\boldsymbol{b} + (a_n + a_{n-1}\boldsymbol{A} + a_{n-2}\boldsymbol{A}^2 + \cdots + a_1\boldsymbol{A}^{n-1} + \boldsymbol{A}^n)\boldsymbol{b} \\ &= -a_n p_n \end{aligned} \tag{3.13}$$

由式(3.12)和式(3.13)可写出下式

$$\begin{bmatrix} \boldsymbol{A}p_1 \\ \boldsymbol{A}p_2 \\ \vdots \\ \boldsymbol{A}p_n \end{bmatrix} = \begin{bmatrix} 0 & 0 & \cdots & 0 & -a_n \\ 1 & 0 & \cdots & 0 & -a_{n-1} \\ 0 & 1 & \cdots & 0 & -a_{n-2} \\ \vdots & \vdots & \ddots & \vdots & \vdots \\ 0 & 0 & \cdots & 1 & -a_1 \end{bmatrix} \begin{bmatrix} p_1 \\ p_2 \\ \vdots \\ p_n \end{bmatrix}$$

转置得

$$\boldsymbol{A}[p_1 \quad p_2 \quad \cdots \quad p_n] = [p_1 \quad p_2 \quad \cdots \quad p_n] \begin{bmatrix} 0 & 1 & 0 & \cdots & 0 \\ 0 & 0 & 1 & \cdots & 0 \\ \vdots & \vdots & \vdots & \ddots & \vdots \\ 0 & 0 & 0 & \cdots & 1 \\ -a_n & -a_{n-1} & -a_{n-2} & \cdots & -a_1 \end{bmatrix} \tag{3.14}$$

又由 $\bar{\boldsymbol{A}} = \boldsymbol{P}^{-1}\boldsymbol{A}\boldsymbol{P}$，则

$$\boldsymbol{A}[p_1 \quad p_2 \quad \cdots \quad p_n] = [p_1 \quad p_2 \quad \cdots \quad p_n]\bar{\boldsymbol{A}} \tag{3.15}$$

比较式(3.14)和式(3.15)，可以得到

$$\bar{\boldsymbol{A}} = \boldsymbol{P}^{-1}\boldsymbol{A}\boldsymbol{P} = \left[\begin{array}{c|ccc} 0 & & & \\ \vdots & & \boldsymbol{I}_{n-1} & \\ 0 & & & \\ \hline -a_n & -a_{n-1} & \cdots & -a_1 \end{array}\right]$$

因为 $\bar{\boldsymbol{b}} = \boldsymbol{P}^{-1}\boldsymbol{b} = [p_1 \quad p_2 \quad \cdots \quad p_n]^{-1}\boldsymbol{b}$，且由于 $\boldsymbol{b} = p_n$

则

$$\boldsymbol{b} = \boldsymbol{P}\bar{\boldsymbol{b}} = [p_1 \quad p_2 \quad \cdots \quad p_n]\bar{\boldsymbol{b}} = p_n$$

所以有

$$\bar{\boldsymbol{b}} = \begin{bmatrix} 0 \\ \vdots \\ 0 \\ 1 \end{bmatrix}$$

证毕。

定理的结论说明，只要是完全能控的系统，必可通过非奇异变换化为能控标准型，且给出了变换阵的构成方式。

[例 3.20] 已知下列完全能控系统

$$\dot{\boldsymbol{x}}=\begin{bmatrix}-4&2&0\\1&-3&1\\0&1&-2\end{bmatrix}\boldsymbol{x}+\begin{bmatrix}2\\0\\0\end{bmatrix}\boldsymbol{u}$$

$$\boldsymbol{y}=\begin{bmatrix}1&0&0\end{bmatrix}\boldsymbol{x}$$

试求系统的能控标准形。

[解]

$$\boldsymbol{Q}_c=\begin{bmatrix}\boldsymbol{b}&\boldsymbol{Ab}&\boldsymbol{A}^2\boldsymbol{b}\end{bmatrix}=\begin{bmatrix}2&-8&36\\0&2&-14\\0&0&2\end{bmatrix}$$

$$\det(s\boldsymbol{I}-\boldsymbol{A})=s^3+9s^2+23s+16$$

构造 $\boldsymbol{F}$ 阵

$$\boldsymbol{F}=\begin{bmatrix}a_2&a_1&1\\a_1&1&0\\1&0&0\end{bmatrix}=\begin{bmatrix}23&9&1\\9&1&0\\1&0&0\end{bmatrix}$$

则非奇异变换阵

$$\boldsymbol{P}=\boldsymbol{Q}_c\boldsymbol{F}=\begin{bmatrix}2&-8&36\\0&2&-14\\0&0&2\end{bmatrix}\begin{bmatrix}23&9&1\\9&1&0\\1&0&0\end{bmatrix}=\begin{bmatrix}10&10&2\\4&2&0\\2&0&0\end{bmatrix}$$

$$\boldsymbol{P}^{-1}=\begin{bmatrix}0&0&\frac{1}{2}\\0&\frac{1}{2}&-1\\\frac{1}{2}&-\frac{5}{2}&\frac{5}{2}\end{bmatrix}$$

$$\overline{\boldsymbol{A}}=\boldsymbol{P}^{-1}\boldsymbol{AP}=\begin{bmatrix}0&1&0\\0&0&1\\-16&-23&-9\end{bmatrix}$$

$$\overline{\boldsymbol{b}}=\boldsymbol{P}^{-1}\boldsymbol{b}=\begin{bmatrix}0\\0\\1\end{bmatrix}$$

$$\overline{\boldsymbol{c}}=\boldsymbol{cP}=\begin{bmatrix}10&10&2\end{bmatrix}$$

系统的传递函数为

$$\boldsymbol{G}(s)=\overline{\boldsymbol{c}}(s\boldsymbol{I}-\overline{\boldsymbol{A}})^{-1}\overline{\boldsymbol{b}}=\frac{b_1s^2+b_2s+b_3}{s^3+a_1s+a_2s+a_3}=\frac{2s^2+10s+10}{s^3+9s^2+23s+16}$$

仔细对照系统矩阵和传递函数的系数，能控标准型与系统的传递函数之间可以很容易地转换。

3.3.3　能观测标准型

定义 3.7 对式(3.10)描述的系统，若

$$\boldsymbol{A}=\left[\begin{array}{ccc|c} 0 & \cdots & 0 & -a_n \\ \hline \vdots & & & -a_{n-1} \\ & I_{n-1} & & \vdots \\ & & \cdots & -a_1 \end{array}\right],\quad \boldsymbol{c}=[0 \ \cdots \ 0 \ 1],\quad \boldsymbol{b}\text{ 无要求}$$

则称这种形式为能观测标准型，且系统是完全能观测的。

此系统的能观测性，可通过判断此时系统的能观测性判别矩阵的秩得到验证。

定理 3.15 若式(3.10)描述的系统完全能观测，则必存在非奇异变换

$$\boldsymbol{x}=\boldsymbol{Q}^{-1}\bar{\boldsymbol{x}}$$

其中

$$\boldsymbol{Q}=\begin{bmatrix} a_{n-1} & a_{n-2} & \cdots & a_1 & 1 \\ a_{n-2} & \iddots & \iddots & 1 & \\ \vdots & a_1 & \iddots & & \\ a_1 & 1 & & & \\ 1 & & & & \end{bmatrix}\begin{bmatrix} c \\ cA \\ \vdots \\ cA^{n-1} \end{bmatrix}=\boldsymbol{F}\boldsymbol{Q}_{\mathrm{o}}$$

能将系统(3.10)变换为代数等价的能观测标准型

$$\dot{\bar{\boldsymbol{x}}}=\bar{\boldsymbol{A}}\bar{\boldsymbol{x}}+\bar{\boldsymbol{b}}\boldsymbol{u}$$

$$\boldsymbol{y}=\bar{\boldsymbol{c}}\bar{\boldsymbol{x}}$$

式中

$$\bar{\boldsymbol{A}}=\boldsymbol{Q}\boldsymbol{A}\boldsymbol{Q}^{-1}=\left[\begin{array}{ccc|c} 0 & \cdots & 0 & -a_n \\ \hline \vdots & & & -a_{n-1} \\ & I_{n-1} & & \vdots \\ & & & -a_1 \end{array}\right],\quad \bar{\boldsymbol{c}}=\boldsymbol{c}\boldsymbol{Q}^{-1}=[0 \ \cdots \ 0 \ 1],\quad \bar{\boldsymbol{b}}=\boldsymbol{Q}\boldsymbol{b}$$

定理的证明过程与能控标准型相类似，故略去。也可用对偶原理来证明。

定理的结论说明，只要是完全能观测的系统，必可通过非奇异变换化为能观测标准型，且给出了变换阵的构成方式。

[例 3.21] 试求完全能观测系统

$$\dot{\boldsymbol{x}}=\begin{bmatrix} -4 & 2 & 0 \\ 1 & -3 & 1 \\ 0 & 1 & -2 \end{bmatrix}\boldsymbol{x}+\begin{bmatrix} 2 \\ 0 \\ 0 \end{bmatrix}\boldsymbol{u}$$

$$\boldsymbol{y}=[1 \ 0 \ 0]\boldsymbol{x}$$

的能观测标准形。

[解] 已知 $\det(s\boldsymbol{I}-\boldsymbol{A})=s^3+9s^2+23s+16$

$$\boldsymbol{Q}_o=\begin{bmatrix}\boldsymbol{c}\\ \boldsymbol{cA}\\ \boldsymbol{cA}^2\end{bmatrix}=\begin{bmatrix}1 & 0 & 0\\ -4 & 2 & 0\\ 18 & -14 & 2\end{bmatrix}$$

$$\boldsymbol{Q}=\begin{bmatrix}23 & 9 & 1\\ 9 & 1 & 0\\ 1 & 0 & 0\end{bmatrix}\boldsymbol{Q}_o=\begin{bmatrix}5 & 4 & 2\\ 5 & 2 & 0\\ 1 & 0 & 0\end{bmatrix}$$

$$\boldsymbol{Q}^{-1}=\begin{bmatrix}0 & 0 & 1\\ 0 & \frac{1}{2} & -\frac{5}{2}\\ \frac{1}{2} & -1 & \frac{5}{2}\end{bmatrix}$$

$$\bar{\boldsymbol{A}}=\boldsymbol{QAQ}^{-1}=\begin{bmatrix}0 & 0 & -16\\ 1 & 0 & -23\\ 0 & 1 & -9\end{bmatrix}$$

$$\bar{\boldsymbol{b}}=\boldsymbol{Qb}=\begin{bmatrix}10\\ 10\\ 2\end{bmatrix}$$

$$\bar{\boldsymbol{c}}=\boldsymbol{cQ}^{-1}=\begin{bmatrix}0 & 0 & 1\end{bmatrix}$$

系统的传递函数为

$$\boldsymbol{G}(s)=\bar{\boldsymbol{c}}(s\boldsymbol{I}-\bar{\boldsymbol{A}})^{-1}\bar{\boldsymbol{b}}=\frac{b_1s^2+b_2s+b_3}{s^3+a_1s+a_2s+a_3}=\frac{2s^2+10s+10}{s^3+9s^2+23s+16}$$

请与例 3.20 的能控标准型进行比较。

3.4 线性定常系统的结构分解

由上节介绍可知，若系统是完全能控(完全能观测)的，经过非奇异变换总可以得到相应的标准型。对于不完全能控(不完全能观测)的系统，若能区分能控的部分和不能控的部分，能观测的部分和不能观测的部分，对系统进行分析、设计时将带来许多方便之处。由于对线性系统作线性非奇异变换，不改变系统的能控性和能观测性，本节系统的结构分解就是利用线性非奇异变换来解决这一问题的。

基于能控性与能观测性的讨论，一般系统可由四个子系统组成，四个子系统的状态变量把状态空间分割成四个子空间，如图 3.4 所示。结构分解，就是要将组成系统的各个子系统求解出来。

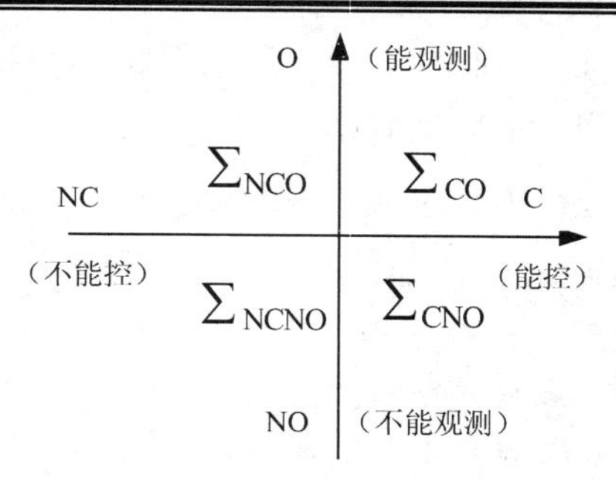

图 3.4 状态空间分布图

3.4.1 能控性结构分解

定理 3.16 若系统 $\dot{\boldsymbol{x}}=\boldsymbol{Ax}+\boldsymbol{Bu}$， $\boldsymbol{y}=\boldsymbol{Cx}$ 不完全能控，即 $\mathrm{rank}\boldsymbol{Q}_c=k<n$，则必存在非奇异变换

$$\boldsymbol{x}=\boldsymbol{T}\overline{\boldsymbol{x}}$$

将系统变换为能控性结构分解标准型

$$\begin{bmatrix}\dot{\boldsymbol{x}}_{\mathrm{C}}\\ \dot{\boldsymbol{x}}_{\mathrm{NC}}\end{bmatrix}=\begin{bmatrix}\boldsymbol{A}_C & \boldsymbol{A}_{12}\\ 0 & \boldsymbol{A}_{\mathrm{NC}}\end{bmatrix}\begin{bmatrix}\boldsymbol{x}_{\mathrm{C}}\\ \boldsymbol{x}_{\mathrm{NC}}\end{bmatrix}+\begin{bmatrix}\boldsymbol{B}_{\mathrm{C}}\\ 0\end{bmatrix}\boldsymbol{u}$$

$$\boldsymbol{y}=\begin{bmatrix}\boldsymbol{C}_{\mathrm{C}} & \boldsymbol{C}_{\mathrm{NC}}\end{bmatrix}\begin{bmatrix}\boldsymbol{x}_{\mathrm{C}}\\ \boldsymbol{x}_{\mathrm{NC}}\end{bmatrix}$$

其中， $\boldsymbol{x}_{\mathrm{C}}$ 为 k 维能控分状态向量， $\boldsymbol{x}_{\mathrm{NC}}$ 为 $n-k$ 维不能控分状态向量，并且

$$\mathrm{rank}\begin{bmatrix}\boldsymbol{B} & \boldsymbol{AB} & \cdots & \boldsymbol{A}^{n-1}\boldsymbol{B}\end{bmatrix}=\mathrm{rank}\begin{bmatrix}\boldsymbol{B}_{\mathrm{C}} & \boldsymbol{A}_{\mathrm{C}}\boldsymbol{B}_{\mathrm{C}} & \cdots & \boldsymbol{A}_{\mathrm{C}}{}^{k-1}\boldsymbol{B}_{\mathrm{C}}\end{bmatrix}=k$$

$$\boldsymbol{C}(s\boldsymbol{I}-\boldsymbol{A})^{-1}\boldsymbol{B}=\boldsymbol{C}_{\mathrm{C}}(s\boldsymbol{I}-\boldsymbol{A}_{\mathrm{C}})^{-1}\boldsymbol{B}_{\mathrm{C}}$$

证明： 分三步进行证明。

(1) 构造变换阵 $\boldsymbol{T}$，导出能控性结构分解标准型。

$$\because \quad \mathrm{rank}\boldsymbol{Q}_c=k$$

在 $\boldsymbol{Q}_c$ 中存在 k 个列向量线性无关，在 $\boldsymbol{Q}_c$ 中选取 k 个线性无关列向量，记为

$$\boldsymbol{T}_1=\begin{bmatrix}v_1 & v_2 & \cdots & v_k\end{bmatrix}_{n\times k}$$

任意构造一个 $\boldsymbol{T}_2=\begin{bmatrix}v_{k+1} & v_{k+2} & \cdots & v_n\end{bmatrix}_{n\times(n-k)}$

使得 $\boldsymbol{T}=\begin{bmatrix}\boldsymbol{T}_1 & \boldsymbol{T}_2\end{bmatrix}_{n\times n}$ 非奇异，则经过变换 $\boldsymbol{x}=\boldsymbol{T}\overline{\boldsymbol{x}}$，有下式成立

$$\overline{\boldsymbol{A}}=\boldsymbol{T}^{-1}\boldsymbol{AT}=\begin{bmatrix}\boldsymbol{A}_{\mathrm{C}} & \boldsymbol{A}_{12}\\ 0 & \boldsymbol{A}_{\mathrm{NC}}\end{bmatrix},\quad \overline{\boldsymbol{B}}=\boldsymbol{T}^{-1}\boldsymbol{B}=\begin{bmatrix}\boldsymbol{B}_{\mathrm{C}}\\ 0\end{bmatrix},\quad \overline{\boldsymbol{C}}=\boldsymbol{CT}=\begin{bmatrix}\boldsymbol{C}_{\mathrm{C}} & \boldsymbol{C}_{\mathrm{NC}}\end{bmatrix}$$

证明过程略。

(2) 证明 $\boldsymbol{x}_{\mathrm{C}}$ 为能控分状态。

$$\begin{aligned}k=\mathrm{rank}\boldsymbol{Q}_c&=\mathrm{rank}\begin{bmatrix}\overline{\boldsymbol{B}} & \overline{\boldsymbol{A}}\overline{\boldsymbol{B}} & \cdots & \overline{\boldsymbol{A}}^{n-1}\overline{\boldsymbol{B}}\end{bmatrix}\\ &=\mathrm{rank}\left[\begin{array}{c:c:c:c}\boldsymbol{B}_{\mathrm{C}} & \boldsymbol{A}_{\mathrm{C}}\boldsymbol{B}_{\mathrm{C}} & \cdots & \boldsymbol{A}_{\mathrm{C}}^{n-1}\boldsymbol{B}_{\mathrm{C}}\\ 0 & 0 & \cdots & 0\end{array}\right]\\ &=\mathrm{rank}\left[\begin{array}{c:c:c:c}\boldsymbol{B}_{\mathrm{C}} & \boldsymbol{A}_{\mathrm{C}}\boldsymbol{B}_{\mathrm{C}} & \cdots & \boldsymbol{A}_{\mathrm{C}}^{n-1}\boldsymbol{B}_{\mathrm{C}}\end{array}\right]\end{aligned}$$

由凯莱－哈密尔顿定理，因 $\boldsymbol{A}_C$ 为 $k\times k$ 矩阵，故 $\boldsymbol{A}_C^k\boldsymbol{B}_C,\cdots\boldsymbol{A}_C^{n-1}\boldsymbol{B}_C$ 均可表示为 $\left\{\boldsymbol{B}_C,\boldsymbol{A}_C\boldsymbol{B}_C,\cdots,\boldsymbol{A}_C^{k-1}\boldsymbol{B}_C\right\}$ 的线性组合，因而导出

$$\text{rank}\begin{bmatrix}\boldsymbol{B}_C & \boldsymbol{A}_C\boldsymbol{B}_C & \cdots & \boldsymbol{A}_C^{k-1}\boldsymbol{B}_C\end{bmatrix}=k$$

这表明 $(\boldsymbol{A}_C,\boldsymbol{B}_C)$ 为能控对，即 $\boldsymbol{x}_C$ 为能控分状态。

(3) 证明能控子系统与原系统具有相同的传递函数阵。

因为非奇异变换不改变系统的传递函数阵，即

$$\begin{aligned}\boldsymbol{G}(s)&=\boldsymbol{C}(s\boldsymbol{I}-\boldsymbol{A})^{-1}\boldsymbol{B}=\bar{\boldsymbol{C}}(s\boldsymbol{I}-\bar{\boldsymbol{A}})^{-1}\bar{\boldsymbol{B}}\\&=\begin{bmatrix}\boldsymbol{C}_C & \boldsymbol{C}_{NC}\end{bmatrix}\begin{bmatrix}s\boldsymbol{I}-\boldsymbol{A}_C & -\boldsymbol{A}_{12}\\0 & s\boldsymbol{I}-\boldsymbol{A}_{NC}\end{bmatrix}^{-1}\begin{bmatrix}\boldsymbol{B}_C\\0\end{bmatrix}\\&=\boldsymbol{C}_C(s\boldsymbol{I}-\boldsymbol{A}_C)^{-1}\boldsymbol{B}_C\end{aligned}$$

证毕。

能控性标准分解的方框图如图 3.5 所示。

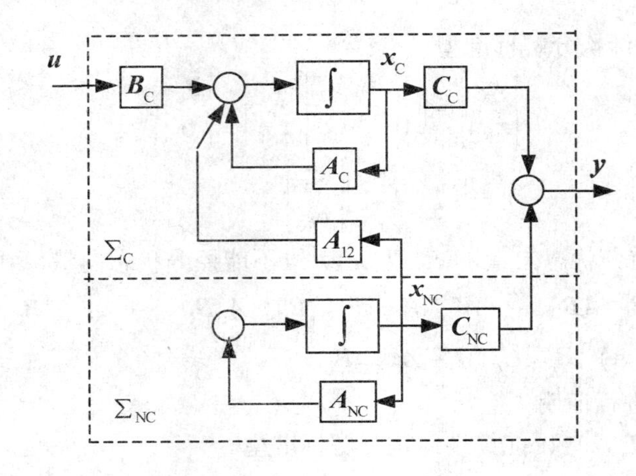

图 3.5　系统按能控性分解后的方框图

从图中可直观地看出，系统的不能控部分既不受输入 $\boldsymbol{u}$ 的直接影响，也没有通过能控状态 $\boldsymbol{x}_C$ 而受到 $\boldsymbol{u}$ 的间接影响，所以不能控部分 $\sum_{NC}$ 的内部不能受外作用所影响。

[例 3.22] 已知系统 $\sum(\boldsymbol{A},\boldsymbol{b},\boldsymbol{c})$ 的相应系统矩阵为

$$\boldsymbol{A}=\begin{bmatrix}1 & 2 & -1\\0 & 1 & 0\\0 & -4 & 3\end{bmatrix},\quad \boldsymbol{b}=\begin{bmatrix}0\\0\\1\end{bmatrix},\quad \boldsymbol{c}=\begin{bmatrix}1 & -1 & 1\end{bmatrix}$$

试按能控性进行分解。

[解] 因为

$$\text{rank}\boldsymbol{Q}_c=\text{rank}\begin{bmatrix}\boldsymbol{b} & \boldsymbol{A}\boldsymbol{b} & \boldsymbol{A}^2\boldsymbol{b}\end{bmatrix}=\text{rank}\begin{bmatrix}0 & -1 & -4\\0 & 0 & 0\\1 & 3 & 9\end{bmatrix}=2<n$$

所以系统不完全能控。构造变换阵

$$T=\begin{bmatrix}0&-1&0\\0&0&1\\1&3&0\end{bmatrix}$$

其逆阵为

$$T^{-1}=\begin{bmatrix}3&0&1\\-1&0&0\\0&1&0\end{bmatrix}$$

则

$$\bar{A}=T^{-1}AT=\begin{bmatrix}3&0&1\\-1&0&0\\0&1&0\end{bmatrix}\begin{bmatrix}1&2&-1\\0&1&0\\0&-4&3\end{bmatrix}\begin{bmatrix}0&-1&0\\0&0&1\\1&3&0\end{bmatrix}=\left[\begin{array}{cc:c}0&-3&2\\1&4&-2\\\hdashline 0&0&1\end{array}\right]$$

$$\bar{B}=T^{-1}b=\begin{bmatrix}3&0&1\\-1&0&0\\0&1&0\end{bmatrix}\begin{bmatrix}0\\0\\1\end{bmatrix}=\left[\begin{array}{c}1\\0\\\hline 0\end{array}\right]$$

$$\bar{C}=cT=\begin{bmatrix}1&-1&1\end{bmatrix}\begin{bmatrix}0&-1&0\\0&0&1\\1&3&0\end{bmatrix}=\left[\begin{array}{cc:c}1&2&-1\end{array}\right]$$

变换后的表达式为

$$\left[\begin{array}{c}\dot{x}_{C}\\\hdashline\dot{x}_{NC}\end{array}\right]=\left[\begin{array}{cc:c}0&-3&2\\1&4&-2\\\hdashline 0&0&1\end{array}\right]\left[\begin{array}{c}x_{C}\\\hdashline x_{NC}\end{array}\right]+\left[\begin{array}{c}1\\0\\\hline 0\end{array}\right]u$$

$$y=\left[\begin{array}{cc:c}1&2&-1\end{array}\right]\left[\begin{array}{c}x_{C}\\\hdashline x_{NC}\end{array}\right]$$

3.4.2　能观测性结构分解

定理 3.17　若系统 $\dot{x}=Ax+Bu$， $y=Cx$ 不完全能观测，即 $\mathrm{rank}Q_{o}=q<n$，则通过在 Q_{o} 中任意选取 q 个线性无关的行构成 F_{1}，再另外任选 $n-q$ 个与之线性无关的行向量构成 F_{2}，则取非奇异变换阵 $F=\begin{bmatrix}F_{1}\\F_{2}\end{bmatrix}$，引入非奇异变换

$$\bar{x}=Fx$$

能将系统变换为能观测性结构分解标准型

$$\begin{bmatrix}\dot{x}_{O}\\\dot{x}_{NO}\end{bmatrix}=\begin{bmatrix}A_{O}&0\\A_{21}&A_{NO}\end{bmatrix}\begin{bmatrix}x_{O}\\x_{NO}\end{bmatrix}+\begin{bmatrix}B_{O}\\B_{NO}\end{bmatrix}u$$

$$y=\begin{bmatrix}C_{O}&0\end{bmatrix}\begin{bmatrix}x_{O}\\x_{NO}\end{bmatrix}$$

其中，$\boldsymbol{x}_{\mathrm{O}}$ 为 k 维能观测分状态向量，$\boldsymbol{x}_{\mathrm{NO}}$ 为 $n-k$ 维不能观测分状态向量，并且

$$\operatorname{rank}\begin{bmatrix}\boldsymbol{C}\\\boldsymbol{CA}\\\vdots\\\boldsymbol{CA}^{n-1}\end{bmatrix}=\operatorname{rank}\begin{bmatrix}\boldsymbol{C}_{\mathrm{O}}\\\boldsymbol{C}_{\mathrm{O}}\boldsymbol{A}_{\mathrm{O}}\\\vdots\\\boldsymbol{C}_{\mathrm{O}}\boldsymbol{A}_{\mathrm{O}}^{q-1}\end{bmatrix}=q$$

$$\boldsymbol{C}(s\boldsymbol{I}-\boldsymbol{A})^{-1}\boldsymbol{B}=\boldsymbol{C}_{\mathrm{O}}(s\boldsymbol{I}-\boldsymbol{A}_{\mathrm{O}})^{-1}\boldsymbol{B}_{\mathrm{O}}$$

定理的证明方法同定理 3.16，此处略。

能观测性标准分解的方框图如图 3.6 所示。

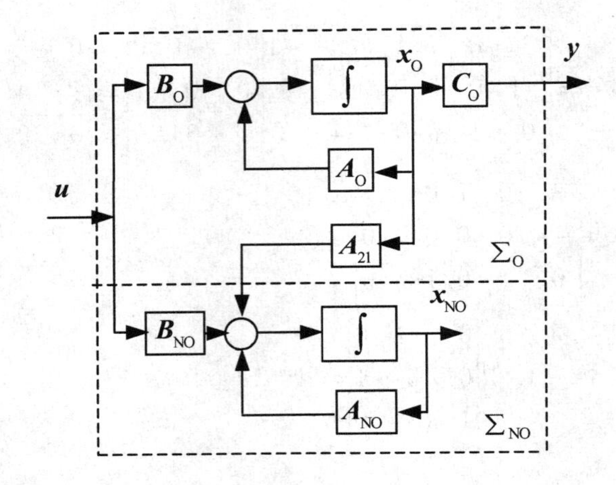

图 3.6　系统按能观测性分解后的方框图

[例 3.23]　已知系统 $\sum(\boldsymbol{A},\boldsymbol{b},\boldsymbol{c})$ 的相应系统矩阵为

$$\boldsymbol{A}=\begin{bmatrix}-2&2&-1\\0&-2&0\\1&-4&0\end{bmatrix},\quad \boldsymbol{b}=\begin{bmatrix}0\\0\\1\end{bmatrix},\quad \boldsymbol{c}=\begin{bmatrix}1&-1&1\end{bmatrix}$$

试按能观测性进行分解。

[解]　因为

$$\operatorname{rank}\boldsymbol{Q}_{\mathrm{O}}=\operatorname{rank}\begin{bmatrix}\boldsymbol{c}\\\boldsymbol{cA}\\\boldsymbol{cA}^2\end{bmatrix}=\operatorname{rank}\begin{bmatrix}1&-1&1\\-1&0&-1\\1&2&1\end{bmatrix}=2<n$$

所以系统是不完全能观测的。构造变换阵

$$\boldsymbol{F}=\begin{bmatrix}1&-1&1\\-1&0&-1\\0&0&1\end{bmatrix}$$

其逆矩阵为

$$F^{-1}=\begin{bmatrix}0 & -1 & -1\\ -1 & -1 & 0\\ 0 & 0 & 1\end{bmatrix}$$

则

$$\bar{A}=FAF^{-1}=\begin{bmatrix}1 & -1 & 1\\ -1 & 0 & -1\\ 0 & 0 & 1\end{bmatrix}\begin{bmatrix}-2 & 2 & -1\\ 0 & -2 & 0\\ 1 & -4 & 0\end{bmatrix}\begin{bmatrix}0 & -1 & -1\\ -1 & -1 & 0\\ 0 & 0 & 1\end{bmatrix}=\left[\begin{array}{cc|c}0 & 1 & 0\\ -2 & -3 & 0\\ \hline 4 & 3 & -1\end{array}\right]$$

$$\bar{b}=Fb=\begin{bmatrix}1 & -1 & 1\\ -1 & 0 & -1\\ 0 & 0 & 1\end{bmatrix}\begin{bmatrix}0\\ 0\\ 1\end{bmatrix}=\left[\begin{array}{c}1\\ -1\\ \hline 1\end{array}\right]$$

$$\bar{c}=cF^{-1}=\begin{bmatrix}1 & -1 & 1\end{bmatrix}\begin{bmatrix}0 & -1 & -1\\ -1 & -1 & 0\\ 0 & 0 & 1\end{bmatrix}=\left[\begin{array}{cc|c}1 & 0 & 0\end{array}\right]$$

变换后的表达式为

$$\left[\begin{array}{c}\dot{x}_{\mathrm{O}}\\ \hline \dot{x}_{\mathrm{NO}}\end{array}\right]=\left[\begin{array}{cc|c}0 & 1 & 0\\ -2 & -3 & 0\\ \hline 4 & 3 & -1\end{array}\right]\left[\begin{array}{c}x_{\mathrm{O}}\\ \hline x_{\mathrm{NO}}\end{array}\right]+\left[\begin{array}{c}1\\ -1\\ \hline 1\end{array}\right]u$$

$$y=\left[\begin{array}{cc|c}1 & 0 & 0\end{array}\right]\left[\begin{array}{c}x_{\mathrm{O}}\\ \hline x_{\mathrm{NO}}\end{array}\right]$$

3.4.3　系统状态的标准分解

定理 3.18 若系统 $\dot{x}=Ax+Bu$，$y=Cx$ 不完全能控且不完全能观测，则必能通过非奇异变换

$$x=T\bar{x}$$

实现系统的标准分解，其表达式为

$$\begin{bmatrix}\dot{\bar{x}}_{\mathrm{C,O}}\\ \dot{\bar{x}}_{\mathrm{C,NO}}\\ \dot{\bar{x}}_{\mathrm{NC,O}}\\ \dot{\bar{x}}_{\mathrm{NC,NO}}\end{bmatrix}=\left[\begin{array}{cc|cc}\bar{A}_{11} & 0 & \bar{A}_{13} & 0\\ \bar{A}_{21} & \bar{A}_{22} & \bar{A}_{23} & \bar{A}_{24}\\ \hline 0 & 0 & \bar{A}_{33} & 0\\ 0 & 0 & \bar{A}_{43} & \bar{A}_{44}\end{array}\right]\begin{bmatrix}\bar{x}_{\mathrm{C,O}}\\ \bar{x}_{\mathrm{C,NO}}\\ \bar{x}_{\mathrm{NC,O}}\\ \bar{x}_{\mathrm{NC,NO}}\end{bmatrix}+\left[\begin{array}{c}\bar{B}_1\\ \bar{B}_2\\ \hline 0\\ 0\end{array}\right]u$$

$$y=\left[\begin{array}{cc|cc}\bar{C}_1 & 0 & \bar{C}_2 & 0\end{array}\right]\begin{bmatrix}\bar{x}_{\mathrm{C,O}}\\ \bar{x}_{\mathrm{C,NO}}\\ \bar{x}_{\mathrm{NC,O}}\\ \bar{x}_{\mathrm{NC,NO}}\end{bmatrix}$$

其中，$\bar{x}_{\mathrm{C,O}}$ 为能控且能观测分状态，$\bar{x}_{\mathrm{C,NO}}$ 为能控不能观测分状态，$\bar{x}_{\mathrm{NC,O}}$ 为不能控能观测分状态，$\bar{x}_{\mathrm{NC,NO}}$ 为不能控不能观测分状态。标准分解的方框图如图 3.7 所示。

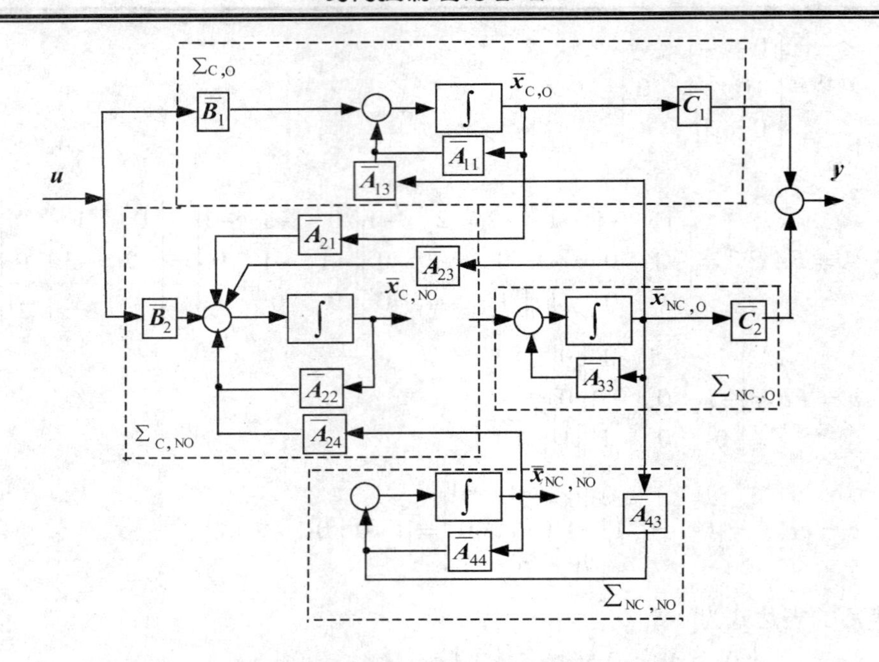

图 3.7　系统进行标准分解后的方框图

由系统结构的标准分解，还可以导出下面的重要结论。

结论 3.3　对不完全能控不完全能观测的系统，其输入输出描述即传递函数矩阵只能反映系统中能控且能观测的那一部分，即

$$\boldsymbol{G}(s)=\boldsymbol{C}(s\boldsymbol{I}-\boldsymbol{A})^{-1}\boldsymbol{B}=\bar{\boldsymbol{C}}_1(s\boldsymbol{I}-\bar{\boldsymbol{A}}_{11})^{-1}\bar{\boldsymbol{B}}_1$$

结论表明，一般地说，传递函数矩阵只是对系统结构的一种不完全的描述。

由定理 3.18 可知，当变换阵 $\boldsymbol{T}$ 确定后，只要经过一次变换便可对系统进行标准分解。如何确定 $\boldsymbol{T}$，可参考相关文献。实际上可以通过分步分解，获得标准分解，其步骤如下。

(1) 首先将系统 $\sum(\boldsymbol{A},\boldsymbol{B},\boldsymbol{C})$ 按定理 3.16 进行能控性分解，将系统的状态分解为 k 维能控分状态 $\boldsymbol{x}_{\mathrm{C}}$ 和 $n-k$ 维不能控分状态 $\boldsymbol{x}_{\mathrm{NC}}$，即

$$\boldsymbol{x}=\boldsymbol{T}_{\mathrm{C}}\begin{bmatrix}\boldsymbol{x}_{\mathrm{C}}\\ \hdashline \boldsymbol{x}_{\mathrm{NC}}\end{bmatrix}$$

(2) 对分解后的不能控子系统，构造变换阵 $\boldsymbol{T}_{\mathrm{O2}}$，按定理 3.17 进行能观测性分解。

(3) 对分解后的能控子系统，构造变换阵 $\boldsymbol{T}_{\mathrm{O1}}$，按定理 3.17 进行能观测性分解。

(4) 则按照 $\boldsymbol{T}_{\mathrm{O}}=\mathrm{diag}\begin{bmatrix}\boldsymbol{T}_{\mathrm{O1}} & \boldsymbol{T}_{\mathrm{O2}}\end{bmatrix}$ 对按能控性结构分解后的系统进行变换，便可得到系统的标准分解。

当然，也可先进行能观测性分解，再进行能控性分解。

[例 3.24]　已知系统 $\sum(\boldsymbol{A},\boldsymbol{b},\boldsymbol{c})$ 的相应系统矩阵为

$$\boldsymbol{A}=\begin{bmatrix}0 & 0 & -1\\ 1 & 0 & -3\\ 0 & 1 & -3\end{bmatrix},\quad \boldsymbol{b}=\begin{bmatrix}1\\ 1\\ 0\end{bmatrix},\quad \boldsymbol{c}=\begin{bmatrix}0 & 1 & -2\end{bmatrix}$$

试对系统进行标准结构分解。

[解] 因为

$$\text{rank}\boldsymbol{Q}_C=\text{rank}\begin{bmatrix}\boldsymbol{b} & \boldsymbol{A}\boldsymbol{b} & \boldsymbol{A}^2\boldsymbol{b}\end{bmatrix}=\text{rank}\begin{bmatrix}1 & 0 & -1\\ 1 & 1 & -3\\ 0 & 1 & -2\end{bmatrix}=2<n$$

所以系统不完全能控。构造变换阵

$$\boldsymbol{T}_C=\begin{bmatrix}1 & 0 & 0\\ 1 & 1 & 0\\ 0 & 1 & 1\end{bmatrix}$$

经 $\boldsymbol{x}=\boldsymbol{T}_C\bar{\boldsymbol{x}}$ 变换后，系统矩阵为 $\bar{\boldsymbol{A}}=\boldsymbol{T}_C^{-1}\boldsymbol{A}\boldsymbol{T}_C$， $\bar{\boldsymbol{b}}=\boldsymbol{T}_C^{-1}\boldsymbol{b}$， $\bar{\boldsymbol{c}}=\boldsymbol{c}\boldsymbol{T}_C$，系统分解为

$$\begin{bmatrix}\dot{\boldsymbol{x}}_C\\ \dot{\boldsymbol{x}}_{NC}\end{bmatrix}=\left[\begin{array}{cc:c}0 & -1 & -1\\ 1 & -2 & -2\\ \hdashline 0 & 0 & -1\end{array}\right]\begin{bmatrix}\boldsymbol{x}_C\\ \boldsymbol{x}_{NC}\end{bmatrix}+\begin{bmatrix}1\\ 0\\ 0\end{bmatrix}\boldsymbol{u}$$

$$\boldsymbol{y}=\left[\begin{array}{cc:c}1 & -1 & -2\end{array}\right]\begin{bmatrix}\boldsymbol{x}_C\\ \boldsymbol{x}_{NC}\end{bmatrix}$$

对能控子系统

$$\dot{\boldsymbol{x}}_C=\begin{bmatrix}0 & -1\\ 1 & -2\end{bmatrix}\boldsymbol{x}_C+\begin{bmatrix}-1\\ -2\end{bmatrix}\boldsymbol{x}_{NC}+\begin{bmatrix}1\\ 0\end{bmatrix}\boldsymbol{u}$$

$$\boldsymbol{y}_C=\begin{bmatrix}1 & -1\end{bmatrix}\boldsymbol{x}_C$$

$$\text{rank}\boldsymbol{Q}_{CO}=\text{rank}\begin{bmatrix}\boldsymbol{c}_C\\ \boldsymbol{c}_C\boldsymbol{A}_C\end{bmatrix}=\text{rank}\begin{bmatrix}1 & -1\\ -1 & 1\end{bmatrix}=1<2$$

所以能控子系统不完全能观测，构造非奇异变换阵，对能控子系统进行能观测性分解。

$$\boldsymbol{T}_{O1}=\begin{bmatrix}1 & -1\\ 0 & 1\end{bmatrix}$$

对不能控子系统

$$\dot{\boldsymbol{x}}_{NC}=-\boldsymbol{x}_{NC}$$

$$\boldsymbol{y}_C=-2\boldsymbol{x}_{NC}$$

显然是能观测的，不需要变换，故令 $\boldsymbol{T}_{O2}=1$，利用 $\boldsymbol{T}_O=\text{diag}\begin{bmatrix}\boldsymbol{T}_{O1} & \boldsymbol{T}_{O2}\end{bmatrix}$ 对按能控性结构分解后的系统进行 $\bar{\boldsymbol{x}}=\boldsymbol{T}_O\boldsymbol{x}$ 变换，系统矩阵为 $\bar{\boldsymbol{A}}=\boldsymbol{T}_O\boldsymbol{A}\boldsymbol{T}_O^{-1}$， $\bar{\boldsymbol{b}}=\boldsymbol{T}_O\boldsymbol{b}$， $\bar{\boldsymbol{c}}=\boldsymbol{c}\boldsymbol{T}_O^{-1}$，系统分解为

$$\begin{bmatrix}\dot{\boldsymbol{x}}_{C,O}\\ \dot{\boldsymbol{x}}_{C,NO}\\ \dot{\boldsymbol{x}}_{NC,O}\end{bmatrix}=\left[\begin{array}{c:c:c}-1 & 0 & 1\\ \hdashline 1 & -1 & -2\\ \hdashline 0 & 0 & -1\end{array}\right]\begin{bmatrix}\boldsymbol{x}_{C,O}\\ \boldsymbol{x}_{C,NO}\\ \boldsymbol{x}_{NC,O}\end{bmatrix}+\begin{bmatrix}1\\ 0\\ 0\end{bmatrix}\boldsymbol{u}$$

$$\boldsymbol{y}=\left[\begin{array}{c:c:c}1 & 0 & -2\end{array}\right]\begin{bmatrix}\boldsymbol{x}_{C,O}\\ \boldsymbol{x}_{C,NO}\\ \boldsymbol{x}_{NC,O}\end{bmatrix}$$

求系统的传递函数

$$G(s)=\bar{c}_1(sI-\bar{A}_{11})^{-1}\bar{b}_1=\frac{1}{s+1}$$

即系统的传递函数等于系统中完全能控且完全能观测那部分的传递函数。

3.5 最小实现

3.5.1 实现问题的定义

定义 3.8 对于线性定常系统，给定其传递函数阵 $G(s)$，若可以找到 $\sum(A,B,C,D)$，使下式成立

$$G(s)=C(sI-A)^{-1}B+D$$

则称此状态空间描述 $\sum(A,B,C,D)$ 为给定传递函数矩阵 $G(s)$ 的一个实现。

所谓实现问题，就是由表征系统外部因果关系的传递函数阵，来确定表征系统内部结构特性的状态空间描述。由 1.3 节的介绍可知，同一个系统的实现有多种形式。

3.5.2 可实现的条件

对于线性定常系统，如果其传递函数阵 $G(s)$ 为 $p\times m$ 维，则传递函数阵可实现的充分必要条件是 $\lim\limits_{s\to\infty}G(s)$ 为 $p\times m$ 维的常数阵

即 $G(s)$ 是真的有理分式，此常数即为系统的关联矩阵 D；若 $\lim\limits_{s\to\infty}G(s)=0$，则 $G(s)$ 是严格真的有理分式。以下在研究实现问题时，均考虑 $G(s)$ 是严格真的有理分式，若不是，则应先转化为严格真的再实现。

3.5.3 最小实现

由 1.3 节的介绍可知，同一个系统的实现有多种形式；且传递函数矩阵只反映能控且能观测部分，同一个 $G(s)$ 还能导出 A 具有不同维数的实现，这些不同的方程表示了系统的不同物理结构。在众多实现中，维数最小的实现称为最小实现，它能以最简单的状态空间结构去获取等价的外部传递特性。

关于最小实现，有如下一些重要的结论。

结论 3.4 设 $\sum(A,B,C)$ 为严格真的传递函数矩阵 $G(s)$ 的一个实现，则其为最小实现的充分必要条件是 $\sum(A,B,C)$ 为完全能控且完全能观测的。

结论 3.5 若 $\sum(A_1,B_1,C_1)$ 与 $\sum(A_2,B_2,C_2)$ 均为给定传递函数矩阵 $G(s)$ 的最小实现，则它们一定是代数等价的，即存在一个非奇异矩阵 T 使下面式子成立。

$$A_2=T^{-1}A_1T,\quad B_2=T^{-1}B_1,\quad C_2=C_1T$$

最小实现不唯一，实现的方法也很多。下面介绍一种常用的方法，先求得满足 $G(s)$ 的能控型实现，再从中找出能观测性子系统；或反过来，先求得满足 $G(s)$ 的能观测型实现，再从中找出能控性子系统，从而得到最小实现。

对单变量系统，由其传递函数计算状态空间描述的系统矩阵的各种方法在前面章节已作了介绍，在此仅举一例。

[例 3.25] 设系统的传递函数为

$$G(s)=\frac{2s+2}{s^3+6s^2+11s+6}$$

试求系统的(1)能控性实现；(2)能观测性实现；(3)对角形实现；(4)最小实现；并画出相应的方框图。

[解] (1) 能控标准型表述的描述一定能控，故其能控性实现的一种形式为

$$\dot{x}=\begin{bmatrix}0 & 1 & 0\\ 0 & 0 & 1\\ -6 & -11 & -6\end{bmatrix}x+\begin{bmatrix}0\\0\\1\end{bmatrix}u$$

$$y=\begin{bmatrix}2 & 2 & 0\end{bmatrix}x$$

能控性实现的方框图如图 3.8 所示。

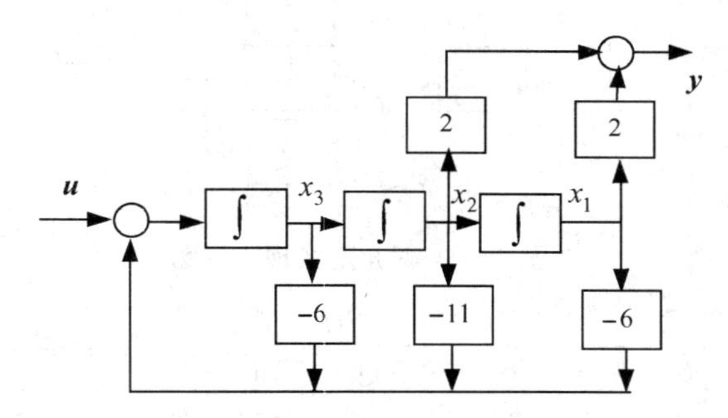

图 3.8　能控性实现方框图

(2) 能观测标准型表述的描述一定能观测，故其能观测性实现的一种形式为

$$\dot{x}=\begin{bmatrix}0 & 0 & -6\\ 1 & 0 & -11\\ 0 & 1 & -6\end{bmatrix}x+\begin{bmatrix}2\\2\\0\end{bmatrix}u$$

$$y=\begin{bmatrix}0 & 0 & 1\end{bmatrix}x$$

能观测性实现的方框图如图 3.9 所示。

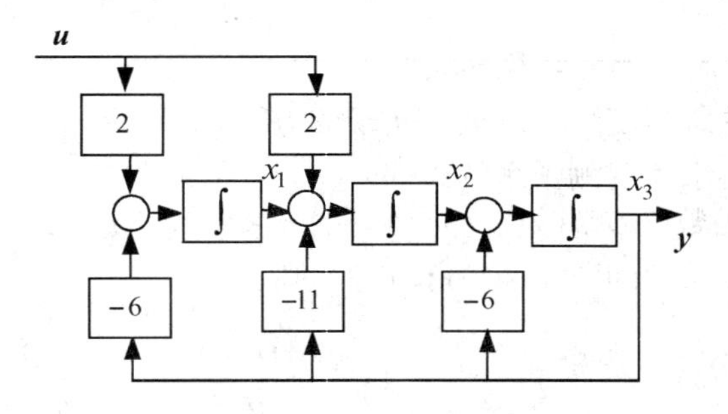

图 3.9　能观测性实现方框图

(3) 因为 $$G(s)=\frac{2s+2}{s^3+6s^2+11s+6}=\frac{0}{s+1}+\frac{2}{s+2}+\frac{-2}{s+3}$$

故系统的对角形实现为

$$\dot{x}=\begin{bmatrix}-1 & & \\ & -2 & \\ & & -3\end{bmatrix}x+\begin{bmatrix}0\\2\\-2\end{bmatrix}u$$
$$y=\begin{bmatrix}1 & 1 & 1\end{bmatrix}x$$

对角形实现的方框图如图 3.10 所示。

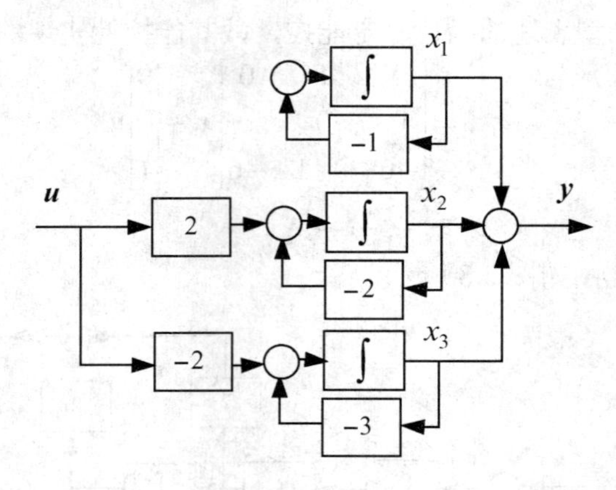

图 3.10　对角形实现方框图

(4) 由 $G(s)=\dfrac{2s+2}{s^3+6s^2+11s+6}=\dfrac{2(s+1)}{(s+1)(s+2)(s+3)}$ 可以看出，传递函数有相消项，故所描述的系统不是既能控又能观测的，所以其实现不是最小实现，对消去公因子后

$$G(s)=\frac{2s+2}{s^3+6s^2+11s+6}=\frac{2}{(s+2)(s+3)}$$

所描述的系统是既能控又能观测的，因此对它的任意一种实现均为最小实现。下面以对角形式给出最小实现

$$\dot{x}=\begin{bmatrix}-2 & \\ & -3\end{bmatrix}x+\begin{bmatrix}2\\-2\end{bmatrix}u$$
$$y=\begin{bmatrix}1 & 1\end{bmatrix}x$$

下面介绍用降阶法求多变量系统最小实现的方法。

先求能控标准型再求能观测子系统。

设严格真的传递函数阵 $G(s)$ 为 $p\times m$ 维，且 $m<p$ 时，应优先采用本法。$G(s)$ 的第 j 列表示 u_j 至 $y(s)$ 的传递函数矩阵，记为 $G_j(s)$，则

$$G_j(s)=\begin{bmatrix}g_{1j}(s) & \cdots & g_{pj}(s)\end{bmatrix}^{\mathrm{T}}=\begin{bmatrix}\dfrac{n_{1j}(s)}{d_{1j}(s)} & \cdots & \dfrac{n_{pj}(s)}{d_{pj}(s)}\end{bmatrix}^{\mathrm{T}}$$

记 $d_{1j}(s)$, $\cdots$,$d_{pj}(s)$ 的最小公倍数为 $d_j(s)$，则

$$G_j(s)=\frac{1}{d_j(s)}\left[q_{1j}(s)\quad\cdots\quad q_{pj}(s)\right]^{\mathrm{T}}$$

设

$$d_j(s)=s^{n_j}+\alpha_{j,1}s^{n_j-1}+\cdots+\alpha_{j,n_j}$$

则

$$q_{ij}(s)=\beta_{ij,1}s^{n_j-1}+\beta_{ij,2}s^{n_j-2}+\cdots+\beta_{ij,n_j}$$

这样，$G_j(s)$ 的能控型实现为

$$A_j=\left[\begin{array}{c|ccc}0 & & & \\ \vdots & & I_{n_j-1} & \\ 0 & & & \\ \hline -\alpha_{j,n_j} & -\alpha_{j,n_j-1} & \cdots & -\alpha_{j,1}\end{array}\right]$$

$$b_j=\begin{bmatrix}0\\ \vdots\\ 0\\ 1\end{bmatrix},\qquad C_j=\begin{bmatrix}\beta_{1j,n_j} & \beta_{1j,n_j-1} & \cdots & \beta_{1j,1}\\ \vdots & \vdots & \ddots & \vdots\\ \beta_{pj,n_j} & \beta_{pj,n_j-1} & \cdots & \beta_{pj,1}\end{bmatrix}$$

令 $j=1,2,\cdots,m$，便可得 $G(s)$ 的实现

$$A_{n\times n}=\begin{bmatrix}A_1 & & & \\ & A_2 & & \\ & & \ddots & \\ & & & A_m\end{bmatrix},\quad B_{n\times m}=\begin{bmatrix}b_1 & & & \\ & b_2 & & \\ & & \ddots & \\ & & & b_m\end{bmatrix},\quad C_{p\times n}=\left[C_1\quad C_2\quad\cdots\quad C_m\right]$$

可以证明上述实现一定是完全能控的，但不一定能观测，为此要利用能观测性判别矩阵进行判别，若系统完全能观测，则此实现即为最小实现；若系统不完全能观测，$\mathrm{rank}Q_{\mathrm{o}}=k<n$，则从 Q_{o} 中选 k 个线性无关行向量构造 S 阵，由 $SU=I_k$ 求出 U 阵，则

$$\bar{A}=SAU,\quad \bar{B}=SB,\quad \bar{C}=CU$$

即为所求的最小实现。

先求能观测标准型再求能控子系统。

设严格真的传递函数阵 $G(s)$ 为 $p\times m$ 维，且 $p<m$ 时，应优先采用本法。$G(s)$ 的第 i 行表示 y_i 至 $u(s)$ 的传递函数矩阵，记为 $G_i(s)$，则

$$G_i(s)=\left[g_{i1}(s)\quad\cdots\quad g_{im}(s)\right]=\left[\frac{n_{i1}(s)}{d_{i1}(s)}\quad\cdots\quad\frac{n_{im}(s)}{d_{im}(s)}\right]$$

记 $d_{i1}(s),\ \cdots\ ,d_{im}(s)$ 的最小公倍数为 $d_i(s)$，则

$$G_i(s)=\frac{1}{d_i(s)}\left[p_{i1}(s)\quad\cdots\quad p_{im}(s)\right]$$

设

$$d_i(s)=s^{n_i}+\alpha_{i,1}s^{n_i-1}+\cdots+\alpha_{i,n_i}$$

则

$$p_{ij}(s)=\beta_{ij,1}s^{n_i-1}+\beta_{ij,2}s^{n_i-2}+\cdots+\beta_{ij,n_i}$$

这样，$\boldsymbol{G}_i(s)$ 的能观测型实现为

$$\boldsymbol{A}_j=\left[\begin{array}{ccc|c} 0 & \cdots & 0 & -\alpha_{i,n_i} \\ \hline & & & -\alpha_{i,n_i-1} \\ & \boldsymbol{I}_{n_i-1} & & \vdots \\ & & & -\alpha_{i,1} \end{array}\right]$$

$$\boldsymbol{B}_i=\begin{bmatrix} \beta_{i1,n_i} & \cdots & \beta_{ir,n_i} \\ \beta_{i1,n_i-1} & \cdots & \beta_{ir,n_i-1} \\ \vdots & \ddots & \vdots \\ \beta_{i1,1} & \cdots & \beta_{ir,1} \end{bmatrix},\quad \boldsymbol{c}_j=\begin{bmatrix}0 & \cdots & 0 & 1\end{bmatrix}$$

令 $i=1,2,\cdots,p$，便可得 $\boldsymbol{G}(s)$ 的实现

$$\boldsymbol{A}_{n\times n}=\begin{bmatrix} \boldsymbol{A}_1 & & & \\ & \boldsymbol{A}_2 & & \\ & & \ddots & \\ & & & \boldsymbol{A}_p \end{bmatrix},\quad \boldsymbol{B}_{n\times r}=\begin{bmatrix} \boldsymbol{B}_1 \\ \boldsymbol{B}_2 \\ \vdots \\ \boldsymbol{B}_p \end{bmatrix},\quad \boldsymbol{C}_{m\times n}=\begin{bmatrix} \boldsymbol{c}_1 & & & \\ & \boldsymbol{c}_2 & & \\ & & \ddots & \\ & & & \boldsymbol{c}_p \end{bmatrix}$$

可以证明上述实现一定是完全能观测的，但不一定能控，为此要利用能控性判别矩阵进行判别，若系统完全能控，则此实现即为最小实现；若系统不完全能控，$\text{rank}\boldsymbol{Q}_\text{c}=k<n$，则从 $\boldsymbol{Q}_\text{c}$ 中选 k 个线性无关列向量构造 $\boldsymbol{U}$ 阵，由 $\boldsymbol{SU}=\boldsymbol{I}_k$ 求出 $\boldsymbol{S}$ 阵，则

$$\bar{\boldsymbol{A}}=\boldsymbol{SAU},\quad \bar{\boldsymbol{B}}=\boldsymbol{SB},\quad \bar{\boldsymbol{C}}=\boldsymbol{CU}$$

即为所求的最小实现。

[例 3.26] 试求下列传递函数阵 $\boldsymbol{G}(s)$ 的最小实现。

$$\boldsymbol{G}(s)=\begin{bmatrix} \dfrac{4s+6}{(s+1)(s+2)} & \dfrac{2s+3}{(s+1)(s+2)} \\ \dfrac{-2}{(s+1)(s+2)} & \dfrac{-1}{(s+1)(s+2)} \end{bmatrix}$$

[解] 方法 1：先求能控标准型再求能观测子系统。

对 $\boldsymbol{G}(s)$ 的两列，有

$$g_1(s)=\frac{1}{(s+1)(s+2)}\begin{bmatrix}4s+6\\-2\end{bmatrix},\quad g_1(s)=\frac{1}{(s+1)(s+2)}\begin{bmatrix}2s+3\\-1\end{bmatrix}$$

显然有 $d_1(s)=d_2(s)=(s+1)(s+2)=s^2+3s+2$，则 $\boldsymbol{G}(s)$ 两列的能控型实现为

$$\boldsymbol{A}_1=\boldsymbol{A}_2=\begin{bmatrix}0 & 1\\-2 & -3\end{bmatrix},\quad \boldsymbol{b}_1=\boldsymbol{b}_2=\begin{bmatrix}0\\1\end{bmatrix},\quad \boldsymbol{C}_1=\begin{bmatrix}6 & 4\\-2 & 0\end{bmatrix},\quad \boldsymbol{C}_2=\begin{bmatrix}3 & 2\\-1 & 0\end{bmatrix}$$

故有 $\boldsymbol{G}(s)$ 的实现为

$$\boldsymbol{A}=\begin{bmatrix}\boldsymbol{A}_1 & \\ & \boldsymbol{A}_2\end{bmatrix},\quad \boldsymbol{B}=\begin{bmatrix}\boldsymbol{b}_1 & \\ & \boldsymbol{b}_2\end{bmatrix},\quad \boldsymbol{C}=\begin{bmatrix}\boldsymbol{C}_1 & \boldsymbol{C}_2\end{bmatrix}$$

判断此实现的能观测性

$$\mathrm{rank}\boldsymbol{Q}_{\mathrm{o}}=\mathrm{rank}\begin{bmatrix}\boldsymbol{C}\\\boldsymbol{CA}\\\boldsymbol{CA}^2\\\boldsymbol{CA}^3\end{bmatrix}=\mathrm{rank}\begin{bmatrix}6&4&3&2\\-2&0&-1&0\\-8&-6&-4&-3\\0&-2&0&-1\\12&10&6&5\\4&6&2&3\\-8&-6&-4&-3\\0&-2&0&-1\end{bmatrix}=2<4$$

所以是不完全能控的，从 $\boldsymbol{Q}_{\mathrm{o}}$ 中选出线性无关的两行构成 $\boldsymbol{S}$ 阵

$$\boldsymbol{S}=\begin{bmatrix}6&4&3&2\\-2&0&-1&0\end{bmatrix}$$

由 $\boldsymbol{SU}=\boldsymbol{I}_2$，求得 $\boldsymbol{U}$ 阵为

$$\boldsymbol{U}=\begin{bmatrix}0&\frac{1}{4}&0&0\\-\frac{1}{2}&0&-1&0\end{bmatrix}^T$$

故最小实现为

$$\bar{\boldsymbol{A}}=\boldsymbol{SAU}=\begin{bmatrix}-\frac{3}{2}&-\frac{1}{2}\\-\frac{1}{2}&-\frac{3}{2}\end{bmatrix},\quad \bar{\boldsymbol{B}}=\boldsymbol{SB}=\begin{bmatrix}4&2\\0&0\end{bmatrix},\quad \bar{\boldsymbol{C}}=\boldsymbol{CU}=\begin{bmatrix}1&0\\0&1\end{bmatrix}$$

方法 2：先求能观测标准型再求能控子系统。

对 $\boldsymbol{G}(s)$ 的两行，有

$$g_1(s)=\frac{1}{(s+1)(s+2)}[4s+6\quad 2s+3],\quad g_1(s)=\frac{1}{(s+1)(s+2)}[-2\quad -1]$$

显然有 $d_1(s)=d_2(s)=(s+1)(s+2)=s^2+3s+2$，则 $\boldsymbol{G}(s)$ 两行的能观测型实现为

$$\boldsymbol{A}_1=\boldsymbol{A}_2=\begin{bmatrix}0&-2\\1&-3\end{bmatrix},\quad \boldsymbol{c}_1=\boldsymbol{c}_2=[0\quad 1],\quad \boldsymbol{B}_1=\begin{bmatrix}6&3\\4&2\end{bmatrix},\quad \boldsymbol{B}_2=\begin{bmatrix}-2&-1\\0&0\end{bmatrix}$$

故有 $\boldsymbol{G}(s)$ 的实现为

$$\boldsymbol{A}=\begin{bmatrix}\boldsymbol{A}_1&\\&\boldsymbol{A}_2\end{bmatrix},\quad \boldsymbol{B}=\begin{bmatrix}\boldsymbol{B}_1&\\&\boldsymbol{B}_2\end{bmatrix},\quad \boldsymbol{C}=\begin{bmatrix}\boldsymbol{c}_1&\\&\boldsymbol{c}_2\end{bmatrix}$$

判断此实现的能控性

$$\mathrm{rank}\boldsymbol{Q}_{\mathrm{c}}=\mathrm{rank}\begin{bmatrix}\boldsymbol{B}&\boldsymbol{AB}&\boldsymbol{A}^2\boldsymbol{B}&\boldsymbol{A}^3\boldsymbol{B}\end{bmatrix}$$

$$=\mathrm{rank}\begin{bmatrix}6&3&-8&-4&12&6&-20&-10\\4&2&-6&-3&10&5&-18&-9\\-2&-1&0&0&4&2&-12&-6\\0&0&-2&-1&6&3&-14&-7\end{bmatrix}$$

$$=2<4$$

所以是不完全能控的，从 $\boldsymbol{Q}_c$ 中选出线性无关的两列构成 $\boldsymbol{U}$ 阵

$$\boldsymbol{U}=\begin{bmatrix}6 & 4 & -2 & 0\\ -4 & -3 & 0 & -1\end{bmatrix}^{\mathrm{T}}$$

由 $\boldsymbol{SU}=\boldsymbol{I}_2$，求得 $\boldsymbol{S}$ 阵为

$$\boldsymbol{S}=\begin{bmatrix}0 & 0 & -\frac{1}{2} & 0\\ 0 & 0 & 0 & -1\end{bmatrix}$$

故最小实现为

$$\bar{\boldsymbol{A}}=\boldsymbol{SAU}=\begin{bmatrix}0 & -1\\ 2 & -3\end{bmatrix},\quad \bar{\boldsymbol{B}}=\boldsymbol{SB}=\begin{bmatrix}1 & \frac{1}{2}\\ 0 & 0\end{bmatrix},\quad \bar{\boldsymbol{C}}=\boldsymbol{CU}=\begin{bmatrix}4 & -3\\ 0 & -1\end{bmatrix}$$

由此可以看出，最小实现是不唯一的，但最小实现的维数是唯一的，对本例而言，均为两维的。

3.6　MATLAB 应用

本节将举例介绍如何用 MATLAB 辅助计算、分析本章介绍的内容。

[例 3.27]　判断下面系统的能控性和能观测性。

$$\begin{bmatrix}\dot{x}_1\\ \dot{x}_2\\ \dot{x}_3\end{bmatrix}=\begin{bmatrix}0 & 1 & 0\\ 0 & 0 & 1\\ -6 & -11 & -6\end{bmatrix}\begin{bmatrix}x_1\\ x_2\\ x_3\end{bmatrix}+\begin{bmatrix}0 & 1\\ 1 & 0\\ 0 & 1\end{bmatrix}\begin{bmatrix}u_1\\ u_2\end{bmatrix}$$

$$\begin{bmatrix}y_1\\ y_2\end{bmatrix}=\begin{bmatrix}1 & 0 & 1\\ 0 & 1 & 0\end{bmatrix}\begin{bmatrix}x_1\\ x_2\\ x_3\end{bmatrix}$$

[解]　源程序：

```
% ex3_27_1.m
% 判断系统的能控性和能观测性
a=[0 1 0;0 0 1;-6 -11 -6];b=[0 1;1 0;0 1];      % 输入系统矩阵
c=[1 0 1;0 1 0];d=0;
n=length(a)                                      % 求系统的阶次
qc=[b a*b a^2*b],nc=rank(qc)                     % 求系统能控性判别矩阵及其秩
if n==nc,disp('system is controllable !'),       % 判断能控性
else disp('system is uncontrollable !'),end
qo=[c;c*a;c*a^2],no=rank(qo)                     % 求系统能观测性判别矩阵及其秩
if n==no,disp('system is observable !'),         % 判断能观测性
else disp('system is unobservable !'),end
```

运行结果：

```
n =
     3
qc =
     0     1     1     0     0     1
     1     0     0     1   -11   -12
     0     1   -11   -12    60    61
nc =
     3
system is controllable !
qo =
     1     0     1
     0     1     0
    -6   -10    -6
     0     0     1
    36    60    26
    -6   -11    -6
no =
     3
system is observable !
```

源程序：

```
% ex3_27_2.m
% 利用 ctrb 和 obsv 命令判断系统的能控性和能观测性
a=[0 1 0;0 0 1;-6 -11 -6];b=[0 1;1 0;0 1];
c=[1 0 1;0 1 0];d=0;
n=length(a)                                      % 求系统的阶次
qc=ctrb(a,b),nc=rank(qc)                         % 求系统能控性判别矩阵及其秩
if n==nc,disp('system is controllable !'),       % 判断能控性
else disp('system is uncontrollable !'),end
qo=obsv(a,c),no=rank(qo)                         % 求系统能观测性判别矩阵及其秩
if n==no,disp('system is observable !'),         % 判断能观测性
else disp('system is unobservable !'),end
```

运行结果：

```
n =
     3
qc =
     0     1     1     0     0     1
     1     0     0     1   -11   -12
     0     1   -11   -12    60    61
nc =
     3
system is controllable !
qo =
     1     0     1
     0     1     0
    -6   -10    -6
     0     0     1
    36    60    26
    -6   -11    -6
```

```
no =
     3
system is observable !
```

源程序：

```
% ex3_27_3.m
% 利用 Gram 矩阵判断系统的能控性和能观测性
a=[0 1 0;0 0 1;-6 -11 -6];b=[0 1;1 0;0 1];
c=[1 0 1;0 1 0];d=0
G=ss(a,b,c,d,);
wc=gram(G,'c'),nc=det(wc)                         % 求能控性 Gram 矩阵及其行列式的值
if nc~=0,disp('system is controllable !'),  % 判断系统的能控性
else disp('system is uncontrollable !'),end
wo=gram(G,'o'),no=det(wo)                         % 求能观测性 Gram 矩阵及其行列式
                                                  % 的值
if no~=0,disp('system is observable !'),    % 判断系统的能观测性
else disp('system is unobservable !'),end
```

运行结果：

```
wc =
    1.7000   -0.5000   -0.7000
   -0.5000    0.7000   -0.5000
   -0.7000   -0.5000    1.7000
nc =
    0.4800
system is controllable !
wo =
    1.2167    0.0500    0.0833
    0.0500    1.2250    0.0500
    0.0833    0.0500    0.0917
no =
    0.1253
system is observable !
```

离散系统的能控性、能观测性判断和系统的输出能控性判断可以直接套用上面的程序，故不再举例。

[例 3.28] 利用 MATLAB 求解例 3.20 和例 3.21 题。

[解] 源程序：

```
% ex3_28.m
a=[-4 2 0;1 -3 1;0 1 -2];b=[2;0;0];c=[1 0 0];
n=length(a);den=poly(a)                          % 求系统阶次及特征多项式
% 能控标准型
qc=ctrb(a,b);
f=flipud(eye(n));                                % 构造变换阵 f
f(1,1)=den(3);f(1,2)=den(2);f(2,1)=den(2);
```

```
p=qc*f,q=inv(p);                      % 构造变换阵 p 并求逆
a1=q*a*p,b1=q*b,c1=c*p                % 变换后的系统矩阵
% 能观测标准型
qo=obsv(a,c);                         % 构造变换阵 f
t=f*qo,tq=inv(t);                     % 构造变换阵 t 并求逆
a2=t*a*tq,b2=t*b,c2=c*tq              % 变换后的系统矩阵
```

运行结果：

```
den =
    1.0000    9.0000   23.0000   16.0000
p =
   10.0000   10.0000    2.0000
    4.0000    2.0000         0
    2.0000         0         0
a1 =
   -0.0000    1.0000         0
    0.0000         0    1.0000
  -16.0000  -23.0000   -9.0000
b1 =
     0
     0
     1
c1 =
   10.0000   10.0000    2.0000
t =
    5.0000    4.0000    2.0000
    5.0000    2.0000         0
    1.0000         0         0
a2 =
   -0.0000    0.0000  -16.0000
    1.0000         0  -23.0000
         0    1.0000   -9.0000
b2 =
   10.0000
   10.0000
    2.0000
c2 =
     0     0     1
```

[例 3.29] 利用 MATLAB 求解例 3.24。

[解] 源程序：

```
% ex3_29.m
% 能控性结构分解和能观测性结构分解
a=[0 0 -1;1 0 -3;0 1 -3];
b=[1 1 0]';c=[0 1 -2];d=0;
[Ac,Bc,Cc,Tc,Kc]=ctrbf(a,b,c)             % 能控性结构分解
[Ao,Bo,Co,To,Ko]=obsvf(a,b,c)             % 能观测性结构分解
```

运行结果：

```
% 能控性结构分解结果
Ac =
  -1.0000    0.0000   -0.0000
  -2.1213   -2.5000    0.8660
  -1.2247   -2.5981    0.5000
Bc =
        0
        0
  -1.4142
Cc =
   1.7321    1.2247   -0.7071
Tc =
  -0.5774    0.5774   -0.5774
   0.4082   -0.4082   -0.8165
  -0.7071   -0.7071         0
Kc =
    1    1    0
% 能观测性结构分解结果
Ao =
  -1.0000   -1.3416   -3.8341
   0.0000   -0.4000   -0.7348
        0    0.4899   -1.6000
Bo =
   1.2247
  -0.5477
  -0.4472
Co =
        0    0.0000   -2.2361
To =
   0.4082    0.8165    0.4082
  -0.9129    0.3651    0.1826
        0   -0.4472    0.8944
Ko =
    1    1    0
```

运行结果中，除了有分解后系统的系统矩阵，还给出了变换阵和能控变量、能观测变量的各数，注意到由 MATLAB 提供的分解矩阵与前面提到的标准形式不一样，这主要是由于状态变量的编号选取不同，若要得到前面提到的标准形式，只需加下面语句

```
Acc=rot90(Ac,2),Bcc=rot90(Bc,2),Ccc=rot90(Cc,2)
```

便可得到下面表述形式

```
Acc =
   0.5000   -2.5981   -1.2247
   0.8660   -2.5000   -2.1213
  -0.0000    0.0000   -1.0000
Bcc =
  -1.4142
        0
```

```
          0
Ccc =
-0.7071    1.2247    1.7321
```

此结果与例 3.24 的结果不一致，是由于变换阵选取不同。当然，也可以按例 3.24 的步骤，用 MATLAB 一步步地计算。如能控性结构分解，先构造能控性判别矩阵 qc=ctrb(a,b)，用 nc=rank(qc)判断其能控性，选取线性无关的列，构造变换阵 tc，得到 aa，bb，cc 即为例 3.24 的结果。

```
tc =[1 0 0;1 1 0;0 1 1]
tcq=inv(tc)
aa=tcq*a*tc
bb=tcq*b
cc=c*tc
```

[例 3.30] 用 MATLAB 求解例 3.25。

[解] 源程序：

```
% ex3_30.m
% 能控标准型实现
num=[2 2];den=[1 6 11 6];
ac=compan(den);ac=rot90(ac,2),
bc=zeros(length(ac),1);bc(length(ac),1)=1
cc=[num zeros(1,length(ac)-length(num))]
dc=0
% 能观测标准型实现
ao=compan(den);ao=rot90(ao,2)'
n=length(ao);
bo=[num zeros(1,length(ao)-length(num))]'
co=zeros(1,n);co(1,n)=1,do=0
% 对角标准型实现
[r,p,k]=residue(num,den);
aj=diag(p)
bj=r
cj=ones(1,length(r))
dj=0
```

运行结果同例 3.25。若系统有重根，则可用约当命令做约当标准型实现。

[例 3.31] 用 MATLAB 求例 3.25 和例 3.26 的最小实现。

[解] 源程序：

```
% ex3_31
% 例 3.25 最小实现
num1=[2 2];den1=[1 6 11 6];
G1=tf(num1,den1);Gs1=ss(G1);
Gm1=minreal(Gs1);
Am1=Gm1.a
```

```
Bm1=Gm1.b
Cm1=Gm1.c
Dm1=Gm1.d
% 例 3.26 最小实现
num2={[4 6],[2 3];-2,-1};
den2={[1 3 2],[1 3 2];[1 3 2],[1 3 2]};
G2=tf(num2,den2);Gs2=ss(G2);
Gm2=minreal(Gs2);
Am2=Gm2.a
Bm2=Gm2.b
Cm2=Gm2.c
Dm2=Gm2.d
```

运行结果：

```
% 例 3.25 最小实现结果
1 state removed.
Am1 =
    2.0121   -5.7764
    3.4812   -7.0121
Bm1 =
    0.1212
   -0.4848
Cm1 =
    0.5000    0.1250
Dm1 =
     0
% 例 3.26 最小实现结果
2 states removed.
Am2 =
   -2.6630   -0.4288
    2.5712   -0.3370
Bm2 =
    2.7655    1.3828
   -0.5932   -0.2966
Bm2 =
    1.6052    0.7405
   -0.0741   -0.3457
Dm2 =
0     0
0     0
```

3.7 小　　结

本章对线性系统进行了定性分析。通过对系统的能控性与能观测性的定义、性质及判别方法的讨论，揭示了系统内在结构特性。利用非奇异变换，给出了求取能控标准型、能观测标准型及结构分解的方法。本章对系统实现问题的基本概念和基本属性作了进一步的讨论，着重介绍了最小实现的物理意义和基本方法。最后，举例介绍了如何利用 MATLAB 对本章内容进行计算、分析。

3.8 习　　题

3.1 判断下列系统的能控性和能观测性。

(1) $\dot{\boldsymbol{x}}=\begin{bmatrix}1 & 0\\ -1 & 2\end{bmatrix}\boldsymbol{x}+\begin{bmatrix}1\\ 0\end{bmatrix}\boldsymbol{u},\qquad \boldsymbol{y}=\begin{bmatrix}0 & 1\end{bmatrix}\boldsymbol{x}$

(2) $\dot{\boldsymbol{x}}=\begin{bmatrix}-2 & 2 & -1\\ 0 & -2 & 0\\ 1 & -4 & 0\end{bmatrix}\boldsymbol{x}+\begin{bmatrix}0\\ 0\\ 1\end{bmatrix}\boldsymbol{u},\qquad \boldsymbol{y}=\begin{bmatrix}1 & -1 & 1\end{bmatrix}\boldsymbol{x}$

(3) $\dot{\boldsymbol{x}}=\begin{bmatrix}0 & 1 & 0\\ 0 & 0 & 1\\ -2 & -4 & -3\end{bmatrix}\boldsymbol{x}+\begin{bmatrix}1 & 0\\ 0 & 1\\ -1 & 1\end{bmatrix}\boldsymbol{u},\qquad \boldsymbol{y}=\begin{bmatrix}0 & 1 & -1\\ 1 & 2 & 1\end{bmatrix}\boldsymbol{x}$

3.2 判断下列系统的能控性和能观测性。

(1) $\dot{\boldsymbol{x}}=\begin{bmatrix}-2 & 0 & 0\\ 0 & -4 & 0\\ 0 & 0 & -3\end{bmatrix}\boldsymbol{x}+\begin{bmatrix}1\\ 0\\ 1\end{bmatrix}\boldsymbol{u},\qquad \boldsymbol{y}=\begin{bmatrix}1 & 0 & 1\end{bmatrix}\boldsymbol{x}$

(2) $\dot{\boldsymbol{x}}=\begin{bmatrix}1 & 1 & 0 & 0\\ 0 & 1 & 0 & 0\\ 0 & 0 & 2 & 0\\ 0 & 0 & 0 & 3\end{bmatrix}\boldsymbol{x}+\begin{bmatrix}1 & 0\\ 0 & 0\\ 0 & 1\\ 1 & 1\end{bmatrix}\boldsymbol{u},\qquad \boldsymbol{y}=\begin{bmatrix}0 & 0 & 0 & 1\\ 1 & 0 & 1 & 0\end{bmatrix}\boldsymbol{x}$

(3) $\dot{\boldsymbol{x}}=\begin{bmatrix}-2 & 1 & 0\\ 0 & -2 & 0\\ 0 & 0 & -2\end{bmatrix}\boldsymbol{x}+\begin{bmatrix}0\\ 1\\ 1\end{bmatrix}\boldsymbol{u},\qquad \boldsymbol{y}=\begin{bmatrix}1 & 0 & 1\end{bmatrix}\boldsymbol{x}$

(4) $\dot{\boldsymbol{x}}=\begin{bmatrix}-5 & 0 & 0\\ 0 & -5 & 0\\ 0 & 0 & 1\end{bmatrix}\boldsymbol{x}+\begin{bmatrix}1 & 3\\ 3 & 9\\ 2 & 0\end{bmatrix}\boldsymbol{u},\qquad \boldsymbol{y}=\begin{bmatrix}1 & 2 & 3\\ 0 & 1 & 6\end{bmatrix}\boldsymbol{x}$

3.3 给定系统

$$\dot{\boldsymbol{x}}=\begin{bmatrix}a & b\\ c & 0\end{bmatrix}\boldsymbol{x}+\begin{bmatrix}0\\ 1\end{bmatrix}\boldsymbol{u},\qquad \boldsymbol{y}=\begin{bmatrix}1 & 0\end{bmatrix}\boldsymbol{x}$$

求：(1) 确定使系统完全能控时待定系数的取值范围；

(2) 确定使系统完全能观测时待定系数的取值范围；

(3) 确定使系统既能控又能观测时待定系数的取值范围。

3.4 给定系统

$$\dot{\boldsymbol{x}}=\begin{bmatrix}1 & 0\\ 2 & 1\end{bmatrix}\boldsymbol{x}+\begin{bmatrix}0\\ 1\end{bmatrix}\boldsymbol{u},\qquad \boldsymbol{y}=\begin{bmatrix}0 & 1\end{bmatrix}\boldsymbol{x}$$

试确定系统的状态能控性和输出能控性。

3.5 给定离散时间系统

$$\boldsymbol{x}(k+1)=\begin{bmatrix}1&0&0\\0&2&-2\\-1&1&0\end{bmatrix}\boldsymbol{x}(k)+\begin{bmatrix}1\\0\\1\end{bmatrix}\boldsymbol{u}(k)$$

$$\boldsymbol{y}(k)=\begin{bmatrix}0&1&1\end{bmatrix}\boldsymbol{x}(k)$$

判定系统的能控性和能观测性。

3.6 给定离散时间系统

$$\begin{bmatrix}x_1(k+1)\\x_2(k+1)\end{bmatrix}=\begin{bmatrix}1&1-\mathrm{e}^{-T}\\0&\mathrm{e}^{-T}\end{bmatrix}\begin{bmatrix}x_1(k)\\x_2(k)\end{bmatrix}+\begin{bmatrix}\mathrm{e}^{-T}+T-1\\1-\mathrm{e}^{-T}\end{bmatrix}\boldsymbol{u}(k)$$

其中$T\neq 0$，试分析，此系统有无可能在不超过$2T$的时间内使任意的一个非零初态转移到原点。

3.7 已知系统

(1) $\dot{\boldsymbol{x}}=\begin{bmatrix}-1&-2&-2\\0&-1&1\\1&0&1\end{bmatrix}\boldsymbol{x}+\begin{bmatrix}2\\0\\1\end{bmatrix}\boldsymbol{u},\qquad \boldsymbol{y}=\begin{bmatrix}1&1&0\end{bmatrix}\boldsymbol{x}$

(2) $\dot{\boldsymbol{x}}=\begin{bmatrix}1&1&1\\0&1&0\\1&1&1\end{bmatrix}\boldsymbol{x}+\begin{bmatrix}0\\1\\0\end{bmatrix}\boldsymbol{u},\qquad \boldsymbol{y}=\begin{bmatrix}1&0&1\end{bmatrix}\boldsymbol{x}$

试分别判断其能控性。如完全能控，将其化为能控标准型，如不完全能控，则找出它的能控子系统。

3.8 对3.7题判断其能观测性。如完全能观测，将其化为能观测标准型，如不完全能观测，则找出它的能观测子系统。

3.9 已知系统

$$\dot{\boldsymbol{x}}=\begin{bmatrix}1&0&0\\2&2&3\\-2&0&1\end{bmatrix}\boldsymbol{x}+\begin{bmatrix}0\\0\\1\end{bmatrix}\boldsymbol{u},\qquad \boldsymbol{y}=\begin{bmatrix}1&0&1\end{bmatrix}\boldsymbol{x}$$

试对其进行结构分解。

3.10 求下面传递函数的能控型实现、能观测型实现和约当型实现。

$$\boldsymbol{G}(s)=\frac{4s^2+17s+16}{s^3+7s^2+16s+12}$$

3.11 求下列系统的最小实现。

(1) $\boldsymbol{G}(s)=\dfrac{s^2+7s+10}{s^3+6s^2+11s+6}$；　(2) $\boldsymbol{G}(s)=\dfrac{s^2+6s+8}{s^2+4s+3}$

3.12 已知系统的传递函数阵为

(1) $\boldsymbol{G}(s)=\begin{bmatrix}\dfrac{1}{s(s+1)}&\dfrac{2}{s+1}\\\dfrac{2}{s+1}&\dfrac{1}{s+1}\end{bmatrix}$　　(2) $\boldsymbol{G}(s)=\begin{bmatrix}\dfrac{1}{s^2}&0\\\dfrac{2}{s^2-s}&\dfrac{1}{1-s}\end{bmatrix}$

试求系统的能控型实现、能观测型实现和最小实现。

3.13 已知能控且能观的两个系统S_1，S_2，其中，

$$S_1:\ \begin{array}{l}\dot{\boldsymbol{x}}_1=\boldsymbol{A}_1\boldsymbol{x}_1+\boldsymbol{b}_1\boldsymbol{u}\\ \boldsymbol{y}_1=\boldsymbol{c}_1\boldsymbol{x}_1\end{array},\quad \boldsymbol{A}_1=\begin{bmatrix}0 & 1\\ -3 & -4\end{bmatrix},\quad \boldsymbol{b}_1=\begin{bmatrix}0\\ 1\end{bmatrix},\quad \boldsymbol{c}_1=\begin{bmatrix}2 & 1\end{bmatrix}$$

$$S_2:\ \begin{array}{l}\dot{\boldsymbol{x}}_2=\boldsymbol{A}_2\boldsymbol{x}_2+\boldsymbol{b}_2\boldsymbol{u}_2\\ \boldsymbol{y}_2=\boldsymbol{c}_2\boldsymbol{x}_2\end{array},\quad \boldsymbol{A}_2=-1,\quad \boldsymbol{b}_2=1,\quad \boldsymbol{c}_2=1$$

(1) 试求对于$\boldsymbol{x}=\begin{bmatrix}x_1 & x_2\end{bmatrix}^{\mathrm{T}}$的状态方程。

(2) 考察图中系统的能控性及能观性。

(3) 求关于S_1，S_2这两个子系统的传递函数，并验证(2)。

第 4 章　稳定性分析

稳定性是系统的重要特性，是系统正常工作的必要条件，它描述初始条件作用下系统方程的解是否具有收敛性，与输入作用无关。当系统采用状态空间描述以后，李雅普诺夫在 19 世纪末提出的稳定性理论，不仅适于单变量、线性、定常系统，还适于多变量、非线性、时变系统，在现代控制系统的发展及应用中不断得到发展。

李雅普诺夫提出了两类解决稳定性问题的方法，即李雅普诺夫间接法和直接法。李雅普诺夫间接法通过求解微分方程的解来分析运动稳定性，即通过分析非线性系统线性化方程特征值分布来判别原非线性系统的稳定性。

李雅普诺夫直接法则是一种定性方法，它无需求解非线性微分方程，而是构造一个李雅普诺夫函数，研究它的正定性及其对时间的导数的负定或半负定，来得到稳定性的结论。这一方法在学术界广泛应用，影响极其深远。一般我们所说的李雅普诺夫方法就是指李雅普诺夫直接法。

虽然在非线性系统的稳定性分析中，李雅普诺夫稳定性理论具有基础性的地位，但在具体确定许多非线性系统的稳定性时，却并不是直截了当的。技巧和经验在解决非线性问题时显得非常重要。

本章主要介绍李雅普诺夫稳定性理论及其在系统稳定性分析中的应用。

4.1　李雅普诺夫稳定性定义

稳定性的物理意义是指一个系统的响应是否有界，这就是李雅普诺夫稳定性数学概念的基础。他规定了三种情况，对于系统初值的一个扰动，如果系统响应的幅值是有界的，那么这个系统就是稳定的，反之就是不稳定的。另外，如果系统的响应最终回到初始状态，则这个系统就叫渐近稳定的。因此，稳定，渐近稳定，不稳定，这就是李雅普诺夫定义的三种情况。

考虑如下 n 阶自由系统

$$\dot{\boldsymbol{x}} = \boldsymbol{f}(\boldsymbol{x},t) \tag{4.1}$$

式中 $\boldsymbol{x}$ 为 n 维状态向量，$\boldsymbol{f}(\boldsymbol{x},t)$ 是变量 $\boldsymbol{x}_1,\boldsymbol{x}_2,\cdots,\boldsymbol{x}_n$ 和 t 的 n 维向量函数。

状态方程式(4.1)可以是线性方程，也可以是非线性方程。

定义 4.1 对 n 阶自由系统 $\boldsymbol{f}(\boldsymbol{x},t)$，若存在某一状态 $\boldsymbol{x}_\mathrm{e}$，对所有 t 都有 $\boldsymbol{f}(\boldsymbol{x}_e,t)\equiv 0$，则称 $\boldsymbol{x}_e$ 为系统(4.1)的**平衡状态**或**平衡点**。

显然，当系统处于平衡状态时，在无外力作用的条件下将永远维持在该平衡状态。但是，一个系统不一定都存在平衡状态，若存在也不一定是唯一的。如对线性时不变系统有

$$\boldsymbol{f}(\boldsymbol{x},t) = \boldsymbol{A}\boldsymbol{x}(t) \tag{4.2}$$

则当系数矩阵 $\boldsymbol{A}$ 为非奇异时，满足

$$\boldsymbol{A}\boldsymbol{x}_e = 0 \tag{4.3}$$

的 $\boldsymbol{x}_e$ 只有一个，且为 $\boldsymbol{x}_e = 0$，即状态空间的坐标原点(零状态)是该系统唯一的平衡点。若矩阵 $\boldsymbol{A}$ 是降秩的矩阵时，则满足式(4.3)的状态 $\boldsymbol{x}_e$ 不止一个，但 $\boldsymbol{x}_e = 0$ 一定是其中的一个。对非线性系统是否有或有多少个平衡状态就决定于

$$\boldsymbol{f}(\boldsymbol{x}_e, t) \equiv 0$$

能有几个常值解。

下面，给出李雅普诺夫意义下关于稳定性的定义。

定义 4.2 对任意 $\varepsilon > 0$，存在 $\delta(\varepsilon, t_0) > 0$，当 $\|\boldsymbol{x}_0 - \boldsymbol{x}_e\| < \delta$，有 $\|\boldsymbol{x}(t) - \boldsymbol{x}_e\| < \varepsilon$，(对 $t > t_0$)。则称平衡状态 $\boldsymbol{x}_e$ 是在李雅普诺夫意义下稳定的，简称李氏稳定。若 $\delta(\varepsilon, t_0) = \delta(\varepsilon)$，与初始时刻 t_0 无关，则称这个稳定为一致李氏稳定。

其中，$\|\boldsymbol{x} - \boldsymbol{x}_e\|$ 为欧几里德范数，即

$$\|\boldsymbol{x} - \boldsymbol{x}_e\| = \sqrt{(\boldsymbol{x}_1 - \boldsymbol{x}_{1e})^2 + (\boldsymbol{x}_2 - \boldsymbol{x}_{2e})^2 + \cdots + (\boldsymbol{x}_n - \boldsymbol{x}_{ne})^2}$$

定义 4.3 若系统不仅是李雅普诺夫意义下稳定，且有 $\lim\limits_{t \to \infty} \boldsymbol{x}(t) = \boldsymbol{x}_e$，则称平衡状态 $\boldsymbol{x}_e$ 是渐近稳定的。若 $\delta(\varepsilon, t_0) = \delta(\varepsilon)$，与 t_0 无关，则称为一致渐进稳定。

定义 4.4 若对任意 $\boldsymbol{x}_0$，都有 $\lim\limits_{t \to \infty} \boldsymbol{x}(t) = \boldsymbol{x}_e$，则称平衡状态 $\boldsymbol{x}_e$ 是大范围渐近稳定。

定义 4.5 若对任意给定实数 $\varepsilon > 0$，不论 δ 怎么小，至少有一个 $\boldsymbol{x}_0$，当 $\|\boldsymbol{x}_0 - \boldsymbol{x}_e\| < \delta$，则有 $\|\boldsymbol{x}(t) - \boldsymbol{x}_e\| > \varepsilon$，则称此平衡状态 $\boldsymbol{x}_e$ 是不稳定的。

图 4.1 以二阶系统为例给出了关于平衡点 $\boldsymbol{x}_e$ 李雅普诺夫意义下稳定、渐近稳定和不稳定的几何意义。图 4.2 从物理意义上直观地给出了这些稳定性的概念，其中 A 表示一个光滑的板面，B 是一个小球。显然在图示的三种情况下 a 点都是平衡点。但图 4.2(a)是不平衡的，因在 a 点的小球受扰动而偏离该点后不会再恢复到该处；图 4.2(b)是随意平衡的，因当小球受扰动而偏离 a 点可停在任意点(在有摩擦的情况下)；图 4.2(c)的 a 点当小球 B 与板面 A 间无摩擦时是李雅普诺夫意义下稳定的，当二者间有摩擦时是渐近稳定的。

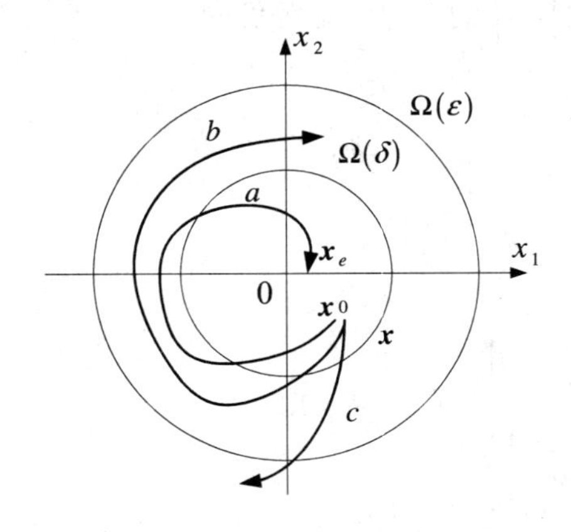

图 4.1 稳定性的几何意义

曲线 a——渐近稳定；曲线 b——稳定；曲线 c——不稳定

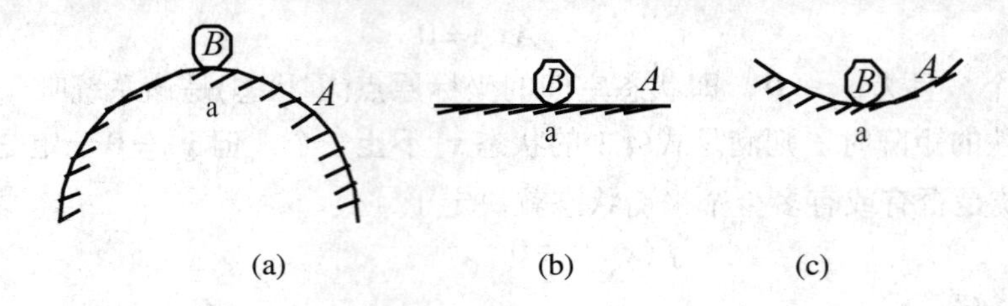

图 4.2　稳定性的物理意义

下面介绍李雅普诺夫理论中判断系统稳定性的方法。

4.2　李雅普诺夫间接法

李雅普诺夫间接法(也称为李雅普诺夫第一法)是通过状态方程解的特性来判断系统稳定性的方法，或者说是根据 $\boldsymbol{A}$ 的特征值(极点)来判断系统的稳定性。

4.2.1　线性定常系统的稳定性

定理 4.1（间接法稳定判断定理）n 阶线性定常系统　$\dot{\boldsymbol{x}}=\boldsymbol{A}\boldsymbol{x}$，平衡点为 $\boldsymbol{x}_e=0$，有

(1) $\boldsymbol{x}_e$ 是李雅普诺夫意义下的稳定，其充要条件是 $\boldsymbol{A}$ 的约当标准形 $\boldsymbol{J}$ 中实部为零的特征值所对应的约当块是一维的，且其余特征值均有负实部。

(2) $\boldsymbol{x}_e$ 是渐近稳定的充要条件是 $\boldsymbol{A}$ 的特征值均有负实部。

(3) $\boldsymbol{x}_e$ 是不稳定的充要条件是 $\boldsymbol{A}$ 有某特征值具有正实部。

说明：事实上，$\boldsymbol{A}$ 与其约当标准形 $\boldsymbol{J}$ 具有相同的特征值，且有

$$\boldsymbol{P}^{-1}\boldsymbol{A}\boldsymbol{P}=\boldsymbol{J}\text{，}\quad \boldsymbol{x}(t)=\mathrm{e}^{\boldsymbol{A}x}\boldsymbol{x}_0=\boldsymbol{P}\mathrm{e}^{\boldsymbol{J}t}\boldsymbol{P}^{-1}\boldsymbol{x}_0$$

故讨论 $\left\|\mathrm{e}^{\boldsymbol{A}t}\right\|$ 的有界性与讨论 $\left\|\mathrm{e}^{\boldsymbol{J}t}\right\|$ 的有界性是等价的。

设
$$\boldsymbol{J}=\begin{bmatrix}\boldsymbol{J}_1 & & & \\ & \boldsymbol{J}_2 & & \\ & & \ddots & \\ & & & \boldsymbol{J}_m\end{bmatrix}\qquad \text{则}\qquad \mathrm{e}^{\boldsymbol{J}t}=\begin{bmatrix}\mathrm{e}^{\boldsymbol{J}_1t} & & & \\ & \mathrm{e}^{\boldsymbol{J}_2t} & & \\ & & \ddots & \\ & & & \mathrm{e}^{\boldsymbol{J}_mt}\end{bmatrix}$$

其中

$$\boldsymbol{J}_i=\begin{bmatrix}\lambda_i & 1 & & \\ & \lambda_i & \ddots & \\ & & \ddots & 1 \\ & & & \lambda_i\end{bmatrix}\qquad i=1,2,\cdots,m$$

则

$$
\mathrm{e}^{Jt}=\begin{bmatrix}
\mathrm{e}^{\lambda t} & t\mathrm{e}^{\lambda_i t} & \cdots & \dfrac{t^{n_i-1}}{(n_i-1)!}\mathrm{e}^{\lambda_i t}\\
0 & \mathrm{e}^{\lambda_i t} & \cdots & \dfrac{t^{n_i-2}}{(n_i-2)!}\mathrm{e}^{\lambda_i t}\\
\vdots & \vdots & \ddots & \vdots\\
0 & 0 & \cdots & \mathrm{e}^{\lambda_i t}
\end{bmatrix}
$$

当 $\boldsymbol{J}$ 的特征值均有负实部，显然有 $t\to\infty$ ，$\left\|\mathrm{e}^{Jt}\right\|\to 0$ 。则渐近稳定。

当 $\boldsymbol{J}$ 的某特征值实部大于 0，$t\to\infty$ ，$\left\|\mathrm{e}^{Jt}\right\|$ 无界，则不稳定。

当 $\boldsymbol{J}$ 的某特征值 λ_i 的实部为 0，所对应的约当块 $\boldsymbol{J}_1$ 大于一维，则存在 t 的幂函数项，当 $t\to\infty$ ，$\left\|\mathrm{e}^{Jt}\right\|$ 无界，不稳定；当 $\boldsymbol{J}_1$ 是一维时，不存在 t 的幂函数项，当 $t\to\infty$ ，$\left\|\mathrm{e}^{Jt}\right\|$ 有界，是李氏稳定的。

[例 4.1] 考虑由下面系统在 $\boldsymbol{x}_e=0$ 平衡点的稳定性。

$$
\dot{\boldsymbol{x}}=\begin{bmatrix}0 & 1\\ 0 & 0\end{bmatrix}\boldsymbol{x}
$$

[解] A 的特征值 $\lambda_{1,2}=0$ 所对应约当块是二维的。

$$
\mathrm{e}^{\boldsymbol{A}t}=\boldsymbol{L}^{-1}[(s\boldsymbol{I}-\boldsymbol{A})^{-1}]=\boldsymbol{L}^{-1}\begin{bmatrix}\dfrac{1}{s} & \dfrac{1}{s^2}\\ 0 & \dfrac{1}{s}\end{bmatrix}=\begin{bmatrix}1 & t\\ 0 & 1\end{bmatrix}
$$

$$
\boldsymbol{x}(t)=\mathrm{e}^{\boldsymbol{A}t}\boldsymbol{x}_0=\begin{bmatrix}1 & t\\ 0 & 1\end{bmatrix}\begin{bmatrix}\boldsymbol{x}_{10}\\ \boldsymbol{x}_{20}\end{bmatrix}=\boldsymbol{x}_{10}+\boldsymbol{x}_{20}+t\boldsymbol{x}_{20}
$$

当 $t\to\infty$ ，有 $\boldsymbol{x}(t)\to\infty$ ，故系统在 $\boldsymbol{x}_e=0$ 是不稳定的。

[例 4.2] 判断系统的稳定性。

$$
\dot{\boldsymbol{x}}=\begin{bmatrix}-2 & 1\\ -1 & 0\end{bmatrix}\boldsymbol{x}
$$

[解] 系统的特征多项式为

$$
\boldsymbol{f}(s)=\begin{vmatrix}s+2 & -1\\ 1 & s\end{vmatrix}=s^2+2s+1=(s+1)^2
$$

其特征根为 -1(二重)，从定理 4.1 的(2)知系统是渐近稳定的。

4.2.2 非线性系统的稳定性

对非线性系统 $\dot{\boldsymbol{x}}=\boldsymbol{f}(\boldsymbol{x},t)$ ，设 $\boldsymbol{x}_e$ 为其平衡点。首先将系统在 $\boldsymbol{x}_e$ 附近线性化，在 $\boldsymbol{x}_e$ 邻

域内展成泰勒级数，即

$$\dot{\boldsymbol{x}} = \frac{\partial \boldsymbol{f}}{\partial \boldsymbol{x}^{\mathrm{T}}}\Big|_{x_e}(\boldsymbol{x}-\boldsymbol{x}_e)+R(\boldsymbol{x})$$

式中，$R(\boldsymbol{x})$ 是级数展开式中高阶导数项。

$$\frac{\partial \boldsymbol{f}}{\partial \boldsymbol{x}^{\mathrm{T}}}=\begin{bmatrix}\frac{\partial f_1}{\partial x_1} & \frac{\partial f_1}{\partial x_2} & \cdots & \frac{\partial f_1}{\partial x_n}\\ \frac{\partial f_2}{\partial x_1} & \frac{\partial f_2}{\partial x_2} & \cdots & \frac{\partial f_2}{\partial x_n}\\ & \cdots & & \\ \frac{\partial f_n}{\partial x_1} & \frac{\partial f_n}{\partial x_2} & \cdots & \frac{\partial f_n}{\partial x_n}\end{bmatrix}$$

为雅可比矩阵，令 $\bar{\boldsymbol{x}}=\boldsymbol{x}-\boldsymbol{x}_e, \boldsymbol{A}=\frac{\partial \boldsymbol{f}}{\partial \boldsymbol{x}^{\mathrm{T}}}\Big|_{x_e}$，则系统的线性化方程为

$$\dot{\bar{\boldsymbol{x}}}=\boldsymbol{A}\bar{\boldsymbol{x}}$$

在一次近似的基础上，李雅普诺夫给出以下**结论。**

(1) $\boldsymbol{A}$ 的特征值均有负实部，则 $\boldsymbol{x}_e$ 渐近稳定，与 $R(\boldsymbol{x})$ 无关。

(2) $\boldsymbol{A}$ 的特征值至少有一个有正实部，则 $\boldsymbol{x}_e$ 不稳定，与 $R(\boldsymbol{x})$ 无关。

(3) $\boldsymbol{A}$ 的特征值至少有一个实部为 0，$\boldsymbol{x}_e$ 的稳定性与 $R(\boldsymbol{x})$ 有关，不能由 $\boldsymbol{A}$ 来决定。

[例 4.3] 判断下面系统的稳定性。

$$\begin{cases}\dot{x}_1 = x_1 - x_1x_2\\ \dot{x}_2 = x_1x_2 - x_2\end{cases}$$

[**解**] 系统有两个平衡状态：　$\boldsymbol{x}_{e1}=\begin{bmatrix}0 & 0\end{bmatrix}^{\mathrm{T}}$ 和 $\boldsymbol{x}_{e2}=\begin{bmatrix}1 & 1\end{bmatrix}^{\mathrm{T}}$

$$\frac{\partial \boldsymbol{f}}{\partial \boldsymbol{x}^{\mathrm{T}}}=\begin{bmatrix}1-x_2 & -x_1\\ x_2 & x_1-1\end{bmatrix}$$

将系统在 $\boldsymbol{x}_{e1}$ 处线性化，得

$$\boldsymbol{A}=\frac{\partial \boldsymbol{f}}{\partial \boldsymbol{x}^{\mathrm{T}}}\Big|_{x_{e1}}=\begin{bmatrix}1 & 0\\ 0 & -1\end{bmatrix}$$

特征值为 $\lambda_1=1$，$\lambda_2=-1$，可见该系统在 $\boldsymbol{x}_{e1}$ 处不稳定。

将系统在 $\boldsymbol{x}_{e2}$ 处线性化，得

$$\boldsymbol{A}=\frac{\partial \boldsymbol{f}}{\partial \boldsymbol{x}^{\mathrm{T}}}\Big|_{x_{e2}}=\begin{bmatrix}0 & -1\\ 1 & 0\end{bmatrix}$$

特征值为 $\lambda_1=j$，$\lambda_2=-j$，特征值实部为 0，不能根据 $\boldsymbol{A}$ 来判断稳定性。

4.3　李雅普诺夫直接法

李雅普诺夫直接法(也称为李雅普诺夫第二法)不需要求解系统的特征值，而是根据李

雅普诺夫函数的变化来判别系统的稳定性。

1. 李雅普诺夫直接法的物理意义

李雅普诺夫直接法是从能量的观点来分析系统的稳定性的。如果一个系统存储的能量是逐渐衰减的，这个系统就是稳定的；反之，假如系统不断从外界吸收能量，系统的能量越来越大，这个系统就是不稳定的。这个常识是不难理解的，我们重新考察图 4.2 所示的三种情况。从力学的观点看，位能最低点将是一个稳定的平衡点，即当一个物体仅受重力作用时，物体的重心位置最低时所处的平衡状态是稳定的。显然，图 4.2(a)的平衡点 a 的位置最高，即位能最大，因此该点不是最小储能点，从而是不稳定的平衡点。对图 4.2(b)，小球 B 在平面 A 上的任一点的位能都是相同的，因此，若以平面 A 的位能为参考点，则当小球在 A 上的任一点停下时，小球的位能和动能之和为零，都是最小储能点，因此它是随意平衡的。对图 4.2(c)，当小球受扰动后将做往复运动，并在此运动过程中动能与位能相互交换。若小球与曲面间有摩擦存在，则在运动过程中因摩擦而消耗能量，最后必将停在 a 点，此时小球的位能(以 a 为参考点)与动能之和为零，即 a 点是最小储能点，故是渐近稳定的平衡点；若不存在摩擦，则这种能量交换过程将无休止地进行下去，因此在李雅普诺夫意义下是稳定的，但不是渐近稳定的。通过对图 4.2 所给的三种情况的稳定性分析可以看出，对一个运动系统可以从系统所储存能量的变化直接判断其稳定性，而无需去解描述系统运动状态的方程。即当系统所储存的能量是逐渐减少时，这个系统一定是渐近稳定的，若系统所储存的能量是增加的(如从外界吸收的，或因化学反应而产生的)，则系统就是不稳定的，而当系统的总能量是不变的，则是李雅普诺夫意义下是稳定的(或简称为稳定的)，如持续(等幅)振荡过程。为了进一步理解这个问题，下面，我们再观察如图 4.3 所示的 RC 电路放电过程。

假定电容 C 的初始电压为 $V_C(0)$，电阻为 R，电容放电的微分方程为

$$RC\frac{\mathrm{d}V_C}{\mathrm{d}t}+V_C=0$$

这是一个一阶系统，取状态变量 $\boldsymbol{x}_1=V_C$，于是

$$RC\frac{\mathrm{d}x_1}{\mathrm{d}t}+\boldsymbol{x}_1=0$$

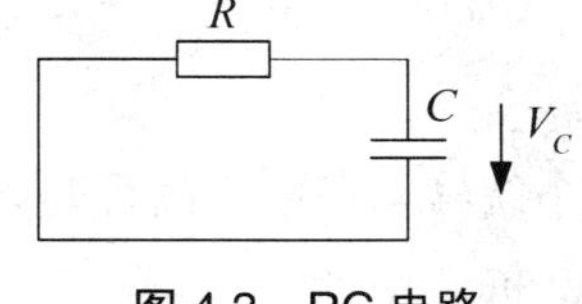

图 4.3 RC 电路

这个方程的解

$$\boldsymbol{x}_1(t)=\boldsymbol{x}_1(0)\mathrm{e}^{(-\frac{t}{RC})}$$

这就是电容放电时电压的动态过程。显然，这个动态过程是稳定的。但也可以从能量的观点来说明。因为电容器储存的能量

$$E_C=\frac{1}{2}CV_C^2=\frac{1}{2}C\boldsymbol{x}_1^2=\frac{1}{2}C\boldsymbol{x}_1^2(0)\mathrm{e}^{-\frac{2t}{RC}}$$

能量 E_C 总为正值，而能量对时间的导数

$$\frac{\mathrm{d}E_C}{\mathrm{d}t}=(-\frac{2t}{RC})E_C$$

为负值，这表示能量是逐渐衰减的，因此放电过程是稳定的。显然这个分析是有普遍意义的，如果我们用标量函数 $V(\boldsymbol{x})$ 表示系统的能量，$V(\boldsymbol{x})$ 就总应该是个正值，要是 $\mathrm{d}V(\boldsymbol{x})/\mathrm{d}t$ 是

负值，系统就稳定。李雅普诺夫直接法就是用$V(\boldsymbol{x})$和$\mathrm{d}V(\boldsymbol{x})/\mathrm{d}t$的正负来判别稳定性。也就是说，对一个给定的系统，只要能找到一个正的$V(\boldsymbol{x})$，而$\mathrm{d}V(\boldsymbol{x})/\mathrm{d}t$是负的，这个系统就是稳定的，函数$V(\boldsymbol{x})$就叫李雅普诺夫函数。

当然，李雅普诺夫直接法是个普遍方法，李雅普诺夫函数$V(\boldsymbol{x})$不仅仅限于是个能量函数。实际上很多复杂系统不可能直观地找到能量函数，但是只要能找到李雅普诺夫函数$V(\boldsymbol{x})$，根据$V(\boldsymbol{x})$和$\mathrm{d}V(\boldsymbol{x})/\mathrm{d}t$的符号就能判别稳定性，我们都可以把$V(\boldsymbol{x})$看成是个虚构的能量函数，这样就可以对李雅普诺夫直接法的物理意义有直观的理解。

下面将针对稳定、渐近稳定和不稳定三种情况给出三个基本的李雅普诺夫定理。

考虑n阶系统

$$\begin{cases}\dot{\boldsymbol{x}}(t)=\boldsymbol{f}(\boldsymbol{x})\\ \boldsymbol{f}(0)=0\end{cases} \tag{4.4}$$

式中，$\boldsymbol{x}(t)\in R^n$，$\boldsymbol{f}=[f_1 \quad f_2 \quad \cdots \quad f_n]^{\mathrm{T}}$为关于变量$\boldsymbol{x}(t)$的向量函数。

定理 4.2 对式(4.4)所描述的系统，如果存在一个标量函数$V(\boldsymbol{x})$且满足

(1) $V(\boldsymbol{x})$对所有$\boldsymbol{x}$都有连续的一阶偏导数。

(2) $V(\boldsymbol{x})$是正定的，即$V(\boldsymbol{x})|_{x=0}=0$，$V(\boldsymbol{x})|_{x\neq 0}>0$。

(3) $\dot{V}(\boldsymbol{x})=\dfrac{\mathrm{d}V(\boldsymbol{x})}{\mathrm{d}t}$是半负定的，即对$\boldsymbol{x}\neq 0$有$\dot{V}(\boldsymbol{x})\leqslant 0$。

则系统(4.4)在原点附近是李雅普诺夫意义下稳定的，或简称是稳定的，并且$V(\boldsymbol{x})$是一个李雅普诺夫函数。

定理 4.3 对式(4.4)所描述的系统，如果存在一个标量函数$V(\boldsymbol{x})$满足

(1) $V(\boldsymbol{x})$对所有$\boldsymbol{x}$都有连续的一阶偏导数。

(2) $V(\boldsymbol{x})$是正定的。

(3) $\dot{V}(\boldsymbol{x})=\dfrac{\mathrm{d}V(\boldsymbol{x})}{\mathrm{d}t}$是负定的，或$\dot{V}(\boldsymbol{x})$是半负定的，但满足$\dot{V}(\boldsymbol{x})=0$的$\boldsymbol{x}(t)$不是式(4.4)的解。

则系统(4.4)在原点附近是渐近稳定的，若还有$\|\boldsymbol{x}\|\to\infty$时，$V(\boldsymbol{x})\to\infty$，则系统(4.4)是大范围渐近稳定的。

定理 4.4 对式(4.4)所描述的系统，如果存在一个标量函数$V(\boldsymbol{x})$且满足

(1) $V(\boldsymbol{x})$对所有$\boldsymbol{x}$都有连续的一阶偏导数。

(2) $V(\boldsymbol{x})$是正定的。

(3) $\dot{V}(\boldsymbol{x})$是正定的。

则系统(4.4)在原点附近是不稳定的。

说明：

由于以上三个定理是以标量函数及其导数的正负来判断系统的稳定性，因此对线性系统及非线性系统都是适用的。

三个定理所给出的条件都只是充分条件，而不是充分必要条件，因此若找不到满足所给定条件的李雅普诺夫函数时，并不意味着系统就一定不是稳定的、渐近稳定的或不稳定的。

利用李雅普诺夫直接法来判断系统的稳定性时，关键是找到李雅普诺夫函数$V(\boldsymbol{x})$。对一个稳定系统而言，李雅普诺夫函数不是唯一的，在理论上有无穷多个，通常都是选择二次型标量函数作为李雅普诺夫函数，如

$$V(\boldsymbol{x})=\boldsymbol{x}^{\mathrm{T}}\boldsymbol{P}\boldsymbol{x}$$

其中$\boldsymbol{P}$是n阶对称方阵。

这样构造李雅普诺夫函数的目的是便于判断二次型函数$V(\boldsymbol{x})$的正定性。当然矩阵$\boldsymbol{P}$不是任意构造的。而是与系统的特性有关的。

[例 4.4] 判断非线性系统的稳定性。

$$\begin{cases}\dot{x}_1=x_2-ax_1\left(x_1^2+x_2^2\right)\\ \dot{x}_2=-x_1-ax_2\left(x_1^2+x_2^2\right)\end{cases}\qquad (a>0)$$

[解] 由方程可以看出$x_1=x_2=0$是系统的一个平衡点，首先试取二次型函数$V(\boldsymbol{x})=x_1^2+x_2^2$，显然$V(\boldsymbol{x})$对$\boldsymbol{x}$具有连续的一阶偏导，且是正定的，其时间导数

$$\begin{aligned}\dot{V}(\boldsymbol{x})&=\frac{\partial V(\boldsymbol{x})}{\partial x_1}\dot{x}_1+\frac{\partial V(\boldsymbol{x})}{\partial x_2}\dot{x}_2\\&=2x_1\left(x_2-ax_1^3-ax_1x_2^2\right)+2x_2\left(-x_1-ax_1^2x_2-ax_2^2\right)\\&=-2a\left(x_1^2+x_2^2\right)<0\end{aligned}$$

是负定的，且当$\|\boldsymbol{x}\|\to\infty$时有$V(\boldsymbol{x})\to\infty$，故$V(\boldsymbol{x})=x_1^2+x_2^2$是该系统的李雅普诺夫函数，而系统是大范围渐近稳定的。

[例 4.5] 判断二阶线性系统的稳定性。

$$\begin{cases}\dot{x}_1=x_2\\ \dot{x}_2=-x_1-x_2\end{cases}$$

[解] 原点是平衡点，试取二次型函数为

$$V(\boldsymbol{x})=2x_1^2+x_2^2$$

其时间导数为

$$\dot{V}(\boldsymbol{x})=4x_1x_2+2x_2(-x_1-x_2)=2x_1x_2-2x_2^2$$

是不定的函数，因此所取的二次型函数不是该系统的李雅普诺夫函数。由于这是一个线性定常系统，其特征值都具有负实部，故系统一定是渐近稳定的，即一定有满足定理 4.3 的李雅普诺夫函数存在。为此再改用另一种二次型函数

$$V(\boldsymbol{x})=\frac{1}{2}\left[(x_1+x_2)^2+2x_1^2+x_2^2\right]$$

它显然满足定理 4.3 的前两个条件，沿状态轨线方向取时间导数，得

$$\begin{aligned}\dot{V}(\boldsymbol{x})&=(x_1+x_2)(\dot{x}_1+\dot{x}_2)+2x_1\dot{x}_1+x_2\dot{x}_2\\&=-\left(x_1^2+x_2^2\right)<0\end{aligned}$$

是负定的，且当$\|\boldsymbol{x}\|\to\infty$时有$V(\boldsymbol{x})\to\infty$，故系统是大范围渐近稳定的。

[例 4.6] 考察非线性系统

$$\begin{cases}\dot{x}_1 = x_2 \\ \dot{x}_2 = -\left(1-\left|x_1\right|\right)x_2 - x_1\end{cases}$$

的稳定性。

[解] 原点是平衡点，取二次型函数$V(x) = x_1^2 + x_2^2$，则

$$\dot{V}(x) = -2x_2^2\left(1-\left|x_1\right|\right)$$

当$\left|x_1\right| = 1$时，$\dot{V}(x) = 0$；

当$\left|x_1\right| > 1$时，$\dot{V}(x) > 0$；

当$\left|x_1\right| < 1$时，在$x_1^2 + x_2^2 = 1$的范围内$\dot{V}(x) < 0$。

由此可以看出，该系统当初始条件在单位圆内(即$V(x) = 1$之内)的条件下是渐近稳定的，因此这个系统不是大范围渐近稳定的，且吸引域为$x_1^2 + x_2^2 = 1$。

[例 4.7] 考察非线性系统

$$\begin{cases}\dot{x}_1 = x_2 \\ \dot{x}_2 = -a(1+x_2)^2 x_2 - x_1\end{cases} \qquad a > 0$$

[解] 原点是平衡点，构造二次函数

$$V(x) = x_1^2 + x_2^2$$

则

$$\dot{V}(x) = -2a(1+x_2)^2 x_2^2$$

$x_2 = 0$及$x_2 = -1$都可使$\dot{V}(x) = 0$，因此$\dot{V}(x) \leqslant 0$是半负定的。但$x_2 = -1$不是系统状态方程的解，且有$\|x\| \to \infty$时，$V(x) \to \infty$，可见，所构造的$V(x)$是李雅普诺夫函数，系统是大范围渐近稳定的。

上述应用李雅普诺夫直接法判断系统稳定性的例题并没有给出如何具体地构造李雅普诺夫函数的方法，这是因为到目前为止还没有一个构造非线性系统的李雅普诺夫函数的普遍的系统的方法。下面介绍构造李雅普诺夫函数的克拉索夫斯基方法。

2. 克拉索夫斯基方法

克拉索夫斯基根据李雅普诺夫直接法提出一个分析非线性系统渐近稳定性的实用方法，这个方法的基本思想是先构造一个正定函数V，然后按系统方程计算出使$\dot{V} = \dfrac{\mathrm{d}V}{\mathrm{d}t}$满足定号的条件。

仍然考虑式(4.4)所给的n阶系统，即

$$\begin{cases}\dot{x}(t) = f(x) \\ f(0) = 0\end{cases}$$

且假定$f(x)$对其自变量是连续可微的。

定义矩阵

$$F(x)=\frac{\partial f}{\partial x^{\mathrm{T}}}=\begin{bmatrix}\frac{\partial f_1}{\partial x_1} & \frac{\partial f_1}{\partial x_2} & \cdots & \frac{\partial f_1}{\partial x_n}\\ \frac{\partial f_2}{\partial x_1} & \frac{\partial f_2}{\partial x_2} & \cdots & \frac{\partial f_2}{\partial x_n}\\ & \cdots & & \\ \frac{\partial f_n}{\partial x_1} & \frac{\partial f_n}{\partial x_2} & \cdots & \frac{\partial f_n}{\partial x_n}\end{bmatrix}$$

为雅可比矩阵。

克拉索夫斯基方法指出，若矩阵 $\hat{F}(x)=F^{\mathrm{T}}(x)+F(x)$ 负定时，则 $f^{\mathrm{T}}(x)\cdot f(x)$ 就是系统(4.4)的李雅普诺夫函数，即

$$V(x)=f^{\mathrm{T}}(x)\cdot f(x)$$

其中，$F^{\mathrm{T}}(x)$ 是雅克比矩阵的转置矩阵，$f^{\mathrm{T}}(x)$ 是向量函数 $f(x)$ 的转置。

现在来证明克拉索夫斯基方法，这只要证明在 $\hat{F}(x)$ 是负定的条件下 $V(x)$ 是正定的，$\dot{V}(x)$ 是负定的即可。

由于 $\hat{F}(x)=F^{\mathrm{T}}(x)+F(x)$ 是负定的，则 $F(x)$ 的行列式除 $x=0$ 一点外，处处不应是零，即在状态空间中只有原点 $x=0$ 是平衡状态。而系统有 $f(0)=0$，这表明只有在 $x=0$ 时才有 $f(x)=0$。因此只有当 $x=0$ 时才有 $V(x)=f^{\mathrm{T}}(x)\cdot f(x)=0$，且 $x\neq 0$ 时，$V(x)>0$ 显然是成立的，故 $V(x)$ 是正定的。

考虑到

$$\dot{f}(x)=\frac{\partial f}{\partial x}\frac{\partial x}{\partial t}=F(x)f(x)$$

则 $V(x)$ 沿状态方程解的方向的时间导数为

$$\begin{aligned}\dot{V}(x)&=\dot{f}^{\mathrm{T}}(x)\cdot f(x)+f^{\mathrm{T}}(x)\cdot\dot{f}(x)\\&=[F(x)f(x)]^{\mathrm{T}}f(x)+f^{\mathrm{T}}(x)[F(x)f(x)]\\&=f^{\mathrm{T}}(x)[F^{\mathrm{T}}(x)+F(x)]f(x)\\&=f^{\mathrm{T}}(x)\hat{F}(x)f(x)\end{aligned}$$

而 $\hat{F}(x)$ 是负定的，故 $\dot{V}(x)$ 也是负定的。

因此 $V(x)=f^{\mathrm{T}}(x)f(x)$ 是系统在某个范围内的一个李雅普诺夫函数，且若有 $\|x\|\to\infty$ 时，$V(x)\to\infty$，则这个范围就包含了整个空间，而系统就是大范围渐近稳定的了。

[例 4.8] 用克拉索夫斯基方法判断例 4.4 的稳定性

[解] 该系统为

$$\begin{cases}\dot{x}_1=x_2-ax_1\left(x_1^2+x_2^2\right)\\ \dot{x}_2=-x_1-ax_2\left(x_1^2+x_2^2\right)\end{cases}$$

$$f(0)=0,\qquad a>0$$

零状态是其平衡状态。

雅可比矩阵为

$$F(x)=\begin{bmatrix}\frac{\partial f_1}{\partial x_1} & \frac{\partial f_1}{\partial x_2}\\ \frac{\partial f_2}{\partial x_1} & \frac{\partial f_2}{\partial x_2}\end{bmatrix}=\begin{bmatrix}-3ax_1^2-x_2^2 & 1-2ax_1x_2\\ -1-2ax_1x_2 & -3ax_2^2-ax_1^2\end{bmatrix}$$

则

$$\begin{aligned}\hat{F}(x)&=F^{\mathrm{T}}(x)+F(x)\\ &=\begin{bmatrix}-3ax_1^2-x_2^2 & -1-2ax_1x_2\\ 1-2ax_1x_2 & -3ax_2^2-ax_1^2\end{bmatrix}+\begin{bmatrix}-3ax_1^2-x_2^2 & 1-2ax_1x_2\\ -1-2ax_1x_2 & -3ax_2^2-ax_1^2\end{bmatrix}\\ &=-2\begin{bmatrix}3ax_1^2+ax_2^2 & 2ax_1x_2\\ 2ax_1x_2 & 3ax_2^2+ax_1^2\end{bmatrix}\end{aligned}$$

显然，当 $x=0$ 时 $\hat{F}(x)=0$ ，当 $x\neq 0$ 时有 $3ax_1^2+ax_2^2>0$ ，及 $3a^2(x_1^2+x_2^2)>0$ ，即 $\hat{F}(x)<0$ ，故 $\hat{F}(x)$ 是负定的，则由克拉索夫斯基方法可构造李雅普诺夫函数

$$\begin{aligned}V(x)&=f^{\mathrm{T}}(x)f(x)=\|f(x)\|^2\\ &=[x_2-ax_1(x_1^2+x_2^2)]^2+[x_1+ax_1(x_1^2+x_2^2)]^2\\ &=x_1^2+x_2^2+a^2(x_1^2+x_2^2)^3\end{aligned}$$

且当 $\|x\|\to\infty$ 时有 $V(x)\to\infty$，所以系统是大范围渐近稳定的。这与例 4.4 的结论是一致的，但例 4.4 中所构造李雅普诺夫函数为 $V(x)=x_1^2+x_2^2$，表明一个稳定的系统其李雅普诺夫函数是不唯一的。

4.4 线性定常系统的李雅普诺夫稳定性分析

考虑如下线性定常系统

$$\dot{x}=Ax \tag{4.5}$$

式中， $x\in R^n, A\in R^{n\times n}$ 。假设 A 为非奇异矩阵，则有唯一的平衡状态 $x_e=0$，其平衡状态的稳定性很容易通过李雅普诺夫直接法进行研究。

对于式(4.5)的系统，选取如下二次型李雅普诺夫函数，即

$$V(x)=x^{\mathrm{T}}Px$$

$V(x)$ 沿任一轨迹的时间导数为

$$\begin{aligned}\dot{V}(x)&=\dot{x}^{\mathrm{T}}Px+x^{\mathrm{T}}P\dot{x}\\ &=(Ax)^{\mathrm{T}}Px+x^{\mathrm{T}}PAx\\ &=x^{\mathrm{T}}A^{\mathrm{T}}Px+x^{\mathrm{T}}PAx\\ &=x^{\mathrm{T}}(A^{\mathrm{T}}P+PA)x\end{aligned}$$

由于 $V(x)$ 取为正定，对于渐近稳定性，要求 $\dot{V}(x)$ 为负定的，因此必须有

$$\dot{V}(x)=-x^{\mathrm{T}}Qx$$

式中

$$Q=-(A^{\mathrm{T}}P+PA)$$

为正定矩阵。因此，对于式(4.5)的系统，其渐近稳定的充分条件是 $\boldsymbol{Q}$ 正定。为了判断 $n\times n$ 维矩阵的正定性，可采用赛尔维斯特准则，即矩阵为正定的充要条件是矩阵的所有主子行列式均为正值。

在判别 $\dot{V}(\boldsymbol{x})$ 时，方便的方法，不是先指定一个正定矩阵 $\boldsymbol{P}$，然后检查 $\boldsymbol{Q}$ 是否也是正定的，而是先指定一个正定的矩阵 $\boldsymbol{Q}$，然后检查由

$$\boldsymbol{A}^{\mathrm{T}}\boldsymbol{P}+\boldsymbol{P}\boldsymbol{A}=-\boldsymbol{Q}$$

确定的 $\boldsymbol{P}$ 是否也是正定的。这可归纳为如下定理。

定理 4.5 线性定常系统 $\dot{\boldsymbol{x}}=\boldsymbol{A}\boldsymbol{x}$ 在平衡点 $\boldsymbol{x}_e=0$ 处渐近稳定的充要条件是：对于任意给定 $\forall\boldsymbol{Q}>0$，$\exists\boldsymbol{P}>0$，满足如下李雅普诺夫方程

$$\boldsymbol{A}^{\mathrm{T}}\boldsymbol{P}+\boldsymbol{P}\boldsymbol{A}=-\boldsymbol{Q}$$

这里 $\boldsymbol{P}$、$\boldsymbol{Q}$ 均为 Hermite 矩阵或实对称矩阵。此时，李雅普诺夫函数为

$$V(\boldsymbol{x})=\boldsymbol{x}^{\mathrm{T}}\boldsymbol{P}\boldsymbol{x}\ ,\quad \dot{V}(\boldsymbol{x})=-\boldsymbol{x}^{\mathrm{T}}\boldsymbol{Q}\boldsymbol{x}$$

特别地，当 $\dot{V}(\boldsymbol{x})=-\boldsymbol{x}^{\mathrm{T}}\boldsymbol{Q}\boldsymbol{x}\neq 0$ 时，可取 $\boldsymbol{Q}\geqslant 0$ (正半定)。

现对该定理作以下几点说明。

(1) 如果系统只包含实状态向量 $\boldsymbol{x}$ 和实系统矩阵 $\boldsymbol{A}$，则李雅普诺夫函数为 $\boldsymbol{x}^{\mathrm{T}}\boldsymbol{P}\boldsymbol{x}$，且李雅普诺夫方程为

$$\boldsymbol{A}^{\mathrm{T}}\boldsymbol{P}+\boldsymbol{P}\boldsymbol{A}=-\boldsymbol{Q}$$

(2) 如果 $\dot{V}(\boldsymbol{x})=-\boldsymbol{x}^{\mathrm{T}}\boldsymbol{Q}\boldsymbol{x}$ 沿任一条轨迹不恒等于零，则 $\boldsymbol{Q}$ 可取正半定矩阵。

(3) 如果取任意的正定矩阵 $\boldsymbol{Q}$，或者如果 $\dot{V}(\boldsymbol{x})$ 沿任一轨迹不恒等于零时取任意的正半定矩阵 $\boldsymbol{Q}$，并求解矩阵方程

$$\boldsymbol{A}^{\mathrm{T}}\boldsymbol{P}+\boldsymbol{P}\boldsymbol{A}=-\boldsymbol{Q}$$

以确定 $\boldsymbol{P}$，则对于在平衡点 $\boldsymbol{x}_e=0$ 处的渐近稳定性，$\boldsymbol{P}$ 为正定是充要条件。

注意：如果正半定矩阵 $\boldsymbol{Q}$ 满足下列秩的条件

$$\mathrm{rank}\begin{bmatrix}\boldsymbol{Q}^{1/2}\\ \boldsymbol{Q}^{1/2}\boldsymbol{A}\\ \vdots\\ \boldsymbol{Q}^{1/2}\boldsymbol{A}^{n-1}\end{bmatrix}=n$$

则 $\dot{V}(t)$ 沿任意轨迹不恒等于零。

(4) 只要选择的矩阵 $\boldsymbol{Q}$ 是正定的(或根据情况选为正半定的)，则最终的判定结果将与矩阵 $\boldsymbol{Q}$ 的不同选择无关。

(5) 为了确定矩阵 $\boldsymbol{P}$ 的各元素，可使矩阵 $\boldsymbol{A}^{\mathrm{T}}\boldsymbol{P}+\boldsymbol{P}\boldsymbol{A}$ 和矩阵 $-\boldsymbol{Q}$ 的各元素对应相等。为了确定矩阵 $\boldsymbol{P}$ 的各元素 $p_{ij}=p_{ji}$，将导致 $n(n+1)/2$ 个线性方程。如果用 $\lambda_1,\lambda_2,\cdots,\lambda_n$ 表示矩阵 $\boldsymbol{A}$ 的特征值，则每个特征值的重数与特征方程根的重数是一致的，并且如果每两个根的和

$$\lambda_j+\lambda_k\neq 0$$

则 $\boldsymbol{P}$ 的元素将唯一地被确定。注意，如果矩阵 $\boldsymbol{A}$ 表示一个稳定系统，那么 $\lambda_j+\lambda_k$ 的和总不等于零。

(6) 在确定是否存在一个正定的实对称矩阵 $\boldsymbol{P}$ 时，为方便起见，通常取 $\boldsymbol{Q}=\boldsymbol{I}$，这里 $\boldsymbol{I}$ 为单位矩阵。从而，$\boldsymbol{P}$ 的各元素可按下式确定

$$\boldsymbol{A}^{\mathrm{T}}\boldsymbol{P}+\boldsymbol{P}\boldsymbol{A}=-\boldsymbol{I}$$

然后再检验 $\boldsymbol{P}$ 是否正定。

[例 4.9] 设二阶线性定常系统的状态方程为

$$\begin{bmatrix}\dot{\boldsymbol{x}}_1\\ \dot{\boldsymbol{x}}_2\end{bmatrix}=\begin{bmatrix}0 & 1\\ -1 & -1\end{bmatrix}\begin{bmatrix}\boldsymbol{x}_1\\ \boldsymbol{x}_2\end{bmatrix}$$

试确定该系统的稳定性。

[解] 显然，平衡状态是原点。不妨取李雅普诺夫函数为

$$V(\boldsymbol{x})=\boldsymbol{x}^{\mathrm{T}}\boldsymbol{P}\boldsymbol{x}$$

此时实对称矩阵 $\boldsymbol{P}$ 可由下式确定

$$\boldsymbol{A}^{\mathrm{T}}\boldsymbol{P}+\boldsymbol{P}\boldsymbol{A}=-\boldsymbol{I}$$

上式可写为

$$\begin{bmatrix}0 & -1\\ 1 & -1\end{bmatrix}\begin{bmatrix}p_{11} & p_{12}\\ p_{12} & p_{22}\end{bmatrix}+\begin{bmatrix}p_{11} & p_{12}\\ p_{12} & p_{22}\end{bmatrix}\begin{bmatrix}0 & 1\\ -1 & -1\end{bmatrix}=\begin{bmatrix}-1 & 0\\ 0 & -1\end{bmatrix}$$

将矩阵方程展开，可得联立方程组为

$$-2p_{12}=-1$$
$$p_{11}-p_{12}-p_{22}=0$$
$$2p_{12}-2p_{22}=-1$$

从方程组中解出 p_{11}、p_{12}、p_{22}，可得

$$\begin{bmatrix}p_{11} & p_{12}\\ p_{12} & p_{22}\end{bmatrix}=\begin{bmatrix}\dfrac{3}{2} & \dfrac{1}{2}\\ \dfrac{1}{2} & 1\end{bmatrix}$$

为了检验 $\boldsymbol{P}$ 的正定性，我们来校核各主子行列式

$$\frac{3}{2}>0,\qquad \begin{vmatrix}\dfrac{3}{2} & \dfrac{1}{2}\\ \dfrac{1}{2} & 1\end{vmatrix}>0$$

显然，$\boldsymbol{P}$ 是正定的。因此，在原点处的平衡状态是大范围渐近稳定的，且李雅普诺夫函数为

$$V(\boldsymbol{x})=\boldsymbol{x}^{\mathrm{T}}\boldsymbol{P}\boldsymbol{x}=\frac{1}{2}(3\boldsymbol{x}_1^2+2\boldsymbol{x}_1\boldsymbol{x}_2+2\boldsymbol{x}_2^2)$$

[例 4.10] 试确定如图 4.4 所示系统的增益 K 的稳定范围。

[解] 容易推得系统的状态方程为

$$\begin{bmatrix}\dot{\boldsymbol{x}}_1\\ \dot{\boldsymbol{x}}_2\\ \dot{\boldsymbol{x}}_3\end{bmatrix}=\begin{bmatrix}0 & 1 & 0\\ 0 & -2 & 1\\ -K & 0 & -1\end{bmatrix}\begin{bmatrix}\boldsymbol{x}_1\\ \boldsymbol{x}_2\\ \boldsymbol{x}_3\end{bmatrix}+\begin{bmatrix}0\\ 0\\ K\end{bmatrix}\boldsymbol{u}$$

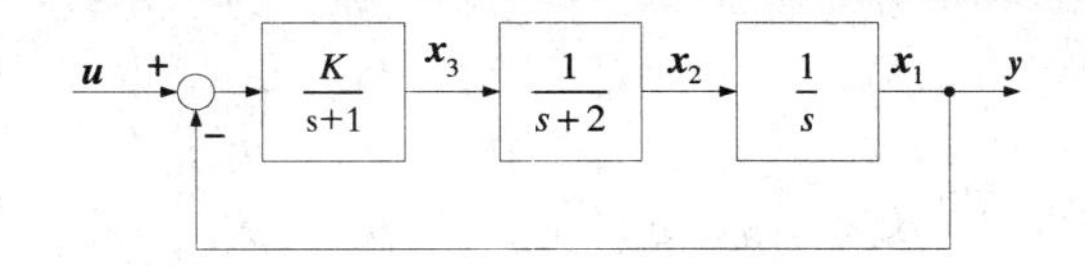

图 4.4　控制系统

在确定 K 的稳定范围时，假设输入 $\boldsymbol{u}$ 为零。于是上式可写为

$$\dot{x}_1 = x_2 \tag{4.6}$$

$$\dot{x}_2 = -2x_2 + x_3 \tag{4.7}$$

$$\dot{x}_3 = -Kx_1 - x_3 \tag{4.8}$$

由式(4.6)至式(4.8)可发现，原点是平衡状态。假设取正半定的实对称矩阵 $\boldsymbol{Q}$ 为

$$\boldsymbol{Q} = \begin{bmatrix} 0 & 0 & 0 \\ 0 & 0 & 0 \\ 0 & 0 & 1 \end{bmatrix} \tag{4.9}$$

由于除原点外 $\dot{V}(\boldsymbol{x}) = -\boldsymbol{x}^{\mathrm{T}}\boldsymbol{Q}\boldsymbol{x}$ 不恒等于零，因此可选上式的 $\boldsymbol{Q}$。为了证实这一点，注意

$$\dot{V}(\boldsymbol{x}) = -\boldsymbol{x}^{\mathrm{T}}\boldsymbol{Q}\boldsymbol{x} = -x_3^2$$

取 $\dot{V}(\boldsymbol{x})$ 恒等于零，意味着 x_3 也恒等于零。如果 x_3 恒等于零， x_1 也必恒等于零，因为由式(4.8)可得

$$0 = -Kx_1$$

如果 x_1 恒等于零， x_2 也恒等于零。因为由式(4.6)可得

$$0 = x_2$$

于是 $\dot{V}(\boldsymbol{x})$ 只在原点处才恒等于零。因此，为了分析稳定性，可采用由式(4.9)定义的矩阵 $\boldsymbol{Q}$。

也可检验下列矩阵的秩

$$\begin{bmatrix} \boldsymbol{Q}^{1/2} \\ \boldsymbol{Q}^{1/2}\boldsymbol{A} \\ \boldsymbol{Q}^{1/2}\boldsymbol{A}^2 \end{bmatrix} = \begin{bmatrix} 0 & 0 & 0 \\ 0 & 0 & 0 \\ 0 & 0 & 1 \\ 0 & 0 & 0 \\ 0 & 0 & 0 \\ -K & 0 & -1 \\ 0 & 0 & 0 \\ 0 & 0 & 0 \\ K & -K & 1 \end{bmatrix}$$

显然，对于 $K \neq 0$，其秩为 3。因此可选择这样的 $\boldsymbol{Q}$ 用于李雅普诺夫方程。

现在求解如下李雅普诺夫方程为

$$\boldsymbol{A}^{\mathrm{T}}\boldsymbol{P} + \boldsymbol{P}\boldsymbol{A} = -\boldsymbol{Q}$$

它可重写为

$$\begin{bmatrix}0 & 0 & -K\\1 & -2 & 0\\0 & 1 & -1\end{bmatrix}\begin{bmatrix}p_{11} & p_{12} & p_{13}\\p_{12} & p_{22} & p_{23}\\p_{13} & p_{23} & p_{33}\end{bmatrix}+\begin{bmatrix}p_{11} & p_{12} & p_{13}\\p_{12} & p_{22} & p_{23}\\p_{13} & p_{23} & p_{33}\end{bmatrix}\begin{bmatrix}0 & 1 & 0\\0 & -2 & 1\\-K & 0 & -1\end{bmatrix}$$

$$=\begin{bmatrix}0 & 0 & 0\\0 & 0 & 0\\0 & 0 & -1\end{bmatrix}$$

对 $\boldsymbol{P}$ 的各元素求解，可得

$$\boldsymbol{P}=\begin{bmatrix}\dfrac{K^2+12K}{12-2K} & \dfrac{6K}{12-2K} & 0\\ \dfrac{6K}{12-2K} & \dfrac{3K}{12-2K} & \dfrac{K}{12-2K}\\ 0 & \dfrac{K}{12-2K} & \dfrac{6K}{12-2K}\end{bmatrix}$$

为使 $\boldsymbol{P}$ 成为正定矩阵，其充要条件为

$$12-2K>0 \text{ 和 } K>0$$

或

$$0<K<6$$

因此，当 $0<K<6$ 时，系统在李雅普诺夫意义下是稳定的，也就是说，原点是大范围渐近稳定的。

4.5　离散时间系统的李雅普诺夫稳定性分析

下面，把前面已介绍的李雅普诺夫稳定性分析扩展到离散时间系统。

对于线性或非线性定常离散时间系统($\boldsymbol{x}$ 为 n 维向量)

$$\boldsymbol{x}(k+1)=\boldsymbol{f}(\boldsymbol{x}(k)) \tag{4.10}$$

$\boldsymbol{x}=0$ 为平衡状态。类似于连续时间系统，给出如下主要结论。

结论 1　离散系统的大范围渐近稳定判据：对于离散系统(4.10)，如果存在一个相对 $\boldsymbol{x}(k)$ 的标量函数 $V(\boldsymbol{x}(k))$，且对任意 $\boldsymbol{x}(k)$ 满足：

(1)　$V(\boldsymbol{x}(k))$ 为正定。

(2)　$\Delta V(\boldsymbol{x}(k))$ 为负定；其中

$$\Delta V(\boldsymbol{x}(k))=V(\boldsymbol{x}(k+1))-V(\boldsymbol{x}(k))=V\left(\boldsymbol{f}(\boldsymbol{x}(k))\right)-V(\boldsymbol{x}(k))$$

(3)　当 $\|\boldsymbol{x}(k)\|\to\infty$ 时，有 $V(\boldsymbol{x}(k))\to\infty$。

则原点平衡状态即 $\boldsymbol{x}=0$ 为大范围渐近稳定的，并且 $V(\boldsymbol{x})$ 是一个李雅普诺夫函数。

在实际运用结论 1 时发现，由于条件(2)偏于保守，以致对相当一些问题导致判断失败。因此，可相应对其放宽，而得到较少保守性的李雅普诺夫稳定性定理。

结论 2　离散系统的大范围渐近稳定判据：对于离散时间系统(4.10)，如果存在一个相对于 $\boldsymbol{x}(k)$ 的标量函数 $V(\boldsymbol{x}(k))$，且对任意 $\boldsymbol{x}(k)$ 满足：

(1) $V(\boldsymbol{x}(k))$ 为正定。

(2) $\Delta V(\boldsymbol{x}(k))$ 为半负定。

(3) 对由任意初态 $\boldsymbol{x}(0)$ 所确定的(4.10)的解 $\boldsymbol{x}(k)$ 的轨线，$\Delta V(\boldsymbol{x}(k))$ 不恒为零。

(4) 当 $\|\boldsymbol{x}(k)\| \to \infty$ 时，有 $V(\boldsymbol{x}(k)) \to \infty$。

则原点平衡状态即 $\boldsymbol{x}=0$ 为大范围渐近稳定。

结论 3 对离散时间系统(4.10)，且设 $f(0)=0$，则当 $\boldsymbol{f}(\boldsymbol{x}(k))$ 收敛，即对所有 $\boldsymbol{x}(k) \neq 0$ 有

$$\|\boldsymbol{f}(\boldsymbol{x}(k))\| < \|\boldsymbol{x}(k)\| \tag{4.11}$$

时，系统的原点平衡状态即 $\boldsymbol{x}=0$ 为大范围渐近稳定。

证明： 设 $V(\boldsymbol{x}(k)) = \|\boldsymbol{x}(k)\|$

$$\begin{aligned}\Delta V(\boldsymbol{x}(k)) &= V(\boldsymbol{x}(k+1)) - V(\boldsymbol{x}(k)) \\ &= \|\boldsymbol{x}(k+1)\| - \|\boldsymbol{x}(k)\| \\ &= \|\boldsymbol{f}(\boldsymbol{x}(k))\| - \|\boldsymbol{x}(k)\| < 0\end{aligned}$$

这样 $\Delta V(\boldsymbol{x}(k))$ 负定。且当 $\|\boldsymbol{x}(k)\| \to \infty$ 时，$V(\boldsymbol{x}(k)) \to \infty$。

由结论 1，结论 3 得证。

定理 4.6 线性定常离散时间系统的大范围渐近稳定判据

对于线性定常离散时间系统，设其系统方程为

$$\boldsymbol{x}(k+1) = \boldsymbol{A}\boldsymbol{x}(k)$$

式中 $\boldsymbol{x}$ 为 n 状态向量，$\boldsymbol{A}$ 为 $n \times n$ 常系数非奇异矩阵。平衡状态 $\boldsymbol{x}=0$ 是大范围渐近稳定的充要条件为，给定任一正定矩阵 $\boldsymbol{Q}$，存在一个正定矩阵 $\boldsymbol{P}$，使得

$$\boldsymbol{A}^{\mathrm{T}}\boldsymbol{P}\boldsymbol{A} - \boldsymbol{P} = -\boldsymbol{Q} \tag{4.12}$$

标量函数 $\boldsymbol{x}^{\mathrm{T}}\boldsymbol{P}\boldsymbol{x}$ 就是这个系统的李雅普诺夫函数。

[例 4.11] 确定如下系统的稳定性

$$\begin{bmatrix} x_1(k+1) \\ x_2(k+1) \end{bmatrix} = \begin{bmatrix} 0 & 1 \\ -0.5 & -1 \end{bmatrix} \begin{bmatrix} x_1(k) \\ x_2(k) \end{bmatrix}$$

[解] 取 $\boldsymbol{Q}$ 为 $\boldsymbol{I}$，利用式(4.12)，李雅普诺夫稳定性方程为

$$\begin{bmatrix} 0 & -0.5 \\ 1 & -1 \end{bmatrix} \begin{bmatrix} p_{11} & p_{12} \\ p_{21} & p_{22} \end{bmatrix} \begin{bmatrix} 0 & 1 \\ -0.5 & -1 \end{bmatrix} - \begin{bmatrix} p_{11} & p_{12} \\ p_{21} & p_{22} \end{bmatrix} = -\begin{bmatrix} 1 & 0 \\ 0 & 1 \end{bmatrix}$$

如果求得的矩阵 $\boldsymbol{P}$ 是正定的，那么原点 $\boldsymbol{x}=0$ 是大范围渐近稳定的。

可得下面三个方程：

$$0.25p_{22} - p_{11} = -1$$

$$0.5(-p_{11} + p_{22}) - p_{11} = 0$$

$$p_{11} - 2p_{12} = -1$$

联立求解方程可得

$$p_{11} = \frac{11}{5} \qquad p_{11} = \frac{11}{5} \qquad p_{11} = \frac{11}{5}$$

因此

$$P=\begin{bmatrix}\frac{11}{5} & \frac{11}{5}\\ \frac{11}{5} & \frac{11}{5}\end{bmatrix}$$

关于矩阵 $\boldsymbol{P}$ 的正定性，从二次型及其定号性可得 $\boldsymbol{P}$ 是正定的。因而，平衡状态(原点 $\boldsymbol{x}=0$)是大范围渐近稳定的。注意，我们可取 $\boldsymbol{Q}$ 是一个半正定矩阵，例如

$$Q=\begin{bmatrix}0 & 0\\ 0 & 1\end{bmatrix}$$

对于上面所给的半正定矩阵 $\boldsymbol{Q}$，有

$$\Delta V(\boldsymbol{x})=-\boldsymbol{x}_2^2(k)$$

对于现在这个系统，$\boldsymbol{x}_2(k)$ 恒等于零意味着 $\boldsymbol{x}_1(k)$ 也恒等于零。因此，除了在原点处，$\Delta V(\boldsymbol{x})$ 沿任何解的序列不恒等于零。我们可取这个半正定矩阵 $\boldsymbol{Q}$ 来确定李雅普诺夫稳定性方程中的矩阵 $\boldsymbol{P}$。这时李雅普诺夫稳定性方程变成

$$\begin{bmatrix}0 & -0.5\\ 1 & -1\end{bmatrix}\begin{bmatrix}p_{11} & p_{12}\\ p_{21} & p_{22}\end{bmatrix}\begin{bmatrix}0 & 1\\ -0.5 & -1\end{bmatrix}-\begin{bmatrix}p_{11} & p_{12}\\ p_{21} & p_{22}\end{bmatrix}=-\begin{bmatrix}0 & 0\\ 0 & 1\end{bmatrix}$$

求解上面这个方程，得到

$$P=\begin{bmatrix}\frac{3}{5} & \frac{4}{5}\\ \frac{4}{5} & \frac{12}{5}\end{bmatrix}$$

从二次型及其定号性可得 $\boldsymbol{P}$ 是正定的。因此我们得到与前面相同的结论：原点是大范围渐近稳定的。

4.6　基于 MATLAB 的系统稳定性分析

[例 4.12] 已知 SISO 系统的 $\boldsymbol{A}$、$\boldsymbol{B}$ 和 $\boldsymbol{C}$ 阵分别如下，分析系统的状态稳定性。

$$A=\begin{bmatrix}0 & 1 & 0\\ 0 & 0 & 1\\ -1 & -3 & -2\end{bmatrix}\qquad B=\begin{bmatrix}1\\ 3\\ 1\end{bmatrix}\qquad C=\begin{bmatrix}1 & 0 & 0\end{bmatrix}\tag{4.13}$$

程序：

```
%程序：ch4ex9.m
A=[0 1 0;0 0 1;-1 -3 -2];        % 给 A 阵赋值
B=[0;3;1];
C=[1 0 0];
D=0;
[z,p,k]=ss2zp(A,B,C,D,1)         %从 A、B、C、D 求系统的零点 z、极点 p 和增益 k;
%其中 ss2zp(A,B,C,D,1)中的 1 表示输入 u=1;
```

程序运行结果：

```
z =
   -2.3333
p =
  -0.4302
  -0.7849 + 1.3071i
  -0.7849 - 1.3071i
k =
    3
```

从程序运行结果可得：零点 z=−2.333、极点 p_1=−0.4302、p_2=−0.7849+j1.3071、p_3=−0.7849−j1.3071、增益 k=3，因此系统稳定。

[例 4.13] 已知单输入二输出系统的传递函数阵为

$$\boldsymbol{G}(s)=\frac{1}{s^3+2s^2+s+3}\begin{bmatrix}2s^2+3s+1\\1.6s^2+s+1.2\end{bmatrix}$$

试分析系统的稳定性。

```
%程序：ch4ex10.m
num =[ 0    2.0000    3.0000    1.0000
      0    1.6000    1.0000    1.2000]
den =[ 1.0000    2.0000    1.0000    3.0000];
[z,p,k]=tf2zp(num,den)
```

程序运行结果：

```
z =
  -1.0000            -0.3125 + 0.8077i
  -0.5000            -0.3125 - 0.8077i
p =
  -2.1746
   0.0873 + 1.1713i
   0.0873 - 1.1713i
k =
    2.0000
1.600
```

从程序运行结果看子系统的 2 个零点均有负实部，但 3 个极点中有 2 个极点的实部为正，所以系统不稳定。

4.7 小　　结

本章介绍了李雅普诺夫稳定性定义及判别系统稳定性的李雅普诺夫间接法和直接法。李雅普诺夫稳定性理论不仅可以研究古典控制理论所能研究的线性定常系统，还可以研究古典控制理论所不能研究的线性时变及非线性系统。用李雅普诺夫间接法研究线性定常系统是方便的，其方法是根据系数矩阵 $\boldsymbol{A}$ 的特征值或者说是根据系统的极点来判别系统的稳定性，劳斯判据仍然是实用的。李雅普诺夫直接法主要用于非线性系统的研究，它避免了解方程、求系统特征值的困难，而是采用李雅普诺夫函数来直接进行判别。直接法的关键和难点是李雅普诺夫函数的选取，对于线性系统，介绍了李雅普诺夫方程方法，而对于非线性系统书中只介绍了克拉索夫斯基方法，另外的方法如变量梯度法等请读者参考有关书籍。

4.8 习　　题

4.1 试确定下列二次型的正定性。

(1) $\boldsymbol{Q}=\boldsymbol{x}_1^2+4\boldsymbol{x}_2^2+\boldsymbol{x}_3^2+2\boldsymbol{x}_1\boldsymbol{x}_2-6\boldsymbol{x}_2\boldsymbol{x}_3-2\boldsymbol{x}_1\boldsymbol{x}_3$

(2) $\boldsymbol{Q}=-\boldsymbol{x}_1^2-3\boldsymbol{x}_2^2-11\boldsymbol{x}_3^2+2\boldsymbol{x}_1\boldsymbol{x}_2-4\boldsymbol{x}_2\boldsymbol{x}_3-2\boldsymbol{x}_1\boldsymbol{x}_3$

4.2 试确定下列非线性系统的原点稳定性。

$$\begin{cases}\dot{\boldsymbol{x}}_1=-\boldsymbol{x}_1+\boldsymbol{x}_2+\boldsymbol{x}_1(\boldsymbol{x}_1^2+\boldsymbol{x}_2^2)\\ \dot{\boldsymbol{x}}_2=\boldsymbol{x}_1-\boldsymbol{x}_2+\boldsymbol{x}_2(\boldsymbol{x}_1^2+\boldsymbol{x}_2^2)\end{cases}$$

考虑下列二次型函数是否可以作为一个可能的李雅普诺夫函数：

$$V=\boldsymbol{x}_1^2+\boldsymbol{x}_2^2$$

4.3 试写出下列系统的几个李雅普诺夫函数

$$\begin{bmatrix}\dot{\boldsymbol{x}}_1\\ \dot{\boldsymbol{x}}_2\end{bmatrix}=\begin{bmatrix}-1 & 1\\ 2 & -3\end{bmatrix}\begin{bmatrix}\boldsymbol{x}_1\\ \boldsymbol{x}_2\end{bmatrix}$$

并确定该系统原点的稳定性。

4.4 试确定下列线性系统平衡状态的稳定性

$$\begin{cases}\dot{\boldsymbol{x}}_1=-\boldsymbol{x}_1-2\boldsymbol{x}_2+2\\ \dot{\boldsymbol{x}}_2=\boldsymbol{x}_1-4\boldsymbol{x}_2-1\end{cases}$$

4.5 试确定如下非线性系统在平衡状态的稳定性

$$\begin{cases}\dot{\boldsymbol{x}}_1=\boldsymbol{x}_2\\ \dot{\boldsymbol{x}}_2=\boldsymbol{x}_1^3-\boldsymbol{x}_2\end{cases}$$

4.6 试用李雅普诺夫理论求系统稳定时 K 的取值范围

$$\begin{bmatrix}\dot{\boldsymbol{x}}_1\\ \dot{\boldsymbol{x}}_2\end{bmatrix}=\begin{bmatrix}1 & -1\\ 2 & K\end{bmatrix}\begin{bmatrix}\boldsymbol{x}_1\\ \boldsymbol{x}_2\end{bmatrix}$$

4.7 试确定下列系统平衡状态的稳定性

$$\begin{cases}\boldsymbol{x}_1(k+1)=\boldsymbol{x}_1(k)+0.2\boldsymbol{x}_2(k)+0.4\\ \boldsymbol{x}_2(k+1)=0.5\boldsymbol{x}_1(k)+0.5\end{cases}$$

第 5 章　极点配置与观测器的设计

闭环系统极点的分布情况决定了系统的稳定性和动态品质，因此，可以根据对系统动态品质的要求，规定闭环系统的极点应有的分布情况。这种把极点布置在希望的位置的过程称为极点配置。在空间状态法中，一般采用反馈系统状态变量或输出变量的方法，实现系统的极点配置。

5.1　反馈控制结构

控制系统采用反馈控制改善系统的动态性能，无论在经典控制理论还是在现代控制理论中，反馈控制都是控制系统的主要方式。古典控制理论中习惯于采取系统输出量作为反馈量，而现代控制理论中可以采用状态反馈和输出反馈两种控制方式。

5.1.1　状态反馈

设系统为

$$\begin{cases}\dot{\boldsymbol{x}}=\boldsymbol{A}\boldsymbol{x}+\boldsymbol{B}\boldsymbol{u}\\ \boldsymbol{y}=\boldsymbol{C}\boldsymbol{x}\end{cases}\tag{5.1}$$

其中，$\boldsymbol{x}$、$\boldsymbol{u}$、$\boldsymbol{y}$ 分别为 n 维状态变量、m 维输入向量和 p 维输出向量；$\boldsymbol{A}$、$\boldsymbol{B}$、$\boldsymbol{C}$ 分别为 $n\times n$、$n\times m$、$p\times n$ 矩阵。

当将系统的控制量 $\boldsymbol{u}$ 取为状态变量的线性函数

$$\boldsymbol{u}=\boldsymbol{v}+\boldsymbol{K}\boldsymbol{x}\tag{5.2}$$

时，称之为线性直接状态反馈，简称为状态反馈，其中 $\boldsymbol{v}$ 为 m 维参考输入向量，$\boldsymbol{K}$ 为 $m\times n$ 矩阵，称为反馈增益矩阵。

将式(5.2)代入式(5.1)，可得到采用状态反馈后闭环系统的状态空间方程为

$$\begin{cases}\dot{\boldsymbol{x}}=(\boldsymbol{A}+\boldsymbol{B}\boldsymbol{K})\boldsymbol{x}+\boldsymbol{B}\boldsymbol{v}\\ \boldsymbol{y}=\boldsymbol{C}\boldsymbol{x}\end{cases}\tag{5.3}$$

比较式(5.1)和式(5.3)可知，引入状态反馈后系统的输出方程没有变化，状态反馈将开环系统状态方程式(5.1)中的系数矩阵 $\boldsymbol{A}$，变成了闭环系统状态方程式(5.3)中的($\boldsymbol{A}+\boldsymbol{B}\boldsymbol{K}$)，特征方程从 $\det[\lambda\boldsymbol{I}-\boldsymbol{A}]$ 变为 $\det[\lambda\boldsymbol{I}-(\boldsymbol{A}+\boldsymbol{B}\boldsymbol{K})]$，可看出状态反馈后闭环系统的系统特征根(即系统的极点)不仅与系统本身的结构参数有关，而且与状态反馈增益矩阵 $\boldsymbol{K}$ 有关，我们正是利用这一点对极点进行配置。应该指出完全能控的系统经过状态反馈后，仍是完全能控的，但状态反馈可能改变系统的能观性。

加入状态反馈后的系统结构图如图 5.1 所示。

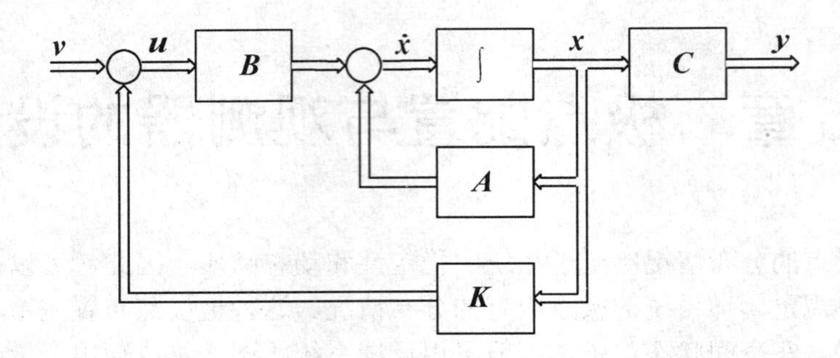

图 5.1　加入状态反馈后的系统结构图

系统的状态变量属于系统的内部变量，它们通常不能全部测量到。而在一般情况下，能直接测量的只是系统的输出变量，为此，通常采用的反馈控制方法是输出反馈。

5.1.2　输出反馈

把系统的输出变量按照一定的比例关系反馈到系统的输入端或状态微分端称为输出反馈。由于状态变量不一定具有物理意义，所以状态反馈往往不易实现。而输出变量则有明显的物理意义，因而输出反馈易实现。

对于式(5.1)描述的线性系统，当将系统的控制量 $\boldsymbol{u}$ 取为输出 $\boldsymbol{y}$ 的线性函数

$$\boldsymbol{u}=\boldsymbol{v}+\tilde{\boldsymbol{K}}\boldsymbol{y} \tag{5.4}$$

时，称之为输出反馈，其中 $\boldsymbol{v}$ 为 m 维参考输入向量，$\tilde{\boldsymbol{K}}$ 为 $m\times p$ 矩阵，称为输出反馈增益矩阵。

将式(5.4)代入式(5.1)，可得到采用输出反馈后闭环系统的状态空间方程

$$\begin{cases}\dot{\boldsymbol{x}}=(\boldsymbol{A}+\boldsymbol{B}\tilde{\boldsymbol{K}}\boldsymbol{C})\boldsymbol{x}+\boldsymbol{B}\boldsymbol{v}\\ \boldsymbol{y}=\boldsymbol{C}\boldsymbol{x}\end{cases} \tag{5.5}$$

输出反馈至参考输入的系统结构图如图 5.2 所示。比较(5.1)和(5.5)式可见输出反馈前后的系统特征方程分别为 $\det\left[\lambda\boldsymbol{I}-\boldsymbol{A}\right]$ 和 $\det\left[\lambda\boldsymbol{I}-(\boldsymbol{A}+\boldsymbol{B}\tilde{\boldsymbol{K}}\boldsymbol{C})\right]$，从而可见输出反馈后的系统极点与输出反馈矩阵 $\tilde{\boldsymbol{K}}$ 有关。

当我们把图 5.2 输出反馈结构图中的 $\boldsymbol{B}$ 矩阵移到第一个相加点之前时，就是输出变量反馈到 $\dot{\boldsymbol{x}}$ 端的情况如图 5.3 所示。

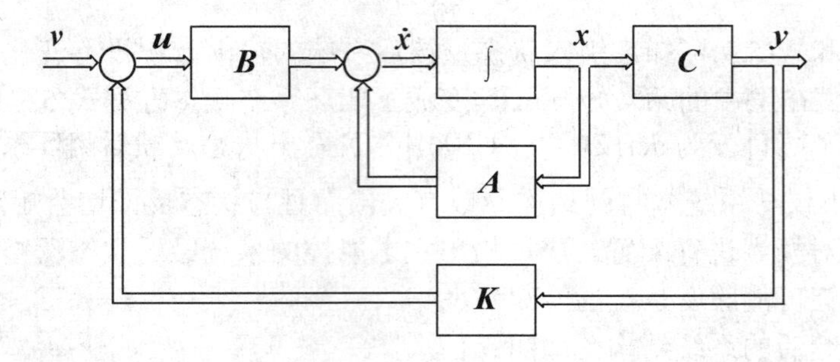

图 5.2　输出反馈至参考输入结构图

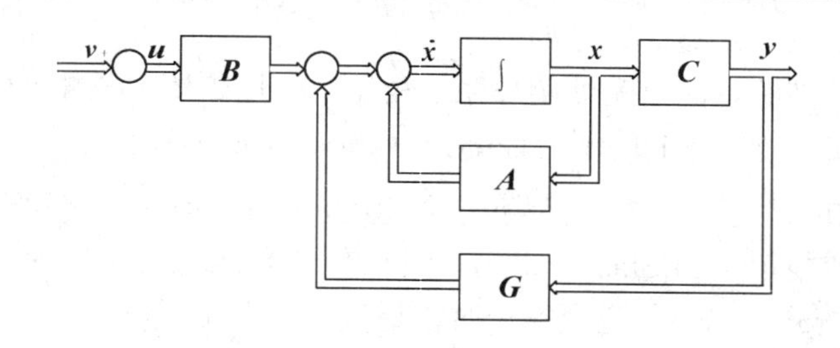

图 5.3　输出反馈至 $\dot{x}$ 结构图

此时，系统的状态方程为

$$\begin{cases}\dot{\boldsymbol{x}} = (\boldsymbol{A}+\boldsymbol{GC})\boldsymbol{x}+\boldsymbol{Bu} \\ \boldsymbol{y}=\boldsymbol{Cx}\end{cases} \tag{5.6}$$

式中 $\boldsymbol{G}$ 为 $n \times p$ 矩阵，也称为输出反馈增益矩阵。输出反馈不改变系统的能观性。

状态反馈和输出反馈(主要指输出反馈至 $\dot{\boldsymbol{x}}$ 的情况)都能够对系统进行极点配置，且一般经验认为，用简单的比例反馈(即 $\boldsymbol{K}$，$\tilde{\boldsymbol{K}}$ 或 $\boldsymbol{G}$ 为常数矩阵)就能使问题得到解决。

5.1.3　状态反馈的性质

定理 5.1　若 n 阶系统式(5.1)是状态完全能控的，那么经过状态反馈后的闭环系统式(5.3)仍然是状态完全能控的。

即

$$\begin{aligned}&\operatorname{rank}\left[\boldsymbol{B} \quad (\boldsymbol{A}+\boldsymbol{BK})\boldsymbol{B} \quad (\boldsymbol{A}+\boldsymbol{BK})^2\boldsymbol{B} \quad \cdots \quad (\boldsymbol{A}+\boldsymbol{BK})^{n-1}\boldsymbol{B}\right] \\ &=\operatorname{rank}\left[\boldsymbol{B} \quad \boldsymbol{AB} \quad \boldsymbol{A}^2\boldsymbol{B} \quad \cdots \quad \boldsymbol{A}^{n-1}\boldsymbol{B}\right]=n\end{aligned}$$

但是状态反馈却不一定能保持原系统的能观性。

定理 5.2　被控对象式(5.1)存在有状态反馈增益矩阵 $\boldsymbol{K}$，使其闭环系统式(5.3)的极点可以任意配置的充分必要条件是式(5.1)完全能控。

证明　首先证明必要条件，为此可先假定被控对象不是完全能控的。由第 3 章能控型分解可知，一定存在某个非奇异矩阵 $\boldsymbol{T}$，经过坐标变换得到相应的能控型的形式为

$$\bar{\boldsymbol{A}}=\boldsymbol{T}^{-1}\boldsymbol{AT}=\begin{bmatrix}\bar{\boldsymbol{A}}_{11} & \bar{\boldsymbol{A}}_{12} \\ 0 & \bar{\boldsymbol{A}}_{22}\end{bmatrix}, \qquad \boldsymbol{B}=\boldsymbol{T}^{-1}\boldsymbol{B}=\begin{bmatrix}\bar{\boldsymbol{B}}_1 \\ 0\end{bmatrix}$$

式中，$\left(\bar{\boldsymbol{A}}_{11}, \bar{\boldsymbol{B}}_1\right)$ 是能控子系统的能控对。

由于这一变换是在变换公式 $\boldsymbol{x}=\boldsymbol{T}\bar{\boldsymbol{x}}$ 的条件下，因此若式(5.1)的状态反馈为式(5.2)，则对变换后的等价系统的反馈增益矩阵成为 $\bar{\boldsymbol{K}}=\boldsymbol{KT}=\left[\bar{\boldsymbol{K}}_1 \quad \bar{\boldsymbol{K}}_2\right]$，因此对闭环系统式(5.3)有

$$\begin{aligned}\det(s\boldsymbol{I}-(\boldsymbol{A}+\boldsymbol{BK})) &= \det(s\boldsymbol{I}-(\bar{\boldsymbol{A}}+\bar{\boldsymbol{B}}\bar{\boldsymbol{K}})) \\ &= \det\begin{bmatrix}s\boldsymbol{I}-\bar{\boldsymbol{A}}_{11}-\bar{\boldsymbol{B}}_1\boldsymbol{K}_1 & -\bar{\boldsymbol{A}}_{12}-\bar{\boldsymbol{B}}_1\bar{\boldsymbol{K}}_2 \\ 0 & s\boldsymbol{I}-\bar{\boldsymbol{A}}_{22}\end{bmatrix} \\ &= \det(s\boldsymbol{I}-\bar{\boldsymbol{A}}_{11}-\bar{\boldsymbol{B}}_1\bar{\boldsymbol{K}}_1)\cdot\det(s\boldsymbol{I}-\bar{\boldsymbol{A}}_{22})\end{aligned} \tag{5.6}$$

式(5.6)表明状态反馈只能改变被控对象的能控部分(子系统) $\bar{\boldsymbol{A}}_{11}$ 的极点，而不能改变系统不能控部分(子系统) $\bar{\boldsymbol{A}}_{22}$ 的极点。因此，系统式(5.1)完全能控就是能够任意配置极点的必

要条件。定理的充分条件是显而易见的。

如果采用状态反馈的目的只是使闭环系统稳定，而不要求对它的所有极点都任意配置，显然，这时只要被控对象式(5.1)的不能控部分 $\bar{A}_{22}$ 是稳定的即 $\det\left(sI-\bar{A}_{22}\right)$ 的特征值必须在左半复平面，即都具有负实部。将这种不完全能控，但其不能控部分的极点都具有负实部的系统称作能稳定或能镇定的(Stabilizable)。因此有如下推理：

推理 5.1 当系统式(5.1)不是完全能控时，通过状态反馈式(5.2)，使其闭环系统稳定的充分必要条件是系统式(5.1)的不能控极点都具有负实部。

[例 5.1] 设系统状态空间表达式为

$$\dot{x}=\begin{bmatrix}1 & 2\\3 & 1\end{bmatrix}x+\begin{bmatrix}0\\1\end{bmatrix}u,\ y=\begin{bmatrix}1 & 2\end{bmatrix}x$$

状态反馈矩阵为 $K=\begin{bmatrix}-3 & -1\end{bmatrix}$

则由

$$\operatorname{rank}\begin{bmatrix}B & (A+BK)B\end{bmatrix}=\operatorname{rank}\begin{bmatrix}0 & 2\\1 & 0\end{bmatrix}=2=n$$

$$\operatorname{rank}\begin{bmatrix}C\\C(A+BK)\end{bmatrix}=\operatorname{rank}\begin{bmatrix}1 & 2\\1 & 2\end{bmatrix}=1<2$$

可见，系统经状态反馈后其能控性不变，而其能观性未必仍保持不变。

5.2　单输入极点配置

控制系统的品质在很大程度上取决于系统的闭环极点在复平面上的位置。因此在对系统进行综合(设计)时，往往是给出一组期望的极点，或根据时域指标提出一组期望的极点，所谓极点配置问题就是通过对反馈增益矩阵的设计，使闭环系统的极点处于复平面所期望的位置，以获得理想的动态特性。

由于用状态反馈对系统进行极点配置只涉及系统的状态方程，与输出方程无关，故设系统的状态方程为

$$\dot{x}=Ax+bu \tag{5.7}$$

$\Lambda=\begin{pmatrix}\lambda_1 & \lambda_2 & \cdots & \lambda_n\end{pmatrix}$ 是由 n 个复数组成的集合，如果 Λ 中的复数总是共轭成对出现，则称 Λ 为对称复数集合。对于任意对称复数集合，如果存在状态反馈

$$u=kx+v \tag{5.8}$$

式中，k 是 $1\times n$ 常数阵，在此反馈作用下，式(5.7)的闭环系统

$$\dot{x}=(A+bk)x+bv \tag{5.9}$$

的极点集合为 Λ，即

$$\sigma(A+bk)=\Lambda \tag{5.10}$$

则称系统式(5.7)用状态反馈能任意配置极点，式(5.8)中 k 称为反馈增益阵。

5.2.1　能控标准形的极点配置

设被控对象为能控标准形，此时式(5.7)中的 $\boldsymbol{A},\boldsymbol{b}$ 阵分别为

$$\boldsymbol{A}=\begin{bmatrix} 0 & & & \\ \vdots & & \boldsymbol{I}_{n-1} & \\ 0 & & & \\ -a_n & -a_{n-1} & \cdots & -a_1 \end{bmatrix},\quad \boldsymbol{b}=\begin{bmatrix} 0 \\ \vdots \\ 0 \\ 1 \end{bmatrix} \tag{5.11}$$

则其特征多项式为

$$f(s)=\det(s\boldsymbol{I}-\boldsymbol{A})=s^n+a_1s^{n-1}+\cdots+a_{n-1}s+a_n \tag{5.12}$$

期望的特征值集合为

$$\boldsymbol{\Lambda}=(\lambda_1,\ \lambda_2,\cdots,\ \lambda_n) \tag{5.13}$$

则在状态反馈式(5.8)作用下，闭环系统式(5.9)的特征多项式应当为

$$f_d(s)=\det(s\boldsymbol{I}-\boldsymbol{A}-\boldsymbol{bk})=\prod_{i=1}^{n}(s-\lambda_i)=s^n+d_1s^{n-1}+\cdots+d_{n-1}s+d_n \tag{5.14}$$

式中，反馈增益阵 $\boldsymbol{k}=(k_1\quad k_2\quad \cdots\quad k_n)$，由于 $(\boldsymbol{A},\boldsymbol{b})$ 是能控对，故有

$$(A+b\boldsymbol{k})=\begin{bmatrix} 0 & & & \\ \vdots & & \boldsymbol{I}_{n-1} & \\ 0 & & & \\ -a_n+k_1 & -a_{n-1}+k_2 & \cdots & -a_1+k_n \end{bmatrix} \tag{5.15}$$

则式(5.15)的特征多项式为

$$\det(s\boldsymbol{I}-\boldsymbol{A}-\boldsymbol{bk})=s^n+(a_1-k_n)s^{n-1}+\cdots+(a_{n-1}-k_2)s+(a_n-k_1) \tag{5.16}$$

比较式(5.13)和式(5.16)的同次幂的系数，有

$$a_1-k_n=d_1,\ a_2-k_{n-1}=d_2,\cdots,\ a_n-k_1=d_n$$

即

$$k_n=a_1-d_1,\ k_{n-1}=a_2-d_2,\cdots,\ k_1=a_n-d_n \tag{5.17}$$

[例 5.2]　设系统的状态方程为

$$\dot{\boldsymbol{x}}=\begin{bmatrix} 0 & 1 & 0 \\ 0 & 0 & 1 \\ -1 & 0 & 1 \end{bmatrix}\boldsymbol{x}+\begin{bmatrix} 0 \\ 0 \\ 1 \end{bmatrix}\boldsymbol{u}$$

求状态反馈，使闭环极点为 -1，$-1\pm j$。

[解]　所给系统为能控标准形，特征多项式为

$$f(s)=\det(s\boldsymbol{I}-\boldsymbol{A})=s^3-s^2+1$$

所希望的闭环系统特征多项式

$$f_d(s)=(s+1)(s+1-j)(s+1+j)=s^3+3s^2+4s+2$$

根据式(5.17)，可得

$$k_3=-1-3=-4,\ k_2=0-4=-4,\ k_1=1-2=-1$$

故反馈增益阵 $\boldsymbol{k}$ 为

$$k=\begin{bmatrix}k_1 & k_2 & k_3\end{bmatrix}=\begin{bmatrix}-1 & -4 & -4\end{bmatrix}$$

所求的状态反馈为

$$u=kx+v=\begin{bmatrix}-1 & -4 & -4\end{bmatrix}x+v$$

该闭环系统状态方程为

$$\dot{x}=(A+bk)x+bv=\begin{bmatrix}0 & 1 & 0\\0 & 0 & 1\\-2 & -4 & -3\end{bmatrix}x+\begin{bmatrix}0\\0\\1\end{bmatrix}v$$

本例对应的结构图如图 5.4 所示。图中虚线方框内为被控对象(原系统)结构图。

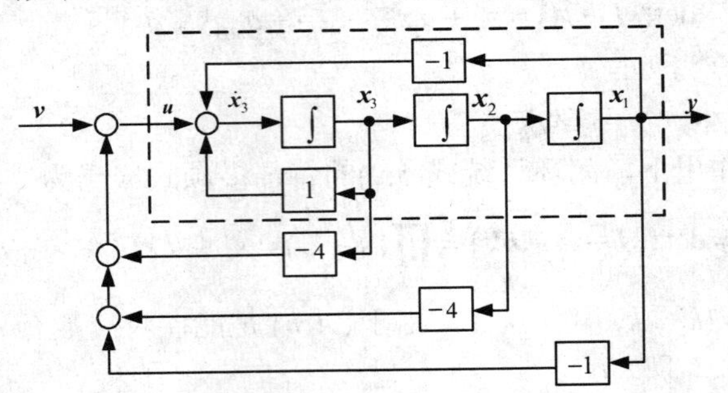

图 5.4　例 5.2 闭环系统结构图

5.2.2　非能控标准形的极点配置

设非能控标准形的系统为

$$\dot{x}=Ax+bu \tag{5.18}$$

假定 (A,b) 为能控对，在配置极点之前，先求一坐标变换 $\bar{x}=Tx$，将式(5.18)化为式(5.11)的能控标准形 $(\bar{A},\bar{b})$，然后进行极点配置，最后还原到系统式(5.18)。

系统式(5.18)的能控阵为 $Q_c=[b\quad Ab\quad\cdots\quad A^{n-1}b]$，由于 (A,b) 为能控对，故能控阵满秩，所以逆阵 Q_c^{-1} 存在，令 P 为 Q_c^{-1} 的最后一行向量

$$P=[0\quad\cdots\quad 0\quad 1]\begin{bmatrix}b & Ab & \cdots & A^{n-1}b\end{bmatrix}^{-1} \tag{5.19}$$

则变换阵

$$T=\begin{bmatrix}P\\PA\\\vdots\\PA^{n-1}\end{bmatrix} \tag{5.20}$$

$$x=T^{-1}\bar{x}=\begin{bmatrix}P\\PA\\\vdots\\PA^{n-1}\end{bmatrix}^{-1}\bar{x} \tag{5.21}$$

经式(5.21)的变换，原系统式(5.18)化成能控标准形 $(\bar{A},\bar{b})$，即

$$\dot{\bar{x}}=\bar{A}\bar{x}+\bar{b}u \tag{5.22}$$

式中　$\bar{A}=TAT^{-1}$，$\bar{b}=Tb$。

由于式(5.22)与式(5.18)具有相同的特征值，故它们的特征方程为

$$\det(s\boldsymbol{I}-\bar{\boldsymbol{A}})=\det(s\boldsymbol{I}-\boldsymbol{A})=s^n+a_1s^{n-1}+\cdots+a^{n-1}s+a_n$$

由于式(5.22)已是能控标准形，因此可按照以前所给的方法设计状态反馈

$$\boldsymbol{u}=\bar{\boldsymbol{k}}\bar{\boldsymbol{x}}+\boldsymbol{v} \tag{5.23}$$

$$\bar{\boldsymbol{k}}=\begin{bmatrix}\bar{k}_1 & \bar{k}_2 & \cdots & \bar{k}_n\end{bmatrix} \tag{5.24}$$

使$\left(\bar{\boldsymbol{A}}+\bar{\boldsymbol{b}}\bar{\boldsymbol{k}}\right)$具有指定的特征值$\varLambda=\{\lambda_1,\ \lambda_2,\ \cdots,\ \lambda_n\}$，即以$\varLambda$为根的特征多项式

$$f_d(s)=\det(s\boldsymbol{I}-\boldsymbol{A})=\prod_{i=1}^{n}(s-\lambda_i)=s^n+d_1s^{n-1}+\cdots+d_{n-1}s+d_n \tag{5.25}$$

于是

$$\bar{k}_n=a_1-d_1,\ \bar{k}_{n-1}=a_2-d_2,\cdots,\bar{k}_1=a_n-d_n \tag{5.26}$$

将$\bar{\boldsymbol{x}}=\boldsymbol{T}\boldsymbol{x}$代入式(5.23)还原回原坐标系，得

$$\boldsymbol{u}=\bar{\boldsymbol{k}}\boldsymbol{T}\boldsymbol{x}+\boldsymbol{v}=\boldsymbol{k}\boldsymbol{x}+\boldsymbol{v} \tag{5.27}$$

即为系统式(5.18)的状态反馈规律，且其反馈增益为

$$\boldsymbol{k}=\bar{\boldsymbol{k}}\boldsymbol{T} \tag{5.28}$$

[例 5.3] 被控对象为$\dot{\boldsymbol{x}}=\begin{bmatrix}1 & 1\\ 0 & -1\end{bmatrix}\boldsymbol{x}+\begin{bmatrix}1\\ 1\end{bmatrix}\boldsymbol{u}$，求系统的状态反馈增益阵，使闭环极点为−2，−3。

[解] 容易验证该系统是能控的，但不是能控标准形，其特征多项式为$f(s)=\det(s\boldsymbol{I}-\boldsymbol{A})=s^2-1$

由要求配置的极点所确定的特征多项式为

$$f_d(\mathrm{s})=(s+2)(s+3)=s^2+5s+6$$

可求得

$$\bar{k}_2=a_1-d_1=0-5=-5,\ \bar{k}_1=a_2-d_2=-1-6=-7$$

即

$$\bar{\boldsymbol{k}}=\begin{bmatrix}\bar{k}_1 & \bar{k}_2\end{bmatrix}=[-7\quad -5]$$

求变换矩阵。

方法一：由式(5.19)有

$$P=[0\quad 1][b\quad Ab]^{-1}=[0\quad 1]\begin{bmatrix}1 & 2\\ 1 & -1\end{bmatrix}^{-1}=\frac{1}{3}[1\quad -1]$$

由式(5.20)得$T=\begin{bmatrix}P\\ PA\end{bmatrix}=\frac{1}{3}\begin{bmatrix}1 & -1\\ 1 & 2\end{bmatrix}$

若控制系统完全能控，则必存在非奇异变换$x=T^{-1}\bar{x}$，将系统变换成代数等价的能控标准型。由$u=kx+v=kT^{-1}\bar{x}+v=\bar{k}\bar{x}+v$，求得被控对象(原系统)的反馈增益阵为

$$k=\bar{k}T=[-7\quad -5]\begin{bmatrix}\frac{1}{3} & -\frac{1}{3}\\ \frac{1}{3} & \frac{2}{3}\end{bmatrix}=[-4\quad -1]$$

方法二：由定理 3.14，若控制系统完全能控，则必存在非奇异变换 $x = P\tilde{x}$，将系统变换成代数等价的能控标准型，其中 P 阵为

$$P = Q_c F = \begin{bmatrix} 1 & 2 \\ 1 & -1 \end{bmatrix}\begin{bmatrix} 0 & 1 \\ 1 & 0 \end{bmatrix} = \begin{bmatrix} 2 & 1 \\ -1 & 1 \end{bmatrix}$$

由 $u = kx + v = kP\tilde{x} + v = \tilde{k}\tilde{x} + v$，求得被控对象(原系统)的反馈增益阵为

$$k = \tilde{k}P^{-1} = \begin{bmatrix} -7 & -5 \end{bmatrix} \cdot \frac{1}{3}\begin{bmatrix} 1 & -1 \\ 1 & 2 \end{bmatrix} = \begin{bmatrix} -4 & -1 \end{bmatrix}$$

即状态反馈为

$$\boldsymbol{u} = \boldsymbol{kx} + \boldsymbol{v} = \begin{bmatrix} -4 & -1 \end{bmatrix}\begin{bmatrix} x_1 \\ x_2 \end{bmatrix} + \boldsymbol{v}$$

经状态反馈后的闭环系统的状态方程为

$$\dot{\boldsymbol{x}} = (\boldsymbol{A} + \boldsymbol{bk})\boldsymbol{x} + \boldsymbol{bv} = \begin{bmatrix} -3 & 0 \\ -4 & -2 \end{bmatrix}\boldsymbol{x} + \begin{bmatrix} 1 \\ 1 \end{bmatrix}\boldsymbol{v}$$

另外，坐标变换式(5.21)中变换矩阵 $\boldsymbol{T}$ 还可以采用下面的方法求得。令

$$\boldsymbol{R} = \begin{bmatrix} a_{n-1} & a_{n-2} & \cdots & a_1 & 1 \\ a_{n-2} & & & & \\ \vdots & & & & \\ a_1 & & & 0 & \\ 1 & & & & \end{bmatrix} \tag{5.29}$$

可以证明

$$\boldsymbol{T} = (\boldsymbol{Q}_c\boldsymbol{R})^{-1} \tag{5.30}$$

成立。由于

$$\boldsymbol{RT} = \begin{bmatrix} a_{n-1} & a_{n-2} & \cdots & a_1 & 1 \\ a_{n-2} & & & & \\ \vdots & & & & \\ a_1 & & & 0 & \\ 1 & & & & \end{bmatrix}\begin{bmatrix} \boldsymbol{P} \\ \boldsymbol{PA} \\ \vdots \\ \boldsymbol{PA}^{n-1} \end{bmatrix} = \begin{bmatrix} \boldsymbol{P}\left(a_{n-1}\boldsymbol{I} + a_{n-2}\boldsymbol{A} + \cdots + a_1\boldsymbol{A}^{n-2} + \boldsymbol{A}^{n-1}\right) \\ \boldsymbol{P}\left(a_{n-2}\boldsymbol{I} + a_{n-3}\boldsymbol{A} + \cdots + a_2\boldsymbol{A}^{n-2} + a_1\boldsymbol{A}^{n-1}\right) \\ \vdots \\ \boldsymbol{P}\left(a_1\boldsymbol{I} + \boldsymbol{A}\right) \\ \boldsymbol{P} \end{bmatrix} \tag{5.31}$$

由式(5.19)有

$$\boldsymbol{P}\begin{bmatrix} \boldsymbol{b} & \boldsymbol{Ab} & \cdots & \boldsymbol{A}^{n-1}\boldsymbol{b} \end{bmatrix} = \begin{bmatrix} 0 & \cdots & 0 & 1 \end{bmatrix}$$

或

$$\boldsymbol{Pb} = 0\,，\ \boldsymbol{PAb} = 0, \cdots, \ \boldsymbol{PA}^{n-2}\boldsymbol{b} = 0\,，\ \boldsymbol{PA}^{-1}\boldsymbol{b} = 1 \tag{5.32}$$

由式(5.32)、式(5.31)及凯莱-哈密尔顿定理可证明下面关系成立

$$\boldsymbol{RTQ}_c = \begin{bmatrix} \boldsymbol{P}\left(a_{n-1}\boldsymbol{I} + a_{n-2}\boldsymbol{A} + \cdots + a_1\boldsymbol{A}^{n-2} + \boldsymbol{A}^{n-1}\right) \\ \boldsymbol{P}\left(a_{n-2}\boldsymbol{I} + a_{n-3}\boldsymbol{A} + \cdots + a_2\boldsymbol{A}^{n-2} + a_1\boldsymbol{A}^{n-1}\right) \\ \vdots \\ \boldsymbol{P}\left(a_1\boldsymbol{I} + \boldsymbol{A}\right) \\ \boldsymbol{P} \end{bmatrix}\begin{bmatrix} \boldsymbol{b} & \boldsymbol{Ab} & \cdots & \boldsymbol{A}^{n-1} \end{bmatrix} = \boldsymbol{I}$$

由此可得式(5.30)，即

$$T = R^{-1}Q_c^{-1} = (Q_c R)^{-1}$$

下面举例说明用这种方法对非能控标准形进行极点配置的步骤。

[例 5.4] 已知被控系统

$$\dot{x} = \begin{bmatrix} 1 & 0 & -1 \\ 1 & 2 & 1 \\ 2 & 2 & 3 \end{bmatrix} x + \begin{bmatrix} 1 \\ 0 \\ 1 \end{bmatrix} u$$

求状态反馈，使闭环系统的极点为-1，$-1 \pm 2j$。

[解] 原系统的特征多项式为

$$f(s) = \det(sI - A) = s^3 - 6s^2 + 11s - 6$$

所期望的闭环系统特征多项式为

$$f_d(s) = (s+1)(s+1-2j)(s+1+2j) = s^3 + 3s^2 + 7s + 5$$

求变换阵T，由于

$$Q_c = \begin{bmatrix} 1 & 0 & -5 \\ 0 & 2 & 9 \\ 1 & 5 & 19 \end{bmatrix}, \quad R = \begin{bmatrix} 11 & -6 & 1 \\ -6 & 1 & 0 \\ 1 & 0 & 0 \end{bmatrix}$$

由式(5.30)得

$$T = (Q_c R)^{-1} \left[\begin{bmatrix} 1 & 0 & -5 \\ 0 & 2 & 9 \\ 1 & 5 & 19 \end{bmatrix} \begin{bmatrix} 11 & -6 & 1 \\ -6 & 1 & 0 \\ 1 & 0 & 0 \end{bmatrix} \right]^{-1} = \begin{bmatrix} 6 & -6 & 1 \\ -3 & 2 & 0 \\ 0 & -1 & 1 \end{bmatrix}^{-1} = \begin{bmatrix} -\frac{2}{3} & -\frac{5}{3} & \frac{2}{3} \\ -1 & -2 & 1 \\ -1 & -2 & 2 \end{bmatrix}$$

根据(5.24)，求得

$$\bar{k} = [a_3 - d_3 \quad a_2 - d_2 \quad a_1 - d_1] = [-6-5 \quad 11-7 \quad -6-3] = [-11 \quad 4 \quad -9]$$

根据式(5.28)，求得状态反馈增益为

$$k = \bar{k}T = [-11 \quad 4 \quad -9] \begin{bmatrix} -\frac{2}{3} & -\frac{5}{3} & \frac{2}{3} \\ -1 & -2 & 1 \\ -1 & -2 & 2 \end{bmatrix} = \begin{bmatrix} \frac{37}{3} & \frac{85}{3} & \frac{-64}{3} \end{bmatrix}$$

因此所求状态反馈为

$$u = kx + v = \begin{bmatrix} \frac{37}{3} & \frac{85}{3} & -\frac{64}{3} \end{bmatrix} x + v$$

除了上述两种极点配置方法外，某些低阶的简单系统可以采用直接法配置极点。

[例 5.5] 对例 5.3 所给系统

$$A = \begin{bmatrix} 1 & -1 \\ 0 & -1 \end{bmatrix}, \qquad b = \begin{bmatrix} 1 \\ 1 \end{bmatrix}$$

试用直接法求状态反馈，使闭环系统极点为-2，-3。

［解］设所求状态反馈为

$$k=\begin{bmatrix}k_1 & k_2\end{bmatrix}$$

此时，闭环系统为

$$\dot{x}=Ax+bu=\begin{bmatrix}1 & 1\\ 0 & -1\end{bmatrix}x+\begin{bmatrix}1\\ 1\end{bmatrix}\begin{bmatrix}k_1 & k_2\end{bmatrix}x+\begin{bmatrix}1\\ 1\end{bmatrix}v=\begin{bmatrix}1+k_1 & 1+k_2\\ k_1 & -1+k_2\end{bmatrix}x+\begin{bmatrix}1\\ 1\end{bmatrix}v=\hat{A}x+bv$$

闭环特征多项式为

$$f_c(s)=\det(sI-\hat{A})=\begin{vmatrix}s-(1+k_1) & -(1+k_2)\\ -k_1 & s-(k_2-1)\end{vmatrix}=s^2-(k_1+k_2)s-1-2k_1+k_2$$

希望的闭环特征多项式为

$$f_d(s)=(s+2)(s+3)=s^2+5s+6$$

要求 $f_c(s)=f_d(s)$，则有

$$-(k_1+k_2)=5\,,\quad -1-2k_1+k_2=6$$

解得 $k_1=-4, k_2=-1$。

故所求的状态反馈为

$$u=\begin{bmatrix}-4 & -1\end{bmatrix}x+v$$

5.2.3 状态反馈在工程设计中的应用

在工程实践中，系统的动态性能要求往往以时域指标给出。下面举例说明根据时域指标对系统进行综合的方法。

［例 5.6］设被控对象的传递函数为

$$G(s)=\frac{1}{s^2-3s+1}$$

试在系统的能控标准形下，求状态反馈，使闭环系统满足如下性能：超调量 $\sigma_p\leqslant 5\%$，峰值时间(又称超调时间) $t_p\leqslant 0.5s$，阻尼振荡频率 $\omega_d\leqslant 10$。

［解］由系统的传递函数可求得系统的能控标准型状态空间模型为

$$\dot{x}=\begin{bmatrix}0 & 1\\ -1 & 3\end{bmatrix}x+\begin{bmatrix}0\\ 1\end{bmatrix}u\,,\quad y=\begin{bmatrix}1 & 0\end{bmatrix}x$$

从被控对象的特征多项式 $f(s)=s^2-3s+1$ 可看出，原系统为二阶不稳定系统。经状态反馈后，其闭环系统仍为二阶，但根据要求应变为稳定，由于 $\sigma_p=\mathrm{e}^{-\xi\pi/\sqrt{1-\xi^2}}$，系统性能指标由 ξ 、ω_n 或由极点所确定。设所期望的闭环特征多项式为

$$f_d(s)=s^2+2\xi\omega_n s+\omega_n^2$$

为了满足所给定的性能指标：

$$\begin{cases}\sigma_p=\mathrm{e}^{-\xi\pi/\sqrt{1-\xi^2}}\leqslant 5\%\\ t_p=\dfrac{\pi}{\omega_d}=\dfrac{\pi}{\omega_n\sqrt{1-\xi^2}}\leqslant 0.5s\\ \omega_d\leqslant 10\end{cases}$$

当$\xi = 1/\sqrt{2} = 0.707$，$\omega_n = 10$时，满足上述条件。故闭环系统的特征多项式为

$$f_d(s) = s^2 + 2\xi\omega_n s + \omega_n^2 = s^2 + 14.14s + 100$$

根据式(5.28)，可求得反馈增益为

$$\boldsymbol{k} = \begin{bmatrix} k_1 & k_2 \end{bmatrix} = \begin{bmatrix} a_2 - \mathrm{d}_2 & a_1 - \mathrm{d}_1 \end{bmatrix} = \begin{bmatrix} 1-100 & -3-14.14 \end{bmatrix} = \begin{bmatrix} -99 & -17.14 \end{bmatrix}$$

故所求状态反馈为

$$\boldsymbol{u} = \begin{bmatrix} -99 & -17.14 \end{bmatrix}\boldsymbol{x} + \boldsymbol{v}$$

由此可见，原系统的极点为$s_1 = 2.6$，$s_2 = 0.4$，经极点配置后，闭环系统的极点变为$s_1 = -7.07 + j7.07$，$s_2 = -7.07 - j7.07$。系统变为稳定，且满足所给的时域指标。

5.3　多输入系统的极点配置

多输入系统的极点配置的方法和原则较多，本书只介绍其中的一种。这种极点配置的基本思路是：首先求一状态反馈，使得其闭环系统对某一输入(例如第一个输入$\boldsymbol{u}_1$)是能控的，再按单输入系统配置极点的方法配置极点。

5.3.1　能控系统的极点配置

设n阶多输入能控系统

$$\dot{\boldsymbol{x}} = \boldsymbol{A}\boldsymbol{x} + \boldsymbol{B}\boldsymbol{u} \tag{5.33}$$

现在求出反馈增益矩阵$\boldsymbol{K}$，使被控对象在状态反馈

$$\boldsymbol{u} = \boldsymbol{K}\boldsymbol{x} + \boldsymbol{v} \tag{5.34}$$

作用下的闭环系统为

$$\dot{\boldsymbol{x}} = (\boldsymbol{A} + \boldsymbol{B}\boldsymbol{K})\boldsymbol{x} + \boldsymbol{B}\boldsymbol{v} \tag{5.35}$$

的极点是任意指定的对称复数集合$\Lambda = \{\lambda_1, \lambda_2, \cdots, \lambda_n\}$。式中的控制$\boldsymbol{u}$和参考输入 $\boldsymbol{v}$ 均是 $\boldsymbol{m}$ 维的。

由于系统(A, B)能控，所以系统的能控阵的秩为n，即

$$\mathrm{rank}\boldsymbol{Q}_\mathrm{c} = \mathrm{rank}\begin{bmatrix} \boldsymbol{A} & \boldsymbol{A}\boldsymbol{B} & \cdots & \boldsymbol{A}^{n-1}\boldsymbol{B} \end{bmatrix} = n \tag{5.36}$$

将能控阵$\boldsymbol{Q}_c$的列向量按下面方式重新排列

$$\boldsymbol{Q}_c = \begin{bmatrix} \boldsymbol{b}_1 & \boldsymbol{A}\boldsymbol{b}_1 & \cdots & \boldsymbol{A}^{n-1}\boldsymbol{b}_1 & \vdots & \boldsymbol{b}_2 & \boldsymbol{A}\boldsymbol{b}_2 & \cdots & \boldsymbol{A}^{n-1}\boldsymbol{b}_2 & \vdots & \cdots & \vdots & \boldsymbol{b}_m & \boldsymbol{A}\boldsymbol{b}_m & \cdots & \boldsymbol{A}^{n-1}\boldsymbol{b}_m \end{bmatrix} \tag{5.37}$$

由于式(5.37)极大线性无关组向量的个数为n，因此可在$\boldsymbol{Q}_c$的各列中从左向右依次挑选n个线性无关列向量作为极大线性无关组向量。不难证明，当$\boldsymbol{A}_{ai}\boldsymbol{b}_j$与它前面的列向量线性相关时，则$\boldsymbol{A}^{a_{i+1}}\boldsymbol{b}_j$也与$\boldsymbol{A}^{a_i}\boldsymbol{b}_j$前面的列向量线性相关，当$\boldsymbol{A}^{a_i}\boldsymbol{b}_j$不在上述挑选的极大线性无关组时，则$\boldsymbol{A}^{a_{i+1}}\boldsymbol{b}_j$也不在其中。最后得到的$n$个列为

$$\boldsymbol{b}_1, \boldsymbol{A}\boldsymbol{b}_1 \cdots, \boldsymbol{A}^{u_1-1}\boldsymbol{b}_1, \boldsymbol{A}\boldsymbol{b}_2, \cdots, \boldsymbol{A}^{u_2-1}\boldsymbol{b}_2, \cdots, \boldsymbol{b}_m, \boldsymbol{A}\boldsymbol{b}_m, \cdots, \boldsymbol{A}^{u_m-1}\boldsymbol{b}_m$$

并以此作为列向量，构造矩阵

$$Q=\left[\boldsymbol{b}_1 \quad \boldsymbol{Ab}_1 \quad \cdots \quad \boldsymbol{A}^{u_1-1}\boldsymbol{b}_1 \ \vdots\ \boldsymbol{b}_2 \quad \boldsymbol{Ab}_2 \quad \cdots \quad \boldsymbol{A}^{u_2-1}\boldsymbol{b}_2 \ \vdots\ \cdots \ \vdots\ \boldsymbol{b}_m \quad \boldsymbol{Ab}_m \quad \cdots \quad \boldsymbol{A}^{u_m-1}\boldsymbol{b}_m\right] \tag{5.38}$$

且有

$$\sum_{i=1}^{m} u_i = n \tag{5.39}$$

式中，$u_i \geqslant 0$，若 $u_i=0$，则意味着 $\boldsymbol{b}_i$ 不出现，显然 $\boldsymbol{Q}$ 是 $n\times n$ 阶的满秩矩阵，故 $\boldsymbol{Q}^{-1}$ 存在。

再构造如下矩阵

$$\boldsymbol{S}=[0 \ \cdots \ 0 \ \underset{u_1\text{列}}{\mathbf{e}_2} \ \vdots\ 0 \ \cdots \ 0 \ \underset{u_1+u_2\text{列}}{\mathbf{e}_3} \ \vdots\ 0 \ \cdots \ 0 \ \underset{\sum_{i=1}^{m-1}u_i\text{列}}{\mathbf{e}_m} \ \vdots\ 0 \ \cdots \ \underset{n\text{列}}{0}] \tag{5.40}$$

式中，$\mathbf{e}_i\,(i=2,3,\cdots,m)$ 为 m 维列向量，且位于 $\boldsymbol{S}$ 矩阵的 $\sum_{j=1}^{m-1}\boldsymbol{u}_j$ 列，显然 $\boldsymbol{S}$ 是 $m\times n$ 阶矩阵，令

$$\hat{\boldsymbol{K}}=\boldsymbol{SQ}^{-1} \quad 即 \quad \hat{\boldsymbol{K}}\boldsymbol{Q}=\boldsymbol{S} \tag{5.41}$$

为式(5.33)系统先构造一个状态反馈

$$\boldsymbol{u}=\hat{\boldsymbol{K}}\boldsymbol{x}+\boldsymbol{v} \tag{5.42}$$

系统式(5.33)在状态反馈式(5.42)作用下的闭环系统为

$$\dot{\boldsymbol{x}}=(\boldsymbol{A}+\boldsymbol{B}\hat{\boldsymbol{K}})\boldsymbol{x}+\boldsymbol{Bv} \tag{5.43}$$

若只考虑 $\boldsymbol{v}$ 的第一个输入 $\boldsymbol{v}_1$ 时，且 $\boldsymbol{b}_1$ 为 $\boldsymbol{B}$ 的第一列，则有单输入系统

$$\dot{\boldsymbol{x}}=(\boldsymbol{A}+\boldsymbol{B}\hat{\boldsymbol{K}})\boldsymbol{x}+\boldsymbol{b}_1\boldsymbol{v}_1=\bar{\boldsymbol{A}}\boldsymbol{x}+\boldsymbol{b}_1\boldsymbol{v}_1 \tag{5.44}$$

定理 5.3 若被控对象式(5.33)是完全能控的，则当取状态反馈式(5.41)的增益矩阵为

$$\hat{\boldsymbol{K}}=\boldsymbol{SQ}^{-1}$$

则单输入系统 $(\bar{\boldsymbol{A}},\boldsymbol{b}_1)$ 是完全能控的。

证明 由式(5.41)可知

$$\begin{aligned}\hat{\boldsymbol{K}}\boldsymbol{Q}&=\hat{\boldsymbol{K}}\left[\boldsymbol{b}_1 \quad \boldsymbol{Ab}_1 \quad \cdots \quad \boldsymbol{A}^{u_1-1}\boldsymbol{b}_1 \ \vdots\ \boldsymbol{b}_2 \quad \boldsymbol{Ab}_2 \quad \cdots \quad \boldsymbol{A}^{u_2-1}\boldsymbol{b}_2 \ \vdots\ \cdots \ \vdots\ \boldsymbol{b}_m \quad \boldsymbol{Ab}_m \quad \cdots \quad \boldsymbol{A}^{u_m-1}\boldsymbol{b}_m\right]\\&=[0 \ \cdots \ 0 \ \mathbf{e}_2 \ \vdots\ 0 \ \cdots \ 0 \ \mathbf{e}_3 \ \vdots\ 0 \ \cdots \ 0 \ \mathbf{e}_m \ \vdots\ 0 \ \cdots \ 0]\end{aligned}$$

故得

$$\begin{cases}\hat{\boldsymbol{K}}\boldsymbol{b}_1=0,\ \hat{\boldsymbol{K}}\boldsymbol{Ab}_1=0,\cdots,\ \hat{\boldsymbol{K}}\boldsymbol{A}^{u_1-2}\boldsymbol{b}_1=0,\ \hat{\boldsymbol{K}}\boldsymbol{A}^{u_1-1}\boldsymbol{b}_1=\mathbf{e}_2\\ \hat{\boldsymbol{K}}\boldsymbol{b}_2=0,\ \hat{\boldsymbol{K}}\boldsymbol{Ab}_2=0,\cdots,\ \hat{\boldsymbol{K}}\boldsymbol{A}^{u_2-2}\boldsymbol{b}_2=0,\ \hat{\boldsymbol{K}}\boldsymbol{A}^{u_2-1}\boldsymbol{b}_2=\mathbf{e}_3\\ \vdots\\ \hat{\boldsymbol{K}}\boldsymbol{b}_{m-1}=0,\ \hat{\boldsymbol{K}}\boldsymbol{Ab}_{m-1}=0,\cdots,\ \hat{\boldsymbol{K}}\boldsymbol{A}^{u_{m-1}-2}\boldsymbol{b}_{m-1}=0,\ \hat{\boldsymbol{K}}\boldsymbol{A}^{u_{m-1}-2}\boldsymbol{b}_{m-1}=\mathbf{e}_m\\ \hat{\boldsymbol{K}}\boldsymbol{b}_m=0,\ \hat{\boldsymbol{K}}\boldsymbol{Ab}_m=0,\cdots,\ \hat{\boldsymbol{K}}\boldsymbol{A}^{u_m-2}\boldsymbol{b}_m=0,\ \hat{\boldsymbol{K}}\boldsymbol{A}^{u_m-1}\boldsymbol{b}_m=0\end{cases}$$

由上式可知

$$\begin{cases} \overline{A}b_1 = (A+B\hat{K})b_1 = Ab_1 + B\hat{K}b_1 = Ab_1 \\ \overline{A}^2 b_1 = (A+B\hat{K})^2 b_1 = (A^2 + AB\hat{K} + B\hat{K}A + B\hat{K}B\hat{K})b_1 = A^2 b_1 \\ \vdots \\ \overline{A}^{u_1-1} b_1 = (A+B\hat{K})^{u_1-1} b_1 = A^{u_1-1} b_1 \\ \overline{A}^{u_1} b_1 = (A+B\hat{K})(A+B\hat{K})^{u_1} b_1 = (A+B\hat{K})A^{u_1-1} b_1 \\ \qquad = A^{u_1} b_1 + B\hat{K}A^{u_1-1} b_1 = A^{u_1} b_1 + Be_2 = \tilde{b}_2 + b_2 \end{cases}$$

式中，$\tilde{b}_2 = A^{u_1} b_1$ 为 Q 矩阵中 b_2 之前但不包括 b_2 的各向量的线性组合。因此可得

$$\overline{A}^{u_1+1} b_1 = (A+B\hat{K})(A+B\hat{K})^{u_1} b_1 = (A+B\hat{K})\tilde{b}_2 + b_2 = \widetilde{Ab_2} + Ab_2$$

式中，$\widetilde{Ab_2}$ 为 Ab_2 之前的列向量的线性组合。令 $\widetilde{A^i b_j}$ 表达式(5.38)中 $A^i b_j$ 之前的列向量的某一组合。设 $\delta_i = \sum_{j=1}^{i} u_j$，则有

$$\begin{cases} \overline{A}^{\delta_2} b_2 = b_3 + \widetilde{b_3} \\ \overline{A}^{\delta_{m-1}} b_1 = b_m + \widetilde{b_m} \\ \vdots \\ \overline{A}^{n-1} b_1 = \left(A^{u_m-1} b_m + \widetilde{A^{u_m-1} b_m}\right) \end{cases}$$

由此看出，单输入系统式(5.44)的能控阵 $\overline{Q}_c = \begin{bmatrix} b_1 & \overline{A}b_1 & \cdots & \overline{A}^{n-1} b_1 \end{bmatrix}$，因此单输入系统 $(\overline{A}, b_1)$ 是能控的。证毕。

定理 5.4 若系统 (A,B) 是完全能控的，则对式(5.44)单输入系统的能控性矩阵

$$\overline{Q}_c = \begin{bmatrix} b_1 & \overline{A}b_1 & \cdots & \overline{A}^{n-1} b_1 \end{bmatrix}$$

有

$$\det \overline{Q}_c = \det Q \tag{5.45}$$

及

$$a = [0 \ \cdots \ 0 \ 1]Q^{-1} = [0 \ \cdots \ 0 \ 1]\overline{Q}_c^{-1} \tag{5.46}$$

即 Q^{-1} 的最后一行行向量与 $\overline{Q}_c^{-1}$ 的最后一行行向量相等。

证明 由定理 5.3 的证明可知，若对 Q 经有限次的初等变换(如对某列元素乘以系数加到另一列相应的元素上)就可以得到 $\overline{Q}_c$，因而 $\det \overline{Q}_c = \det Q$。又由于 $\left(\overline{A}, b\right)$ 能控，$\operatorname{rank} Q_c = \operatorname{rank} Q = n$，即 $\overline{Q}_c$ 和 Q 都是 n 维非奇异矩阵。根据矩阵的求逆法，可知逆阵的最后一行元素等于原矩阵最后一列对应元素的代数余子式被原矩阵行列式相除所得，由此可证明 $\overline{Q}_c$ 的逆阵 $\overline{Q}_c^{-1}$ 与 Q 的逆阵 Q^{-1} 的最后一行相等。

证毕。

对于完全能控的系统进行极点任意配置可根据定理 5.3 和定理 5.4 进行，其步骤归纳如下。

(1) 利用所给系统的 A、B，根据式(5.38)和式(5.40)构造 Q 及 S 阵，并由式(5.41)求出闭环 $A + B\hat{K}$ 对于单输入 v_1 能控的反馈增益阵 $K = SQ^{-1}$，且记 Q^{-1} 的最后一行为 a。

(2) 计算 $\bar{A} = A + B\hat{K}$ 的特征多项式，即

$$\det(sI - \bar{A}) = s^n + \bar{a}_1 s + \cdots + \bar{a}_{n-1} s + \bar{a}_n$$

根据指定的极点 $\Lambda = \{\lambda_1, \lambda_2, \cdots, \lambda_n\}$，计算由单输入 v_1 实行反馈的闭环系统特征多项式

$$\prod_{i=1}^{n}(s - \lambda_i) = s^n + d_1 s^{n-1} + \cdots + d_{n-1}s + d_n$$

由此得到这个反馈增益为

$$\bar{k} = [\bar{a}_n - d_n \quad \bar{a}_{n-1} - d_{n-1} \quad \mathrm{L} \quad \bar{a}_1 - d_1]$$

(3) 求出将 $(\bar{A}, b_1)$ 化为能控标准形的变换矩阵，即

$$T = \begin{bmatrix} a \\ a\bar{A} \\ \vdots \\ a\bar{A}^{n-1} \end{bmatrix}$$

将 $\bar{k}$ 逆变换到原来的坐标系，则得实际的反馈增益为

$$\tilde{k} = \bar{k}T$$

这个反馈只是对单输入 v_1 加的，因此对全体输入 $v = [v_1 \quad v_2 \quad \cdots \quad v_n]^{\mathrm{T}}$ 而言，反馈增益阵为 $\begin{bmatrix} \tilde{k} \\ \cdots \\ 0 \end{bmatrix}$，其中 0 为 $(m-1)\times n$ 的零矩阵。

(4) 使系统 (A, B) 实现极点任意配置的状态反馈为

$$u = Kx + v$$

其中

$$K = \hat{K} + \begin{bmatrix} k \\ \cdots \\ 0 \end{bmatrix} = \hat{K} + \bar{K}, \bar{K} = \begin{bmatrix} k \\ \cdots \\ 0 \end{bmatrix}, \quad \bar{K} = \begin{bmatrix} \tilde{k} \\ \cdots \\ 0 \end{bmatrix}$$

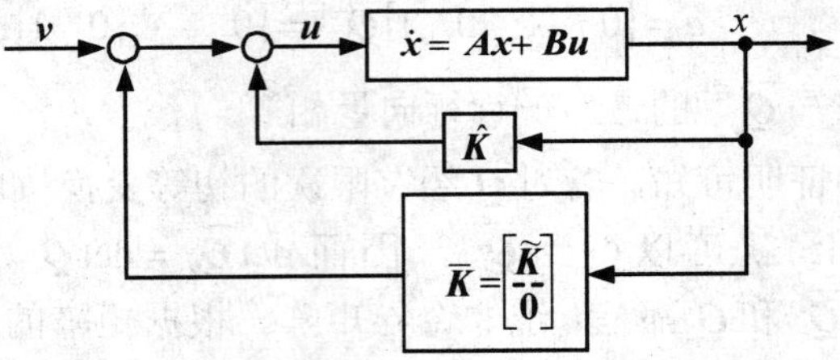

(a)

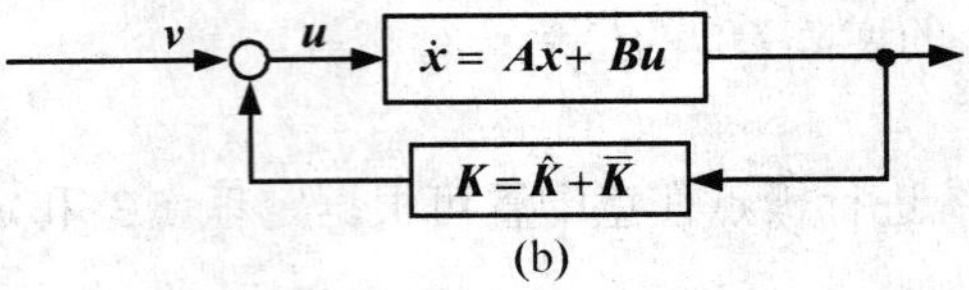

(b)

图 5.5　多输入极点配置的闭环系统

图 5.5(a)给出了对多输入系统按所给的设计思路构成的闭环系统，它实际上就是如

图 5.5(b)所示的闭环系统。显然，$(\boldsymbol{A}+\boldsymbol{BK})$ 与 $(\boldsymbol{A}+\boldsymbol{b}_1\boldsymbol{k})$ 具有相同的特征值，因此使所介绍的设计方法得以实现。

[例 5.7] 已知被控系统的状态方程为

$$\dot{\boldsymbol{x}}=\begin{bmatrix}1 & 0\\0 & 1\end{bmatrix}\boldsymbol{x}+\begin{bmatrix}1 & 1\\0 & 1\end{bmatrix}\boldsymbol{u}$$

试求状态反馈，使闭环极点为−1，−2。

[解] (1) 根据式(5.41)求 $\hat{K}=\boldsymbol{SQ}^{-1}$，使 $(\boldsymbol{A}+\boldsymbol{B}\hat{\boldsymbol{K}},\boldsymbol{b}_1)$ 系统能控，由式(5.38)和式(5.40)求 $\boldsymbol{Q}$ 阵和 $\boldsymbol{S}$ 阵。

从所给系统可知，$n=2$，$m=2$，$u_1=1$，$u_2=1$，故

$$\boldsymbol{Q}=[\boldsymbol{b}_1\quad \boldsymbol{b}_2]=\begin{bmatrix}1 & 1\\0 & 1\end{bmatrix},\quad \boldsymbol{S}=\begin{bmatrix}0 & 0\\1 & 0\end{bmatrix}$$

由于 $u_1=1$，因此 $\boldsymbol{S}$ 阵的第一列就是 $\mathbf{e}_2$。又因为 $m=2$，故 $\mathbf{e}_3$ 不存在，$\boldsymbol{S}$ 阵的第二列全为零。

$$\hat{\boldsymbol{K}}=\boldsymbol{SQ}^{-1}=\begin{bmatrix}0 & 0\\1 & 0\end{bmatrix}\begin{bmatrix}1 & 1\\0 & 1\end{bmatrix}^{-1}=\begin{bmatrix}0 & 0\\1 & -1\end{bmatrix}$$

$$\boldsymbol{Q}^{-1}=\begin{bmatrix}1 & -1\\0 & 1\end{bmatrix},\quad \boldsymbol{a}=[0\quad 1]$$

构造状态反馈 $\boldsymbol{u}=\hat{\boldsymbol{K}}x+\boldsymbol{v}$，在此作用下，所组成的单输入闭环系统 $(\boldsymbol{A}+\boldsymbol{B}\hat{\boldsymbol{K}},\boldsymbol{b}_1)$ 是能控的。

(2) $\bar{\boldsymbol{A}}=\boldsymbol{A}+\boldsymbol{B}\hat{\boldsymbol{K}}=\begin{bmatrix}2 & -1\\1 & 0\end{bmatrix}$

对单输入能控系统 $(\bar{\boldsymbol{A}},\boldsymbol{b}_1)$ 进行极点配置。$\bar{\boldsymbol{A}}$ 的特征多项式为

$$f(s)=\det(s\boldsymbol{I}-\mathbf{A})=\begin{bmatrix}s-2 & 1\\-1 & s\end{bmatrix}=s^2-2s+1$$

所希望的特征多项式为

$$f_d(s)=\prod_{i=1}^{n}(s-\lambda_i)=(s+2)(s+1)=s^2+3s+2$$

$$\bar{\boldsymbol{k}}=\left[\bar{a}_2-d_2\quad \bar{a}_1-d_1\right]=[1-2\quad -2-3]=[-1\quad -5]$$

(3) 求 $(\bar{\boldsymbol{A}},\boldsymbol{b}_1)$ 化为能控标准形的变换矩阵 $\boldsymbol{T}$，即

$$\boldsymbol{T}=\begin{bmatrix}\boldsymbol{a}\\\boldsymbol{a}\bar{\boldsymbol{A}}\end{bmatrix}=\begin{bmatrix}0 & 1\\1 & 0\end{bmatrix}$$

将 $\bar{\boldsymbol{k}}$ 变换回原坐标系，则实际的反馈增益为

$$\tilde{\boldsymbol{k}}=\bar{k}T=[-1\quad -5]\begin{bmatrix}0 & 1\\1 & 0\end{bmatrix}=[-5\quad -1]$$

(4) 使原系统 $(\boldsymbol{A},\boldsymbol{B})$ 实现极点配置的状态反馈为

$$u = kx + v = (\hat{K} + k)x + v = (\hat{K} + \begin{bmatrix} k \\ \vdots \\ 0 \end{bmatrix})x + v = \begin{bmatrix} -5 & -1 \\ 1 & -1 \end{bmatrix} x + v$$

[例 5.8] 对 4 阶系统

$$\dot{x} = \begin{bmatrix} 1 & 1 & 0 & 0 \\ 0 & 2 & 0 & 0 \\ 1 & 0 & 0 & 0 \\ 0 & 1 & 0 & 0 \end{bmatrix} x + \begin{bmatrix} 1 & 2 \\ 1 & 0 \\ 0 & 0 \\ 0 & 0 \end{bmatrix} u$$

求状态反馈，使闭环系统极点为-1，-1，-2，-2。

容易证明所给系统是能控的。

(1) 由式(5.38)和式(5.40)求Q阵及S阵。由所给系统得知

$$u_1 = 2,\ u_2 = 2,\ m = 2,\ n = 4$$

则

$$Q = \begin{bmatrix} b_1 & Ab_1 & b_2 & Ab_2 \end{bmatrix} = \begin{bmatrix} 1 & 2 & 2 & 2 \\ 1 & 2 & 0 & 0 \\ 0 & 1 & 0 & 2 \\ 0 & 1 & 0 & 0 \end{bmatrix}$$

由于$u_1 = 2$, 故$\mathbf{e}_2$位于S阵的第二列，$\mathbf{e}_2$是二阶单位阵的第二列列向量；又因$m = 2$，故$\mathbf{e}_3$不存在，所以

$$S = \begin{bmatrix} 0 & 0 & 0 & 0 \\ 0 & 1 & 0 & 0 \end{bmatrix}$$

根据式(5.41)，有

$$\hat{K} = SQ^{-1} = \begin{bmatrix} 0 & 0 & 0 & 0 \\ 0 & 1 & 0 & 0 \end{bmatrix} \begin{bmatrix} 1 & 2 & 2 & 2 \\ 1 & 2 & 0 & 0 \\ 0 & 1 & 0 & 2 \\ 0 & 1 & 0 & 0 \end{bmatrix}^{-1} = \begin{bmatrix} 0 & 0 & 0 & 0 \\ 0 & 0 & 0 & 1 \end{bmatrix}$$

$$Q^{-1} = \begin{bmatrix} 0 & 1 & 0 & -2 \\ 0 & 0 & 0 & 1 \\ \frac{1}{2} & -\frac{1}{2} & -\frac{1}{2} & \frac{1}{2} \\ 0 & 0 & \frac{1}{2} & -\frac{1}{2} \end{bmatrix},\quad a = [0\ \ 0\ \ 0\ \ 1]Q^{-1} = \begin{bmatrix} 0 & 0 & \frac{1}{2} & -\frac{1}{2} \end{bmatrix}$$

(2) 先按能控标准型进行极点配置

$$\overline{A} = A + B\hat{K} = \begin{bmatrix} 1 & 1 & 0 & 0 \\ 0 & 2 & 0 & 0 \\ 1 & 0 & 0 & 0 \\ 0 & 1 & 0 & 0 \end{bmatrix} + \begin{bmatrix} 1 & 2 \\ 1 & 0 \\ 0 & 0 \\ 0 & 0 \end{bmatrix} \begin{bmatrix} 0 & 0 & 0 & 0 \\ 0 & 0 & 0 & 1 \end{bmatrix} = \begin{bmatrix} 1 & 1 & 0 & 2 \\ 0 & 2 & 0 & 0 \\ 1 & 0 & 0 & 0 \\ 0 & 1 & 0 & 0 \end{bmatrix}$$

对 $(\bar{\boldsymbol{A}},\boldsymbol{b}_1)$ 单输入系统进行极点配置。$\bar{\boldsymbol{A}}$ 的特征多项式为

$$f(x)=\det(s\boldsymbol{I}-\bar{\boldsymbol{A}})=s^4-3s^3+2s^2$$

所期望的特征多项式为

$$f_d(s)=(s+1)(s+1)(s+2)(s+2)=s^4+6s^3+13s^2+12s+4$$

增益阵为

$$\begin{aligned}\bar{\boldsymbol{k}}&=\begin{bmatrix}\bar{a}_4-d_4 & \bar{a}_3-d_3 & \bar{a}_2-d_2 & \bar{a}_1-d_1\end{bmatrix}\\&=\begin{bmatrix}0-4 & 0-12 & 2-13 & -3-6\end{bmatrix}=\begin{bmatrix}-4 & -12 & -11 & -9\end{bmatrix}\end{aligned}$$

(3) 求 $(\bar{A},b_1)$ 化为能控标准形的变换矩阵 $\boldsymbol{T}$，即

$$\boldsymbol{T}=\begin{bmatrix}\boldsymbol{a}\\ \boldsymbol{a}\bar{\boldsymbol{A}}\\ \boldsymbol{a}\bar{\boldsymbol{A}}^2\\ \boldsymbol{a}\bar{\boldsymbol{A}}^3\end{bmatrix}=\begin{bmatrix}0 & 0 & \frac{1}{2} & \frac{-1}{2}\\ \frac{1}{2} & \frac{-1}{2} & 0 & 0\\ \frac{1}{2} & \frac{-1}{2} & 0 & 1\\ \frac{1}{2} & \frac{1}{2} & 0 & 1\end{bmatrix}$$

则增益阵返回原坐标系为

$$\tilde{\boldsymbol{k}}=\bar{\boldsymbol{k}}\boldsymbol{T}=\begin{bmatrix}-16 & 7 & -2 & -18\end{bmatrix}$$

(4) 原系统 $(\boldsymbol{A},\boldsymbol{B})$ 的反馈增益阵为

$$\boldsymbol{K}=\hat{\boldsymbol{K}}+\begin{bmatrix}\tilde{\boldsymbol{k}}\\ \cdots\\ 0\end{bmatrix}=\begin{bmatrix}-16 & 7 & -2 & -18\\ 0 & 0 & 0 & 1\end{bmatrix}$$

5.3.2　不完全能控系统的极点配置

设不完全能控的多输入系统为

$$\dot{\boldsymbol{x}}=\boldsymbol{A}\boldsymbol{x}+\boldsymbol{B}\boldsymbol{u} \tag{5.47}$$

经过坐标变换，即经过能控结构分解，式(5.47)可写成

$$\begin{bmatrix}\dot{\boldsymbol{x}}_{\mathrm{C}}\\ \dot{\boldsymbol{x}}_{\mathrm{NC}}\end{bmatrix}=\begin{bmatrix}\boldsymbol{A}_{11} & \boldsymbol{A}_{12}\\ 0 & \boldsymbol{A}_{22}\end{bmatrix}\begin{bmatrix}\boldsymbol{x}_{\mathrm{C}}\\ \boldsymbol{x}_{\mathrm{NC}}\end{bmatrix}+\begin{bmatrix}\boldsymbol{B}_1\\ 0\end{bmatrix}\boldsymbol{u} \tag{5.48}$$

式中，$(\boldsymbol{A}_{11},\boldsymbol{B}_1)$为能控子系统，由于坐标变换不改变系统的极点，所以式(5.47)与式(5.48)系统的极点相同，它们的极点集为

$$\sigma\begin{bmatrix}\boldsymbol{A}_{11} & \boldsymbol{A}_{12}\\ 0 & \boldsymbol{A}_{22}\end{bmatrix}=\sigma(\boldsymbol{A}_{11})\cup\sigma(\boldsymbol{A}_{22}) \tag{5.49}$$

极点 $\sigma(\boldsymbol{A}_{11})$ 为能控极点，$\sigma(\boldsymbol{A}_{22})$ 为不能控极点，考虑式(5.48)系统的任意状态反馈

$$\boldsymbol{u}=\begin{bmatrix}\boldsymbol{K}_{\mathrm{C}} & \boldsymbol{K}_{\mathrm{NC}}\end{bmatrix}\begin{bmatrix}\boldsymbol{x}_{\mathrm{C}}\\ \boldsymbol{x}_{\mathrm{NC}}\end{bmatrix}+\boldsymbol{v} \tag{5.50}$$

在此反馈作用下，闭环系统为

$$\begin{bmatrix} \dot{\boldsymbol{x}}_{\mathrm{C}} \\ \dot{\boldsymbol{x}}_{\mathrm{NC}} \end{bmatrix} = \begin{bmatrix} \boldsymbol{A}_{11} + \boldsymbol{B}_1\boldsymbol{K}_{\mathrm{C}} & \boldsymbol{A}_{12} + \boldsymbol{B}_1\boldsymbol{K}_{\mathrm{NC}} \\ 0 & \boldsymbol{A}_{22} \end{bmatrix} \begin{bmatrix} \boldsymbol{x}_{\mathrm{C}} \\ \boldsymbol{x}_{\mathrm{NC}} \end{bmatrix} + \begin{bmatrix} \boldsymbol{B}_1 \\ 0 \end{bmatrix} \boldsymbol{v} \tag{5.51}$$

闭环系统极点为

$$\sigma(\boldsymbol{A}_{11} + \boldsymbol{B}_1\boldsymbol{K}_{\mathrm{C}}) \cup \sigma(\boldsymbol{A}_{22}) \tag{5.52}$$

由于$(\boldsymbol{A}_{11}, \boldsymbol{B}_1)$是能控的，所以适当选择$\boldsymbol{K}_{\mathrm{c}}$，可使闭环系统$\sigma(\boldsymbol{A}_{11} + \boldsymbol{B}_1\boldsymbol{K}_{\mathrm{C}})$部分的极点能任意配置。而不能控部分$\boldsymbol{A}_{22}$的特征值在任意状态下反馈都不会改变。如果$\boldsymbol{A}_{22}$的特征值均具有负实部，则可选择$\boldsymbol{K}_{\mathrm{c}}$，使能控部分的闭环极点$\sigma(\boldsymbol{A}_{11} + \boldsymbol{B}_1\boldsymbol{K}_{\mathrm{C}})$均具有负的实部，因此存在状态反馈，使闭环系统稳定。若$\sigma(\boldsymbol{A}_{22})$不全具有负实部，显然不存在状态反馈使闭环系统稳定。

定理 5.5 系统式(5.47)用状态反馈使闭环系统稳定的充分必要条件为系统的不能控极点$\sigma(\boldsymbol{A}_{22})$都具有负实部。

若系统$(\boldsymbol{A}, \boldsymbol{B})$的不能控极点$\sigma(\boldsymbol{A}_{22})$都具有负实部，则称$(\boldsymbol{A}, \boldsymbol{B})$是能稳定的，因此可以说系统$(\boldsymbol{A}, \boldsymbol{B})$能用状态反馈使闭环系统稳定的充分必要条件为$(\boldsymbol{A}, \boldsymbol{B})$是能稳定的。下面举例阐明对不完全能控系统进行极点配置的方法和步骤。

[例 5.9] 被控对象的状态方程为

$$\dot{\boldsymbol{x}} = \begin{bmatrix} 1 & 0 & -1 \\ 0 & -2 & 0 \\ -1 & 0 & 2 \end{bmatrix} \boldsymbol{x} + \begin{bmatrix} 0 \\ 0 \\ 1 \end{bmatrix} \boldsymbol{u}$$

试求一状态反馈，使闭环系统稳定，且有两个为-1的极点。

[解] (1)系统为三阶，即$n=3$。

$$\mathrm{rank}\boldsymbol{Q}_{\mathrm{c}} = \mathrm{rank}\begin{bmatrix} 0 & -1 & -3 \\ 0 & 0 & 0 \\ 1 & 2 & 5 \end{bmatrix} = 2 < n$$

可见系统状态不完全能控，下面求坐标变换阵，将系统分解为能控结构形式。从第 3 章的讨论知，坐标变换阵$\boldsymbol{T}$应从$\boldsymbol{Q}_{\mathrm{c}}$中任选最简单的两列，然后再补一列，以保证$\boldsymbol{T}$为非奇异，所以

$$\boldsymbol{x} = \boldsymbol{T}\bar{\boldsymbol{x}} = \begin{bmatrix} 0 & 1 & 0 \\ 0 & 0 & 1 \\ 1 & 0 & 0 \end{bmatrix} \bar{\boldsymbol{x}} \tag{5.53}$$

式中，$\boldsymbol{T}$为按能控性分解的变换矩阵。从而得到能控性分解的结构形式

$$\dot{\bar{\boldsymbol{x}}} = \left[\begin{array}{cc:c} -2 & -1 & 0 \\ -1 & 1 & 0 \\ \hdashline 0 & 0 & -2 \end{array}\right] \bar{\boldsymbol{x}} + \begin{bmatrix} 1 \\ 0 \\ \hline 0 \end{bmatrix} \boldsymbol{u} \tag{5.54}$$

(2) 根据能控形式结构判断系统的稳定性。

从上式可知，不能控极点为-2，故系统是稳定的。

(3) 对能控子系统按前面方法配置极点，求出$\bar{\boldsymbol{K}}_{\mathrm{c}}$，再任意给定$\bar{\boldsymbol{K}}_{\mathrm{Nc}}$，可得在能控结构

分解形式下的状态反馈。

$$\boldsymbol{u}=\begin{bmatrix}\bar{\boldsymbol{K}}_{\mathrm{C}} & \bar{\boldsymbol{K}}_{\mathrm{NC}}\end{bmatrix}\bar{\boldsymbol{x}}+\boldsymbol{v} \tag{5.55}$$

原系统的能控子系统为

$$\dot{\boldsymbol{x}}_{\mathrm{C}}=\begin{bmatrix}2 & -1\\ -1 & 1\end{bmatrix}\boldsymbol{x}_{\mathrm{C}}+\begin{bmatrix}1\\ 0\end{bmatrix}\boldsymbol{u}$$

能控子系统的特征多项式

$$\boldsymbol{f}(s)=\begin{vmatrix}s-2 & 1\\ 1 & s-1\end{vmatrix}=s^2-3s+1$$

所希望的能控子系统的闭环特征多项式为

$$f_d(s)=(s+1)(s+1)=s^2+2s+1$$

$$\bar{\boldsymbol{K}}'_{\mathrm{C}}=\begin{bmatrix}a_2-d_2 & a_1-d_1\end{bmatrix}=\begin{bmatrix}0 & -5\end{bmatrix}$$

由于子系统是在非能控标准形下配置极点的，故必须还原到原能控子系统的坐标系。化成能控标准形的变换阵 $\boldsymbol{T}$ 为

$$\boldsymbol{a}=\begin{bmatrix}0 & 1\end{bmatrix}\begin{bmatrix}\boldsymbol{b} & \boldsymbol{Ab}\end{bmatrix}^{-1}=\begin{bmatrix}0 & 1\end{bmatrix}\begin{bmatrix}1 & 2\\ 0 & -1\end{bmatrix}^{-1}=\begin{bmatrix}0 & 1\end{bmatrix}\begin{bmatrix}1 & 2\\ 0 & -1\end{bmatrix}=\begin{bmatrix}0 & -1\end{bmatrix}$$

$$\boldsymbol{T}=\begin{bmatrix}\boldsymbol{a}\\ \boldsymbol{aA}\end{bmatrix}=\begin{bmatrix}0 & -1\\ 1 & -1\end{bmatrix}$$

$$\bar{\boldsymbol{K}}_{\mathrm{C}}=\bar{\boldsymbol{K}}'_{\mathrm{C}}\boldsymbol{T}=\begin{bmatrix}0 & -5\end{bmatrix}\begin{bmatrix}0 & -1\\ 1 & -1\end{bmatrix}=\begin{bmatrix}-5 & 5\end{bmatrix}$$

故系统的状态反馈为

$$\boldsymbol{u}=\begin{bmatrix}\bar{\boldsymbol{K}}_{\mathrm{C}} & \bar{\boldsymbol{K}}_{\mathrm{NC}}\end{bmatrix}\bar{\boldsymbol{x}}+\boldsymbol{v}=\begin{bmatrix}-5 & 5 & \bar{\boldsymbol{K}}_{\mathrm{NC}}\end{bmatrix}\bar{\boldsymbol{x}}+\boldsymbol{v}$$

(4) 返回原坐标系，可得所求状态反馈为

$$\boldsymbol{u}=\begin{bmatrix}\bar{\boldsymbol{K}}_{\mathrm{C}} & \bar{\boldsymbol{K}}_{\mathrm{NC}}\end{bmatrix}\boldsymbol{T}^{-1}\boldsymbol{x}+\boldsymbol{v} \tag{5.56}$$

由式(5.53)可得

$$\bar{\boldsymbol{x}}=\begin{bmatrix}0 & 1 & 0\\ 0 & 0 & 1\\ 1 & 0 & 0\end{bmatrix}^{-1}\boldsymbol{x}=\begin{bmatrix}0 & 0 & 1\\ 1 & 0 & 0\\ 0 & 1 & 0\end{bmatrix}\boldsymbol{x}$$

从而可得所给被控的状态反馈为

$$\boldsymbol{u}=\begin{bmatrix}-5 & 5 & \bar{\boldsymbol{K}}_{\mathrm{NC}}\end{bmatrix}\begin{bmatrix}0 & 0 & 1\\ 1 & 0 & 0\\ 0 & 1 & 0\end{bmatrix}\boldsymbol{x}+\boldsymbol{v}=\begin{bmatrix}5 & \bar{\boldsymbol{K}}_{\mathrm{NC}} & -5\end{bmatrix}\boldsymbol{x}+\boldsymbol{v}$$

为了简单起见，取 $\bar{\boldsymbol{K}}_{\mathrm{NC}}=0$，故所求的状态反馈为

$$\boldsymbol{u}=\begin{bmatrix}5 & 0 & -5\end{bmatrix}\boldsymbol{x}+\boldsymbol{v}$$

5.4 观测器及其设计方法

5.4.1 观测器的设计思路

状态观测器实质上是一个状态估计器(或动态补偿器)，它是利用被控对象的输入变量 $\boldsymbol{u}$ 和输出 $\boldsymbol{y}$ 对系统的状态 $\boldsymbol{x}$ 进行估计，从而解决某些状态变量不能直接测量的难题。

考虑线性定常系统

$$\begin{cases}\dot{\boldsymbol{x}}=\boldsymbol{A}\boldsymbol{x}+\boldsymbol{B}\boldsymbol{u}\\ \boldsymbol{y}=\boldsymbol{C}\boldsymbol{x}\end{cases} \tag{5.57}$$

式(5.57)系统构造的状态观测器，其输入是输出 $\boldsymbol{y}$ 和输入 $\boldsymbol{u}$ ($\boldsymbol{y}$ 和 $\boldsymbol{u}$ 在工程实际中容易检测到)的综合，其输出为 $\boldsymbol{z}$ 使 $\lim\limits_{t\to\infty}(\boldsymbol{z}-\boldsymbol{x})=0$，则 $\boldsymbol{z}$ 可以作为 $\boldsymbol{x}$ 的估计值，从而实现状态重构。

为了得到估计值 $\boldsymbol{z}$，一个很自然的想法是用模拟部件去再实现系统式(5.57)，即构造系统式(5.57)的模拟系统

$$\dot{\boldsymbol{z}}=\boldsymbol{A}\boldsymbol{z}+\boldsymbol{B}\boldsymbol{u} \tag{5.58}$$

由于式(5.58)是构造的，故 $\boldsymbol{z}$ 都是可测量的信息，若以 $\boldsymbol{z}$ 去作为 $\boldsymbol{x}$ 的估值，则其估计误差为 $\mathbf{e}_z=\boldsymbol{z}-\boldsymbol{x}$，用式(5.58)减去式(5.57)，则误差 $\mathbf{e}_z$ 满足方程

$$\dot{\mathbf{e}}_z=\boldsymbol{A}\mathbf{e}_z \tag{5.59}$$

不难看出，若式(5.59)不稳定，则当 $\mathbf{e}_z=\boldsymbol{z}(0)-\boldsymbol{x}(0)\neq 0$，亦即 $\boldsymbol{z}(0)\neq\boldsymbol{x}(0)$ 时，有 $\lim\limits_{t\to\infty}(\boldsymbol{z}(\mathrm{t})-\boldsymbol{x}(\mathrm{t}))\neq 0$，这样 $\boldsymbol{z}$ 就不能作为 $\boldsymbol{x}$ 的估计值。因此，式(5.59)不能作为一个观测器。原因在于它是一个开环系统，当估计值产生误差时，由于没有反馈，不能消除误差。所以，一个改进的措施是利用输出估计的误差 $\Delta\boldsymbol{y}=\hat{\boldsymbol{y}}-\boldsymbol{y}=\boldsymbol{C}\boldsymbol{z}-\boldsymbol{y}$ 作为反馈，如图 5.6 所示。

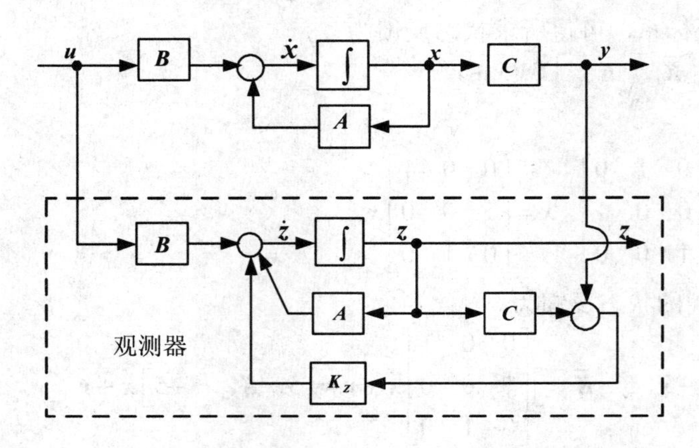

图 5.6 观测器结构图

此时，构造的动态系统，即龙伯格状态观测器的状态方程为

$$\dot{\boldsymbol{z}}=\boldsymbol{A}\boldsymbol{z}+\boldsymbol{B}\boldsymbol{u}-\boldsymbol{K}_z(\boldsymbol{C}\boldsymbol{z}-\boldsymbol{y})$$

即

$$\dot{\boldsymbol{z}}=(\boldsymbol{A}-\boldsymbol{K}_z\boldsymbol{C})\boldsymbol{z}+\boldsymbol{K}_z\boldsymbol{y}+\boldsymbol{B}\boldsymbol{u} \tag{5.60}$$

式中，$\boldsymbol{K}_z$ 为反馈增益阵。用式(5.60)减去式(5.57)得估计误差 $\mathbf{e}_z$ 方程为

$$\dot{\mathbf{e}}_z = (\boldsymbol{A} - \boldsymbol{K}_z\boldsymbol{C})\mathbf{e}_z \tag{5.61}$$

如果选择合适的$\boldsymbol{K}_z$，使式(5.61)稳定，即$\sigma(\boldsymbol{A} - \boldsymbol{K}_z\boldsymbol{C})$都具有负实部，则对应的任意初值$\mathbf{e}_z(0)$、$\boldsymbol{x}(0)$以及任意输入$\boldsymbol{u}$均有$\lim\limits_{t\to\infty}\mathbf{e}_z = \lim\limits_{t\to\infty}(\boldsymbol{z} - \boldsymbol{x}) = 0$。因而$\boldsymbol{z}$可以用为$\boldsymbol{x}$的估值，故式(5.60)为系统式(5.57)的一个观测器。

常用的龙伯格状态观测器有两种，即全阶观测器(Full order observer)和降阶观测器(Reduced order observer),下面分别介绍其设计方法。

5.4.2　全阶观测器的设计

从观测器的结构图 5.6 可见，系统是n阶的，则$(\boldsymbol{A} - \boldsymbol{K}_z\boldsymbol{C})$也必为$n\times n$方阵。因此观测器的维数也为$n$，这样的观测器称为全阶观测器。应当强调指出，观测器实现的充分条件是原系统必须是完全能观的，即

定理 5.6 系统式(5.57)存在观测器，且观测器的极点可以任意配置的充分必要条件是该系统完全能观。

推理 5.2 若系统式(5.57)是不完全能观的，则其存在观测器的充分必要条件是其不能观的部分的极点具有负实部，并称这类系统是能检测的。

在设计观测器时，实际上不仅要求它是稳定的，而且还应要求它具有一定的响应速度。因此设计观测器的关键是对其进行极点配置。从加快$\boldsymbol{z}(t)$向状态$\boldsymbol{x}(t)$收敛的速度观点看，当然希望所选择的观测器极点的负实部的绝对值大些好。但是这会使观测器的频带变宽，结果降低了对高频干扰的抗干扰能力，致使存在于被控对象的输入与输出信号中高频噪声(如测量噪声)被增幅，并影响到观测器的输出$\boldsymbol{z}(t)$。因此在设计观测器时就需要在响应速度与抗干扰能力之间进行某些折中。

[例 5.10]　系统

$$\begin{bmatrix}\dot{x}_1\\ \dot{x}_2\end{bmatrix} = \begin{bmatrix}-2 & 1\\ 0 & -1\end{bmatrix}\begin{bmatrix}x_1\\ x_2\end{bmatrix} + \begin{bmatrix}0\\ 1\end{bmatrix}\boldsymbol{u}$$

$$\boldsymbol{y} = \begin{bmatrix}1 & 0\end{bmatrix}\begin{bmatrix}x_1 & x_2\end{bmatrix}^{\mathrm{T}}$$

设计全阶观测器，要求观测器的极点为$\{-3\quad -3\}$。

[解]　设观测器的增益阵$\boldsymbol{K}_z = \begin{bmatrix}k_1 & k_2\end{bmatrix}^{\mathrm{T}}$，则有

$$\boldsymbol{A} - \boldsymbol{K}_z\boldsymbol{C} = \begin{bmatrix}-2-k_1 & 1\\ -k_2 & -1\end{bmatrix}$$

$$\det\left[s\boldsymbol{I} - \boldsymbol{A} + \boldsymbol{K}_z\boldsymbol{C}\right] = s^2 + (3+k_1)s + (2+k_1+k_2)$$

令其等于$(s+3)^2 = s^2 + 6s + 9$

则得　　$k_1 = 3$，$k_2 = 4$

根据式(5.60)，观测器的方程为

$$\begin{bmatrix}\dot{z}_1\\ \dot{z}_2\end{bmatrix} = \begin{bmatrix}-5 & 1\\ -4 & -1\end{bmatrix}\begin{bmatrix}z_1\\ z_2\end{bmatrix} + \begin{bmatrix}3\\ 4\end{bmatrix}\boldsymbol{y} + \begin{bmatrix}0\\ 1\end{bmatrix}\boldsymbol{u}$$

图 5.7 给出了本例题的观测器方框图，虚线内的部分为被控对象。由此可以看出，观测器是以被控对象的输入 $\boldsymbol{u}(t)$ 与输出 $\boldsymbol{y}(t)$ 作为其输入，以其状态变量 $\boldsymbol{z}(t)$ 作为它的输出的一个动态系统。而设计观测器又归之于寻找实数阵 $\boldsymbol{K}_z$，使观测器即 $(\boldsymbol{A}-\boldsymbol{K}_z\boldsymbol{C})$ 具有满意的极点。因此，完全可以将观测器的设计与极点配置问题联系起来。

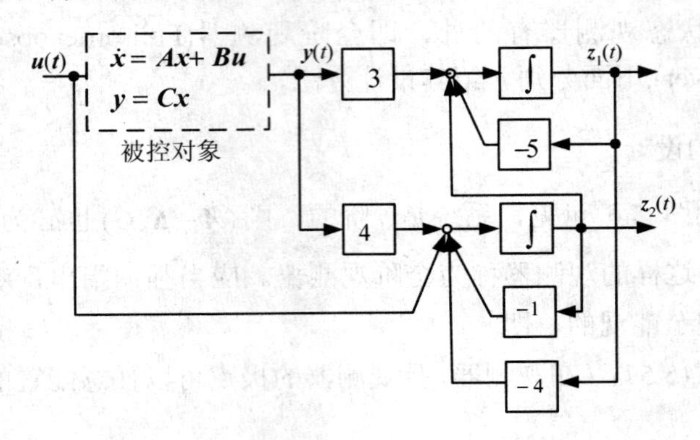

图 5.7　例 5.10 系统结构图

现在来讨论式(5.57)给出的 n 阶完全能观性系统，显然其对偶系统

$$\begin{cases}\dot{\overline{\boldsymbol{x}}}=\boldsymbol{A}^{\mathrm{T}}\overline{\boldsymbol{x}}+\boldsymbol{C}^{\mathrm{T}}\overline{\boldsymbol{u}}\\ \overline{\boldsymbol{y}}=\boldsymbol{B}^{\mathrm{T}}\overline{\boldsymbol{x}}\end{cases} \tag{5.62}$$

是完全能控的，若对这个对偶系统给以状态反馈 $\boldsymbol{u}=\boldsymbol{K}^{\mathrm{T}}\boldsymbol{x}+\overline{\boldsymbol{v}}$，则其闭环极点，即 $(\boldsymbol{A}^{\mathrm{T}}+\boldsymbol{C}^{\mathrm{T}}\boldsymbol{K}^{\mathrm{T}})$ 的特征值是可以任意配置的，而且 $(\boldsymbol{A}^{\mathrm{T}}+\boldsymbol{C}^{\mathrm{T}}\boldsymbol{K}^{\mathrm{T}})$ 与 $(\boldsymbol{A}+\boldsymbol{K}\boldsymbol{C})$ 具有相同的特征值。因此，对式(5.57)的被控对象设计观测器就可以归之于对其对偶系统(5.62)求状态反馈，使对偶系统的闭环极点等于观测器所要求的极点，且观测器中的反馈增益矩阵 $\boldsymbol{K}_z=-\boldsymbol{K}^{\mathrm{T}}$。这表明，观测器设计是极点配置的问题，这就给出了观测器设计的方法。

[例 5.11]　二阶系统

$$\begin{bmatrix}\dot{x}_1\\ \dot{x}_2\end{bmatrix}=\begin{bmatrix}1&0\\0&0\end{bmatrix}\begin{bmatrix}x_1\\x_2\end{bmatrix}+\begin{bmatrix}1\\1\end{bmatrix}\boldsymbol{u}$$

$$\boldsymbol{y}=[2\quad -1][x_1\quad x_2]^{\mathrm{T}}$$

设计全阶观测器，要求观测器的极点为｛−1，−1｝。

[解]　容易验证系统是完全能观的，其对偶系统的系统阵和输入阵分别为

$$\boldsymbol{A}^{\mathrm{T}}=\begin{bmatrix}1&0\\0&0\end{bmatrix},\quad \boldsymbol{C}^{\mathrm{T}}=\begin{bmatrix}2\\-1\end{bmatrix}$$

按从前给出的极点配置方法，有

$$\boldsymbol{Q}_{\mathrm{c}}=\begin{bmatrix}2&2\\-1&0\end{bmatrix},\quad \boldsymbol{Q}_{\mathrm{c}}^{-1}=\begin{bmatrix}0&-1\\ \dfrac{1}{2}&1\end{bmatrix},\quad \boldsymbol{a}=[0\quad 1]\boldsymbol{Q}_{\mathrm{c}}^{-1}=\begin{bmatrix}\dfrac{1}{2}&1\end{bmatrix}$$

$$\boldsymbol{T}=\begin{bmatrix}\boldsymbol{a}\\ \boldsymbol{a}\boldsymbol{A}^{\mathrm{T}}\end{bmatrix}=\begin{bmatrix}\frac{1}{2} & 1\\ \frac{1}{2} & 0\end{bmatrix}$$

$\det(s\boldsymbol{I}-\boldsymbol{A}^{\mathrm{T}})=s^2-s$，则 $a_1=-1$， $a_2=0$。

$f_d(s)=(s+1)^2=s^2+2s+1$，则 $d_1=2$， $d_2=1$。

则反馈增益

$$\boldsymbol{K}'=[0-1 \quad -1-2]=[-1 \quad -3], \qquad \boldsymbol{K}=\boldsymbol{K}'\boldsymbol{T}=[-2 \quad -1], \quad \boldsymbol{K}_z=-\boldsymbol{K}^{\mathrm{T}}$$

所以，观测器的反馈增益为 $\boldsymbol{K}_z=[2 \quad 1]^{\mathrm{T}}$

$$\boldsymbol{A}-\boldsymbol{K}_z\boldsymbol{C}=\begin{bmatrix}1 & 0\\ 0 & 0\end{bmatrix}-\begin{bmatrix}2\\ 1\end{bmatrix}[2-1]=\begin{bmatrix}-3 & 2\\ -2 & 1\end{bmatrix}$$

观测器方程为

$$\begin{bmatrix}\dot{z}_1\\ \dot{z}_2\end{bmatrix}=\begin{bmatrix}-3 & 2\\ -2 & 1\end{bmatrix}\begin{bmatrix}z_1\\ z_2\end{bmatrix}+\begin{bmatrix}2\\ 1\end{bmatrix}y+\begin{bmatrix}1\\ 1\end{bmatrix}\boldsymbol{u}$$

[例 5.12] 四阶系统的状态空间表达式为

$$\begin{bmatrix}\dot{x}_1\\ \dot{x}_2\\ \dot{x}_3\\ \dot{x}_4\end{bmatrix}=\begin{bmatrix}1 & 0 & 1 & 0\\ 1 & 2 & 0 & 1\\ 0 & 0 & 0 & 0\\ 0 & 0 & 0 & 0\end{bmatrix}\begin{bmatrix}x_1\\ x_2\\ x_3\\ x_4\end{bmatrix}+\begin{bmatrix}1 & 0\\ 0 & 1\\ 1 & 0\\ 0 & 1\end{bmatrix}\boldsymbol{u}$$

$$\boldsymbol{y}=\begin{bmatrix}1 & 1 & 0 & 0\\ 2 & 0 & 0 & 0\end{bmatrix}[x_1 \quad x_2 \quad x_3 \quad x_4]^{\mathrm{T}}$$

试设计全阶观测器，要求其极点为 $\{-1,-1,-2,-2\}$。

[解] 容易证明系统是完全能观的，故可设计全阶观测器，且极点可以任意配置。为此求出对偶系统的 $\boldsymbol{Q}$ 矩阵为

$$\boldsymbol{Q}=\begin{bmatrix}\boldsymbol{C}_1^{\mathrm{T}} & \boldsymbol{A}^{\mathrm{T}}\boldsymbol{C}_1^{\mathrm{T}} & \boldsymbol{C}_2^{\mathrm{T}} & \boldsymbol{A}^{\mathrm{T}}\boldsymbol{C}_2^{\mathrm{T}}\end{bmatrix}=\begin{bmatrix}1 & 0 & 2 & 2\\ 1 & 0 & 0 & 0\\ 0 & 1 & 0 & 2\\ 0 & 1 & 0 & 0\end{bmatrix}$$

$$\boldsymbol{Q}^{-1}=\begin{bmatrix}0 & 1 & 0 & -2\\ 0 & 0 & 0 & 1\\ \frac{1}{2} & -\frac{1}{2} & -\frac{1}{2} & \frac{1}{2}\\ 0 & 0 & \frac{1}{2} & -\frac{1}{2}\end{bmatrix}, \quad \boldsymbol{a}=\begin{bmatrix}0 & 0 & \frac{1}{2} & -\frac{1}{2}\end{bmatrix}$$

$$\boldsymbol{S}=\begin{bmatrix}0 & 0 & 0 & 0\\ 0 & 1 & 0 & 0\end{bmatrix}$$

$$\hat{K} = SQ^{-1} = \begin{bmatrix} 0 & 0 & 0 & 0 \\ 0 & 0 & 0 & 1 \end{bmatrix}$$

$$\bar{A} = A^{\mathrm{T}} + C^{\mathrm{T}}\hat{K}^{\mathrm{T}} = \begin{bmatrix} 1 & 1 & 0 & 2 \\ 0 & 2 & 0 & 0 \\ 1 & 0 & 0 & 0 \\ 0 & 1 & 0 & 0 \end{bmatrix}$$

$$\det(sI - \bar{A}) = s^4 - 3s^3 + 2s^2$$

$$f_d(\mathrm{s}) = (s+1)^2(s+2)^2 = s^4 + 6s^3 + 13s^2 + 12s + 4$$

$$K' = \begin{bmatrix} -4 & -12 & -11 & -9 \end{bmatrix}$$

$$T = \begin{bmatrix} a \\ a\bar{A} \\ a\bar{A}^2 \\ a\bar{A}^3 \end{bmatrix} = \begin{bmatrix} 0 & 0 & \frac{1}{2} & -\frac{1}{2} \\ \frac{1}{2} & -\frac{1}{2} & 0 & 0 \\ \frac{1}{2} & -\frac{1}{2} & 0 & 0 \\ \frac{1}{2} & \frac{1}{2} & 0 & 1 \end{bmatrix}$$

$$\tilde{K} = K'T = \begin{bmatrix} -16 & 7 & -2 & -18 \end{bmatrix}$$

$$K = \hat{K} + \begin{bmatrix} \tilde{K} \\ 0 \end{bmatrix} = \begin{bmatrix} -16 & 7 & 2 & -18 \\ 0 & 0 & 0 & 1 \end{bmatrix}$$

$$K_z = -K^{\mathrm{T}} = \begin{bmatrix} -16 & 0 \\ -7 & 0 \\ 2 & 0 \\ 18 & -1 \end{bmatrix}$$

观测器方程为

$$\dot{z} = (A - K_z C)z + K_z y + Bu$$

$$= \begin{bmatrix} -15 & -16 & 1 & 0 \\ 8 & 9 & 0 & 1 \\ -2 & -2 & 0 & 0 \\ -16 & -18 & 0 & 0 \end{bmatrix} z + \begin{bmatrix} 16 & 0 \\ -7 & 0 \\ 2 & 0 \\ 18 & 1 \end{bmatrix} y + \begin{bmatrix} 1 & 0 \\ 0 & 1 \\ 1 & 0 \\ 0 & 1 \end{bmatrix} u$$

5.4.3　降阶观测器的设计

前述的全阶观测器是和被控对象同阶的动态系统，因此，对象的全部状态估值均可以从观测器得到。但在实际系统中，输出 $\boldsymbol{y}$ 已直接提供了部分状态变量，因此只需要估计状态变量 $\boldsymbol{x}$ 中那些无法量测到的分量。考虑到式(5.57)系统，若输出维数为 p ，则只需设计 $(n-p)$ 阶观测器便已足够，称这种观测器为降阶(维)观测器。实际上可设计出阶数从 $(n-p)$ 到 n 的各种观测器，这些观测器统称为降阶观测器。下面重点讨论 $(n-p)$ 阶观测器的设计方法。

首先将系统的状态变换成可直接量测和不能量测两部分，然后对不能量测部分设计观测器，从而得到其估值。仍考虑式(5.57)所描述的n阶系统。设$\mathrm{rank}C=p$，且系统的p个输出$y_i(i=1,2,\cdots,p)$是由状态变量直接测量得到的。经过适当地变换，式(5.57)的输出矩阵$\boldsymbol{C}$及状态变量$\boldsymbol{x}$可以写成

$$\boldsymbol{C}=\left[\boldsymbol{I}_p \vdots 0\right]$$

$$\boldsymbol{x}=\begin{bmatrix} y \\ \cdots \\ \tilde{x} \end{bmatrix}$$

其中，$\boldsymbol{I}_p$是p阶单位阵，$\tilde{x}$是$(n-p)$维变量，它是$\boldsymbol{x}$中不能由$\boldsymbol{y}$表示的那一部分。将这个关系代入式(5.57)，对象的状态方程写成

$$\begin{bmatrix} \dot{\boldsymbol{y}} \\ \dot{\tilde{\boldsymbol{x}}} \end{bmatrix}=\begin{bmatrix} \boldsymbol{A}_{11} & \boldsymbol{A}_{12} \\ \boldsymbol{A}_{21} & \boldsymbol{A}_{22} \end{bmatrix}\begin{bmatrix} \boldsymbol{y} \\ \tilde{\boldsymbol{x}} \end{bmatrix}+\begin{bmatrix} \boldsymbol{B}_1 \\ \boldsymbol{B}_2 \end{bmatrix}\boldsymbol{u} \tag{5.63}$$

因此它可以分解为两部分

$$\dot{\boldsymbol{y}}=\boldsymbol{A}_{11}\boldsymbol{y}+\boldsymbol{A}_{12}\tilde{\boldsymbol{x}}+\boldsymbol{B}_1\boldsymbol{u} \tag{5.64}$$

$$\dot{\tilde{\boldsymbol{x}}}=\boldsymbol{A}_{22}\tilde{\boldsymbol{x}}+\boldsymbol{A}_{21}\boldsymbol{y}+\boldsymbol{B}_2\boldsymbol{u} \tag{5.65}$$

显然，只需对式(5.65)所表示的子系统设计全阶观测器就可以解决对整个系统式(5.57)的状态重构。

对式(5.65)这部分状态不能直接量测的子系统构造形如式(5.60)的全阶$(n-p)$阶观测器，可以采取的形式为

$$\dot{\boldsymbol{z}}=\boldsymbol{A}_{22}\boldsymbol{z}+\boldsymbol{A}_{21}\boldsymbol{y}+\boldsymbol{B}_2\boldsymbol{u}+\boldsymbol{K}_R\boldsymbol{A}_{12}(\tilde{\boldsymbol{x}}-\boldsymbol{z}) \tag{5.66}$$

显然，等式右端的最后一项相当于估值误差的反馈。其中$\tilde{x}$是不能量测的状态变量。但由式(5.64)可以看出

$$\boldsymbol{A}_{12}\tilde{\boldsymbol{x}}=\dot{\boldsymbol{y}}-\boldsymbol{A}_{11}\boldsymbol{y}-\boldsymbol{B}_1\boldsymbol{u} \tag{5.67}$$

这里$\boldsymbol{y}$和$\boldsymbol{u}$是可以直接量测得到的，因此通过它们可以间接得到$\boldsymbol{A}_{12}\tilde{\boldsymbol{x}}$，将(5.67)代入式(5.66)，经整理便可得到降阶观测器的方程为

$$\dot{\boldsymbol{z}}=(\boldsymbol{A}_{22}-\boldsymbol{K}_R\boldsymbol{A}_{12})\boldsymbol{z}+\boldsymbol{A}_{21}\boldsymbol{y}+\boldsymbol{B}_2\boldsymbol{u}+\boldsymbol{K}_R(\dot{\boldsymbol{y}}-\boldsymbol{A}_{11}\boldsymbol{y}-\boldsymbol{B}_1\boldsymbol{u}) \tag{5.68}$$

观测器中的$\boldsymbol{K}_R$相当于全阶观测器式(5.60)中的$\boldsymbol{K}_z$，因此只要选择适当的$\boldsymbol{K}_R$使$(\boldsymbol{A}_{22}-\boldsymbol{K}_R\boldsymbol{A}_{12})$是稳定的，就可以设计出$(n-p)$阶观测器。但由式(5.68)可以看出，该降阶观测器需要被控对象的输出$\boldsymbol{y}$的微分。为了在构造实际的观测器中避免使用这个信号，引入一个$(n-p)$维的变量$\boldsymbol{w}$，并使之满足

$$\boldsymbol{w}=\boldsymbol{z}-\boldsymbol{K}_R\boldsymbol{y} \tag{5.69}$$

若以这个向量$\boldsymbol{w}$作为观测器的状态变量，且利用式(5.69)，有

$$\dot{\boldsymbol{w}}=\dot{\boldsymbol{z}}-\boldsymbol{K}_R\dot{\boldsymbol{y}}$$

则式(5.68)所表示的观测器方程变换为

$$\dot{\boldsymbol{w}}=\boldsymbol{F}\boldsymbol{w}+\boldsymbol{G}\boldsymbol{y}+\boldsymbol{H}\boldsymbol{u} \tag{5.70}$$

其中

$$\begin{cases} \boldsymbol{F} = \boldsymbol{A}_{22} - \boldsymbol{K}_R \boldsymbol{A}_{12} \\ \boldsymbol{G} = \boldsymbol{A}_{21} - \boldsymbol{K}_R \boldsymbol{A}_{11} + (\boldsymbol{A}_{22} - \boldsymbol{K}_R \boldsymbol{A}_{12}) \boldsymbol{K}_R \\ \boldsymbol{H} = \boldsymbol{A}\boldsymbol{B}_2 - \boldsymbol{K}_R \boldsymbol{B}_1 \end{cases}$$

显然，该观测器与式(5.60)全阶观测器的基本形式具有相同的结构。在该$(n-p)$维测器中只利用对象的输入$\boldsymbol{u}$与输出$\boldsymbol{y}$实现对状态变量的不可量测部分$\tilde{\boldsymbol{x}}$的重构，而无需象式(5.68)的结构形式那样依赖于输出的微分。此时，以$\boldsymbol{z}$作为$(n-p)$维的不可量测向量$\tilde{\boldsymbol{x}}$的估值，则对象的状态变量$\boldsymbol{x}$的估值$\tilde{\boldsymbol{x}}$就成为

$$\tilde{\boldsymbol{x}} = \begin{bmatrix} \boldsymbol{y} \\ \cdots \\ \boldsymbol{z} \end{bmatrix} = \begin{bmatrix} \boldsymbol{y} \\ \cdots\cdots\cdots\cdots \\ \boldsymbol{w} + \boldsymbol{K}_R \boldsymbol{y} \end{bmatrix} = \begin{bmatrix} \boldsymbol{I}_p & \boldsymbol{0} \\ \boldsymbol{K}_R & \boldsymbol{I}_{n-p} \end{bmatrix} \begin{bmatrix} \boldsymbol{y} \\ \boldsymbol{w} \end{bmatrix} \tag{5.71}$$

式中，$\boldsymbol{I}_p$和$\boldsymbol{I}_{n-p}$分别是p阶及$(n-p)$阶单位阵。

图 5.8 给出了被控对象与降阶观测器的结构图。其中虚线框被部分是被控对象，其余部分是构造的$(n-p)$维观测器。

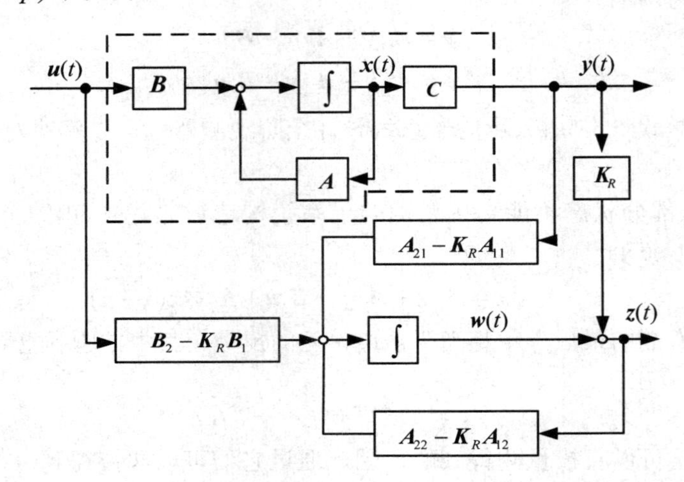

图 5.8　降阶观测器

[例 5.13] 对例 5.10 所给的对象设计降阶观测器。

[解] 该对象的输出是状态变量的第一个分量，即状态 x_1，故只需对x_2进行估计，降阶观测器是一维的。对本例题有

$$\boldsymbol{A}_{11} = \boldsymbol{a}_{11} = -2\,,\quad \boldsymbol{A}_{12} = \boldsymbol{a}_{12} = 1\,,$$

$$\boldsymbol{A}_{21} = \boldsymbol{a}_{21} = 0\,,\quad \boldsymbol{A}_{22} = \boldsymbol{a}_{22} = -1\,,$$

若使观测器　$\dot{\boldsymbol{w}} = \boldsymbol{f}\boldsymbol{w} + \boldsymbol{g}\boldsymbol{y} + \boldsymbol{h}\boldsymbol{u}$的极点为−3，则由

$$\boldsymbol{f} = \boldsymbol{a}_{22} - \boldsymbol{k}_R \boldsymbol{a}_{12} = -1 - \boldsymbol{k}_R = -3$$

解得 $\boldsymbol{k}_R = 2$，由此得x_2的估值为　$\hat{x}_2 = z = w + k_R y = w + 2x_1$

及

$$\begin{cases} f = -3 \\ g = a_{21} - k_R a_{11} + (a_{22} - k_R a_{12}) k_R = -2 \\ h = b_2 - k_R b_1 = 1 \end{cases}$$

故得降阶观测器的方程

$$\dot{w}=fw+gy+hu=-3w-2y+u=-3w-2x_1+u$$

该降阶观测器的结构图如图 5.9 所示。图中虚线框内为被控对象，其余部分是其对应的降阶观测器。

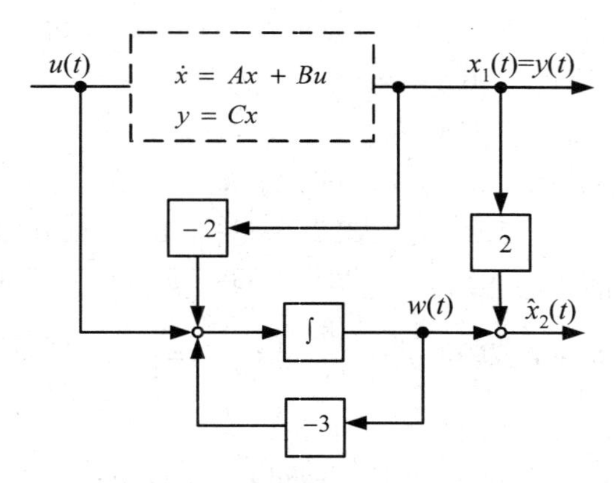

图 5.9　例 5.13 系统结构图

［例 5.14］为三阶系统

$$\begin{bmatrix}\dot{x}_1\\ \dot{x}_2\\ \dot{x}_3\end{bmatrix}=\begin{bmatrix}-1 & -1 & 1\\ 3 & -2 & -1\\ 0 & -1 & 0\end{bmatrix}\begin{bmatrix}x_1\\ x_2\\ x_3\end{bmatrix}+\begin{bmatrix}1\\ -1\\ 2\end{bmatrix}\boldsymbol{u}$$

$$\boldsymbol{y}=\begin{bmatrix}1 & 1 & -1\end{bmatrix}\begin{bmatrix}x_1 & x_2 & x_3\end{bmatrix}^{\mathrm{T}}$$

设计降阶观测器。

［解］可以验证该系统是完全能观的，由于输出 p 是一维的，因此降阶观测器应该是 $(n-p)=2$ 维的。首先将系统变换成式(5.63)的形式。为此可选择一个 2×3 矩阵 $\tilde{\boldsymbol{C}}$ 使变换矩阵

$$\boldsymbol{S}=\begin{bmatrix}\boldsymbol{C}\\ \tilde{\boldsymbol{C}}\end{bmatrix}$$

是非奇异的，现在选

$$\tilde{\boldsymbol{C}}=\begin{bmatrix}0 & 1 & 1\\ 0 & 0 & 1\end{bmatrix}$$

则以

$$\boldsymbol{S}=\begin{bmatrix}1 & 1 & -1\\ 0 & 1 & 1\\ 0 & 0 & 1\end{bmatrix}$$

为变换矩阵可将系统变换成式(5.63)的形式。即

$$\bar{\boldsymbol{A}}=\boldsymbol{SAS}^{-1}=\left[\begin{array}{c:cc}2 & -4 & 6\\ \hdashline 3 & -6 & 8\\ 0 & -1 & 1\end{array}\right],\quad \bar{\boldsymbol{B}}=\boldsymbol{SB}=\begin{bmatrix}-2\\ \hdashline 1\\ 2\end{bmatrix}$$

$$\bar{\boldsymbol{C}}=\boldsymbol{CS}^{-1}=\begin{bmatrix}1 & \vdots & 0 & 0\end{bmatrix}$$

则根据式(5.70)可计算出

$$\boldsymbol{F}=\boldsymbol{A}_{22}-\boldsymbol{K}_R\boldsymbol{A}_{11}=\begin{bmatrix}-6 & 8\\ -1 & 1\end{bmatrix}-\begin{bmatrix}\boldsymbol{k}_{R1}\\ \boldsymbol{k}_{R2}\end{bmatrix}\begin{bmatrix}-4 & 6\end{bmatrix}=\begin{bmatrix}-6-4\boldsymbol{k}_{R1} & 8-6\boldsymbol{k}_{R1}\\ -1+4\boldsymbol{k}_{R2} & 1-6\boldsymbol{k}_{R2}\end{bmatrix}$$

若取观测器的极点为$\{-8,-8\}$。则可计算出$\boldsymbol{k}_{R1}=82$，$\boldsymbol{k}_{R2}=56.5$，从而可得

$$\boldsymbol{F}=\begin{bmatrix}322 & -484\\ 225 & -338\end{bmatrix}$$

$$\begin{aligned}\boldsymbol{G}&=\boldsymbol{A}_{21}-\boldsymbol{K}_R\boldsymbol{A}_{11}+(\boldsymbol{A}_{22}-\boldsymbol{K}_R\boldsymbol{A}_{12})\boldsymbol{K}_R\\ &=\begin{bmatrix}3\\ 0\end{bmatrix}-\begin{bmatrix}82\\ 56.5\end{bmatrix}\times 2+\begin{bmatrix}322 & -484\\ 225 & -338\end{bmatrix}\begin{bmatrix}82\\ 56.5\end{bmatrix}=\begin{bmatrix}-1103\\ -760\end{bmatrix}\end{aligned}$$

$$\boldsymbol{H}=\boldsymbol{B}_2-\boldsymbol{K}_R\boldsymbol{B}_1=\begin{bmatrix}1\\ 2\end{bmatrix}-\begin{bmatrix}82\\ 56.5\end{bmatrix}\times(-2)=\begin{bmatrix}165\\ 115\end{bmatrix}$$

于是可写出降阶观测器为

$$\dot{\boldsymbol{w}}=\boldsymbol{F}\boldsymbol{w}+\boldsymbol{G}\boldsymbol{y}+\boldsymbol{H}\boldsymbol{u}=\begin{bmatrix}322 & -484\\ 225 & -338\end{bmatrix}\boldsymbol{w}+\begin{bmatrix}-1103\\ -760\end{bmatrix}\boldsymbol{y}+\begin{bmatrix}165\\ 115\end{bmatrix}\boldsymbol{u}$$

则对象的状态变量$\boldsymbol{x}$的估值$\hat{\boldsymbol{x}}$为

$$\hat{\boldsymbol{x}}=\begin{bmatrix}\hat{x}_1\\ \hat{x}_2\\ \hat{x}_3\end{bmatrix}=\begin{bmatrix}\boldsymbol{I}_P & \boldsymbol{0}\\ \boldsymbol{K}_R & \boldsymbol{I}_{N-P}\end{bmatrix}\begin{bmatrix}\boldsymbol{y}\\ \boldsymbol{w}\end{bmatrix}=\begin{bmatrix}1 & 0 & 0\\ 82 & 1 & 0\\ 56.5 & 0 & 1\end{bmatrix}\begin{bmatrix}y\\ w_1\\ w_2\end{bmatrix}$$

应注意，由于在一开始对原系统作了$\boldsymbol{x}=\boldsymbol{S}^{-1}\bar{\boldsymbol{x}}$的变换，故由上述观测器所得到部分状态变量的估值也是变换后的变量。因此，必要时应再变换回原坐标系。图 5.10 给出了当系统输入为单位阶跃信号且初值$\boldsymbol{x}(0)=[0.1\quad 0\quad 0]^{\mathrm{T}}$, $\boldsymbol{w}(0)=[0\quad 0]^{\mathrm{T}}$时，两个重构的状态分量的估值(由观测器得到的)与其值的相应曲线。其中实线代表被估计的状态分量的真值，虚线是由观测器给出的关于它们的估值。由图可以看出，估值在不到 1s 的时间内都已收敛到真值。

图 5.10 例 5.14 状态变量及其估值的轨线

5.5 用状态观测器的反馈系统

5.5.1 用状态观测器的反馈系统性能讨论

状态观测器为那些状态变量不能直接量测或难以量测的系统实现状态反馈创造了条件，然而用状态观测器构成的状态反馈系统比直接进行状态反馈的系统要复杂得多。前者

不仅含有状态反馈的增益阵 $\boldsymbol{K}$，还含有观测器的 $\boldsymbol{K}_z$ 阵。现对其结构和性能讨论如下。

设被控对象是能控且能观的，其模型为

$$\begin{cases}\dot{\boldsymbol{x}} = \boldsymbol{A}\boldsymbol{x} + \boldsymbol{B}\boldsymbol{u} \\ \boldsymbol{y} = \boldsymbol{C}\boldsymbol{x}\end{cases} \tag{5.72}$$

式中，$\boldsymbol{x} \in R^n$，$\boldsymbol{u} \in R^m$，$\boldsymbol{y} \in R^p$。

在状态反馈 $\boldsymbol{u} = \boldsymbol{K}\boldsymbol{x} + \boldsymbol{v}$ 作用下，闭环系统为

$$\begin{cases}\dot{\boldsymbol{x}} = (\boldsymbol{A} + \boldsymbol{B}\boldsymbol{K})\boldsymbol{x} + \boldsymbol{B}\boldsymbol{u} \\ \boldsymbol{y} = \boldsymbol{C}\boldsymbol{x}\end{cases} \tag{5.73}$$

设系统式(5.72)存在全阶观测器

$$\dot{z} = (\boldsymbol{A} - \boldsymbol{K}_z\boldsymbol{C})z + \boldsymbol{B}\boldsymbol{u} + \boldsymbol{K}_z\boldsymbol{y} \tag{5.74}$$

式中，z 为 $\boldsymbol{x}$ 的估计值。在状态反馈中 $\boldsymbol{x}$ 用 z 取代，则可得控制器为

$$\begin{cases}\dot{z} = (\boldsymbol{A} - \boldsymbol{K}_z\boldsymbol{C})z + \boldsymbol{B}\boldsymbol{u} + \boldsymbol{K}_z\boldsymbol{y} \\ \boldsymbol{u} = \boldsymbol{K}z + \boldsymbol{v}\end{cases} \tag{5.75}$$

式(5.75)和式(5.60)构成由观测器实现状态反馈的闭环系统。其结构图如图 5.11 所示。

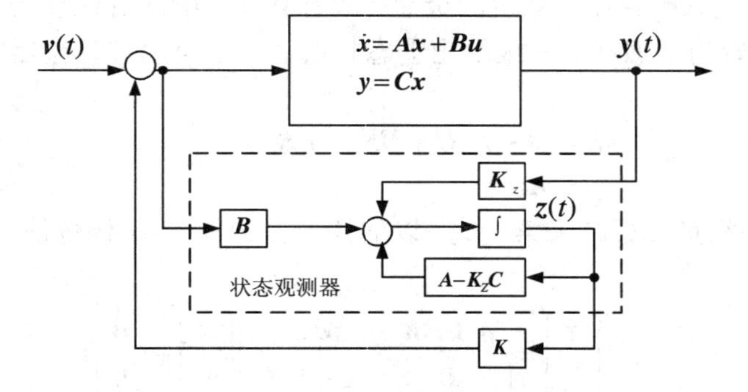

图 5.11　带观测器的状态反馈系统

这个闭环系统的方程为

$$\begin{cases}\dot{\boldsymbol{x}} = \boldsymbol{A}\boldsymbol{x} + \boldsymbol{B}\boldsymbol{u} \\ \dot{z} = (\boldsymbol{A} - \boldsymbol{K}_z\boldsymbol{C})z + \boldsymbol{B}\boldsymbol{u} + \boldsymbol{K}_z\boldsymbol{y} \\ \boldsymbol{u} = \boldsymbol{K}_z + \boldsymbol{v} \\ \boldsymbol{y} = \boldsymbol{C}\boldsymbol{x}\end{cases} \tag{5.76}$$

经整理得

$$\begin{cases}\dot{\boldsymbol{x}} = \boldsymbol{A}\boldsymbol{x} + \boldsymbol{B}\boldsymbol{K}_z + \boldsymbol{B}\boldsymbol{v} \\ \dot{z} = \boldsymbol{K}_z\boldsymbol{C}\boldsymbol{x} + \left(\boldsymbol{A} - \boldsymbol{K}_z\boldsymbol{C} + \boldsymbol{B}\boldsymbol{K}\right)z + \boldsymbol{B}\boldsymbol{v} \\ \boldsymbol{y} = \boldsymbol{C}\boldsymbol{x}\end{cases}$$

即

$$\begin{cases}\begin{bmatrix}\dot{\boldsymbol{x}} \\ \dot{z}\end{bmatrix} = \begin{bmatrix}\boldsymbol{A} & \boldsymbol{B}\boldsymbol{K} \\ \boldsymbol{K}_z\boldsymbol{C} & \boldsymbol{A} - \boldsymbol{K}_z\boldsymbol{C} + \boldsymbol{B}\boldsymbol{K}\end{bmatrix}\begin{bmatrix}\boldsymbol{x} \\ z\end{bmatrix} + \begin{bmatrix}\boldsymbol{B} \\ \boldsymbol{B}\end{bmatrix}\boldsymbol{v} \\ \boldsymbol{y} = \begin{bmatrix}\boldsymbol{C} & \boldsymbol{0}\end{bmatrix}\begin{bmatrix}\boldsymbol{x} \\ z\end{bmatrix}\end{cases} \tag{5.77}$$

由于本节所讨论的是状态反馈由观测器实现的系统性能，所涉及的问题是极点配置，即稳定性。因此为便于讨论，可设$\boldsymbol{v}=0$，此时式(5.77)对应的结构图如图 5.12 所示。

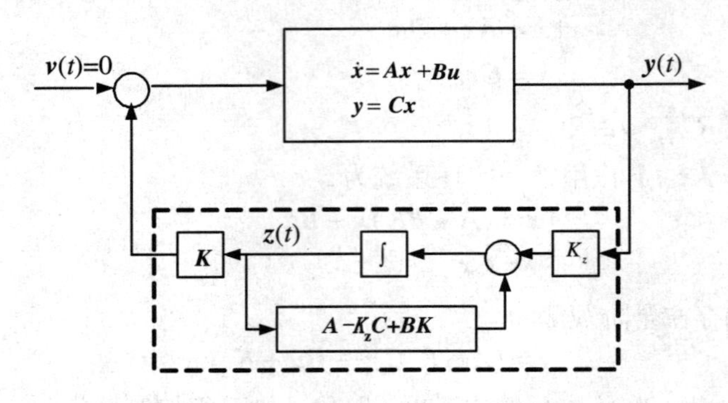

图 5.12　带有动态补偿器的反馈系统

在图 5.12 的闭环系统中，若将图中虚线内的部分看作一个装置，则它是以被控对象的输出$\boldsymbol{y}$作为输入，而其输出$\boldsymbol{K}_z$就是被控对象的控制输入(即带动态补偿器的反馈闭环系统的反馈信号)，并以此来配置闭环系统的极点，改善其动态响应特性使之成为设计者所期望的。一般称这个装置为动态补偿器或输出动态补偿器。这个动态补偿器的状态方程和输出方程为

$$\dot{\boldsymbol{z}}=(\boldsymbol{A}-\boldsymbol{K}_z\boldsymbol{C}+\boldsymbol{BK})\boldsymbol{z}+\boldsymbol{K}_z\boldsymbol{y} \tag{5.78}$$

$$\boldsymbol{y}=\boldsymbol{Kz} \tag{5.79}$$

若用式(5.76)中得第二式减去第一式，以估计误差$\mathbf{e}_z=\boldsymbol{z}-\boldsymbol{x}$代替估计值$\boldsymbol{z}$，则闭环系统式(5.77)化为

$$\begin{cases}\begin{bmatrix}\dot{\boldsymbol{x}}\\ \dot{\mathbf{e}}_z\end{bmatrix}=\begin{bmatrix}\boldsymbol{A}+\boldsymbol{BK} & \boldsymbol{BK}\\ \mathbf{0} & \boldsymbol{A}-\boldsymbol{K}_z\boldsymbol{C}\end{bmatrix}\begin{bmatrix}\boldsymbol{x}\\ \mathbf{e}_z\end{bmatrix}+\begin{bmatrix}\boldsymbol{B}\\ \mathbf{0}\end{bmatrix}\boldsymbol{v}\\ \boldsymbol{y}=\begin{bmatrix}\boldsymbol{C} & \mathbf{0}\end{bmatrix}\begin{bmatrix}\boldsymbol{x}\\ \mathbf{e}_z\end{bmatrix}\end{cases} \tag{5.80}$$

式(5.80)是带观测器状态反馈的另一种形式。

下面对带观测器的闭环系统性能作以下讨论。

(1) 闭环系统的维数为被控对象的维数和观测器的维数之和。

(2) 整个闭环系统式(5.77)的极点集$\varLambda$为

$$\varLambda=\sigma(\boldsymbol{A}+\boldsymbol{BK})\cup\sigma(\boldsymbol{A}-\boldsymbol{K}_z\boldsymbol{C}) \tag{5.81}$$

且闭环系统的特征多项式等于$(\boldsymbol{A}+\boldsymbol{BK})$的特征多项式和$(\boldsymbol{A}-\boldsymbol{K}_z\boldsymbol{C})$的特征多项式的乘积。这表明在状态反馈中倘若加入观测器，其闭环极点只是增加了观测器$(\boldsymbol{A}-\boldsymbol{K}_z\boldsymbol{C})$的极点，而状态反馈下闭环系统式$(\boldsymbol{A}+\boldsymbol{BK})$的极点保留不动。这说明观测器的输出$\boldsymbol{z}$可取代状态$\boldsymbol{x}$进行反馈。因此，状态反馈增益矩阵$\boldsymbol{K}$的设计和观测器的反馈矩阵$\boldsymbol{K}_z$的设计可以独立地进行。

(3) 带观测器的状态反馈闭环系统式(5.77)与状态反馈闭环系统式(5.73)的传递函数阵相同。

(4) $\mathbf{e}_z$是状态观测器的观测状态和被控系统的状态之间的误差，当系统的初始状态

$\boldsymbol{x}(0)$ 与观测器的初始状态 $\boldsymbol{z}(0)$ 相等时，则有

$$\mathbf{e}_z = 0, \qquad t \geqslant 0 \tag{5.82}$$

这时带观测器的闭环系统退化为

$$\dot{\boldsymbol{x}} = (\boldsymbol{A} + \boldsymbol{BK})\boldsymbol{x} + \boldsymbol{Bv} \tag{5.83}$$

当 $\mathbf{e}_z \neq 0$ 时，$\mathbf{e}_z$ 将以某一衰减速度减到零。该衰减速度决定于 $(\boldsymbol{A} - \boldsymbol{K}_z\boldsymbol{C})$ 的负实部。

(5) $\mathbf{e}_z$ 是不能控且不能观的，但闭环系统的这种缺点并不影响系统的正常工作。当然，若这个闭环系统又是另一系统的子系统，则该缺点将会给设计带来困难。

5.5.2　动态补偿器的设计

动态补偿器所涉及的问题是闭环的稳定性，即由状态反馈来任意配置闭环的极点，而不考虑外部输入 $\boldsymbol{v}$，故可假定 $\boldsymbol{v} = 0$。于是，状态反馈为

$$\boldsymbol{u} = \boldsymbol{Kz} \tag{5.84}$$

则控制器式(5.75)化简为

$$\begin{cases} \dot{\boldsymbol{z}} = (\boldsymbol{A} - \boldsymbol{K}_z\boldsymbol{C} + \boldsymbol{BK})\boldsymbol{z} + \boldsymbol{K}_z\boldsymbol{y} \\ \boldsymbol{u} = \boldsymbol{Kz} \end{cases} \tag{5.85}$$

这样，系统式(5.72)在式(5.83)作用下，闭环系统为

$$\begin{cases} \begin{bmatrix} \dot{\boldsymbol{x}} \\ \dot{\boldsymbol{z}} \end{bmatrix} = \begin{bmatrix} \boldsymbol{A} & \boldsymbol{BK} \\ \boldsymbol{K}_z\boldsymbol{C} & \boldsymbol{A} - \boldsymbol{K}_z\boldsymbol{C} + \boldsymbol{BK} \end{bmatrix} \begin{bmatrix} \boldsymbol{x} \\ \boldsymbol{z} \end{bmatrix} \\ \boldsymbol{y} = \begin{bmatrix} \boldsymbol{C} & \boldsymbol{0} \end{bmatrix} \begin{bmatrix} \boldsymbol{x} \\ \boldsymbol{z} \end{bmatrix} \end{cases} \tag{5.86}$$

式(5.86)除了没有输入 $\boldsymbol{v}$ 作用外，和式(5.77)是一致的，显然式(5.86)极点不变，仍为式(5.81)的极点集 $\boldsymbol{\Lambda}$，控制器式(5.85)称为纯输出动态反馈补偿器。

[例 5.15] 已知被控系统为如下二阶不稳定的系统

$$\dot{\boldsymbol{x}} = \begin{bmatrix} 0 & 1 \\ -1 & 0 \end{bmatrix} \boldsymbol{x} + \begin{bmatrix} 1 \\ 0 \end{bmatrix} \boldsymbol{u}, \quad \boldsymbol{y} = \begin{bmatrix} 0 & 1 \end{bmatrix} \boldsymbol{x}$$

试设计一个二阶输出动态补偿器，使闭环极点为−1，−2；−3，−3。

[解] 容易验证系统是能控且能观的，故可设计输出动态反馈，使闭环系统的极点能任意配置，下面分两步进行。

(1) 根据状态反馈配置极点的方法，使闭环系统的极点为−1，−2。

原系统的特征多项式为

$$f(s) = |s\boldsymbol{I} - \boldsymbol{A}| = \begin{vmatrix} s & -1 \\ 1 & s \end{vmatrix} = s^2 + 1$$

所希望的特征多项式为

$$f_d(s) = (s+1)(s+2) = s^2 + 3s + 2$$

根据式(5.28)，求得

$$\overline{\boldsymbol{K}} = \begin{bmatrix} a_2 - d_2 & a_1 - d_1 \end{bmatrix} = \begin{bmatrix} -1 & -3 \end{bmatrix}$$

由于被控对象为非能控标准形，故求变换阵 $\boldsymbol{T}$ 将 $\overline{\boldsymbol{K}}$ 还原到坐标系上的 $\boldsymbol{k}$。由式(5.30)有

$$\boldsymbol{T}=(\boldsymbol{Q}_c\boldsymbol{R})^{-1}=\left(\begin{bmatrix}1&0\\0&-1\end{bmatrix}\begin{bmatrix}0&1\\1&0\end{bmatrix}\right)^{-1}=\begin{bmatrix}0&1\\-1&0\end{bmatrix}^{-1}=\begin{bmatrix}0&-1\\1&0\end{bmatrix}$$

根据式(5.28)得

$$\boldsymbol{K}=\overline{\boldsymbol{K}}\boldsymbol{T}=\begin{bmatrix}-1&-3\end{bmatrix}\begin{bmatrix}0&-1\\1&0\end{bmatrix}=\begin{bmatrix}-3&1\end{bmatrix}$$

故原系统的反馈为

$$\boldsymbol{u}=\boldsymbol{K}\boldsymbol{x}=\begin{bmatrix}-3&1\end{bmatrix}\boldsymbol{x}$$

(2) 先按照能观标准型观测器的设计方法为对象设计二阶观测器，使观测器的极点为 -3，-3。

所希望的观测器特征方程为

$$f_d(s)=(s+3)(s+3)=s^2+6s+9$$

故

$$\overline{\boldsymbol{K}_z}=\begin{bmatrix}d_2-a_2\\d_1-a_1\end{bmatrix}=\begin{bmatrix}9-1\\6-0\end{bmatrix}=\begin{bmatrix}8\\6\end{bmatrix}$$

由于原系统为非能观标准形，因此求变换阵 $\boldsymbol{T}$ 将 $\overline{\boldsymbol{K}}_z$ 还原到原坐标系。

$$\boldsymbol{T}_1=\begin{bmatrix}\boldsymbol{C}\\\boldsymbol{CA}\end{bmatrix}^{-1}\begin{bmatrix}0\\1\end{bmatrix}=\begin{bmatrix}-1\\0\end{bmatrix},\quad \boldsymbol{T}=\begin{bmatrix}\boldsymbol{T}_1&\boldsymbol{AT}_1\end{bmatrix}=\begin{bmatrix}-1&0\\0&1\end{bmatrix}$$

$$\boldsymbol{T}^{-1}=\begin{bmatrix}-1&0\\0&1\end{bmatrix}^{-1}=\begin{bmatrix}-1&0\\0&1\end{bmatrix},\quad \boldsymbol{K}_z=\boldsymbol{T}^{-1}\overline{\boldsymbol{K}_z}=\begin{bmatrix}-1&0\\0&1\end{bmatrix}\begin{bmatrix}8\\6\end{bmatrix}=\begin{bmatrix}-8\\6\end{bmatrix}$$

从而写出系统的观测器方程

$$\boldsymbol{z}=(\boldsymbol{A}-\boldsymbol{K}_z\boldsymbol{C})\boldsymbol{z}+\boldsymbol{Bu}+\boldsymbol{K}_z\boldsymbol{y}=\left(\begin{bmatrix}0&1\\-1&0\end{bmatrix}-\begin{bmatrix}-8\\6\end{bmatrix}\begin{bmatrix}0&1\end{bmatrix}\right)\boldsymbol{z}+\begin{bmatrix}1\\0\end{bmatrix}\boldsymbol{u}+\begin{bmatrix}-8\\6\end{bmatrix}\boldsymbol{y}$$

$$=\begin{bmatrix}0&9\\-1&-6\end{bmatrix}\boldsymbol{z}+\begin{bmatrix}1\\0\end{bmatrix}\boldsymbol{u}+\begin{bmatrix}-8\\6\end{bmatrix}\boldsymbol{y}$$

由式(5.85)，可得所求的带观测器的输出动态补偿器为

$$\boldsymbol{z}=(\boldsymbol{A}-\boldsymbol{K}_z\boldsymbol{C}+\boldsymbol{BK})\boldsymbol{z}+\boldsymbol{K}_z\boldsymbol{y}=\begin{bmatrix}-3&10\\-1&-6\end{bmatrix}\boldsymbol{z}+\begin{bmatrix}-8\\6\end{bmatrix}\boldsymbol{y}$$

$$\boldsymbol{u}=\begin{bmatrix}-3&1\end{bmatrix}\boldsymbol{z}$$

由式(5.86)可得在此动态补偿器作用下的闭环系统空间表达式

$$\begin{bmatrix}\dot{\boldsymbol{x}}\\\dot{\boldsymbol{z}}\end{bmatrix}=\begin{bmatrix}\boldsymbol{A}&\boldsymbol{BK}\\\boldsymbol{K}_z\boldsymbol{C}&\boldsymbol{A}-\boldsymbol{K}_z\boldsymbol{C}+\boldsymbol{BK}\end{bmatrix}\begin{bmatrix}\boldsymbol{x}\\\boldsymbol{z}\end{bmatrix}$$

$$\begin{bmatrix}\dot{x}_1\\\dot{x}_2\\\dot{z}_1\\\dot{z}_2\end{bmatrix}=\left[\begin{array}{cc:cc}0&1&-3&1\\-1&0&0&0\\\hdashline 0&-8&-3&10\\0&6&-1&-6\end{array}\right]\begin{bmatrix}x_1\\x_2\\z_1\\z_2\end{bmatrix}$$

$$\boldsymbol{u}=\begin{bmatrix}-3&1\end{bmatrix}\boldsymbol{z}$$

$$y=[C \quad \mathbf{0}]\begin{bmatrix}x\\ z\end{bmatrix}=[0 \quad 1 \quad 0 \quad 0]\begin{bmatrix}x_1\\ x_2\\ z_1\\ z_2\end{bmatrix}$$

式中，z_1、z_2为状态估计值$\hat{x}_1$、$\hat{x}_2$，据此可绘出该闭环系统的状态结构图如图 5.13 所示。

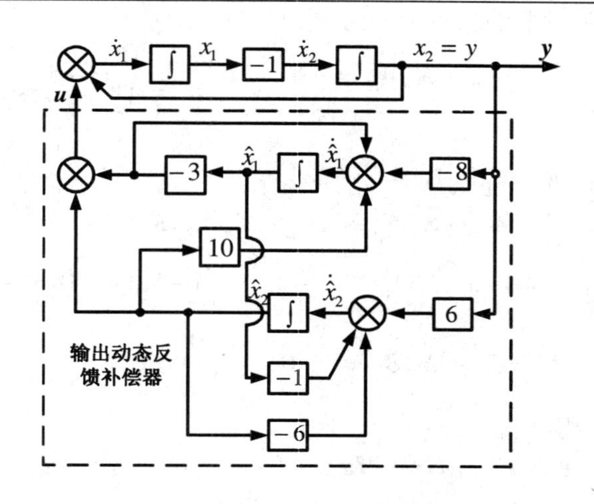

图 5.13 例 5.15 闭环系统状态结构图

以上为带有全观测器的闭环系统。如果用降阶观测器，则上面讨论的有关带观测器闭环系统的五点性能基本适用。下面举一例说明设计降阶观测器作为状态反馈的闭环系统设计步骤。

[例 5.16] 已知系统的状态空间表达式为

$$\begin{bmatrix}\dot{x}_1\\ \dot{x}_2\\ \dot{x}_3\end{bmatrix}=\begin{bmatrix}0 & 1 & 0\\ 0 & 0 & 1\\ -6 & -11 & -6\end{bmatrix}\begin{bmatrix}x_1\\ x_2\\ x_3\end{bmatrix}+\begin{bmatrix}0\\ 0\\ 1\end{bmatrix}\boldsymbol{u}$$

$$\boldsymbol{y}=\begin{bmatrix}1 & 0 & 0\\ 0 & 1 & 0\end{bmatrix}\begin{bmatrix}x_1\\ x_2\\ x_3\end{bmatrix}$$

试求一个输出动态反馈补偿器，使闭环极点为$\{-1\pm 2j,\ -2;\ -5\}$。

[解] (1) 根据状态反馈的极点配置方法，求状态反馈矩阵$\boldsymbol{K}$。所给系统为能控标准形，根据式(5.17)可求得使闭环系统极点为$\{-1\pm 2j,\ -2\}$的状态反馈为

$$\boldsymbol{u}=\boldsymbol{kx}=[k_1 \quad k_2 \quad k_3][x_1 \quad x_2 \quad x_3]^{\mathrm{T}}=[-4 \quad 2 \quad 2][x_1 \quad x_2 \quad x_3]^{\mathrm{T}}$$

(2) 设计降阶观测器。从所给系统可知，x_1和x_2可直接测量得到，即 p=2，故只需设计$(n-p)=1$维(实际上是最低阶)观测器，原系统写成

$$\dot{\boldsymbol{x}}=\begin{bmatrix}\boldsymbol{A}_{11} & \boldsymbol{A}_{12}\\ \boldsymbol{A}_{13} & \boldsymbol{A}_{14}\end{bmatrix}\boldsymbol{x}+\begin{bmatrix}b_1\\ b_2\end{bmatrix}\boldsymbol{u}=\begin{bmatrix}0 & 1 & 0\\ 0 & 0 & 1\\ -6 & -11 & -6\end{bmatrix}\begin{bmatrix}y_1\\ y_2\\ \tilde{x}\end{bmatrix}+\begin{bmatrix}0\\ 0\\ 1\end{bmatrix}\boldsymbol{u}$$

$$\boldsymbol{y}=\begin{bmatrix}\boldsymbol{C}_p & 0\end{bmatrix}x=\begin{bmatrix}1 & 0 & 0\\ 0 & 1 & 0\end{bmatrix}\begin{bmatrix}x_1\\ x_2\\ x_3\end{bmatrix}，\ \boldsymbol{C}_{n-p}=\begin{bmatrix}0\\ 0\end{bmatrix}$$

根据式(5.70)，让一维观测器的极点为−5，求 $\boldsymbol{F}$ 、$\boldsymbol{G}$ 、$\boldsymbol{H}$ 阵

$$\boldsymbol{F}=\boldsymbol{A}_{22}-\boldsymbol{K}_R\boldsymbol{A}_{12}=-6-\begin{bmatrix}k_{R1} & k_{R2}\end{bmatrix}\begin{bmatrix}0\\ 1\end{bmatrix}=-5$$

解得

$$\boldsymbol{K}_R=\begin{bmatrix}0 & 1\end{bmatrix}$$

$$\boldsymbol{G}=\boldsymbol{A}_{21}-\boldsymbol{K}_R\boldsymbol{A}_{11}+\left(\boldsymbol{A}_{22}-\boldsymbol{K}_R\boldsymbol{A}_{12}\right)\boldsymbol{K}_R$$

$$=\begin{bmatrix}-6 & -11\end{bmatrix}-\begin{bmatrix}0 & -1\end{bmatrix}\begin{bmatrix}0 & 1\\ 0 & 0\end{bmatrix}-5\begin{bmatrix}0 & -1\end{bmatrix}=\begin{bmatrix}-6 & -6\end{bmatrix}$$

$$\boldsymbol{H}=\boldsymbol{B}_2-\boldsymbol{K}_R\boldsymbol{B}_1=1-\begin{bmatrix}0 & -1\end{bmatrix}\begin{bmatrix}0\\ 0\end{bmatrix}=1$$

从而可写出降阶观测器得方程

$$\dot{\boldsymbol{w}}=\boldsymbol{F}\boldsymbol{w}+\boldsymbol{G}\boldsymbol{y}+\boldsymbol{H}\boldsymbol{u}=-5\boldsymbol{w}+\begin{bmatrix}-6 & -6\end{bmatrix}\boldsymbol{y}+\boldsymbol{u}$$

根据式(5.71)可得系统的估值

$$\hat{\boldsymbol{x}}=\left[\begin{array}{c|c}\boldsymbol{I}_p & \boldsymbol{0}\\ \hline \boldsymbol{K}_R & \boldsymbol{I}_{n-p}\end{array}\right]\begin{bmatrix}\boldsymbol{y}\\ \boldsymbol{w}\end{bmatrix}=\left[\begin{array}{cc|c}1 & 0 & 0\\ 0 & 1 & 0\\ \hline 0 & -1 & 1\end{array}\right]\left[\begin{array}{c}y_1\\ y_2\\ \hline w\end{array}\right]$$

(3) 带观测器输出动态反馈为

$$\begin{cases}\dot{\boldsymbol{w}}=-5\boldsymbol{w}-\begin{bmatrix}-6 & -6\end{bmatrix}\boldsymbol{y}+\boldsymbol{u}\\ \boldsymbol{u}=\begin{bmatrix}-4 & 2 & 2\end{bmatrix}\hat{\boldsymbol{x}}=2\boldsymbol{w}-\begin{bmatrix}4 & 0\end{bmatrix}\boldsymbol{y}\end{cases}$$

(4) 输出动态补偿器

$$\begin{cases}\dot{\boldsymbol{w}}=-3\boldsymbol{w}-\begin{bmatrix}10 & 6\end{bmatrix}\boldsymbol{y}\\ \boldsymbol{u}=2\boldsymbol{w}-\begin{bmatrix}4 & 0\end{bmatrix}\boldsymbol{y}\end{cases}$$

(5) 求在所求出的动态补偿器作用下的闭环系统。在降阶观测器作反馈时，式(5.86)写成

$$\begin{bmatrix}\dot{\boldsymbol{x}}\\ \dot{\boldsymbol{w}}\end{bmatrix}=\begin{bmatrix}\boldsymbol{A} & \boldsymbol{B}\boldsymbol{k}_3\\ \boldsymbol{G}\boldsymbol{C} & \boldsymbol{H}-\boldsymbol{G}\boldsymbol{C}_{n-p}+\boldsymbol{B}_2\boldsymbol{k}_3\end{bmatrix}\begin{bmatrix}\boldsymbol{x}\\ \boldsymbol{w}\end{bmatrix}$$

因此闭环系统为

$$\begin{bmatrix}\dot{x}_1\\ \dot{x}_2\\ \dot{x}_3\\ \dot{w}\end{bmatrix}=\left[\begin{array}{cccc}0 & 1 & 0 & 0\\ 0 & 0 & 1 & 0\\ -10 & -11 & -6 & 2\\ \hline -10 & -6 & 0 & -3\end{array}\right]\left[\begin{array}{c}x_1\\ x_2\\ x_3\\ \hline w\end{array}\right]$$

5.6　MATLAB 在极点配置及设计观测器中的应用

[例 5.17] 考虑到如下线性定常系统

$$\dot{\boldsymbol{x}} = \boldsymbol{A}\boldsymbol{x} + \boldsymbol{B}u$$

式中

$$\boldsymbol{A} = \begin{bmatrix} 0 & 1 & 0 \\ 0 & 0 & 1 \\ -1 & -5 & -6 \end{bmatrix}, \quad \boldsymbol{B} = \begin{bmatrix} 0 \\ 0 \\ 1 \end{bmatrix}$$

利用状态反馈控制 $\boldsymbol{u} = \boldsymbol{K}\boldsymbol{x}$，希望该系统的闭环极点为 $s = -2 \pm j4$ 和 $s = -10$。试确定状态反馈增益矩阵 $\boldsymbol{K}$。

```
%程序： ch5ex17.m
A=[0 1 0;0 0 1;-1 -5 -6];        % A,B,C,D 矩阵赋值
B=[0;0;1];
C=[1 0 0];
D=0;
[num,den]=ss2tf(A,B,C,D,1);      %求出该系统特征多项式的系数阵 den
denf=[1 14 60 200];              %期望极点的特征多项式的系数阵
k1=den(:,4)-denf(:,4)            %计算 k1=a3-d3
k2=den(:,3)-denf(:,3)            %计算 k2=a2-d2
k3=den(:,2)-denf(:,2)            %计算 k3=a1-d1
则程序运行结果为：
K1 =
   -199
k2 =
    -55
K3 =
     -8
```

系统的状态反馈增益阵 $\boldsymbol{K}$=[k1 k2 k3]=[−199−55−8]

注：以上程序指状态反馈控制 $\boldsymbol{u}=\boldsymbol{K}\boldsymbol{x}$。但在有些资料上设状态反馈控制 $\boldsymbol{u}=-\boldsymbol{K}\boldsymbol{x}$，这时上述程序计算 $\boldsymbol{K}$ 改成：

```
k1=denf(:,4)-den(:,4)            %计算 k1=d3-a3
k2=denf(:,3)-den(:,3)            %计算 k2=d2-a2
k3=denf(:,2)-den(:,2)            %计算 k3=d1-a1
```

程序运行结果：

```
K1 =
   199
k2 =
    55
K3 =
     8
```

[例 5.18] 已知 SISO 系统($\boldsymbol{A}$, $\boldsymbol{B}$, $\boldsymbol{C}$)如下

$$\boldsymbol{A}=\begin{bmatrix}0 & 1\\ -2 & -1\end{bmatrix}\qquad \boldsymbol{B}=\begin{bmatrix}0\\ 1\end{bmatrix}\qquad \boldsymbol{C}=\begin{bmatrix}1 & 0\end{bmatrix}$$

设计系统的观测器使极点配置在$-3.5+j0.5$ 和$-3.5-j0.5$ 上。

[解] 首先验证系统是状态完全能观的。通过该系统的对偶系统极点配置求出状态反馈阵 K，则状态观测器的增益阵为 $\boldsymbol{K}_z=-\boldsymbol{K}^{\mathrm{T}}$。虽然所给系统是能控标准型，但其对偶系统不是能控标准型，设状态反馈阵 $\boldsymbol{Ky}$=[k1　k2]，先按能控标准型进行极点配置求出 $\boldsymbol{Ky}$，再还原到非能控标准型状态空间中，因此 $\boldsymbol{K}$=$\boldsymbol{Ky}$*$\boldsymbol{Tc}$，$\boldsymbol{Tc}$ 为将对偶系统化成能控标准型的变换阵。

```
%程序：ch5ex18.m
%对该系统设状态观测器可以由该系统的对偶系统的极点配置来求解
A=[0 1;-2 -1]';                      %将 A 的转置赋给 A
C=[0;1]';                            %将 B 的转置赋给 C
B=[1 0]';                            %
D=0;
[num,den]=ss2tf(A,B,C,D,1);          %求出该系统特征多项式的系数阵 den
denf=[1 7 12];                       %求期望极点-3.5+j0.5和-3.5-j0.5的特征多项式的
                                     %系数阵
k1=den(:,3)-denf(:,3)                %计算 k1=a2-d2
k2=den(:,2)-denf(:,2)                %计算 k2=a1-d1
Ky=[k1 k2]                           %显示阵 Ky
Qc=[B A*B];                          %计算对偶系统的能控阵
p1=[0 1]*inv(Qc);
Tc=[p1; p1*A]                        %计算将对偶系统化成能控标准型的变换阵 Tc 并显示变
                                     %换阵 Tc
K=Ky*Tc                              %计算对偶系统状态反馈阵 K 并显示 K
Kz=-K'                               %计算状态观测器的增益阵为 Kz 并显示 Kz
C=[1 0];                             %赋原系统的输出阵 C 的值
A=[0 1;-2 -1];                       %赋原系统的状态阵 A 的值
Az=A-Kz*C                            %计算状态观测器的状态阵 Az=[A-Kz*C]
```

程序运行结果：

```
Ky =
   -10    -6
Tc =
     0     1
     1    -1
K =
    -6    -4
Kz =
    6
     4
Az =
    -6     1
    -6    -1
```

状态反馈 K=[-6 -4]

因此，观测器的增益阵为 $K_z=-K^T=[6\ 4]^T$，状态观测器的增益阵 $A_z=[A-K_z*C]=[-6-6;\ 1-1]$，则状态观测器的方程为：

$$\dot{z}=(A-K_zC)z+K_zy+Bu=\begin{bmatrix}-6 & 1\\ -6 & -1\end{bmatrix}\begin{bmatrix}z_1\\ z_2\end{bmatrix}+\begin{bmatrix}6\\ 4\end{bmatrix}y+\begin{bmatrix}0\\ 1\end{bmatrix}u \tag{5.87}$$

[例 5.19] 在 SIMULINK 仿真界面下画出例 5.18 设计的状态观测器的状态结构图，并进行仿真。观察 $e=y-z$ 的变化。

[解] 根据例 5.18 的状态观测方程，在 SIMULINK 仿真界面下的结构图如图 5.14 所示。

```
% 程序：ch5ex19.m
```

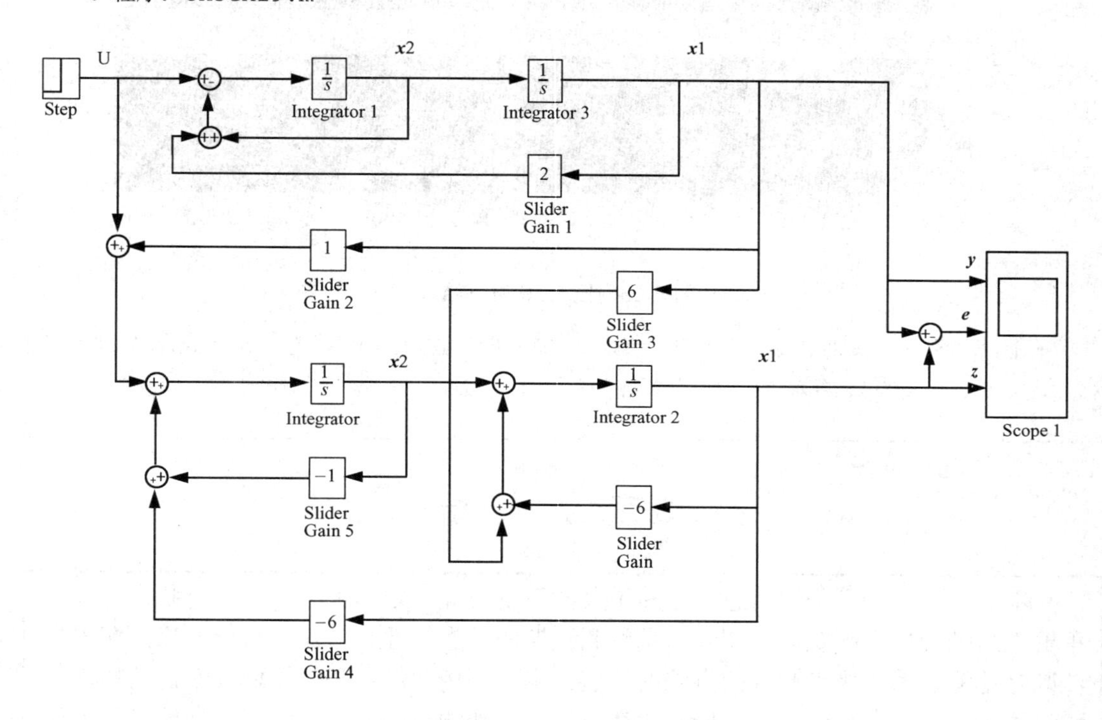

图 5.14　式(5.87)的仿真结构

仿真结果如图 5.15 所示，图 5.14 中，“$\frac{1}{s}$”代表积分“∫”符号；“⊕”或“⊕”代表加法器。

从仿真结果看，所给系统的输出 y 和状态观测器输出 z 的误差 e 在10^{-16}内变化。因此，设计的状态观测器完全可以替代原系统。为实际中危险、高温或无法接近的那些系统的状态观测提供了一种有效途径。

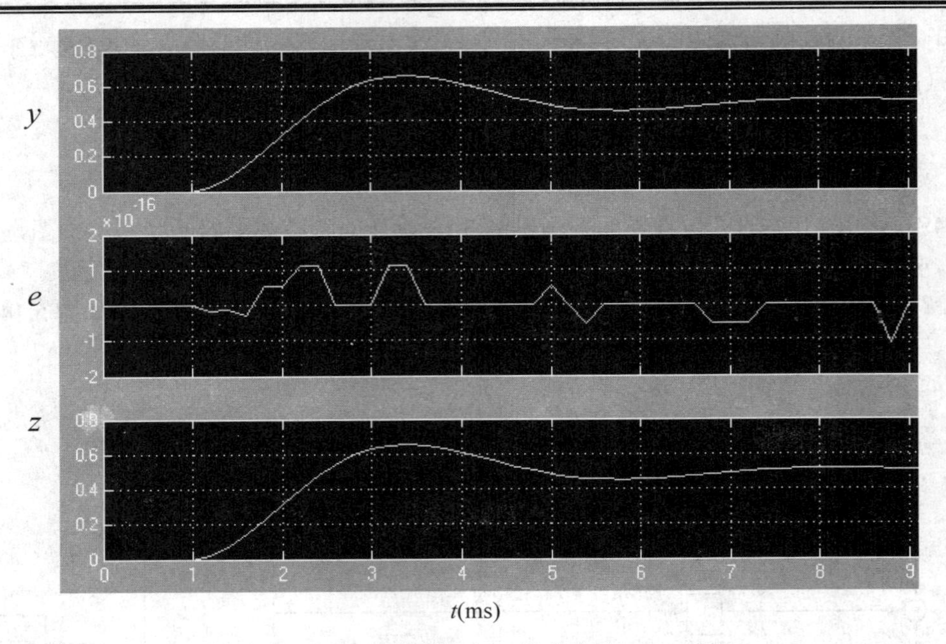

图 5.15　例 5.19 仿真结果

在图 5.15 中，横轴表示仿真时间 ms，纵轴 y 表示原系统的状态 $x1$，z 表示观测器的状态，z1，e 表示 y 和 z 的误差。

5.7　小　　结

本章主要讨论了采用状态反馈的手段对系统设计的定理和方法。基于状态反馈的单输入系统的极点配置可使闭环系统达到预期的动态特性。多输入系统的极点配置方法则是单输入系统极点配置的方法的拓展。本章利用观测器和极点配置对偶的特性，讨论了全阶观测器和降阶观测器的设计方法。使观测器的设计方法既易理解又较为简化。同时强调系统存在极点配置的充要条件是系统的状态完全能控；若系统不能控时，则通过状态反馈使闭环系统稳定的充要条件是不能控部分的极点具有负实部。系统存在观测器且观测器的极点可任意配置的充要条件是系统的状态完全能观；若系统不能观时，则存在观测器的充要条件是不能观部分的极点具有负实部。

本章还讨论了用观测器的反馈系统及动态补偿器的设计方法。

5.8　习　　题

5.1　已知单输入单输出系统的传递函数为

$$G(s)=\frac{20}{s^3+4s^2+3s}$$

试确定状态反馈阵 $\boldsymbol{K}$，使极点配置在 -5 和 $-2\pm\mathrm{j}2$ 上。

5.2 已知线性定常系统的状态方程与状态反馈为

$$\begin{bmatrix}\dot{x}_1\\ \dot{x}_2\\ \dot{x}_3\end{bmatrix}=\begin{bmatrix}0 & 1 & 0\\ 0 & -1 & 1\\ 0 & 0 & -5\end{bmatrix}\begin{bmatrix}x_1\\ x_2\\ x_3\end{bmatrix}+\begin{bmatrix}0\\ 0\\ 5\end{bmatrix}\boldsymbol{u},\quad \boldsymbol{u}=[k_1\ \ k_2\ \ k_3]\begin{bmatrix}x_1\\ x_2\\ x_3\end{bmatrix}+\boldsymbol{v}$$

试确定状态反馈阵 $\boldsymbol{K}=[k_1\ \ k_2\ \ k_3]$，使极点配置在 -1 和 $-1\pm j2$ 上。

5.3 给定线性定常系统

$$\begin{cases}\dot{\boldsymbol{x}}=\boldsymbol{Ax}+\boldsymbol{Bu}\\ \boldsymbol{y}=\boldsymbol{Cx}\end{cases}$$

式中

$$\boldsymbol{A}=\begin{bmatrix}-1 & 1\\ 1 & -2\end{bmatrix},\quad \boldsymbol{B}=\begin{bmatrix}0\\ 1\end{bmatrix},\quad \boldsymbol{C}=[1\ \ 0]$$

试设计一个全维状态观测器。该观测器的期望特征值为 $\lambda_1=-5, \lambda_2=-5$。

5.4 考虑习题 5.3 定义的系统。假设输出 $\boldsymbol{y}$ 是可以准确量测的。试设计一个最小阶观测器，该观测器矩阵所期望的特征值为 $\lambda=-5$，即最小阶观测器所期望的特征方程为 $s+5=0$。

5.5 给定线性定常系统

$$\begin{bmatrix}\dot{x}_1\\ \dot{x}_2\\ \dot{x}_3\end{bmatrix}=\begin{bmatrix}0 & 1 & 0\\ 0 & 0 & 1\\ 1.244 & 0.3965 & -3.145\end{bmatrix}\begin{bmatrix}x_1\\ x_2\\ x_3\end{bmatrix}+\begin{bmatrix}0\\ 0\\ 1.244\end{bmatrix}\boldsymbol{u}$$

$$\boldsymbol{y}=[1\ \ 0\ \ 0]\begin{bmatrix}x_1\\ x_2\\ x_3\end{bmatrix}$$

该观测器增益矩阵的一组期望的特征值为 $\lambda_1=-5+\mathrm{j}5\sqrt{3}$, $\lambda_2=-5-\mathrm{j}5\sqrt{3}$，$\lambda_3=-10$。试设计一个全维观测器。

5.6 考虑习题 5.3 给出的同一系统。假设输出 $\boldsymbol{y}$ 可准确量测。试设计一个最小阶观测器。该最小阶观测器的期望特征值为 $\lambda_1=-5+\mathrm{j}5\sqrt{3}$, $\lambda_2=-5-\mathrm{j}5\sqrt{3}$。

第 6 章　最 优 控 制

一般来说，不同的控制作用会使系统沿着不同的途径(即轨线)运行，但究竟哪一条途径为最佳，是由目标函数(即性能指标泛函)规定的。因此，不同的目标函数有不同的“最优”含义。而且，对于不同的系统其要求也各不相同。例如在机床加工中可以要求加工成本最小为最优，在导弹飞行控制中可以燃料消耗最少为最优，在截击问题中可选时间最短为最优等。因此，最优指的是使某一选定的性能指标泛函最小为依据的。

6.1　最优控制的基本概念

系统的最优控制问题，就是如何利用合适的控制作用使一个被控系统能够遵循某一种最优方式运行的问题。

在经典控制理论中的所谓最优问题(如电子最佳理论)，是指在一定的简单控制函数作用下，如何选择系统参数或采取不同的反馈与校正手段，使系统运行在一个规定好了的最佳状态。例如，通常规定二阶系统运行在：阻尼系数ξ=0.707；最大超调$\sigma_{\max}=4\%$；振荡次数小于或等于 1～2 次时即为最佳等。但在这里对控制作用并无其他要求。

在现代控制理论中，除上述情况外，还要研究如何利用控制作用使系统运行在最佳状态的问题。在这里的着眼点首先是一个控制问题，这也是本章所说最优控制的基本特点。

应当指出：按照性能指标为最小所求得的对应于最优控制的系统结构并不是在实际上就能完全实现的。在实际的运用上宁可使最优性稍差一些，也要尽可能简化系统的结构设计，然后，通过实践，只要证明存在的系统比较接近计算所得的最优性就可以了。这也就是通常所讲次最优的设计问题。

显然可见，根据上述要求实现对一个系统的最优控制时，首先系统本身必须是能控和能观测的。因为，不能控的系统人们对它是无能为力的。而不满足能观测性条件的系统事实上也是无法实现最优控制的。此外还应指出，所求得的最优控制规律必须是能稳定运行的。

由上述可见，最优控制主要包括了对系统能控性和能观测性的分析，在各种不同控制作用下系统状态变化轨线的描述，以及如何选取性能指标和在设定目标下实现最优化的条件与手段等等。

6.1.1　系统最优问题的描述

设系统由下述状态方程来描述：

$$\begin{aligned}\dot{\boldsymbol{x}}(t)&=\boldsymbol{A}(t)\boldsymbol{x}(t)+\boldsymbol{B}(t)\boldsymbol{u}(t)\\ \boldsymbol{y}(t)&=\boldsymbol{C}(t)\boldsymbol{x}(t)\end{aligned}\tag{6.1}$$

我们可以利用一个控制信号将系统的状态进行转移，使其达到某一预定的目标。由于所用控制信号的大小在实际上总是受设备容量的大小和其他条件的限制，因此，这类控制信号通常被称为允许控制。而与允许控制相对应的状态转移轨线则称做允许轨线。

对于大多数系统来说，预定目标可以由许多不同的允许控制(输入)来达到，而对应于不同的输入信号，输出有各不相同的响应。因此，我们可以从中选择某一控制信号，就某一项性能指标来说(譬如时间最短等)是最好的。所以，必需事先规定好某一项性能指标做为衡量的标准，以便用它来衡量这一控制过程的代价。

目标函数是根据控制要求而设定，或希望取极大值或希望取极小值。一般有以下 3 种类型。

1. 综合型(Bolza 型)

设变量 $\boldsymbol{x}$ 、 $\boldsymbol{u}$ 、 t 满足式(6.1)，其初始条件和终值条件分别为

$$\boldsymbol{x}(t_0)=\boldsymbol{x}_0 \quad 和 \quad \boldsymbol{x}(t_{t_f})=\boldsymbol{x}_{t_f}$$

性能指标泛函为

$$\boldsymbol{J}(x)=\boldsymbol{\theta}[\boldsymbol{x}(t_f),t_f]+\int_{t_0}^{t_f}\boldsymbol{L}[\boldsymbol{x}(t),\boldsymbol{u}(t),t]\mathrm{d}t \tag{6.2}$$

上式中 t_0 、 t_f 分别代表系统运动的初始时间和终点时间； $\boldsymbol{x}$ 是描述系统状态的 n 维向量，且 $\boldsymbol{x}\in \boldsymbol{R}^n$ ，即 $\boldsymbol{x}$ 在实数空间 $\boldsymbol{R}^n$ 内；函数 θ 表示只与系统最终状态和终点时间 t_f 有关； $\boldsymbol{L}$ 是一个连续可微且与系统状态、控制作用及作用时间有关的泛函。

要求在可供选择的控制函数 $\boldsymbol{u}(t)$ 中，确定出一个最优控制 $\boldsymbol{u}^*(t)$ ，在满足方程(6.1)和给定条件下，使泛函 $\boldsymbol{J}$ 取最小值。

2. 积分型(Lagrange 型)

若系统的性能指标泛函可只用积分项来表示，即

$$\boldsymbol{J}(\boldsymbol{x})=\int_{t_0}^{t_f}\phi[\boldsymbol{x}(t),\boldsymbol{u}(t),t]\mathrm{d}t \tag{6.3}$$

则称 $\boldsymbol{J}(\boldsymbol{x})$ 为拉格朗日型或积分型性能指标。式中 $\boldsymbol{\phi}$ 表示与式(6.2)中 $\boldsymbol{L}$ 不相同的另一泛函。

当 $\boldsymbol{x}(t)$ 、 $\boldsymbol{u}(t)$ 等满足式(6.1)条件和与前类同的初始及终值条件时，在可供选择的控制函数 $\boldsymbol{u}(t)$ 中，确定出一个最优控制函数 $\boldsymbol{u}^*(t)$ 能使泛函 $\boldsymbol{J}(\boldsymbol{x})$ 取最小值的问题，即为积分问题。

3. 末值型(Mayer 型)

仍设变量 $\boldsymbol{x}$ 、 $\boldsymbol{u}$ 、 t 满足式(6.1)，且状态变量 $\boldsymbol{x}(t)$ 的初始和终值条件分别为

$$\boldsymbol{x}(t_0)=\boldsymbol{x}_0 \qquad \boldsymbol{x}(t_{t_f})=\boldsymbol{x}_{t_f}$$

当性能指标泛函可写做

$$\boldsymbol{J}(\boldsymbol{x})=\boldsymbol{\sigma}[\boldsymbol{x}(t_f),t_f] \tag{6.4}$$

的形式时，则称 $\boldsymbol{J}(\boldsymbol{x})$ 为麦耶尔或末值型性能指标。式中 $\boldsymbol{\sigma}$ 表示与式(6.2)中的 $\boldsymbol{\theta}$ 不相同的另一函数，有时也叫末终价值函数。

由上述 3 个不同类型的性能指标表达式中可以看出，积分型和末值型皆是综合型的特殊情况。

若上述性能指标泛函可表达成二次型函数，则称为二次型性能指标。

如果令 S 表示目标集，则由上述定义可知所谓最优控制问题，就是对于由式(6.1)所描

述的系统，当其初始状态为 $\boldsymbol{x}_0$，初始时间为 t_0 时，利用允许控制 $\boldsymbol{u}$，可以将系统的状态在 $t_0 \sim t_f$ 时间间隔内从 $\boldsymbol{x}_0$ 转移至目标集 S_{t_f} (即 $\boldsymbol{x}_{t_f}$)，而且在这一过程中能保持性能指标泛函 J 为最小。

或者说，对于最优控制问题，就是寻找一个允许控制 $\boldsymbol{u}$ 能在保持给定性能指标泛函为最小的条件下，在 $t_0 \sim t_f$ 时间间隔内，使系统从初始状态 $\boldsymbol{x}_0$ (对应于时间 t_0)转移到目标集 S_{t_f} 或 $S(t_f)$ (对应于时间 t_f)，即最终状态 $\boldsymbol{x}_{t_f}$ 或 $\boldsymbol{x}(t_f)$ 。

6.1.2　最优控制的分类和有关的几个基本概念

由于诸多控制问题系根据控制作用 $\boldsymbol{u}$ 和目标集 S_{t_f} 的性质而加以区别分类的，所以对此需加以说明。

1. 控制作用的描述

上面提到的允许控制 $\boldsymbol{u}(t)$，通常都假定它可以用逐段连续函数来描述，这类函数只有有限个第一类间断点，在间断处，假定是左连续的。

用逐段连续函数来描述控制作用施加于系统的状况是可以理解的。因为施加在系统上的控制作用通常都是分段进行的，而且在每段时间内控制作用 $\boldsymbol{u}$ 通常都保持为一定值。并且在后一段控制尚未加入以前，前一段的控制作用一直延续到这一时间的终了。但在理论上用逐段连续函数描述控制作用时，系假定控制作用的转换时瞬时完成的，而实际上由于控制惯性的存在总要一段很短的转换时间，因此，这一种对控制作用的描述是理想化了的情况。

总起来讲，通常对控制作用的数学描述可分做两类不同情况：一类为有约束时的控制作用；另一类为无约束时的控制作用。

(1) 有约束时的控制作用可记为

$$\boldsymbol{u}(t) \in U \,, \qquad t \in (T_1, T_2) \tag{6.5}$$

上式中 $\boldsymbol{u}(t)$ 系对应于时间区间(T_1,T_2)内某一时刻 t 的允许控制；U 系上述 $\boldsymbol{u}(t)$ 的集合。也就是说，由式(6.5)所代表的控制作用 $\boldsymbol{u}(t)$，在 $T_1 \sim T_2$ 时间区间内始终是限制在某一范围之内的。这一范围在数学上来讲就叫闭集，通常多用 R^m 来表示。

(2) 无约束时的控制作用，即

$$\boldsymbol{u} = [u_1, u_2, \cdots, u_r]\,;\quad \boldsymbol{u}(t) = [u_1(t), u_2(t), \cdots, u_r(t)] \tag{6.6}$$

且满足 $-\infty < u_i < +\infty$ 或 $-\infty < u_i(t) < +\infty$ ，$i = 1, 2, \cdots, r$ 。则称 $\boldsymbol{u}$ 为无约束控制。与此相对应的为一开域，故常可以写做 $\boldsymbol{u} = R^r$ 。

无约束控制是变分法中为探索最优控制所假设的理想情况，而实际上控制作用总是受某些条件限制的，因此在研究分析最优控制问题中对允许控制应更多注意。

2. 目标集的描述

在某些控制问题中，常常需要设定一个目标，要求控制 $\boldsymbol{u}(t)$ 作用于系统时，一方面能使系统在运行时满足某一性能指标泛函为最小的条件，另一方面又能选择最优轨线在最终时刻 t_f 到达这一目标。例如平常所说的拦截问题就是这个意思。

显然，当被控物件(即系统)到达目标时，系统的运动位置和目标是重合的。因此，目标的规划总是由一对变量即 $\boldsymbol{x}(t)$ 和 t 所确定。通常称这一对对应的变量为对偶极。一般可

将目标集表示为

$$g[\boldsymbol{x}(t),t]=0 \tag{6.7}$$

或者可写为

$$S=t\in(T_1,T_2)\bigcup S_t\times\{t\}\text{，}\ S\text{ 为 }R^n\times(T_1,T_2)\text{ 的子集} \tag{6.8}$$

上式中，S 表示在(T_1,T_2)时间区间中任一个 t 时，由对偶变量$[\boldsymbol{x}(t),t]$所组成的集。R^n 中能找到一个存在着的目标 S_t，可以满足最优控制的条件，且不受其他限制，这样的控制称为自由控制。

若在状态空间中有一个移动集，而我们能在(T_1,T_2)时间区间内的任一时刻可以使被控系统(某一物体)与之相遇，这类问题通常称为追击(踪)问题。

另一方面，若 S 可表示为

$$S=S_1\times\{T\} \tag{6.9}$$

式中　T ——(T_1,T_2)时间区间内的某一固定时间；

S_1 ——在规定时间 T 达到的某一给定目标，称之为固定时间控制。

若目标集可描述为

$$S=\{x_c\}\times(T_1,T_2) \tag{6.10}$$

式中 x_c 是系统状态方程的奇点。当 x_c 为状态空间 R^n 的坐标点时，因原点是固定不变的，所以称为固定终点控制。当 x_c 是系统的任一平衡点时，式(6.10)的含义是：在时间区间(T_1,T_2)内系统可以有几个稳定的运行状态，因此，这类问题即通常所说的调节问题。

由上可见，根据控制作用和达到目标的不同情况，可以将最优控制问题划分成多种不同的类型。下文所牵涉到的主要限于在无约束和有约束作用下系统的自由控制和调节问题。

6.2　在控制作用不受约束时实现最优控制的必要条件

一般来说，研究控制作用不受约束时的最优控制问题是属于变分学中的一个范畴。众所周知变分法的主要问题之一是如何确定连接两个已知点的曲线，且能使沿这一曲线的某一反函积分值为最小(或最大)。如果对积分曲线还有其他约束(限制)条件，譬如要求其积分等于某个常数，则可用拉格朗日乘子法求解。这些都属于变分法的内容。

联系上节所讲最优控制的概念，不难看出：对于在一定时间间隔内将系统状态从 $\boldsymbol{x}(t_0)$ 转移到 $\boldsymbol{x}(t_f)$，并保持性能指标泛函 $\boldsymbol{J}$ 为最小(或最大)的控制作用 $\boldsymbol{u}$ 实际上是没有外加任何约束(或限制)的。也就是说要求 $\boldsymbol{u}$ 是一个开集，即 $x(t)\in R^n,u(t)\in R^m$。R^n 为一 n 维实数空间，R^m 为一 m 维实数空间。

对于上述所谓无限控制功率的系统，不能从绝对的意义上来理解，而只能是相对而言。如果满足使性能为最小(或最大)条件的控制作用实际上是限制在可以实现的范围之内，那么这个控制作用就可以被看做是不受约束的。但是，在实际工程中常常是由于设备能量的限制，或者工艺技术水平以及实际客观条件的限制，控制作用是受约束的。因此，求在有约束条件下的最优控制问题往往具有更大的现实意义，这就是通常所说的极值控制问题。可以想见，极值控制包含在最优控制之中，但不一定是最优控制，或者可以称极值控制为实际上的最优控制。

既然极值控制是由最优控制所导出，而最优控制又是求泛函的极大或极小值问题，所以问题应从求函数的极大与极小值开始谈起。

6.2.1 函数的极大与极小值

已知在求函数的相对极值(极大与极小)时，可令函数对变量的一次偏导等于零。若其二次偏导大于零，则函数有极小值；反之，有极大值。判断函数极值的另一种方法是在极点附近将函数展开为泰勒级数，取其二次项，按二次变分的性质进行判断。由于以上两种方法都属于基本的内容，因此将分别加以扼要说明。

若函数中的变量另有约束条件，可用拉格朗日乘子法，将求解带有约束条件的函数极值问题变换为一个求解无约束条件的函数极值问题。因此，不失一般性，可从这一种情况开始谈起。

1. 经典法求函数的极值

设系统的性能指标泛函为末值型，即令

$$\boldsymbol{J}=\theta(\boldsymbol{x},\boldsymbol{u}) \tag{6.11}$$

式中 $\boldsymbol{x}$——系统的 n 维状态变量，$\boldsymbol{x}=[x_1,x_2,\cdots,x_n]^{\mathrm{T}}$

$\boldsymbol{u}$——m 维控制向量，$\boldsymbol{u}=[u_1,u_2,\cdots,u_m]^{\mathrm{T}}$

当系统的约束条件为

$$\boldsymbol{f}(\boldsymbol{x},\boldsymbol{u})=0 \tag{6.12}$$

时，试求使性能指标 $\boldsymbol{J}$ 为最小时的控制作用 $\boldsymbol{u}_0$。

如上所指出，利用拉格朗日乘子法可将上述式(6.11)和(6.12)连在一起，形成一个新的函数 $\boldsymbol{L}$，然后求 $\boldsymbol{L}$ 的极值即可。

为了方便起见，设 $n=m=2$

显然，在式(6.12)的限制条件下，$\boldsymbol{J}=\boldsymbol{\theta}(\boldsymbol{x},\boldsymbol{u})$ 取最小值的必要条件是 $\mathrm{d}\boldsymbol{\theta}=0$ 和 $\mathrm{d}\boldsymbol{f}=0$。取 $\boldsymbol{\theta}$ 和 $\boldsymbol{f}$ 对 $\boldsymbol{x},\boldsymbol{u}$ 的全微分得

$$\begin{cases}\mathrm{d}\boldsymbol{\theta}=\dfrac{\partial\boldsymbol{\theta}}{\partial x_1}\mathrm{d}x_1+\dfrac{\partial\boldsymbol{\theta}}{\partial x_2}\mathrm{d}x_2+\dfrac{\partial\boldsymbol{\theta}}{\partial u_1}\mathrm{d}u_1+\dfrac{\partial\boldsymbol{\theta}}{\partial u_2}\mathrm{d}u_2\\ \mathrm{d}f_1=\dfrac{\partial f_1}{\partial x_1}\mathrm{d}x_1+\dfrac{\partial f_1}{\partial x_2}\mathrm{d}x_2+\dfrac{\partial f_1}{\partial u_1}\mathrm{d}u_1+\dfrac{\partial f_1}{\partial u_2}\mathrm{d}u_2\\ \mathrm{d}f_2=\dfrac{\partial f_2}{\partial x_1}\mathrm{d}x_1+\dfrac{\partial f_2}{\partial x_2}\mathrm{d}x_2+\dfrac{\partial f_2}{\partial u_1}\mathrm{d}u_1+\dfrac{\partial f_2}{\partial u_2}\mathrm{d}u_2\end{cases} \tag{6.13}$$

以 λ_1 乘上列第二式，λ_2 乘上列第三式，然后分别相加令其等于零得

$$\left(\frac{\partial\theta}{\partial x_1}+\lambda_1\frac{\partial f_1}{\partial x_1}+\lambda_2\frac{\partial f_2}{\partial x_1}\right)\mathrm{d}x_1+\cdots+\left(\frac{\partial\theta}{\partial u_2}+\lambda_1\frac{\partial f_1}{\partial u_2}+\lambda_2\frac{\partial f_2}{\partial u_2}\right)\mathrm{d}u_2=0 \tag{6.14}$$

显然，欲使上式等于零，必须使 $\mathrm{d}x_1$、$\mathrm{d}x_2$、$\mathrm{d}u_1$ 及 $\mathrm{d}u_2$ 的系数等于零。

因此，若将式(6.14)所得条件表达成高于二维的普遍形式，可得下列向量方程：

$$\begin{aligned}&\frac{\partial\boldsymbol{\theta}^{\mathrm{T}}}{\partial\boldsymbol{x}}+\lambda^{\mathrm{T}}\frac{\partial\boldsymbol{f}}{\partial\boldsymbol{x}}=0\\&\frac{\partial\boldsymbol{\theta}^{\mathrm{T}}}{\partial\boldsymbol{u}}+\lambda^{\mathrm{T}}\frac{\partial\boldsymbol{f}}{\partial\boldsymbol{u}}=0\end{aligned} \tag{6.15}$$

式中 $\boldsymbol{x}$——n 维向量；

$\boldsymbol{u}$——m 维向量；

$\boldsymbol{\lambda}=[\lambda_1,\lambda_2,\cdots,\lambda_n]^{\mathrm{T}}$ 系拉格朗日乘子。

由上式(6.12)和(6.15)一共可写出$(2n+m)$个方程，便能将同样数目的 $\boldsymbol{x}$，$\boldsymbol{u}$ 和 $\boldsymbol{\lambda}$ 的分量解出。

为了方便，可以引入一个新的符号 $\boldsymbol{L}$，并定义 $\boldsymbol{L}$ 为

$$L(x,u,\lambda)=\theta(x,u)+\lambda^T f(x,u) \tag{6.16}$$

显然，满足式(6.12)和(6.15)的极值条件也必能满足式(6.16)。因此，上述有极值的必要条件可以写成

$$\frac{\partial \boldsymbol{L}}{\partial \boldsymbol{x}}=0\,,\quad \frac{\partial \boldsymbol{L}}{\partial \boldsymbol{u}}=0 \tag{6.17}$$

或者可写为

$$\frac{\partial \boldsymbol{L}}{\partial \boldsymbol{x}}=\frac{\partial \boldsymbol{\theta}}{\partial \boldsymbol{x}}+\frac{\partial}{\partial \boldsymbol{x}}\boldsymbol{f}^{\mathrm{T}}(\boldsymbol{x},\boldsymbol{u})\boldsymbol{\lambda}=0$$

及

$$\frac{\partial \boldsymbol{L}}{\partial \boldsymbol{u}}=\frac{\partial \boldsymbol{\theta}}{\partial \boldsymbol{u}}+\frac{\partial}{\partial \boldsymbol{u}}\boldsymbol{f}^{\mathrm{T}}(\boldsymbol{x},\boldsymbol{u})\boldsymbol{\lambda}=0 \tag{6.18}$$

式中

$$\left(\frac{\partial \boldsymbol{L}}{\partial \boldsymbol{u}}\right)^{\mathrm{T}}=\begin{bmatrix}\dfrac{\partial \boldsymbol{L}}{\partial u_1} & \dfrac{\partial \boldsymbol{L}}{\partial u_2} & \cdots & \dfrac{\partial \boldsymbol{L}}{\partial u_n}\end{bmatrix}$$

系 $\boldsymbol{L}$ 对于 $\boldsymbol{u}$ 的梯度，可写做 $\nabla_u \boldsymbol{L}$。此外，上式中函数 $\boldsymbol{f}(\boldsymbol{x},\boldsymbol{u})$ 对变量 $\boldsymbol{x}$ 的偏导可写成

$$\frac{\partial}{\partial \boldsymbol{x}}\boldsymbol{f}(\boldsymbol{x},\boldsymbol{u})=\begin{bmatrix}\dfrac{\partial f_1}{\partial x_1} & \dfrac{\partial f_2}{\partial x_1} & \cdots & \dfrac{\partial f_n}{\partial x_1}\\ \vdots & \vdots & & \vdots\\ \dfrac{\partial f_1}{\partial x_n} & \dfrac{\partial f_2}{\partial x_n} & \cdots & \dfrac{\partial f_n}{\partial x_n}\end{bmatrix} \tag{6.19}$$

由以上所述可见：当 $\boldsymbol{J}=\boldsymbol{\theta}(\boldsymbol{x},\boldsymbol{u})$ 的极小值时，只需令 $\dfrac{\partial \boldsymbol{L}}{\partial \boldsymbol{x}}=0$ 和 $\dfrac{\partial \boldsymbol{L}}{\partial \boldsymbol{u}}=0$，并令其二次偏导大于零即可求得。

由于以上求极值问题，多数是泛函的极值问题，因此常用变分法求解。

2. 变分法求函数的极值

仍如前所述，设函数的求极值问题已转化成了条件式(6.17)，即 $\dfrac{\partial \boldsymbol{L}}{\partial \boldsymbol{x}}=0$ 和 $\dfrac{\partial \boldsymbol{L}}{\partial \boldsymbol{u}}=0$。

由变分法知 $\boldsymbol{L}$ 的一次变分为

$$\delta \boldsymbol{L}=\left(\frac{\partial \boldsymbol{L}}{\partial \boldsymbol{x}}\right)^{\mathrm{T}}\delta \boldsymbol{x}+\left(\frac{\partial \boldsymbol{L}}{\partial \boldsymbol{u}}\right)^{\mathrm{T}}\delta \boldsymbol{u} \tag{6.20}$$

而由变分法可知，上式所代表的就是

$$\triangle \boldsymbol{L}=\boldsymbol{L}[\boldsymbol{x}+\delta \boldsymbol{x},\boldsymbol{u}+\delta \boldsymbol{u}]-\boldsymbol{L}[\boldsymbol{x},\boldsymbol{u}] \tag{6.21}$$

上式中 $\delta \boldsymbol{L}$、$\delta \boldsymbol{x}$、$\delta \boldsymbol{u}$ 分别代表 $\boldsymbol{L}$、$\boldsymbol{x}$、$\boldsymbol{u}$ 的变分。

将 $\boldsymbol{L}$ 在由前面条件所确定出来的最小值所对应的 $\boldsymbol{x}$、$\boldsymbol{u}$ 附近，展开为泰勒级数，可得

$$\boldsymbol{L}(\boldsymbol{x}+\delta \boldsymbol{x},\boldsymbol{u}+\delta \boldsymbol{u})=\boldsymbol{L}(\boldsymbol{x},\boldsymbol{u})+\left(\frac{\partial \boldsymbol{L}}{\partial \boldsymbol{x}}\right)^{\mathrm{T}}\delta \boldsymbol{x}+\left(\frac{\partial \boldsymbol{L}}{\partial \boldsymbol{u}}\right)^{\mathrm{T}}\delta \boldsymbol{u}$$

$$+\frac{1}{2}\delta\boldsymbol{x}^{\mathrm{T}}\left[\left(\frac{\partial}{\partial\boldsymbol{x}}\frac{\partial\boldsymbol{L}}{\partial\boldsymbol{x}}\right)\delta\boldsymbol{x}+\left(\frac{\partial}{\partial\boldsymbol{u}}\frac{\partial\boldsymbol{L}}{\partial\boldsymbol{x}}\right)\delta\boldsymbol{u}\right]$$

$$+\frac{1}{2}\delta\boldsymbol{u}^{\mathrm{T}}\left[\left(\frac{\partial}{\partial\boldsymbol{u}}\frac{\partial\boldsymbol{L}}{\partial\boldsymbol{x}}\right)^{\mathrm{T}}\delta\boldsymbol{x}+\left(\frac{\partial}{\partial\boldsymbol{u}}\frac{\partial\boldsymbol{L}}{\partial\boldsymbol{u}}\right)\delta\boldsymbol{u}\right]$$

$$+\text{高于二次的其他项} \tag{6.22}$$

由上式可见，$\boldsymbol{L}$ 的一次变分等于上列泰勒级数展开式中的线性部分。由式(6.20)知有极值的条件为 $\delta\boldsymbol{L}=0$，若令级数中的二次项为 $\boldsymbol{L}$ 的二次变分 $\delta^2\boldsymbol{L}$，则 $\boldsymbol{L}$ 有极值的充分条件即为 $\delta^2\boldsymbol{L}>0$。

可得

$$\delta^2\boldsymbol{L}=\frac{1}{2}\delta\boldsymbol{x}^{\mathrm{T}}\left[\left(\frac{\partial}{\partial\boldsymbol{x}}\frac{\partial\boldsymbol{L}}{\partial\boldsymbol{x}}\right)\delta\boldsymbol{x}+\left(\frac{\partial}{\partial\boldsymbol{u}}\frac{\partial\boldsymbol{L}}{\partial\boldsymbol{x}}\right)\delta\boldsymbol{u}\right]$$

$$+\frac{1}{2}\delta\boldsymbol{u}^{\mathrm{T}}\left[\left(\frac{\partial}{\partial\boldsymbol{u}}\frac{\partial\boldsymbol{L}}{\partial\boldsymbol{x}}\right)^{\mathrm{T}}\delta\boldsymbol{x}+\left(\frac{\partial}{\partial\boldsymbol{u}}\frac{\partial\boldsymbol{L}}{\partial\boldsymbol{u}}\right)\delta\boldsymbol{u}\right]$$

$$=\frac{1}{2}[\delta\boldsymbol{x}^{\mathrm{T}}\quad\delta\boldsymbol{u}^{\mathrm{T}}]\begin{bmatrix}\dfrac{\partial}{\partial\boldsymbol{x}}\dfrac{\partial\boldsymbol{L}}{\partial\boldsymbol{x}} & \dfrac{\partial}{\partial\boldsymbol{u}}\dfrac{\partial\boldsymbol{L}}{\partial\boldsymbol{x}}\\ \left[\dfrac{\partial}{\partial\boldsymbol{u}}\dfrac{\partial\boldsymbol{L}}{\partial\boldsymbol{x}}\right]^{\mathrm{T}} & \dfrac{\partial}{\partial\boldsymbol{u}}\dfrac{\partial\boldsymbol{L}}{\partial\boldsymbol{u}}\end{bmatrix}\begin{bmatrix}\delta\boldsymbol{x}\\ \delta\boldsymbol{u}\end{bmatrix} \tag{6.23}$$

在式(6.23)中，若令

$$\delta\boldsymbol{z}^{\mathrm{T}}=\left[\delta\boldsymbol{x}^{\mathrm{T}}\quad\delta\boldsymbol{u}^{\mathrm{T}}\right]$$

$$\boldsymbol{P}=\begin{bmatrix}\dfrac{\partial}{\partial\boldsymbol{x}}\dfrac{\partial\boldsymbol{L}}{\partial\boldsymbol{x}} & \dfrac{\partial}{\partial\boldsymbol{u}}\dfrac{\partial\boldsymbol{L}}{\partial\boldsymbol{x}}\\ \left[\dfrac{\partial}{\partial\boldsymbol{u}}\dfrac{\partial\boldsymbol{L}}{\partial\boldsymbol{x}}\right]^{\mathrm{T}} & \dfrac{\partial}{\partial\boldsymbol{u}}\dfrac{\partial\boldsymbol{L}}{\partial\boldsymbol{u}}\end{bmatrix} \tag{6.24}$$

则式(6.23)可以写成

$$\delta^2\boldsymbol{L}=\frac{1}{2}\delta\boldsymbol{z}^{\mathrm{T}}\boldsymbol{P}\delta\boldsymbol{z}=\frac{1}{2}\left\|\delta\boldsymbol{z}\right\|_P^2 \tag{6.25}$$

由式(6.25)可以看出，$\boldsymbol{L}$ 的二次变分 $\delta^2\boldsymbol{L}$ 是一个二次型函数。根据二次型函数的特性可知，对于所有不等于零的 $\delta\boldsymbol{z}$，当 $\delta\boldsymbol{z}^{\mathrm{T}}\boldsymbol{P}\delta\boldsymbol{z}>0$ 时，二次型为正定的；而当 $\delta\boldsymbol{z}^{\mathrm{T}}\boldsymbol{P}\delta\boldsymbol{z}\geqslant 0$ 时，二次型为半正定的。因此，函数 $\boldsymbol{L}$ 有极值的充分条件 $\delta^2\boldsymbol{L}>0$，即可相应地由 $\delta\boldsymbol{z}^{\mathrm{T}}\boldsymbol{P}\delta\boldsymbol{z}>0$ 来表示。

于是，$\boldsymbol{J}=\boldsymbol{\theta}(\boldsymbol{x},\boldsymbol{u})$ 在给定区间内有极值的必要条件可概括为

(1) $\dfrac{\partial\boldsymbol{L}}{\partial\boldsymbol{x}}=0$，$\dfrac{\partial\boldsymbol{L}}{\partial\boldsymbol{u}}=0$。

(2) $\boldsymbol{P}=\begin{bmatrix}\dfrac{\partial}{\partial\boldsymbol{x}}\dfrac{\partial\boldsymbol{L}}{\partial\boldsymbol{x}} & \dfrac{\partial}{\partial\boldsymbol{u}}\dfrac{\partial\boldsymbol{L}}{\partial\boldsymbol{x}}\\ \left[\dfrac{\partial}{\partial\boldsymbol{u}}\dfrac{\partial\boldsymbol{L}}{\partial\boldsymbol{x}}\right]^{\mathrm{T}} & \dfrac{\partial}{\partial\boldsymbol{u}}\dfrac{\partial\boldsymbol{L}}{\partial\boldsymbol{u}}\end{bmatrix}$

为半正定，当沿 $\boldsymbol{f}(\boldsymbol{x},\boldsymbol{u})=0$ 有一极小值时；为半负定，当沿 $\boldsymbol{f}(\boldsymbol{x},\boldsymbol{u})=0$ 有一极大值时。

6.2.2 没有约束条件下的动态最优化问题

设系统的性能指标是积分型性能指标或拉格朗日型性能指标，即

$$\boldsymbol{J}(\boldsymbol{x})=\int_{t_0}^{t_f}\phi[\boldsymbol{x}(t),\dot{\boldsymbol{x}}(t),t]\mathrm{d}t \tag{6.26}$$

并假定上述函数连续可微。

试在 $t_0 \sim t_f$ 区间选择一个连续可微函数 $\boldsymbol{x}\in R^n$，能使上述性能指标为最小。并假定 $\boldsymbol{\phi}$ 对于 $\boldsymbol{x}$、$\dot{\boldsymbol{x}}$ 和 t 皆连续，且对 $\boldsymbol{x}$、$\dot{\boldsymbol{x}}$ 的偏导也连续。

可以看出，在上述问题中除了有时间区间和 $\boldsymbol{x}$ 属于实数空间的一般要求外，没有其他限制。因此，这类问题中所涉及的轨线都属于允许轨线。

设允许轨线 $\boldsymbol{x}$ 为最优轨线 $\hat{\boldsymbol{x}}$ 的近傍曲线，且 $t\in[t_0,t_f]$，则有

$$\boldsymbol{x}(t)=\hat{\boldsymbol{x}}(t)+\varepsilon\boldsymbol{\eta}(t) \qquad \boldsymbol{\eta}(t_0)=\boldsymbol{\eta}(t_f)=0 \tag{6.27}$$

式中 $\boldsymbol{\eta}(t)$ 为 $\boldsymbol{x}(t)$ 的微量变化，ε 为一小数值。当选择不同 $\boldsymbol{\eta}(t)$ 值时，$\boldsymbol{J}(\boldsymbol{x})\sim\varepsilon$ 曲线如图 6.1 所示。

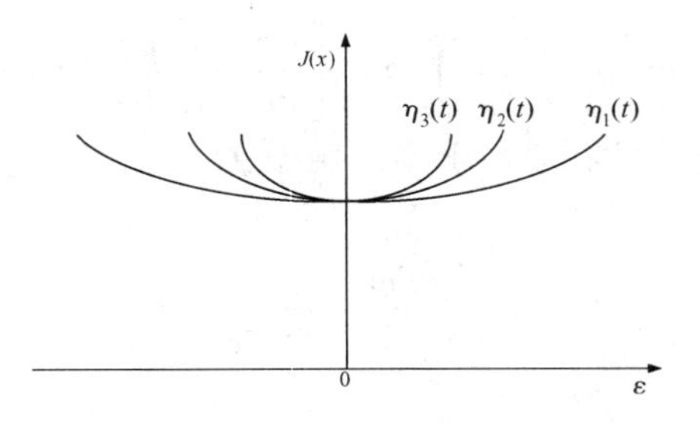

图 6.1 不同 $\eta(t)$ 时的 $J(x)\sim\varepsilon$ 曲线

由式(6.27)及图 6.1 中可见：当 $\varepsilon=0$ 时，允许轨线与最优轨线重合。即

$$\dot{\boldsymbol{x}}(t)=\boldsymbol{x}(t)\big|_{\varepsilon=0}$$

换言之，当 $\varepsilon=0$ 时，$\boldsymbol{x}(t)$ 的值即最优值 $\hat{\boldsymbol{x}}$。而且，各曲线均以 $\boldsymbol{J}(\boldsymbol{x})\big|_{\varepsilon=0}$ 为最低点。即

$$\frac{\partial\boldsymbol{J}(\boldsymbol{x})}{\partial\varepsilon}\Big|_{\varepsilon=0}=0 \tag{6.28}$$

其值与 $\boldsymbol{\eta}(t)$ 的选择无关。

由前面所讲极值条件，当 $\dfrac{\partial^2\boldsymbol{J}}{\partial\varepsilon^2}\Big|_{\varepsilon=0}>0$，则 $\boldsymbol{J}(\boldsymbol{x})$ 有极小值，此值与 $\boldsymbol{\eta}(t)$ 的选择无关。而且所选 $\boldsymbol{x}$ 值满足式(6.27)的要求。

以下讲最小扰动法求极值条件的方法。将式(6.27)对时间取微分得

$$\dot{\boldsymbol{x}}(t)=\dot{\hat{\boldsymbol{x}}}(t)+\varepsilon\dot{\boldsymbol{\eta}}(t) \tag{6.29}$$

将式(6.27)和式(6.29)代入式(6.26)后得

$$\boldsymbol{J}(\boldsymbol{x})=\int_{t_0}^{t_f}\phi\Big[\hat{\boldsymbol{x}}(t)+\varepsilon\boldsymbol{\eta}(t),\dot{\hat{\boldsymbol{x}}}(t)+\varepsilon\dot{\boldsymbol{\eta}}(t),t\Big]\mathrm{d}t \tag{6.30}$$

于是得

$$\frac{\partial \boldsymbol{J}(\boldsymbol{x})}{\partial \varepsilon}\bigg|_{\varepsilon=0}=\int_{t_0}^{t_f}\left[\boldsymbol{\eta}(t)\frac{\partial \phi(\hat{\boldsymbol{x}},\dot{\hat{\boldsymbol{x}}},t)}{\partial \hat{\boldsymbol{x}}}+\dot{\boldsymbol{\eta}}(t)\frac{\partial \phi(\hat{\boldsymbol{x}},\dot{\hat{\boldsymbol{x}}},t)}{\partial \dot{\hat{\boldsymbol{x}}}}\right]\mathrm{d}t \tag{6.31}$$

式(6.31)中

已知
$$\phi[\hat{\boldsymbol{x}}+\varepsilon\boldsymbol{\eta}(t),\dot{\hat{\boldsymbol{x}}}+\varepsilon\dot{\boldsymbol{\eta}}(t),t]$$

则
$$\begin{aligned}\frac{\partial \phi}{\partial \varepsilon}&=\frac{\partial \phi}{\partial \hat{\boldsymbol{x}}}\frac{\partial \hat{\boldsymbol{x}}}{\partial \varepsilon}+\frac{\partial \phi}{\partial \dot{\hat{\boldsymbol{x}}}}\frac{\partial \dot{\hat{\boldsymbol{x}}}}{\partial \varepsilon}\\&=\frac{\partial \phi(\hat{\boldsymbol{x}},\dot{\hat{\boldsymbol{x}}},t)}{\partial \hat{\boldsymbol{x}}}\boldsymbol{\eta}(t)+\frac{\partial \phi(\hat{\boldsymbol{x}},\dot{\hat{\boldsymbol{x}}},t)}{\partial \dot{\hat{\boldsymbol{x}}}}\dot{\boldsymbol{\eta}}(t)\end{aligned}$$

于是
$$\begin{aligned}\frac{\partial \boldsymbol{J}(\boldsymbol{x})}{\partial \varepsilon}\bigg|_{\varepsilon=0}&=\int_{t_0}^{t_f}\left[\frac{\partial \phi(\hat{\boldsymbol{x}},\dot{\hat{\boldsymbol{x}}},t)}{\partial \hat{\boldsymbol{x}}}\boldsymbol{\eta}(t)+\frac{\partial \phi(\hat{\boldsymbol{x}},\dot{\hat{\boldsymbol{x}}},t)}{\partial \dot{\hat{\boldsymbol{x}}}}\dot{\boldsymbol{\eta}}(t)\right]\mathrm{d}t\\&=\int_{t_0}^{t_f}\boldsymbol{\eta}(t)\frac{\partial \phi}{\partial \hat{\boldsymbol{x}}}\mathrm{d}t+\int_{t_0}^{t_f}\dot{\boldsymbol{\eta}}(t)\frac{\partial \phi}{\partial \dot{\hat{\boldsymbol{x}}}}\mathrm{d}t\\&=\int_{t_0}^{t_f}\boldsymbol{\eta}(t)\frac{\partial \phi}{\partial \hat{\boldsymbol{x}}}\mathrm{d}t+\frac{\partial \phi}{\partial \dot{\hat{\boldsymbol{x}}}}\boldsymbol{\eta}(t)-\int_{t_0}^{t_f}\boldsymbol{\eta}(t)\frac{\mathrm{d}}{\mathrm{d}t}\frac{\partial \phi}{\partial \dot{\hat{\boldsymbol{x}}}}\mathrm{d}t\\&=\int_{t_0}^{t_f}\boldsymbol{\eta}(t)\left[\frac{\partial \phi}{\partial \hat{\boldsymbol{x}}}-\frac{\mathrm{d}}{\mathrm{d}t}\frac{\partial \phi}{\partial \dot{\hat{\boldsymbol{x}}}}\right]\mathrm{d}t+\frac{\partial \phi}{\partial \dot{\hat{\boldsymbol{x}}}}\boldsymbol{\eta}(t)\bigg|_{t_0}^{t_f}=0\end{aligned} \tag{6.32}$$

由式(6.32)可见，欲使等号右边等于零，由于 $\boldsymbol{J}(\boldsymbol{x})$ 的最小值与 $\boldsymbol{\eta}(t)$ 的选择无关，因此必须

$$\frac{\partial \phi}{\partial \hat{\boldsymbol{x}}}-\frac{\mathrm{d}}{\mathrm{d}t}\frac{\partial \phi}{\partial \dot{\hat{\boldsymbol{x}}}}=0 \tag{6.33}$$

及当 $t=t_0$ 和 $t=t_f$ 时

$$\frac{\partial \phi}{\partial \dot{\hat{\boldsymbol{x}}}}\boldsymbol{\eta}(t)=0 \tag{6.34}$$

式(6.33)即通常所说尤拉-拉格朗日方程。式(6.34)与初始和最终时间的穿越条件有关，因此称之为横截条件。式(6.33)和(6.34)一起规定了微分方程的两点边界值，给出了已知 ϕ 时的最优轨线应符合的条件。

上两式说明，当选择的轨线已合乎尤拉条件，且在初始时刻 t_0 和最终时刻 t_f 时，积分性能指标的取值已不再受估计值变化律 $\dot{\hat{\boldsymbol{x}}}$ 的影响(即近傍轨线等于零)，则这时的轨线就是最优轨线。可见，横截条件是在寻求最优轨线中对尤拉条件的一个补充。

有时，式(6.33)可写成如下形式：

$$\frac{\partial \phi}{\partial \dot{\boldsymbol{x}}}=\int_{t_0}^{t_f}\frac{\partial \phi}{\partial \boldsymbol{x}}\mathrm{d}t+C \tag{6.35}$$

其含义与上述说明相同。

上述式(6.33)和(6.34)为固定终点时间控制最优化的必要条件，并非充分条件。因此，满足上述条件的轨线不一定就是最优轨线，还要看其二次偏导的性质如何才能说明极值是否确实存在。

假定函数 ϕ 对于变量 $\boldsymbol{x}$ 和 $\dot{\boldsymbol{x}}$ 的偏导存在且连续。由式(6.31)可知

$$\frac{\partial J(x)}{\partial \varepsilon}=\int_{t_0}^{t_f}\left[\eta(t)\frac{\partial \phi(\hat{x},\dot{\hat{x}},t)}{\partial \hat{x}}+\dot{\eta}(t)\frac{\partial \phi(\hat{x},\dot{\hat{x}},t)}{\partial \dot{\hat{x}}}\right]\mathrm{d}t$$

在 $\varepsilon=0$ 处取其二次偏导

$$\frac{\partial^2 J(x)}{\partial \varepsilon^2}\Big|_{\varepsilon=0}=\int_{t_0}^{t_f}\left[\eta^2(t)\frac{\partial^2 \phi(\hat{x},\dot{\hat{x}},t)}{\partial \hat{x}^2}+2\eta(t)\dot{\eta}(t)\frac{\partial^2 \phi(\hat{x},\dot{\hat{x}},t)}{\partial \hat{x}\partial \dot{\hat{x}}}+\dot{\eta}^2(t)\frac{\partial^2 \phi(\hat{x},\dot{\hat{x}},t)}{\partial \dot{\hat{x}}^2}\right]\mathrm{d}t \tag{6.36}$$

利用分部积分公式和式(6.34)的横截条件可得

$$2\int_{t_0}^{t_f}\eta(t)\dot{\eta}(t)\frac{\partial^2 \phi(\hat{x},\dot{\hat{x}},t)}{\partial \hat{x}\partial \dot{\hat{x}}}\mathrm{d}t=-\int_{t_0}^{t_f}\left[\frac{\mathrm{d}}{\mathrm{d}t}\frac{\partial^2 \phi(\hat{x},\dot{\hat{x}},t)}{\partial \hat{x}\partial \dot{\hat{x}}}\right]\eta^2(t)\mathrm{d}t \tag{6.37}$$

将此条件代入式(6.36)后，可得

$$\frac{\partial^2 J(x)}{\partial \varepsilon^2}\bigg|_{\varepsilon=0}=\int_{t_0}^{t_f}\left\{\eta^2(t)\left[\frac{\partial^2 \phi(\hat{x},\dot{\hat{x}},t)}{\partial \hat{x}^2}-\frac{\mathrm{d}}{\mathrm{d}t}\frac{\partial^2 \phi(\hat{x},\dot{\hat{x}},t)}{\partial \hat{x}\partial \dot{\hat{x}}}\right]+\dot{\eta}^2(t)\frac{\partial^2 \phi(\hat{x},\dot{\hat{x}},t)}{\partial \dot{\hat{x}}^2}\right\}\mathrm{d}t \tag{6.38}$$

显然，在 $\varepsilon=0$ 点存在极小值条件为 $\partial^2 J(x)/\partial\varepsilon^2\geqslant 0$。由于这仅仅是在 $\varepsilon=0$ 点处求得极值，而且是限定在某一区间，因此是相对极值而不是绝对极值。

由式(6.38)可知，欲使 $\partial^2 J(x)/\partial\varepsilon^2\geqslant 0$，必须

$$\frac{\partial^2 \phi(\hat{x},\dot{\hat{x}},t)}{\partial \hat{x}^2}-\frac{\mathrm{d}}{\mathrm{d}t}\frac{\partial^2 \phi(\hat{x},\dot{\hat{x}},t)}{\partial \hat{x}\partial \dot{\hat{x}}}\geqslant 0 \tag{6.39}$$

及

$$\dot{\eta}^2(t)\frac{\partial^2 \phi(\hat{x},\dot{\hat{x}},t)}{\partial \dot{\hat{x}}^2}\geqslant 0 \tag{6.40}$$

一般说来，满足上述条件时 J 有极小值。但因 η 和 $\dot{\eta}$ 并非互相无关，因此也有可能虽然上述条件不能满足，但式(6.36)也有可能大于零。式(6.40)有时也称做勒让德(legendre)条件。

[例 6.1] 如图 6.2 所示开环控制系统，其状态方程为 $\dot{x}=u$，设控制状态在 $x_{t_0}=x$ 和 x_{t_f} 之间变化，求使下述性能指标

$$J=\int_0^{t_f}(x^2+u^2)\mathrm{d}t$$

为最小的最优轨线和与其相对应的最优控制规律。

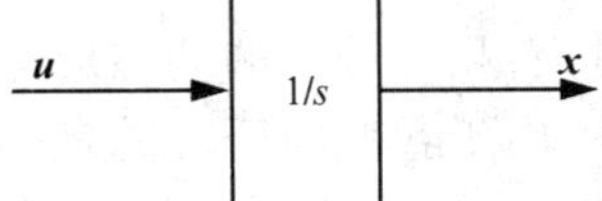

图 6.2　例 6.1 的等值方块图

[解] 利用尤拉-拉格朗日方程求其最小(佳)值。

已知
$$\phi=(x^2+u^2)\mathrm{d}t$$

所以
$$\frac{\partial\phi}{\partial x}=\phi_x=2x\quad\frac{\partial\phi}{\partial\dot{x}}=\frac{\partial\phi}{\partial u}=\phi_u=2u$$

将上述条件代入式(6.33)后得

$$x-\dot{u}=0$$

上述方程与已知条件方程 $\dot{x}=u$ 联立求解。

分别取两式的拉式变换，得

$$sX(s)-X(0)=U(s)$$

及
$$X(s)-[sU(s)-U(0)]=0$$

及 $$X(s)-[sU(s)-U(0)]=0$$

联立求解得 $$X(s)=\frac{sX(0)+U(0)}{s^2-1}$$

取其逆变换，即得最优轨线 $\hat{\boldsymbol{x}}(t)$ 为

$$\hat{\boldsymbol{x}}(t)=\boldsymbol{x}(0)\text{ch}t+\boldsymbol{u}(0)\text{sh}t$$

上式中 $\boldsymbol{u}(0)$ 的值是未知的，将所给边界条件代入上式后可得

$$\boldsymbol{x}(t_f)=\boldsymbol{x}(0)\text{ch}t_f+\boldsymbol{u}(0)\text{sh}t_f$$

即得 $$\boldsymbol{u}(0)=\frac{\boldsymbol{x}(t_f)-\boldsymbol{x}(0)\text{ch}t_f}{\text{sh}t_f}$$

将上述 $\boldsymbol{u}(0)$ 值代入最优轨线 $\hat{\boldsymbol{x}}(t)$ 表达式，即得

$$\hat{\boldsymbol{x}}(t)=\boldsymbol{x}(0)\text{ch}t+\left(\frac{\boldsymbol{x}(t_f)-\boldsymbol{x}(0)\text{ch}t_f}{\text{sh}t_f}\right)\text{sh}t$$

与其对应的最优控制可求得为

$$\hat{\boldsymbol{u}}(t)=\dot{\hat{\boldsymbol{x}}}(t)=\boldsymbol{x}(0)\text{sh}t+\left(\frac{\boldsymbol{x}(t_f)-\boldsymbol{x}(0)\text{ch}t_f}{\text{sh}t_f}\right)\text{ch}t$$

(注：例 6.1 的 MATLAB 程序详见例 6.6)

6.3 有约束条件时的最优控制问题

当 $\boldsymbol{x}$ 、 $\boldsymbol{u}$ 为向量，而且受约束时的最优化问题，同样可以用拉格朗日乘子法将其转化为无约束的极值求解。

在约束条件上通常多划分成两个不同类型：一类称相等约束或等式约束，如 $\boldsymbol{f}(\boldsymbol{x},\boldsymbol{u})=0$ 便是。这一类的约束符合一个等式条件，函数中的各个元素受到同等约束；另一类约束条件称为不等约束，例如 $\Gamma_{\min}\leqslant\Gamma\leqslant\Gamma_{\max}$ 。这一类约束不受等式约束，而只有一个约束范围。以后可以看到，利用拉格朗日乘子也可以将不等约束的问题转化为相等约束问题求解。

有相等约束的动态最优化问题

由于我们所研究的是动态最优化问题，同时又不致使问题过于复杂化，因此，在设定系统性能指标时，可只考虑包含积分的一项，即设系统的性能指标为积分型。即

$$\boldsymbol{J}=\int_{t_0}^{t_f}\phi(\boldsymbol{x},\dot{\boldsymbol{x}},t)\text{d}t \tag{6.41}$$

向量 $\boldsymbol{x}$ 、 $\dot{\boldsymbol{x}}$ 在区间 $t\in[t_0,t_f]$ 内，同时受 m 维相等约束条件

$$\boldsymbol{f}(\boldsymbol{x},\dot{\boldsymbol{x}},t)=0 \tag{6.42}$$

的限制，试求使 $\boldsymbol{J}$ 为最小的条件。

前面已经谈到，若性能指标泛函对所有实数来说在时间 $[t_0,t_f]$ 范围内连续可微，则凡能满足上述约束条件的状态轨线即称为允许轨线。

可以证明这一类求解有约束的极值问题，相当于使性能指标泛函

$$J' = \int_{t_0}^{t_f} [\phi(x,\dot{x},t) + \lambda^{\mathrm{T}} f(x,\dot{x},t)]\mathrm{d}t \tag{6.43}$$

在无约束条件下的最小化问题。式中λ为一个m维的时间向量，相当于前面谈及的拉格朗日乘子。

在引入“乘子”λ以后，通常可将J'写成如下形式：

$$J' = \int_{t_0}^{t_f} L(x,\dot{x},\lambda,t)\mathrm{d}t \tag{6.44}$$

仿照与式(6.32)证明相同的做法：在泛函L中取各变元(x_1， x_2， …)的极值近傍允许轨线，然后在极值附近按泰勒公式展开为级数，并略去二次和高于二次的项不计。求解$\frac{\partial J'}{\partial \varepsilon}\Big|_{\varepsilon=0} = 0$，即可得出与式(6.32)中各项相类似的极值条件。以下以二维变元为例加以阐述。

x是一个二维向量，在终端已经固定的约束条件

$$f(x,\dot{x},t) = 0 \tag{6.45}$$

的限制下，试求

$$J = \int_{t_0}^{t_f} \phi(x,\dot{x},t)\mathrm{d}t = \int_{t_0}^{t_f} \phi(x_1,\dot{x}_1,x_2,\dot{x}_2,t)\mathrm{d}t \tag{6.46}$$

有极小值的条件。

由前面所讲可知：欲求J的最小值，只须令J的一次变分δJ等于零即可求得。

取最优轨线的近傍曲线簇如图 6.3 所示。为简化，可取$x(t)$为单变量进行分析，即

$$\begin{aligned} x(t) &= \hat{x}(t) + \varepsilon\eta(t) \\ x(t) &= \dot{\hat{x}}(t) + \varepsilon\dot{\eta}(t) \end{aligned} \tag{6.47}$$

将式(6.47)代入式(6.46)后，得

$$J = \int_{t_0}^{t_f} \phi[\hat{x} + \varepsilon\eta(t), \dot{\hat{x}} + \varepsilon\dot{\eta}(t), t]\mathrm{d}t$$

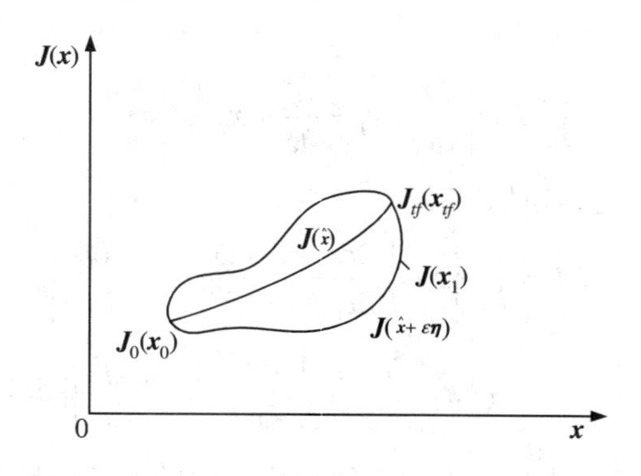

图 6.3 最优轨线的近傍曲线簇示意图

将$\phi(x,\dot{x},t)$在$\varepsilon = 0$附近利用泰勒公式展开为级数得

$$\phi[\hat{x} + \varepsilon\eta(t), \dot{\hat{x}} + \varepsilon\dot{\eta}(t), t] = \phi(\dot{x}, \dot{\hat{x}}, t) + \frac{\partial\phi}{\partial\hat{x}}\varepsilon\eta(t) + \frac{\partial\phi}{\partial\dot{\hat{x}}}\varepsilon\dot{\eta}(t) + \text{高于一次的项}$$

取

$$\Delta J = \int_{t_0}^{t_f} [\phi(\hat{x} + \varepsilon\eta(t), \dot{\hat{x}} + \varepsilon\dot{\eta}(t), t) - \phi(\hat{x}, \dot{\hat{x}}, t)]\mathrm{d}t$$

$$=\int_{t_0}^{t_f}\left[\frac{\partial\phi}{\partial\hat{x}}\varepsilon\boldsymbol{\eta}(t)+\frac{\partial\phi}{\partial\dot{\hat{x}}}\varepsilon\dot{\boldsymbol{\eta}}(t)+\cdots\right]\mathrm{d}t$$

略去 $\Delta\boldsymbol{J}$ 的高次项不计，只取其线性部分，并用符号 $\delta\boldsymbol{J}$ 表示。即称为 $\boldsymbol{J}$ 的一次变分。

并令　　$\delta\boldsymbol{x}=\varepsilon\boldsymbol{\eta}(t)$ 和 $\delta\dot{\boldsymbol{x}}=\varepsilon\dot{\boldsymbol{\eta}}(t)$

则得

$$\delta\boldsymbol{J}=\int_{t_0}^{t_f}\left(\frac{\partial\phi}{\partial\hat{x}}\delta\boldsymbol{x}+\frac{\partial\phi}{\partial\dot{\hat{x}}}\delta\dot{\boldsymbol{x}}\right)\mathrm{d}t$$

由于当 $\boldsymbol{x}(t)=\hat{\boldsymbol{x}}(t)$ 时 $\boldsymbol{J}$ 值为最佳值，这时必有 $\varepsilon=0$。因此，计算在 $\varepsilon=0$ 时 $\boldsymbol{J}$ 的一次变分值时必有 $\delta\boldsymbol{J}=0$。此即所求最优轨线的必要条件。

利用分部积分法，可得

$$\delta\boldsymbol{J}=\int_{t_0}^{t_f}\left[\frac{\partial\phi}{\partial\boldsymbol{x}}-\frac{\mathrm{d}}{\mathrm{d}t}\frac{\partial\phi}{\partial\dot{\boldsymbol{x}}}\right]\delta\boldsymbol{x}\mathrm{d}t+\frac{\partial\phi}{\partial\dot{\boldsymbol{x}}}\delta\boldsymbol{x}\Big|_{t_0}^{t_f}=0 \tag{6.48}$$

将 $\boldsymbol{x}=[\boldsymbol{x}_1\quad\boldsymbol{x}_2]$ 代入上式后，即得

$$\delta\boldsymbol{J}=\int_{t_0}^{t_f}\left\{\delta\boldsymbol{x}_1\left(\frac{\partial\phi}{\partial\boldsymbol{x}_1}-\frac{\mathrm{d}}{\mathrm{d}t}\frac{\partial\phi}{\partial\dot{\boldsymbol{x}}_1}\right)+\delta\boldsymbol{x}_2\left(\frac{\partial\phi}{\partial\boldsymbol{x}_2}-\frac{\mathrm{d}}{\mathrm{d}t}\frac{\partial\phi}{\partial\dot{\boldsymbol{x}}_2}\right)\right\}\mathrm{d}t+\left(\frac{\partial\phi}{\partial\dot{\boldsymbol{x}}_1}\right)\delta\boldsymbol{x}_1\Big|_{t_0}^{t_f}+\left(\frac{\partial\phi}{\partial\dot{\boldsymbol{x}}_2}\right)\delta\boldsymbol{x}_2\Big|_{t_0}^{t_f}=0 \tag{6.49}$$

可见，欲使上式等于零，必须积分项和横截条件项分别皆等于零，以下可只考虑积分项。

由所给约束条件 $\boldsymbol{f}(\boldsymbol{x},\dot{\boldsymbol{x}}_1,t)=0$ 知，$\boldsymbol{x}_1$ 和 $\boldsymbol{x}_2$ 在此已成为两个相关向量。也就是说 $\boldsymbol{x}_1$ 和 $\boldsymbol{x}_2$ 的变化已经不是独立无关，而是受所给约束条件的限制。例如当 $\boldsymbol{x}$ 和 $\boldsymbol{u}$ 受条件 $\boldsymbol{f}(\boldsymbol{x},\boldsymbol{u},\boldsymbol{t})=0$ 约束时，$\boldsymbol{x}$ 和 $\boldsymbol{u}$ 就可以看做是两个相关向量 $\boldsymbol{x}_1$ 和 $\boldsymbol{x}_2$。

取式(6.45)的变分并令其等于零得

$$\delta\boldsymbol{f}=\frac{\partial\boldsymbol{f}}{\partial\boldsymbol{x}_1}\delta\boldsymbol{x}_1+\frac{\partial\boldsymbol{f}}{\partial\boldsymbol{x}_2}\delta\boldsymbol{x}_2=0 \tag{6.50}$$

将乘子 $\boldsymbol{\lambda}(t)$ 乘以式(6.50)，后积分得

$$\int_{t_0}^{t_f}\boldsymbol{\lambda}(t)\left[\frac{\partial\boldsymbol{f}}{\partial\boldsymbol{x}_1}\delta\boldsymbol{x}_1+\frac{\partial\boldsymbol{f}}{\partial\boldsymbol{x}_2}\delta\boldsymbol{x}_2\right]\mathrm{d}t=0 \tag{6.51}$$

将式(6.49)中的积分项与(6.51)相加后得

$$\begin{aligned}\delta J=\int_{t_0}^{t_f}&\left\{\delta\boldsymbol{x}_1\left[\frac{\partial\phi}{\partial\boldsymbol{x}_1}-\frac{\mathrm{d}}{\mathrm{d}t}\frac{\partial\phi}{\partial\dot{\boldsymbol{x}}_1}+\boldsymbol{\lambda}(t)\frac{\partial\boldsymbol{f}}{\partial\boldsymbol{x}_1}\right]\right.\\&\left.+\delta\boldsymbol{x}_2\left[\frac{\partial\phi}{\partial\boldsymbol{x}_2}-\frac{\mathrm{d}}{\mathrm{d}t}\frac{\partial\phi}{\partial\dot{\boldsymbol{x}}_2}+\boldsymbol{\lambda}(t)\frac{\partial\boldsymbol{f}}{\partial\boldsymbol{x}_2}\right]\right\}\mathrm{d}t=0\end{aligned} \tag{6.52}$$

由式(6.52)可以看出，欲使 $\delta\boldsymbol{J}=0$，必须积分号内的各项分别都等于零。由无约束条件下的尤拉-拉格朗日方程(6.33)知：$\dfrac{\partial\phi}{\partial\boldsymbol{x}_i}-\dfrac{\mathrm{d}}{\mathrm{d}t}\dfrac{\partial\phi}{\partial\dot{\boldsymbol{x}}_1}=0$，因此 $\boldsymbol{\lambda}(t)\dfrac{\partial\boldsymbol{f}}{\partial\boldsymbol{x}_i}$ 也必等于零。由本章前面所讲的式(6.15)和(6.17)可知，这一条件实系 $\dfrac{\partial\boldsymbol{L}}{\partial\boldsymbol{x}_i}=0$，若 $\boldsymbol{x}$、$\boldsymbol{f}$ 等代表的列向量，则根据以上所得有约束时的极值条件可概括为

$$\left.\begin{aligned}&(1)\ \boldsymbol{f}(\boldsymbol{x},\dot{\boldsymbol{x}},t)=0\text{或}\frac{\partial \boldsymbol{L}^{\mathrm{T}}}{\partial \lambda}=0\text{状态方程}\\&(2)\ \frac{\partial \boldsymbol{L}^{\mathrm{T}}}{\partial \boldsymbol{x}_i}=0\text{若}\boldsymbol{x}_i=\boldsymbol{u}_i,\ \text{即}\frac{\partial \boldsymbol{L}^{\mathrm{T}}}{\partial \boldsymbol{u}_i}=0\text{控制方程}\\&(3)\ \frac{\partial \phi}{\partial \boldsymbol{x}_i}-\frac{\mathrm{d}}{\mathrm{d}t}\frac{\partial \phi}{\partial \dot{\boldsymbol{x}}_i}=0\text{或}\frac{\partial \boldsymbol{L}^{\mathrm{T}}}{\partial \boldsymbol{x}_i}-\frac{\mathrm{d}}{\mathrm{d}t}\frac{\partial \boldsymbol{L}^{\mathrm{T}}}{\partial \dot{\boldsymbol{x}}_i}=0\text{尤拉-拉格朗日方程}\\&(4)\ \delta\boldsymbol{x}_i\left(\frac{\partial \phi}{\partial \dot{\boldsymbol{x}}_i}\right)\bigg|_{t_0}^{t_f}=0\text{或}\boldsymbol{\eta}^{\mathrm{T}}(t)\frac{\partial \boldsymbol{L}}{\partial \dot{\boldsymbol{x}}_i}\bigg|_{t_0}^{t_f}=0\text{横截条件}\end{aligned}\right\}\tag{6.53}$$

综上可见，当状态变量间受到某些约束条件限制时，在求这一类问题的极小值时可以用乘子 $\lambda(t)$ 将约束条件和性能指标结合在一起，组成一个新的尤拉-拉格朗日方程，然后按前面所讲在无约束条件下求最小值的方法处理即可。

要使新的尤拉—拉格朗日方程等于零，只要设法调整 $\lambda(t)$ 值即可做到。当约束条件变化而造成性能指标泛函的最小值变化时，$\lambda(t)$ 值可做为其变化大小的衡量尺度，但是它们之间所取符号相反。

[例 6.2] 已知一个含有两个积分环节的电路或描述提升设备运动状态的系统方程可表达为

$$\ddot{\theta}=u(t)$$

今欲使性能指标

$$J=\frac{1}{2}\int_0^2(\ddot{\theta})^2\mathrm{d}t$$

为最小，且符合边界条件

$$\theta_{t=0}=1,\theta_{t=2}=0,\dot{\theta}_{t=0}=1,\dot{\theta}_{t=2}=0$$

试求其最优控制条件。

[解] 上述例题中的性能指标系表示能量消耗；所给边界条件表明系统在 $t=2$ 时已达静止(平衡)状态。

兹令　$x_1(t)=\theta(t)$； $x_2(t)=\dot{x}_1(t)$； $\dot{x}_2(t)=x_3(t)=u(t)$

则系统状态方程可写成

$$\begin{bmatrix}\dot{x}_1\\\dot{x}_2\end{bmatrix}=\begin{bmatrix}0&1\\0&0\end{bmatrix}\begin{bmatrix}x_1\\x_2\end{bmatrix}+\begin{bmatrix}0\\1\end{bmatrix}[u]$$

或 $\dot{\boldsymbol{x}}=\boldsymbol{A}\boldsymbol{x}(t)+\boldsymbol{b}u(t)$，即　$\boldsymbol{f}(\boldsymbol{x},\dot{\boldsymbol{x}},t)=\boldsymbol{A}\boldsymbol{x}(t)+\boldsymbol{b}u(t)-\dot{\boldsymbol{x}}=0$

其中 $\boldsymbol{x}^{\mathrm{T}}=[x_1\quad x_2]$，$\boldsymbol{A}=\begin{bmatrix}0&1\\0&0\end{bmatrix}$，$\boldsymbol{b}^{\mathrm{T}}=[0\quad 1]$

利用式(6.33)(可将 $u(t)$ 视为另一变量 x_3)，则得

$$\begin{aligned}J&=\int_0^2\left\{\frac{1}{2}u^2(t)+\lambda^{\mathrm{T}}(t)\left[\boldsymbol{A}\boldsymbol{x}(t)+\boldsymbol{b}u(t)-\dot{\boldsymbol{x}}\right]\right\}\mathrm{d}t\\&=\int_0^2\left\{\frac{1}{2}u^2(t)+\lambda_1(t)\left[x_2(t)-\dot{x}_1(t)\right]+\lambda_2(t)\left[u(t)-\dot{x}_2(t)\right]\right\}\mathrm{d}t\end{aligned}$$

根据尤拉–拉格朗日方程，可求得

$$\dot{\lambda}_1=0\text{；}\quad \dot{\lambda}_2=-\lambda_1\text{；}\quad \boldsymbol{u}(t)=-\lambda_2(t)$$

由以上关系再加边界条件，即得

$$\boldsymbol{x}_1=\frac{1}{2}t^3-\frac{7}{4}t^2+t+1$$

$$x_2=\frac{3}{2}t^2-\frac{7}{2}t+1$$

$$u=3t-\frac{7}{2}$$

(注：例 6.2 的 MATLAB 程序详见例 6.7)

6.4　庞特里亚金最小(大)值原理

我们介绍了用古典变分法求解无约束的最优控制问题。这里对 $\boldsymbol{u}(t)$ 未加任何约束条件，即 $\boldsymbol{u}(t)$ 是向量空间中任意变化的，或者 $\boldsymbol{u}(t)$ 属于开集。然而现实中往往并非如此，多数情况下 $\boldsymbol{u}(t)$ 是存在约束的。通常这种约束是不等式约束，为简单起见，可以认为是不大于 M。这样控制域就是一个闭集合。事实上，最优控制问题是找 $\boldsymbol{u}=\boldsymbol{u}^*(t)$，使衡量控制系统好坏的目标函数取得最大值或最小值，而系统有可能在边界点上取得最大(最小)值。为说明的方便，我们不妨借用一般函数的极值问题的例子加以说明，如图 6.4 所示。

图 6.4(a)中，通过 $\boldsymbol{f}'(\boldsymbol{x})=0$ 可以找到极值点 B、C、D，其中最大值点是 D，最小值点是 A，然而 A 点并不存在导数。图 6.4(b)中，不存在极值点而最小最大值点是存在的，分别 A、B 为两边界点，同样 A、B 点也不存在导数。总起来说，对于一个区间，最大最小值总是存在的，用 $\boldsymbol{f}'(\boldsymbol{x})=0$ 只能找到闭区间内部的最大(小)值点，而对边界点最大(小)值却无能为力。

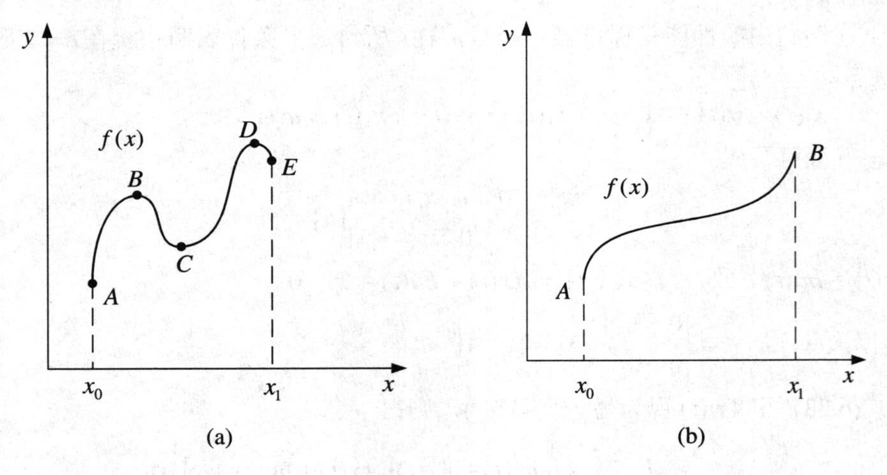

图 6.4　系统相图和切换曲线

因此，用变分法不能解决闭区域，或者说控制 $\boldsymbol{u}(t)$ 有条件约束的最优控制的问题，因而要另辟途径。

所谓最小(大)值原理，是指当控制作用 $\boldsymbol{u}(t)$ 的大小限制在一定范围时，由最优控制规律所确定的最优轨线在整个作用范围内必取一最小(或最大)值。

最大值原理也叫最小值原理，两者的含义是相同的。因为对函数 $\boldsymbol{L}$ 来说，它的最大值和函数 $\boldsymbol{L}$ 的最小值是相等的。由于最大值原理最早是由庞特里亚金等人提出，因此常称为庞特里亚金最大原理。对最大原理的证明虽说方法很多，但都相当繁难，因此在这里不拟对此多加叙述，但对于所牵涉到的一些基本问题将做简要说明。

6.4.1 哈密尔顿方程与极值控制条件

在动态最优化问题中，最经常遇到的一个系统是

$$\dot{\boldsymbol{x}}(t)=\boldsymbol{f}[\boldsymbol{x}(t),\boldsymbol{u}(t),t] \text{ 或 } \boldsymbol{f}[\boldsymbol{x}(t),\boldsymbol{u}(t),t]-\dot{\boldsymbol{x}}(t)=0 \tag{6.54}$$

式中 m 维向量 $\boldsymbol{u}$ 系待选的控制函数；

n 维向量 $\boldsymbol{x}$ 是选定的轨线；

$\boldsymbol{f}$ 对 $\boldsymbol{x}$ 和 $\boldsymbol{u}$ 有连续的偏导数。

以上假定对于分段连续函数 $\boldsymbol{u}$ 来说，有一个唯一的允许轨线可以适合方程(6.54)，因此可以定义一个允许控制集为逐段连续函数。同时假定，对于控制 $\boldsymbol{u}$ 和已知初始条件 $\boldsymbol{x}(t_0)$，式(6.54)在整个控制时间内有一个唯一允许解。

为使讨论的问题带有一般性，以下设性能指标泛函为综合型。同时，为了不使问题过于复杂，可假定以下讨论的问题是在有固定起始点和固定结束时间时，有约束条件情况下的连续最优控制问题。

设性能指标泛函为

$$\boldsymbol{J}=\boldsymbol{\theta}[\boldsymbol{x}(t),\ t]\Big|_{t=t_0}^{t=t_f}+\int_{t_0}^{t_f}\phi[\boldsymbol{x}(t),\boldsymbol{u}(t),t]\mathrm{d}t \tag{6.55}$$

试确定一个允许控制 $\boldsymbol{u}$，可使上述性能指标为最小。

上式中 $\boldsymbol{\theta}$ 与 $\boldsymbol{\phi}$ 对 $\boldsymbol{x}$ 和 $\boldsymbol{u}$ 皆有连续的偏导数。

如上节所述，利用拉格朗日乘子可以将有约束问题转化为无约束问题，即将式(6.55)转化为下列形式：

$$\boldsymbol{J}=\boldsymbol{\theta}[x(t),t]\Big|_{t=t_0}^{t=t_f}+\int_{t_0}^{t_f}\left\{\phi[\boldsymbol{x}(t),\boldsymbol{u}(t),t]+\boldsymbol{\lambda}^{\mathrm{T}}(t)[\boldsymbol{f}[\boldsymbol{x}(t),\boldsymbol{u}(t),t]-\dot{\boldsymbol{x}}]\right\}\mathrm{d}t \tag{6.56}$$

定义哈密尔顿函数为

$$\boldsymbol{H}[\boldsymbol{x}(t),\boldsymbol{u}(t),\boldsymbol{\lambda}(t),t]=\phi[\boldsymbol{x}(t),\boldsymbol{u}(t),t]+\boldsymbol{\lambda}^{\mathrm{T}}(t)\boldsymbol{f}[\boldsymbol{x}(t),\boldsymbol{u}(t),t] \tag{6.57}$$

代入式(6.56)后，得

$$\boldsymbol{J}=\boldsymbol{\theta}[\boldsymbol{x}(t),t]\Big|_{t=t_0}^{t=t_f}+\int_{t_0}^{t_f}\{\boldsymbol{H}[\boldsymbol{x}(t),\boldsymbol{u}(t),\boldsymbol{\lambda}(t),t]-\boldsymbol{\lambda}^{\mathrm{T}}(t)\dot{\boldsymbol{x}}\}\mathrm{d}t \tag{6.58}$$

将上式最后一项分部积分后得

$$\begin{aligned}\boldsymbol{J}=&\left\{\boldsymbol{\theta}[\boldsymbol{x}(t),t]-\boldsymbol{\lambda}^{\mathrm{T}}(t)\boldsymbol{x}(t)\right\}\Big|_{t=t_0}^{t=t_f}\\&+\int_{t_0}^{t_f}\left\{\boldsymbol{H}[\boldsymbol{x}(t),\boldsymbol{u}(t),\boldsymbol{\lambda}(t),t]+\dot{\boldsymbol{\lambda}}^{\mathrm{T}}\boldsymbol{x}(t)\right\}\mathrm{d}t\end{aligned}$$

取 $\boldsymbol{J}$ 对于最优控制和最优轨线附近的一次变分，可得

$$\delta \boldsymbol{J}=\left\{\delta \boldsymbol{x}^{\mathrm{T}}\left[\frac{\partial \boldsymbol{\theta}}{\partial \boldsymbol{x}}-\boldsymbol{\lambda}\right]\right\}\Bigg|_{t=t_0}^{t=t_f}+\int_{t_0}^{t_f}\left\{\delta \boldsymbol{x}^{\mathrm{T}}\left[\frac{\partial \boldsymbol{H}}{\partial \boldsymbol{x}}+\dot{\boldsymbol{\lambda}}\right]+\delta \boldsymbol{u}^{\mathrm{T}}\left[\frac{\partial \boldsymbol{H}}{\partial \boldsymbol{u}}\right]\right\}\mathrm{d}t \tag{6.59}$$

已知最优控制时的条件为$\delta \boldsymbol{J}=0$。于是，由上可得出使$\boldsymbol{J}$有最小值的条件为

(1) 当$t=t_0$，t_f时，$\delta \boldsymbol{x}^{\mathrm{T}}\left[\dfrac{\partial \boldsymbol{\theta}}{\partial \boldsymbol{x}}-\boldsymbol{\lambda}\right]=0$　　(6.60)

(2) $\dot{\boldsymbol{\lambda}}=-\dfrac{\partial \boldsymbol{H}}{\partial \boldsymbol{x}}$　　(6.61)

(3) $\dfrac{\partial \boldsymbol{H}}{\partial \boldsymbol{u}}=0$　　(6.62)

(4) $\dfrac{\partial \boldsymbol{H}}{\partial \boldsymbol{\lambda}}=\boldsymbol{f}(\boldsymbol{x},\boldsymbol{u},t)=\dot{\boldsymbol{x}}$　　(6.63)

上述 4 个等式即为最优控制的 4 个条件。按顺序分别称之为系统的(1)横截条件；(2)伴随方程；(3)控制方程；(4)状态方程。

由上述第(2)和第(4)两个方程组成的方程组被称为哈密尔顿方程组；将所有 4 个方程组合在一起统称为庞特里亚金方程。

上述哈密尔顿函数中所取用的拉格朗日乘子$\boldsymbol{\lambda}(t)$是一个辅助变量，有时被称为协态变量或伴随变量。

凡满足上述方程组(6.50)～(6.63)的解，就是所求的最优控制和与其相对应得最优轨线。

以上所取哈密尔顿函数，当其不显含t时，若取其全微分，可得

$$\begin{aligned}\frac{\partial \boldsymbol{H}}{\partial t}&=\frac{\partial \phi}{\partial t}+\boldsymbol{\lambda}^{\mathrm{T}}\frac{\partial \boldsymbol{f}}{\partial t}+\boldsymbol{f}^{\mathrm{T}}\frac{\partial \lambda}{\partial t}+\left(\frac{\partial \phi}{\partial \boldsymbol{x}}\right)^{\mathrm{T}}\frac{\mathrm{d}\boldsymbol{x}}{\mathrm{d}t}+\left(\frac{\partial \phi}{\partial \boldsymbol{u}}\right)^{\mathrm{T}}\frac{\mathrm{d}\boldsymbol{u}}{\mathrm{d}t}+\left[\frac{\partial(\boldsymbol{\lambda}^{\mathrm{T}}\boldsymbol{f})}{\partial \boldsymbol{x}}\right]^{\mathrm{T}}\frac{\mathrm{d}\boldsymbol{x}}{\mathrm{d}t}+\left[\frac{\partial(\boldsymbol{\lambda}^{\mathrm{T}}\boldsymbol{f})}{\partial \boldsymbol{u}}\right]^{\mathrm{T}}\frac{\mathrm{d}\boldsymbol{u}}{\mathrm{d}t}\\&=\frac{\partial \phi}{\partial t}+\boldsymbol{\lambda}^{\mathrm{T}}\frac{\partial \boldsymbol{f}}{\partial t}+\dot{\boldsymbol{\lambda}}^{\mathrm{T}}\boldsymbol{f}+\dot{\boldsymbol{x}}^{\mathrm{T}}\left[\frac{\partial \phi}{\partial \boldsymbol{x}}+\left(\frac{\partial \boldsymbol{f}^{\mathrm{T}}}{\partial \boldsymbol{x}}\right)\boldsymbol{\lambda}\right]+\dot{\boldsymbol{u}}^{\mathrm{T}}\left[\frac{\partial \phi}{\partial \boldsymbol{u}}+\left(\frac{\partial \boldsymbol{f}^{\mathrm{T}}}{\partial \boldsymbol{u}}\right)\boldsymbol{\lambda}\right]\end{aligned} \tag{6.64}$$

但由式(6.57)和(6.61)知

$$\dot{\boldsymbol{\lambda}}=\frac{\partial \boldsymbol{H}}{\partial \boldsymbol{x}}=-\frac{\partial \phi}{\partial \boldsymbol{x}}-\left(\frac{\partial \boldsymbol{f}^{\mathrm{T}}}{\partial \boldsymbol{x}}\right)\boldsymbol{\lambda} \tag{6.65}$$

及

$$\frac{\partial \boldsymbol{H}}{\partial \boldsymbol{u}}=\frac{\partial \phi}{\partial \boldsymbol{u}}+\left(\frac{\partial \boldsymbol{f}^{\mathrm{T}}}{\partial \boldsymbol{u}}\right)\boldsymbol{\lambda} \tag{6.66}$$

又由于

$$\dot{\boldsymbol{x}}=\boldsymbol{f}(\boldsymbol{x},\boldsymbol{u},t)$$

所以

$$\dot{\boldsymbol{x}}^{\mathrm{T}}\dot{\boldsymbol{\lambda}}=\dot{\boldsymbol{\lambda}}^{\mathrm{T}}\boldsymbol{f}$$

将以上关系代入式(6.64)后可得

$$\begin{aligned}\frac{\mathrm{d}\boldsymbol{H}}{\mathrm{d}t}&=\frac{\partial \phi}{\partial t}+\boldsymbol{\lambda}^{\mathrm{T}}\frac{\partial \boldsymbol{f}}{\partial t}+\dot{\boldsymbol{\lambda}}^{\mathrm{T}}\boldsymbol{f}+\dot{\boldsymbol{x}}^{\mathrm{T}}(-\dot{\lambda})+\dot{\boldsymbol{u}}^{\mathrm{T}}\frac{\partial \boldsymbol{H}}{\partial \boldsymbol{u}}\\&=\frac{\partial \phi}{\partial t}+\boldsymbol{\lambda}^{\mathrm{T}}\frac{\partial \boldsymbol{f}}{\partial t}+\dot{\boldsymbol{u}}^{\mathrm{T}}\frac{\partial \boldsymbol{H}}{\partial \boldsymbol{u}}\end{aligned} \tag{6.67}$$

显然，由上式可以看出，当ϕ和f与t无关，且$\dfrac{\partial H}{\partial u}=0$时，$H$沿最优轨线必为一定值。这是哈密尔顿函数得一个重要特性。

由以上最优条件得出的结果，还必须检验它是否能使J沿整个轨线的二次变分保持为正值。所以必须计算由式(6.59)得出得二次变分值，并看其是否能满足式(6.54)的要求。

由于

$$\dot{x}=f[\dot{x}(t),u(t),t] \tag{6.68}$$

故得

$$\delta\dot{x}-\left(\frac{\partial f}{\partial x}\right)\delta x-\left(\frac{\partial f}{\partial u}\right)\delta u=0 \tag{6.69}$$

将$J(x+\delta x,u+\delta u)-J(x,u)$展开成泰勒级数，按前面所讲取其二次项，再将(6.69)关系代入后得

$$\delta^2 J=\frac{1}{2}\left[\delta x^{\mathrm{T}}\frac{\partial^2\theta}{\partial x^2}\delta x\right]\Bigg|_{t=t_0}^{t=t_f}+\frac{1}{2}\int_{t_0}^{t_f}[\delta x^{\mathrm{T}}\quad \delta u^{\mathrm{T}}]\begin{bmatrix}\dfrac{\partial^2 H}{\partial x^2} & \dfrac{\partial}{\partial u}\dfrac{\partial H}{\partial x}\\ \left[\dfrac{\partial}{\partial u}\quad\dfrac{\partial H}{\partial x}\right]^{\mathrm{T}} & \dfrac{\partial^2 H}{\partial u^2}\end{bmatrix}\begin{bmatrix}\delta x\\ \delta u\end{bmatrix}\mathrm{d}t \tag{6.70}$$

欲使上式取正值，显然要求在积分号内的矩阵以及$\partial^2\theta/\partial x^2$必须是非负定的。

6.4.2　最小(大)值原理

前面已叙述过最小原理含义，对于其证明部分因过于繁难而从略。但对于最小(大)值原理的意义仍需做简要说明。

按定义最小(大)值的原理可表示如下。

$$H[x^*(t),u^*(t),\lambda^*(t),t]\leqslant H[x^*(t),u(t),\lambda^*(t),t]u(t)\in U \tag{6.71}$$

或者可写作

$$H[x^*(t),u^*(t),\lambda^*(t),t]=\min H[x^*(t),u(t),\lambda^*(t),t]u(t)\in U \tag{6.72}$$

式中右上角加注“*”号者表示符合最优条件的$x(t)$、$u(t)$、$\lambda(t)$。不加“*”号的$u(t)$表示不同于最优控制的任一控制。上式的含义是：当$x(t)$、$\lambda(t)$为$x^*(t)$、$\lambda^*(t)$时，若$u(t)$亦为$u^*(t)$，则由它们构成的哈密尔顿函数H在整个控制时间$t\in[t_0,t_f]$内必取最小值。

上述最小值原理可以粗略地做如下解释。

设上述哈密尔顿函数H中的变元$x(t)$、$u(t)$均已选定，则在$t\in[t_0,t_f]$区间只有一个变元$u(t)\in U$。由前述极值条件知，当满足$\partial H/\partial u=0$条件时，H有一个局部的极小值。如图 6.5(a)所示。但如果曲线H如图 6.5(b)所示，则满足$\partial H/\partial u=0$条件时，H并不取最小值。

可见，最小值原理所包括的控制范围比起前面所讲的极值条件要广阔得多。因此，在求H的最小值时，除满足

(1) $H[x^*(t),u^*(t),\lambda^*(t),t]\leqslant H[x^*(t),u(t),\lambda^*(t),t]u(t)\in U$。

另外，还需满足另设的充分条件。

(2) $H_{uu}>0$(正定的)。

上式表示H对u的二次偏导必须大于零，称做勒让德条件。

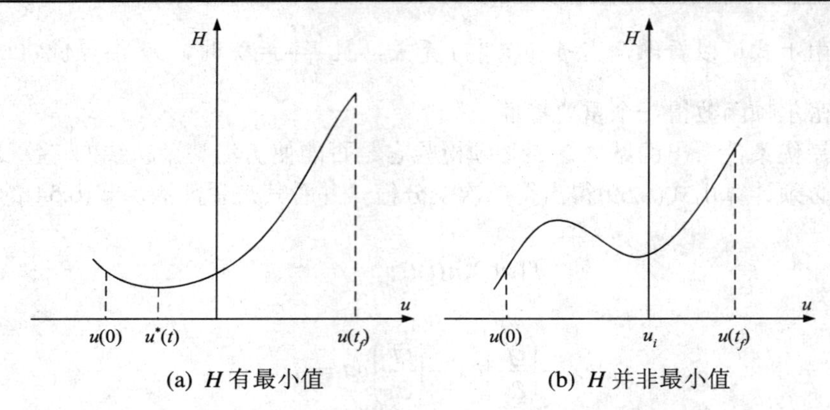

(a) H 有最小值　　(b) H 并非最小值

图 6.5　当 $\partial H/\partial u=0$ 时的哈密尔顿函数

(3) 在时间 $[t_0,t_f]$ 范围内没有使 $\boldsymbol{H}_{uu}$ 为不定值的共轭点存在。这一限制称雅克比条件。

[例 6.3] 设系统的状态方程为

$$\dot{\boldsymbol{x}}=-\boldsymbol{x}+\boldsymbol{u}$$

边界条件

$$\boldsymbol{x}(0)=1,\quad \boldsymbol{x}(1)\text{ 自由}$$

求 $\boldsymbol{u}=\boldsymbol{u}^*(t)$，使性能指标

$$\boldsymbol{J}=\frac{1}{2}\int_0^1[\boldsymbol{x}^2+\boldsymbol{u}^2]\mathrm{d}t\rightarrow\min$$

[解] 构造哈密尔顿函数

$$\boldsymbol{H}(\boldsymbol{x},\boldsymbol{u},\lambda,t)=\frac{1}{2}(\boldsymbol{x}^2+\boldsymbol{u}^2)+\lambda(t)[-\boldsymbol{x}+\boldsymbol{u}]$$

则所求问题所对应的正则方程、控制方程和边界条件为

状态方程

$$\dot{\boldsymbol{x}}=-\boldsymbol{x}+\boldsymbol{u}$$

伴随方程

$$\dot{\lambda}=-\frac{\partial\boldsymbol{H}}{\partial\boldsymbol{x}}=-\boldsymbol{x}+\lambda$$

控制方程

$$\frac{\partial\boldsymbol{H}}{\partial\boldsymbol{u}}=\boldsymbol{u}+\lambda=0$$

初始条件

$$\boldsymbol{x}(0)=1$$

终端条件

$$\lambda(1)=\frac{\partial\boldsymbol{\theta}}{\partial\boldsymbol{x}}\Big|_{t_f=1}=0$$

将状态方程移项，有

$$\boldsymbol{u}=\dot{\boldsymbol{x}}+\boldsymbol{x}$$

将上式代入控制方程，有

$$\boldsymbol{\lambda} = -\boldsymbol{u} = -\dot{\boldsymbol{x}} - \boldsymbol{x}$$

再代入伴随方程，有

$$\dot{\boldsymbol{\lambda}} + \boldsymbol{x} - \boldsymbol{\lambda} = -\ddot{\boldsymbol{x}} - \dot{\boldsymbol{x}} + \boldsymbol{x} + \dot{\boldsymbol{x}} + \boldsymbol{x} = 0$$

将上式化简，即为

$$\ddot{\boldsymbol{x}} - 2\boldsymbol{x} = 0$$

解方程，得方程得通解为

$$\boldsymbol{x}(t) = C_1 e^{\sqrt{2}t} + C_2 e^{-\sqrt{2}t}$$

代入边界条件

$$\boldsymbol{x}(0) = C_1 + C_2 = 1$$

$$\boldsymbol{\lambda}(1) = -\dot{\boldsymbol{x}} - \boldsymbol{x}\big|_{t=1} = -(\sqrt{2}+1)e^{\sqrt{2}}C_1 + (\sqrt{2}-1)e^{-\sqrt{2}}C_2 = 0$$

解得

$$\begin{cases} C_1 = \dfrac{1}{D}(\sqrt{2}-1)e^{-\sqrt{2}} \\ C_2 = \dfrac{1}{D}(\sqrt{2}+1)e^{\sqrt{2}} \end{cases}$$

式中，$D = (\sqrt{2}-1)e^{-\sqrt{2}} + (\sqrt{2}+1)e^{\sqrt{2}}$。

则最优轨线为

$$\boldsymbol{x}^* = \frac{1}{D}(\sqrt{2}-1)e^{\sqrt{2}(t-1)} + \frac{1}{D}(\sqrt{2}+1)e^{-\sqrt{2}(t-1)}$$

最优控制为

$$\boldsymbol{u}^* = \dot{\boldsymbol{x}}^* + \boldsymbol{x}^* = \frac{1}{D}e^{\sqrt{2}(t-1)} - \frac{1}{D}e^{-\sqrt{2}(t-1)}$$

(注：例 6.3 的 MATLAB 程序详见例 6.8)

6.5 最小时间控制

最小时间控制系统也称快速系统，它在导弹、宇航飞船的姿态控制方面应用很广泛。如果航天器的姿态受到某种扰动而偏离了给定的平衡状态，当偏离幅度不超过控制所许可的范围时，在最短时间内，控制航天器的姿态能恢复到给定的平衡状态，这就是最小时间控制的概念。最小时间控制又是极小值原理应用的范例。

6.5.1 线性定常系数最小时间控制问题的概述

设 n 阶线性定常系统

状态方程 $\dot{\boldsymbol{x}} = \boldsymbol{A}\boldsymbol{x} + \boldsymbol{B}\boldsymbol{u}$

初始状态 $\boldsymbol{x}(0) = \boldsymbol{x}_0$

终端状态 $\boldsymbol{x}(t_f) = 0$

控制约束　　$|u_i(t)| \leqslant 1 \qquad i=1,2,\cdots,m$

求 $u=u^*(t)$，使性能指标

$$J=\int_0^{t_f} \mathrm{d}t \to \min \qquad (x \in X^n,\ u \in U^m)$$

说明：(1) 若 $|u_i'(t)| \leqslant M_i$，可以通过变换 $u_i(t)=\dfrac{u_i'(t)}{M_i}$ 化为 $|u_i(t)| \leqslant 1$。

(2) 若终端为 $x'(t_f)=x_f \neq 0$，令 $x(t_f)=x'(t_f)-x_f$ 可化为 $x(t_f)=0$，这实际上是时间最优的调解器问题。

构造哈密尔顿函数

$$H=1+\lambda^{\mathrm{T}}(t)(Ax+Bu)=1+\lambda^{\mathrm{T}}(t)Ax+\lambda^{\mathrm{T}}(t)Bu$$

最小时间控制问题的状态方程、状态方程、控制方程及边界条件为

$$\dot{x}(t)=Ax(t)+Bu(t) \tag{6.73}$$

$$\dot{\lambda}(t)=-A^{\mathrm{T}}\lambda(t) \tag{6.74}$$

$$\min_{|u_i|\leqslant 1} H=1+\lambda^{\mathrm{T}}(t)Ax(t)+\min_{|u_i|\leqslant 1}[\lambda^{\mathrm{T}}(t)Bu(t)] \tag{6.75}$$

$$x(t_0)=x_0 \tag{6.76}$$

$$x(t_f)=0 \tag{6.77}$$

$$1+\lambda^{\mathrm{T}}(t)Ax(t)+\lambda^{\mathrm{T}}(t)Bu(t)=0 \tag{6.78}$$

设 $B=[b_1,b_2,\cdots,b_m]$，其中，$b_i(i=1,2,\cdots,m)$ 为 B 的列向量。

则(6.75)的最后一项为

$$\begin{aligned}\min_{|u_i|\leqslant 1}[\lambda^{\mathrm{T}}(t)Bu(t)]&=\min_{|u_i|\leqslant 1}\lambda^{\mathrm{T}}(t)[b_1,b_2,\cdots,b_m][u_1(t),u_2(t),\cdots,u_m(t)]^{\mathrm{T}}\\&=\min_{|u_i|\leqslant 1}\lambda^{\mathrm{T}}(t)[b_1u_1(t)+b_2u_2(t)+\cdots+b_mu_m(t)]\\&=\sum_{i=1}^{m}\min_{|u_i|\leqslant 1}[\lambda^{\mathrm{T}}(t)b_iu_i(t)]\\&=\sum_{i=1}^{m}\min_{|u_i|\leqslant 1}[b_i^{\mathrm{T}}\lambda(t)u_i(t)]\end{aligned}$$

故有

$$u_i^*(t)=\begin{cases}1 & b_i^{\mathrm{T}}\lambda(t)<0\\-1 & b_i^{\mathrm{T}}\lambda(t)>0\\\text{不定} & b_i^{\mathrm{T}}\lambda(t)=0\end{cases} \qquad (i=1,2,\cdots,m)$$

或写成

$$u_i^*(t)=-\mathrm{sgn}[b_i^{\mathrm{T}}\lambda(t)] \qquad i=1,2,\cdots,m$$

令 $q_i(t)=\lambda^{\mathrm{T}}b_j=0$。

如图 6.6(a)表明正常最小时间控制问题或称平凡最小时间问题，即 $b_i^{\mathrm{T}}\lambda(t)$ 只有有限个孤立零点，u_i 在这些零点发生跳变。又 u_i 在两边界来回取值，这是继电器型控制，故称 Bang-Bang 控制。

图 6.6(b)是奇异控制问题，因为在区间$[t_1,t_2]$上，无法确定最优控制$\boldsymbol{u}_i$。奇异控制问题并不意味着不存在最优控制，只是根据最小值原理无法确定最优控制，这个问题在这里不做讨论。

下面讨论奇异控制和平凡控制的充要条件。

设$[t_1,t_2]$是奇异区域，在这区间有

$$\boldsymbol{b}_i^{\mathrm{T}}\boldsymbol{\lambda}(t)=0 \qquad t\in[t_1,t_2]$$

对上式求一阶、二阶、…、$n-1$ 阶导数，并代入(6.74)，有

$$\begin{aligned}
&\boldsymbol{b}_i^{\mathrm{T}}\dot{\boldsymbol{\lambda}}(t)=-\boldsymbol{b}_i^{\mathrm{T}}\boldsymbol{A}^{\mathrm{T}}\boldsymbol{\lambda}(t)\equiv 0\\
&\boldsymbol{b}_i^{\mathrm{T}}\ddot{\boldsymbol{\lambda}}(t)=\boldsymbol{b}_i^{\mathrm{T}}(\boldsymbol{A}^{\mathrm{T}})^2\boldsymbol{\lambda}(t)\equiv 0\\
&\vdots\\
&\boldsymbol{b}_i^{\mathrm{T}}\boldsymbol{\lambda}^{(n-1)}(t)=(-1)^n\boldsymbol{b}_i^{\mathrm{T}}(\boldsymbol{A}^{\mathrm{T}})^{n-1}\boldsymbol{\lambda}(t)\equiv 0
\end{aligned}$$

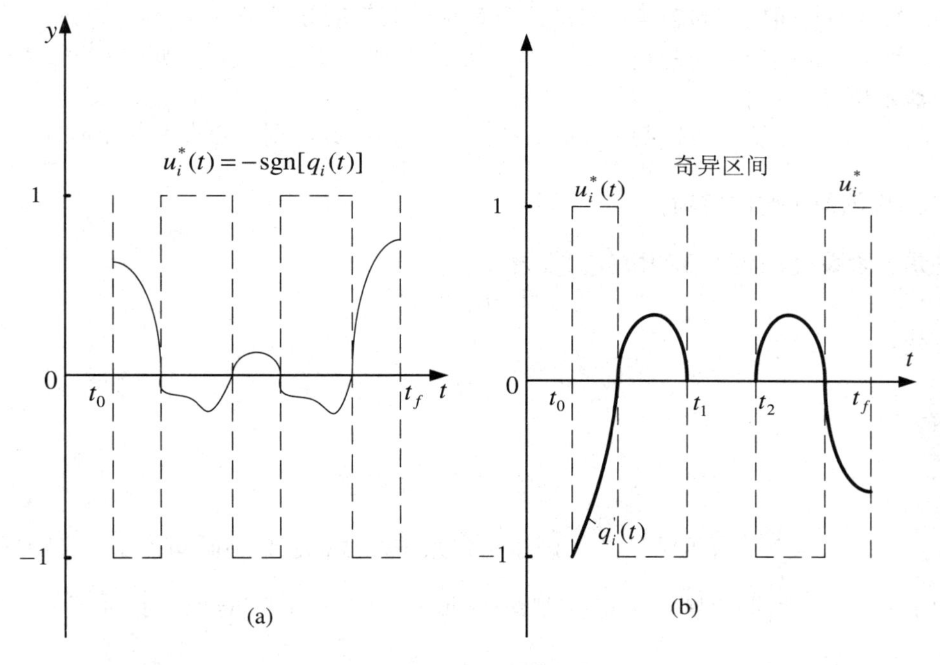

图 6.6　平凡最优控制与奇异最优控制

经整理后写成矩阵的形式有

$$\begin{bmatrix}\boldsymbol{b}_i^{\mathrm{T}}\\ \boldsymbol{b}_i^{\mathrm{T}}\boldsymbol{A}^{\mathrm{T}}\\ \cdots\\ \boldsymbol{b}_i^{\mathrm{T}}(\boldsymbol{A}^{\mathrm{T}})^{n-1}\end{bmatrix}\boldsymbol{\lambda}(t)\equiv 0 \qquad t\in[t_1,t_2] \tag{6.79}$$

$$\boldsymbol{G}_i=[\boldsymbol{b}_i \quad \boldsymbol{A}\boldsymbol{b}_i \quad \cdots \quad \boldsymbol{A}^{n-1}\boldsymbol{b}_i]$$

则式(6.79)可写成为

$$\boldsymbol{G}_i^{\mathrm{T}}\boldsymbol{\lambda}(t)\equiv 0 \qquad t\in[t_1,t_2] \tag{6.80}$$

从式(6.78)可以看出 $\lambda(t)\neq 0$，否则将出现 1=0，而式(6.80)有非零解的必要条件是 $\boldsymbol{G}_i$ 是奇异矩阵。换句话说，当系统有某一个 $\boldsymbol{G}_i$ 是奇异矩阵，则发生奇异控制，当所有的 $\boldsymbol{G}_i\ (i=1,2,\cdots,m)$ 都是非奇异的，则是平凡控制。事实上，$\boldsymbol{G}_i$ 是系统对某一控制分量 $\boldsymbol{u}_i$ 的能控矩阵，当系统对某一控制分量 $\boldsymbol{u}_i$ 不是完全能控时，则最小时间控制问题是奇异的。当系统对所有控制分量 $\boldsymbol{u}_i$ 都是完全能控，也就是说每一个 $\boldsymbol{u}_i$ 都能将系统从 $\boldsymbol{x}(0)=\boldsymbol{x}_0$ 转移到 $\boldsymbol{x}(t_f)=\boldsymbol{x}_f$，则最小时间控制是平凡的。当系统是完全能控时，不一定不发生奇异控制，当系统不是完全能控时，一定发生奇异。

限于篇幅不作证明，下面给出本节所论述的线性定常系统最小时间问题的一些结论。

(1) 当且仅当 m 个 $n\times n$ 矩阵 $\boldsymbol{G}_i$ 中至少有一个是奇异的，则最小时间控制问题是奇异的。

(2) 当 m 个 $n\times n$ 矩阵 $\boldsymbol{G}_i\ (i=1,2,\cdots,m)$ 都是非奇异的，则最小时间控制问题是正常的或称平凡的。

(3) 若最小时间控制问题是正常的，且最小时间控制存在必定唯一。

(4) 若最小时间控制问题是正常的，且 $\boldsymbol{A}$ 的特征值都是实数，则 $\boldsymbol{u}_i(t)\ (i=1,2,\cdots,m)$ 的切换次数不超过 $n-1$ 次。

(5) 渐近稳定系统，若控制 $|\boldsymbol{u}_t(t)|\leqslant M_i\ (i=1,2,\cdots,m)$，则一定存在最小时间控制。

6.5.2 惯性的最小时间控制

这是一阶系统，其相应的微分方程为

$$T\dot{y}+y=ku$$

取状态变量

$$x=y$$

得状态方程

$$\dot{x}=-\frac{1}{T}x+\frac{k}{T}u$$

其特征值为 $-\dfrac{1}{T}$，根据结论(5)，渐进稳定系统，故存在最小时间控制。又特征值为实数，且 $n=1$，不发生切换，最优控制 $u^*(t)$ 取 $+1$ 或 -1。究竟取 $+1$ 还是 -1 取决于 $x(0)=x_0$。

考察系统状态方程的解

$$\begin{cases}\dot{x}=-\dfrac{1}{T}x+\dfrac{k}{T}u\\ x(0)=x_0\end{cases}$$

解之有

$$x(t)=(x_0-ku)\mathrm{e}^{-\frac{t}{T}}+ku$$

当 $u=1$

$$x(t)=(x_0-k)\mathrm{e}^{-\frac{t}{T}}+k \tag{6.81}$$

当 $u=-1$

$$u=-1 \qquad x(t)=(x_0+k)e^{-\frac{t}{T}}-k \tag{6.82}$$

对于$u=1$和$u=-1$，又分别有$x_0>0$和$x_0<0$两种情况，如图 6.7 所示。

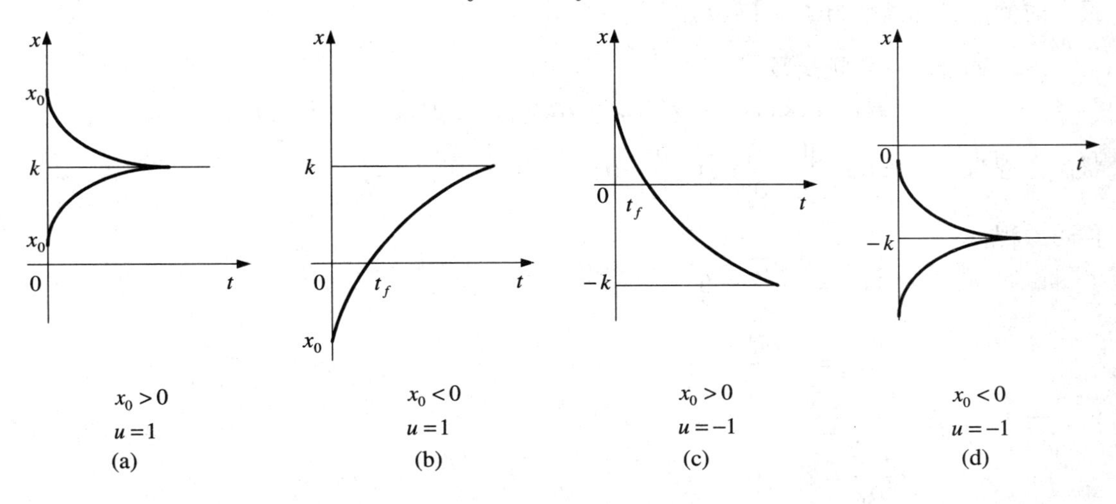

图 6.7　状态轨线与最优控制

根据最小时间控制要求$x(t_f)=0$，图 6.7 中只有图 6.7(b)，6.7(c)可实现$x(t_f)=0$。即

当$x_0>0$，$u^*=-1$。

当$x_0<0$，$u^*=1$。

根据式(6.81)、式(6.82)可算最小时间t_f^*。

当$u=1, x_0<0$

$$x(t_f^*)=(x_0-k)e^{-\frac{t_f^*}{T}}+k=0$$

得
$$t_f^*=T\ln(1-\frac{x_0}{k})$$

当$u=-1, x_0>0$

$$x(t_f^*)=(x_0+k)e^{-\frac{t_f^*}{T}}-k=0$$

得
$$t_f^*=T\ln(1+\frac{x_0}{k})$$

综合起来有
$$u^*=\begin{cases}1 & x_0<0\\ -1 & x_0>0\end{cases}$$

$$J^*=t_f^*=T\ln(1+\frac{|x_0|}{k})$$

当$x(t)$达到原点后，需$u^*(t)=0(t>t_f)$，否则$x(t)$将偏离原点。

[例 6.4] 确定时间最短控制系统的最优控制轨线和状态轨线。

已知系统状态方程$\boldsymbol{x}(t)=\begin{bmatrix}0 & 1\\ 0 & 0\end{bmatrix}\boldsymbol{x}(t)+\begin{bmatrix}0\\ 1\end{bmatrix}\boldsymbol{u}(t)$，状态初始值$\boldsymbol{x}(0)=\begin{bmatrix}\boldsymbol{x}_{01}\\ \boldsymbol{x}_{02}\end{bmatrix}$，求解最优控制

作用 $\boldsymbol{u}^*(t)$，使满足达到终止时间有最短时间，控制作用满足 $|\boldsymbol{u}(t)| \leqslant 1$，并使 $\boldsymbol{x}(t_f)=\begin{bmatrix}0\\0\end{bmatrix}$ 时有最小时间。目标函数为 $\boldsymbol{J}=\int_0^{t_f}\mathrm{d}t$。

[解] 构造哈密尔顿函数

$$\boldsymbol{H}(\boldsymbol{x},\boldsymbol{u},\boldsymbol{\lambda},t)=1+\boldsymbol{\lambda}^{\mathrm{T}}(\boldsymbol{Ax}+\boldsymbol{Bu})=1+\lambda_1(t)\boldsymbol{x}_2(t)+\lambda_2(t)\boldsymbol{u}(t)$$

状态方程为

$$\dot{\boldsymbol{x}}(t)=\begin{bmatrix}0&1\\0&0\end{bmatrix}\boldsymbol{x}(t)+\begin{bmatrix}0\\1\end{bmatrix}\boldsymbol{u}(t)$$

伴随方程

$$\dot{\lambda}_1(t)=-\frac{\partial \boldsymbol{H}}{\partial \boldsymbol{x}_1}=0$$

$$\dot{\lambda}_2(t)=-\frac{\partial \boldsymbol{H}}{\partial \boldsymbol{x}_2}=-\lambda_1$$

控制方程

$$\frac{\partial \boldsymbol{H}}{\partial \boldsymbol{u}}=\lambda_2=0$$

边界条件

$$\boldsymbol{x}_1(0)=\boldsymbol{x}_{01};\quad \boldsymbol{x}_2(0)=\boldsymbol{x}_{02}$$

将边界条件代入状态方程得

$$\boldsymbol{x}_1(t)=\boldsymbol{x}_{01}+\boldsymbol{x}_{02}t+0.5\boldsymbol{u}t^2$$

$$\boldsymbol{x}_2(t)=\boldsymbol{x}_{02}+\boldsymbol{u}t$$

由于控制作用 $\boldsymbol{u}(t)$ 只能取 1 或－1，因此有

$u=1$ 时

$$\boldsymbol{x}_1(t)=\boldsymbol{x}_{01}+\boldsymbol{x}_{02}t+0.5t^2$$

$$\boldsymbol{x}_2(t)=\boldsymbol{x}_{02}+t$$

$u=-1$ 时

$$\boldsymbol{x}_1(t)=\boldsymbol{x}_{01}+\boldsymbol{x}_{02}t-0.5t^2$$

$$\boldsymbol{x}_2(t)=\boldsymbol{x}_{02}-t$$

(注：例 6.4 的 Simulink 仿真详见 6.7 节)

6.6　线性二次最优控制问题

线性二次型最优控制问题，是对线性系统，其目标函数是二次型形式的最优控制问题。由于其目标函数有固定的模式，因而可以针对这种特征加以研究。其最优解可写成统一的解析表达式，最优控制 $\boldsymbol{u}(t)$ 是 $\boldsymbol{x}(t)$ 的线性关系，它的计算和实现都比较容易，可以通过状态反馈实现闭环最优控制，这在工程上具有重要意义。

首先考察下面几个具有二次型形式的目标函数，其中 $\boldsymbol{S}$、$\boldsymbol{Q}$、$\boldsymbol{R}$ 都是对称矩阵，它们所描述的控制问题各有不同意义。

(1) $J=\frac{1}{2}\boldsymbol{x}^{\mathrm{T}}(t_f)\boldsymbol{S}\boldsymbol{x}(t_f)+\frac{1}{2}\int_{t_0}^{t_f}(\boldsymbol{x}^{\mathrm{T}}\boldsymbol{Q}\boldsymbol{x}+\boldsymbol{u}^{\mathrm{T}}\boldsymbol{R}\boldsymbol{u})\mathrm{d}t$ 是线性状态调节器问题。

(2) $J=\frac{1}{2}\boldsymbol{y}^{\mathrm{T}}(t_f)\boldsymbol{S}\boldsymbol{y}(t_f)+\frac{1}{2}\int_{t_0}^{t_f}(\boldsymbol{y}^{\mathrm{T}}\boldsymbol{Q}\boldsymbol{y}+\boldsymbol{u}^{\mathrm{T}}\boldsymbol{R}\boldsymbol{u})\mathrm{d}t$ 是线性输出调节器问题。

(3) 设 $\boldsymbol{y}_d(t)$ 为 $\boldsymbol{y}(t)$ 的设定值，则 $\boldsymbol{e}(t)=y(t)-y_d(t)$ 是输出偏差，则

$J=\frac{1}{2}\boldsymbol{e}^{\mathrm{T}}(t_f)\boldsymbol{S}\boldsymbol{e}(t_f)+\frac{1}{2}\int_{t_0}^{t_f}(\boldsymbol{e}^{\mathrm{T}}\boldsymbol{Q}\boldsymbol{e}+\boldsymbol{u}^{\mathrm{T}}\boldsymbol{R}\boldsymbol{u})\mathrm{d}t$ 是线性跟踪问题。

在这节中，我们只研究线性定常系统状态调节器问题。而输出调节器和线性跟踪问题的研究方法与状态调节器问题是类似的，在这里就不再叙述了。

6.6.1　线性调节器的物理意义

线性调节器问题的提法。

对 n 阶线性定常系统

$$\dot{\boldsymbol{x}}=\boldsymbol{A}\boldsymbol{x}+\boldsymbol{B}\boldsymbol{u}$$
$$\boldsymbol{x}(t_0)=\boldsymbol{x}_0$$

求 $\boldsymbol{u}=\boldsymbol{u}^*(t)$，$\boldsymbol{u}(t)$ 无约束，使性能指标

$$J=\frac{1}{2}\boldsymbol{x}^{\mathrm{T}}(t_f)\boldsymbol{S}\boldsymbol{x}(t_f)+\frac{1}{2}\int_{t_0}^{t_f}(\boldsymbol{x}^{\mathrm{T}}\boldsymbol{Q}\boldsymbol{x}+\boldsymbol{u}^{\mathrm{T}}\boldsymbol{R}\boldsymbol{u})\mathrm{d}t\to\min$$

式中，$\boldsymbol{x}\in X^n$，$\boldsymbol{u}\in U^m$，$\boldsymbol{S},\boldsymbol{Q}$ 是半正定 n 阶加权矩阵，$\boldsymbol{R}$ 是正定 m 阶加权矩阵。在工程上，$\boldsymbol{S}$、$\boldsymbol{Q}$、$\boldsymbol{R}$ 通常取对角形。

$\boldsymbol{J}$ 中被积函数的第一项 $\phi_x=\frac{1}{2}\boldsymbol{x}^{\mathrm{T}}\boldsymbol{Q}\boldsymbol{x}$，若 $\boldsymbol{x}$ 表示偏差，则 ϕ_x 表示是误差的平方。若取 $\boldsymbol{Q}=\mathrm{diag}(q_1,q_2,\cdots,q_n)$ 为对角矩阵，则 $\phi_x=\frac{1}{2}(q_1x_1^2+q_2x_2^2+\cdots+q_nx_n^2)$，其中 $q_i\,(i=1,2,\cdots,n)$ 表示 $\boldsymbol{x}$ 的各分量所占比重。q_i 越大，$\boldsymbol{x}_i$ 所占比重越大，也即要求该分量 $\boldsymbol{x}_i$ 的偏差越小。而积分 $\int_{t_0}^{t_f}\phi_x\mathrm{d}t$ 则表明误差平方的积累。

$\boldsymbol{J}$ 中被积函数的第二项 $\phi_u=\frac{1}{2}\boldsymbol{u}^{\mathrm{T}}\boldsymbol{R}\boldsymbol{u}$，表明对控制约束的要求。若 $\boldsymbol{R}=\mathrm{diag}(r_1,r_2,\cdots,r_m)$ 为对角矩阵时，$\phi_u=\frac{1}{2}(r_1u_1^2+r_2u_2^2+\cdots+r_mu_m^2)$。这是要求各控制分量变化不大。若某 $\boldsymbol{u}_i$ 表示电流，则 $\frac{1}{2}u_i^2$ 与功率成正比，因此 $\phi_{u_i}=\frac{1}{2}\int_{t_0}^{t_f}u_i^2\mathrm{d}t$ 则表示 t_f-t_0 时间内所消耗的能量。因而 ϕ_u 可看作是系统对能耗的要求。

$\boldsymbol{J}$ 中末值项 $\frac{1}{2}\boldsymbol{x}^{\mathrm{T}}(t_f)\boldsymbol{S}\boldsymbol{x}(t_f)$，则是突出了对终端的要求。

简单地说，我们所研究的线性调节器问题，是希望尽可能花费少的能量，而将系统从偏离平衡点的位置拉回到平衡点。

6.6.2　有限时间线性最优调节器

有限时间线性最优调节器，其终端时间 t_f 给定，$\boldsymbol{x}(t_f)$ 自由。下面讨论这种调节器的最

优控制问题。

构造哈密尔顿函数

$$H = \frac{1}{2}\boldsymbol{x}^{\mathrm{T}}\boldsymbol{Q}\boldsymbol{x} + \frac{1}{2}\boldsymbol{u}^{\mathrm{T}}\boldsymbol{R}\boldsymbol{u} + \boldsymbol{\lambda}^{\mathrm{T}}(t)(\boldsymbol{A}\boldsymbol{x} + \boldsymbol{B}\boldsymbol{u})$$

则有

状态方程

$$\dot{\boldsymbol{x}} = \boldsymbol{A}\boldsymbol{x} + \boldsymbol{B}\boldsymbol{u} \tag{6.83}$$

伴随方程

$$\dot{\boldsymbol{\lambda}}(t) = -\boldsymbol{Q}\boldsymbol{x} - \boldsymbol{A}^{\mathrm{T}}\boldsymbol{\lambda}(t) \tag{6.84}$$

控制方程

$$\frac{\partial \boldsymbol{H}}{\partial \boldsymbol{u}} = \boldsymbol{R}\boldsymbol{u} + \boldsymbol{B}^{\mathrm{T}}\boldsymbol{\lambda}(t) = 0 \tag{6.85}$$

初始条件

$$\boldsymbol{x}(t_0) = \boldsymbol{x}_0 \tag{6.86}$$

横截条件

$$\boldsymbol{\lambda}(t_f) = \frac{\partial[\frac{1}{2}\boldsymbol{x}^{\mathrm{T}}(t)\boldsymbol{S}\boldsymbol{x}(t)]}{\partial \boldsymbol{x}} = \boldsymbol{S}\boldsymbol{x}(t_f) \tag{6.87}$$

由控制方程可得

$$\boldsymbol{u}^* = -\boldsymbol{R}^{-1}\boldsymbol{B}^{\mathrm{T}}\boldsymbol{\lambda}(t) \tag{6.88}$$

这是因为 $\boldsymbol{R}$ 是正定非奇异，所以 $\boldsymbol{R}^{-1}$ 存在，$\frac{\partial^2 \boldsymbol{H}}{\partial \boldsymbol{u}^2} = \boldsymbol{R} > 0$，满足哈密尔顿函数取极值的充分条件，故所求 $\boldsymbol{u}^*$ 一定是最优控制。则

$$\dot{\boldsymbol{x}} = \boldsymbol{A}\boldsymbol{x} - \boldsymbol{B}\boldsymbol{R}^{-1}\boldsymbol{B}^{\mathrm{T}}\boldsymbol{\lambda}(t) \tag{6.89}$$

上式与伴随方程比较，$\boldsymbol{\lambda}(t)$ 与 $\boldsymbol{x}(t)$ 互为线性关系，故可设

$$\boldsymbol{\lambda}(t) = \boldsymbol{P}(t)\boldsymbol{x} \tag{6.90}$$

其中，矩阵 $\boldsymbol{P}(t)$ 待定。

将上式代入(6.88)与(6.89)，有

最优控制律

$$\boldsymbol{u}^* = -\boldsymbol{R}^{-1}\boldsymbol{B}^{\mathrm{T}}\boldsymbol{P}(t)\boldsymbol{x} \tag{6.91}$$

闭环系统状态方程

$$\dot{\boldsymbol{x}} = [\boldsymbol{A} - \boldsymbol{B}\boldsymbol{R}^{-1}\boldsymbol{B}^{\mathrm{T}}\boldsymbol{P}(t)]\boldsymbol{x} \tag{6.92}$$

这样构成状态反馈最优调节器闭环系统如图 6.8 所示。

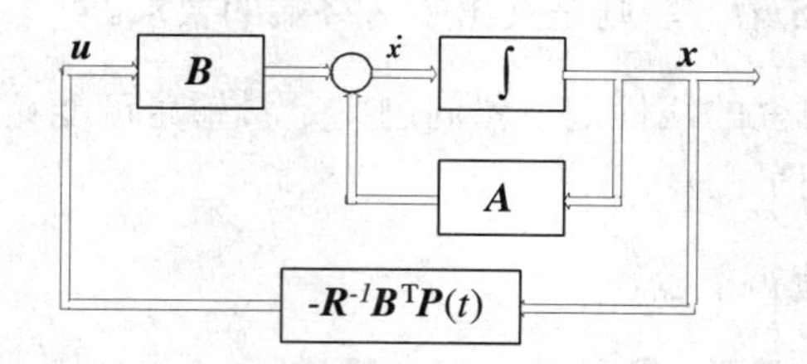

图 6.8　状态反馈最优调节器闭环系统

现在问题的关键是如何求 $\boldsymbol{P}(t)$。对(6.90)求导，得

$$\begin{aligned}\dot{\boldsymbol{\lambda}}(t) &= \dot{\boldsymbol{P}}(t)\boldsymbol{x} + \boldsymbol{P}(t)\dot{\boldsymbol{x}} \\ &= \dot{\boldsymbol{P}}(t)\boldsymbol{x} + \boldsymbol{P}(t)[\boldsymbol{A} - \boldsymbol{B}\boldsymbol{R}^{-1}\boldsymbol{B}^{\mathrm{T}}\boldsymbol{P}(t)]^{\mathrm{T}}\boldsymbol{x} \\ &= [\dot{\boldsymbol{P}}(t) + P(t)\boldsymbol{A} - \boldsymbol{P}(t)\boldsymbol{B}\boldsymbol{R}^{-1}\boldsymbol{B}^{\mathrm{T}}\boldsymbol{P}(t)]\boldsymbol{x}\end{aligned}$$

将(6.90)代入伴随方程，有

$$\dot{\boldsymbol{\lambda}}^*(t) = [-\boldsymbol{Q} - \boldsymbol{A}^{\mathrm{T}}\boldsymbol{P}(t)]\boldsymbol{x}$$

则有

$$[\dot{\boldsymbol{P}}(t) + \boldsymbol{P}(t)\boldsymbol{A} - \boldsymbol{P}(t)\boldsymbol{B}\boldsymbol{R}^{-1}\boldsymbol{B}^{\mathrm{T}}\boldsymbol{P}(t) + \boldsymbol{A}^{\mathrm{T}}\boldsymbol{P}(t) + \boldsymbol{Q}]\boldsymbol{x} = 0$$

由 $\boldsymbol{x}(t)$ 的任意性，则其系数矩阵为零，移项有

$$\dot{\boldsymbol{P}}(t) = -\boldsymbol{P}(t)\boldsymbol{A} - \boldsymbol{A}^{\mathrm{T}}\boldsymbol{P}(t) + \boldsymbol{P}(t)\boldsymbol{B}\boldsymbol{R}^{-1}\boldsymbol{B}^{\mathrm{T}}\boldsymbol{P}(t) - \boldsymbol{Q} \tag{6.93}$$

这是微分黎卡提(Riccati)方程，由此可以解出 $\boldsymbol{P}(t)$，求解方法多用数值解。显然有 $\boldsymbol{P}^{\mathrm{T}}(t) = \boldsymbol{P}(t)$，$\boldsymbol{P}(t)$ 为对称矩阵。下面给出其边界条件。

由(6.90)及横截条件有

$$\boldsymbol{\lambda}(t_f) = \boldsymbol{S}\boldsymbol{x}(t_f) = \boldsymbol{P}(t_f)\boldsymbol{x}(t_f)$$

故有

$$\boldsymbol{P}(t_f) = \boldsymbol{S}$$

综上所述，归纳为如下定理。

定理 6.1 对线性定常系统 $\dot{\boldsymbol{x}} = \boldsymbol{A}\boldsymbol{x} + \boldsymbol{B}\boldsymbol{u}, \boldsymbol{x}(t_0) = \boldsymbol{x}_0$，性能指标为

$$\boldsymbol{J} = \frac{1}{2}\boldsymbol{x}(t_f)\boldsymbol{S}\boldsymbol{x}(t_f) + \frac{1}{2}\int_{t_0}^{t_f}(\boldsymbol{x}^{\mathrm{T}}\boldsymbol{Q}\boldsymbol{x} + \boldsymbol{u}^{\mathrm{T}}\boldsymbol{R}\boldsymbol{u})\mathrm{d}t$$

的有限时间最优调节器的充分必要条件是

最优控制

$$\boldsymbol{u}^* = -\boldsymbol{R}^{-1}\boldsymbol{B}^{\mathrm{T}}\boldsymbol{P}(t)\boldsymbol{x}$$

最优状态轨线

$$\begin{cases}\dot{\boldsymbol{x}} = [\boldsymbol{A} - \boldsymbol{B}\boldsymbol{R}^{-1}\boldsymbol{B}\boldsymbol{P}(t)]\boldsymbol{x} \\ \boldsymbol{x}(t_0) = \boldsymbol{x}_0\end{cases}$$

最优性能指标值

$$\boldsymbol{J}^* = \frac{1}{2}\boldsymbol{x}^{\mathrm{T}}(t_0)\boldsymbol{P}(t_0)\boldsymbol{x}(t_0)$$

式中，$\boldsymbol{P}(t)$ 是对称矩阵，当 $\boldsymbol{Q}$ 是半正定时，$\boldsymbol{P}(t)$ 也是半正定；当 $\boldsymbol{Q}$ 是正定时，$\boldsymbol{P}(t)$ 也正定。且是下面微分黎卡提方程的解

$$\begin{cases}\dot{\boldsymbol{P}}(t) = -\boldsymbol{P}(t)\boldsymbol{A} - \boldsymbol{A}^{\mathrm{T}}\boldsymbol{P}(t) + \boldsymbol{P}(t)\boldsymbol{B}\boldsymbol{R}^{-1}\boldsymbol{B}^{\mathrm{T}}\boldsymbol{P}(t) - \boldsymbol{Q} \\ \boldsymbol{P}(t_f) = \boldsymbol{S}\end{cases}$$

说明：(1) 该定理不作证明。下面给出 $\boldsymbol{J}^* = \frac{1}{2}\boldsymbol{x}^{\mathrm{T}}(t_0)\boldsymbol{P}(t_0)\boldsymbol{x}(t_0)$ 的推导思路：

$$\frac{\mathrm{d}}{\mathrm{d}t}[\boldsymbol{x}^{\mathrm{T}}\boldsymbol{P}(t)\boldsymbol{x}] = \dot{\boldsymbol{x}}^{\mathrm{T}}\boldsymbol{P}(t)\boldsymbol{x} + \boldsymbol{x}^{\mathrm{T}}\dot{\boldsymbol{P}}(t)\dot{\boldsymbol{x}} + \boldsymbol{x}^{\mathrm{T}}\boldsymbol{P}(t)\dot{\boldsymbol{x}}$$

将 $\dot{\boldsymbol{x}}$ 用状态方程，$\boldsymbol{P}(t)$ 用黎卡提方程代入，且 $\boldsymbol{u} = \boldsymbol{u}^*, \boldsymbol{x} = \boldsymbol{x}^*$ 时有

$$\frac{\mathrm{d}}{\mathrm{d}t}[\boldsymbol{x}^{*\mathrm{T}}\boldsymbol{P}(t)\boldsymbol{x}^{*}]=-\boldsymbol{x}^{*\mathrm{T}}\boldsymbol{Q}\boldsymbol{x}^{*}-\boldsymbol{u}^{*\mathrm{T}}\boldsymbol{R}\boldsymbol{u}^{*}$$

积分整理后有

$$\begin{aligned}
\boldsymbol{J}^{*}&=\frac{1}{2}\boldsymbol{x}^{*\mathrm{T}}(t_f)\boldsymbol{S}\boldsymbol{x}^{*}(t_f)+\frac{1}{2}\int_{t_0}^{t_f}(\boldsymbol{x}^{*\mathrm{T}}\boldsymbol{Q}\boldsymbol{x}^{*}+\boldsymbol{u}^{*\mathrm{T}}\boldsymbol{R}\boldsymbol{u}^{*})\mathrm{d}t\\
&=\frac{1}{2}\boldsymbol{x}^{*\mathrm{T}}(t_f)\boldsymbol{S}\boldsymbol{x}^{*}(t_f)-\frac{1}{2}\int_{t_0}^{t_f}\frac{\mathrm{d}}{\mathrm{d}t}[\boldsymbol{x}^{*\mathrm{T}}\boldsymbol{P}(t)\boldsymbol{x}^{*}]\\
&=\frac{1}{2}\boldsymbol{x}^{*\mathrm{T}}(t_f)\boldsymbol{S}\boldsymbol{x}^{*}(t_f)-\frac{1}{2}\boldsymbol{x}^{*\mathrm{T}}(t_f)\boldsymbol{P}(t)\boldsymbol{x}^{*}(t_f)\Big|_{t_0}^{t_f}\\
&=\frac{1}{2}\boldsymbol{x}^{\mathrm{T}}(t_0)\boldsymbol{P}(t_0)\boldsymbol{x}(t_0)
\end{aligned}$$

(2) 微分黎卡提方程是非线性微分方程，一般不易求解析解，为此，求解最优控制的稳态解，即求解代数黎卡提方程。当$t_f\to\infty$时，根据终值条件，$\boldsymbol{P}(t_f)=\boldsymbol{S}$，因此，其导数项为 0，得到代数黎卡提方程。

[例 6.5] 线性系统为 $\dot{\boldsymbol{x}}=\begin{pmatrix}0&1\\-4&-2\end{pmatrix}\boldsymbol{x}+\begin{pmatrix}0\\1\end{pmatrix}\boldsymbol{u}$。其目标函数是

$$\boldsymbol{J}=\frac{1}{2}\int_0^{\infty}\left\{\boldsymbol{x}^{\mathrm{T}}\begin{pmatrix}400&200\\200&100\end{pmatrix}\boldsymbol{x}+\boldsymbol{u}^{\mathrm{T}}[1.6667]\boldsymbol{u}\right\}\mathrm{d}t$$

最优控制。

[解] MATLAB 程序如下。

```
%6587 件名 ch6ex5
a=[0 1;-4 -2];b=[0;1];Q=[400 200;200 100];R=1.6667;
[K,P,E]=lqr(a,b,Q,R);  %直接求解线性二次型最优控制函数,K 是反馈矩阵,P 黎卡提方
                       %态解,E 是采用最优控制规律后,组成闭环系统的特征根。
```

程序运行结果显示：

$$\boldsymbol{K}=(11.9999,7.3808)$$

$$\boldsymbol{P}=\begin{pmatrix}36.8224&20.0001\\20.0001&12.3015\end{pmatrix}$$

最优控制变量与状态变量之间的关系是：

$$u^{*}=-11.9999x_1(t)-7.3808x_2(t)$$

绘制最优控制和状态轨迹的程序如下。

```
figure('pos',[50,50,200,150],'color','w');
axes('pos',[0.15,0.14,0.72,0.72]);
ap=[a-b*K];bp=b;c=[1,0];d=0;
[ap,bp,cp,dp]=augstate(ap,bp,c,d);
cp=[cp;-K];dp=[dp;0];
G=ss(ap,bp,cp,dp);[y,t,x]=step(G);
plotyy(t,y(:,2:3),t,y(:,4));
[ax,h1,h2]=plotyy(t,y(:,2:3),t,y(:,4));
axis(ax(1),[0 2.5 0 0.1]);
axis(ax(2),[0 2.5 -1 0]);
```

程序运行结果如图 6.9 所示。其中 U*为最优控制律，x_1 和 x_2 分别为系统最优状态曲线。

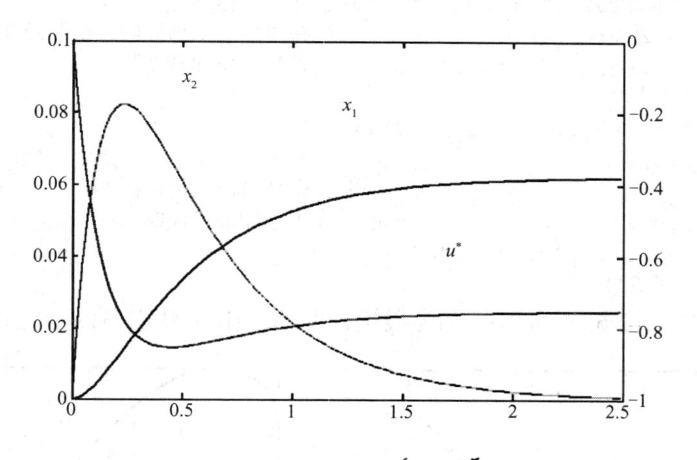

图 6.9　例 6.5 系统仿真结果

6.7　MATLAB 在最优控制中的应用

[例 6.6 MATLAB 程序]

状态方程、拉格朗日方程的拉式变换可得：s*X−X0=U; X−(s*U−U0)=0

联立两方程求解　可得：X=s*X0/(s^2−1)+U0/(s^2−1)

程序：

```
%文件名 ch6ex6
syms X X0 U U0 s t xtf tf                 % 定义参数
X=s*X0/(s^2-1)+U0/(s^2-1)
y=ilaplace(X)                             % 求拉氏反变换
y1=subs(y,{t},{tf})                       % 代入边界条件
y2=y1-xtf
u0=solve(y2,'U0')                         % 求 u0 的解
xstar=subs(y,{U0},{u0})                   % 把 u0 代入 y 求最优轨线 x*
ustar=diff(xstar,'t')                     % 对 x*求导得到最优控制 u*
```

[例 6.7 MATLAB 程序]

```
%文件名 ch6ex7
syms x1 x2 lmd1 lmd2 u                    % 定义参数
[lmd1,lmd2,x1,x2]=dsolve('Dx1=x2','Dx2=-lmd2','Dlmd2=-lmd1','Dlmd1=0','
x1(0)=1','x2(0)=1','x1(2)=0','x2(2)=0')% 代入状态方程，边界条件求解微分方程组得最优
                                          %轨线
u=-lmd2                                   % 求最优控制 u*
figure('pos',[50,50,350,120],'color','w')
                                          % 创建图形(图形位置 x=50,y=50,图形对象宽度
                                          % 350,高度 120
```

```
xstar=[x1,x2]
axes('pos',[0.13,0.13,0.35,0.75]) % 建立坐标轴
ezplot(u,[0,2]);                   % 在坐标[0,2]区间上绘制最优控制 u*轨线
set(gca,'fonts',8,'fontw','b')     % 设当前作标轴参数
title('最优控制')
axes('pos',[0.60,0.13,0.35,0.75])
ezplot(x1,[0,2])                   % 在坐标[0,2]区间上绘制最优控制 x1*轨线
hold on                            % 保持当前的坐标图不变
ezplot(x2,[0,2])                   % 再绘制最优控制 x2*
set(gca,'fonts',8,'fontw','b')
title('最优轨线')
```

程序运行结果如图 6.10 所示：(a)为最优控制律，(b)为状态 x 的最优轨线。

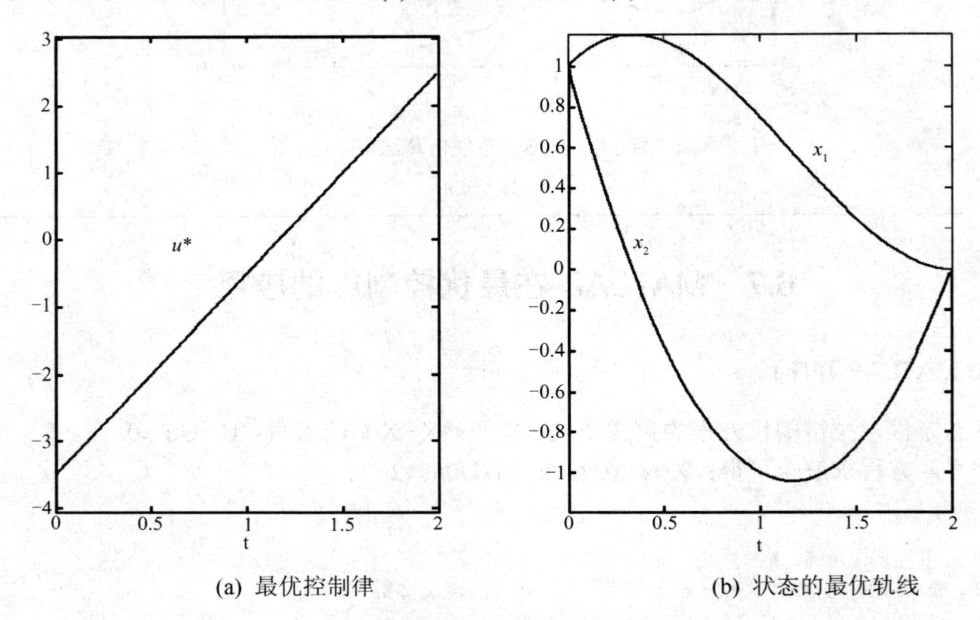

(a) 最优控制律　　(b) 状态的最优轨线

图 6.10　例 6.7 程序运行结果

[例 6.8 MATLAB 程序]

```
%文件名 ch6ex8
syms H lmd x u;                         % 定义参数
H=0.5*x^2+0.5*u^2+lmd*(-x+u);           % 列 Hamilton 函数
Dlmd=-jacobian(H,'x');                  % 对 Hamilton 函数求 x 的偏导
u=solve(jacobian(H,'u'),'u');           % 对 Hamilton 函数求 u 的偏导并求解 u
[lmd,x]=dsolve('Dx=-x-lmd','Dlmd=-x+lmd','x(0)=1','lmd(1)=0');
                                        % 代入边界条件 x(0)=1, λ(1)=0 求解微
                                        % 分方程组
xstar=x;                                % 求最优轨线 x*
ustar=-lmd;                             % 求最优控制 u*
figure('pos',[50,50,350,120],'color','w');
                   % 创建图形(图形位置 x=50,y=50,图形对象宽度 350,高度 120
axes('pos',[0.13,0.13,0.35,0.75]);      % 建立坐标轴
ezplot(ustar,[0,1]);                    % 在坐标[0,1]区间上绘制最优控制 u*轨线
set(gca,'fonts',8,'fontw','b');         % 设当前坐标轴参数
```

```
title('最优控制');
axes('pos',[0.60,0.13,0.35,0.75]);
ezplot(xstar,[0,1]);                    % 在坐标[0,1]区间上绘制最优控制 x*轨线
set(gca,'fonts',8,'fontw','b');
title('最优轨线');
```

程序运行结果为最优控制$\boldsymbol{u}^*$与最优轨线$\boldsymbol{x}^*$如图 6.11。

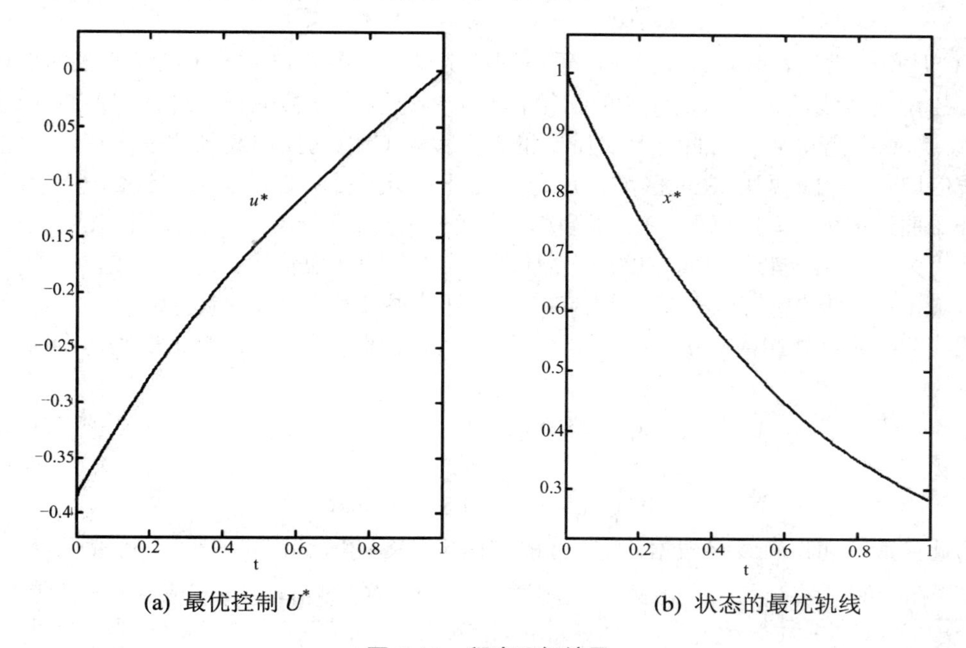

(a) 最优控制 U^*　　　　(b) 状态的最优轨线

图 6.11　程序运行结果

[例 6.9 Simulink 进行仿真]

建立最短时间控制系统的仿真框图如图 6.12 所示。框图说明如下：S1 和 S2 是积分环节，组成开环系统，初始值由 X10 和 X20 提供，X1 和 X2 是两个状态变量，用同名的显示器显示其数据。X_Y 是相平面显示，用于显示状态轨线。Sw 是开关，由 Sum 的输出控制，显示器 U 显示控制信号的数据。

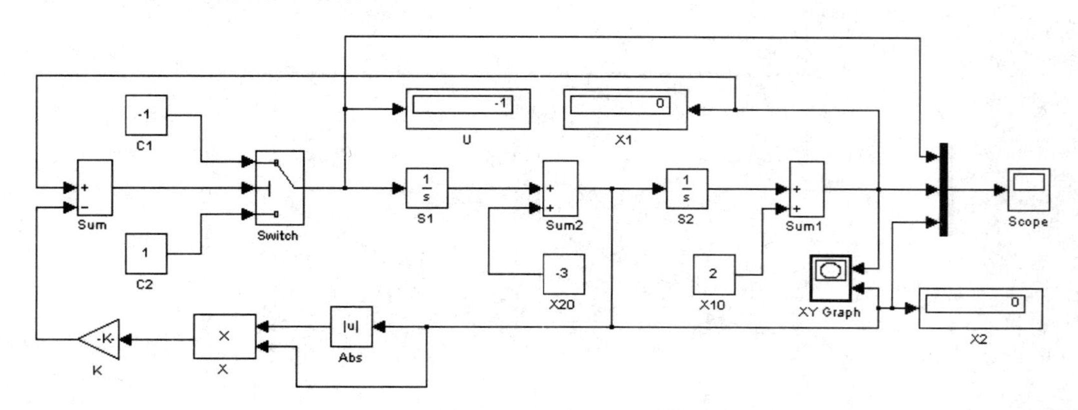

图 6.12　最短时间控制系统仿真框图

控制信号的确定：当控制信号：$u=1$时，有

$$\dot{x}_1=x_2;\quad \dot{x}_2=u=1$$

因此

$$\mathrm{d}x_1/\mathrm{d}x_2=x_2;\quad x_1=0.5x_2^2+\mathrm{C}$$

同样，当$u=-1$时，有

$$\mathrm{d}x_1/\mathrm{d}x_2=-x_2;\quad x_1=-0.5x_2^2+\mathrm{C}$$

式中，C是积分常数，不同的数据对应于不同的切换轨线图6.13中标有C_+和C_-的切换轨线是最终的切换轨线，它表示在任意的初始状态下，总要通过其中一条最终切换轨线达到平衡点(原点)。切换发生在该曲线上，凡是在切换后从C_+的切换曲线到达平衡点的，它的开始曲线应取$u=-1$，即取R_-的区域，反之，凡是在切换后从C_-的切换曲线到达平衡点的，它的开始曲线应取$u=1$，即取R_+的区域。从某一初始点开始，如该点位于R_-的区域，则控制作用为$u=-1$，沿开口向左的切换曲线移动到C_+的切换轨线到达平衡点。如该点位于R_+的区域，则控制作用为$u=1$，沿开口向右的切换曲线移动到C_-的切换

轨线，在交点处切换成$u=-1$，沿C_-的切换轨线到达平衡点。C_-和C_+的切换曲线用方程表示为

$$x_1=\pm 0.5x_2^2$$

或表示为

$$\sigma(x_1,x_2)=x_1-0.5|x_2|x_2=0$$

因此，最终切换轨线将根据$\sigma(x_1,x_2)$的值确定，R_+的区域，其值小于0，R_-的区域其值大于0。在控制系统框图中，用Abs模块对X2信号取绝对值，用×完成X2和其绝对值的乘积，用Sum完成计算$\sigma(x_1,x_2)$的值，当其值大于0，则控制信号取-1，当其值小于0，则控制信号取1。C1和C2用于提供控制信号，由Sw进行选择。

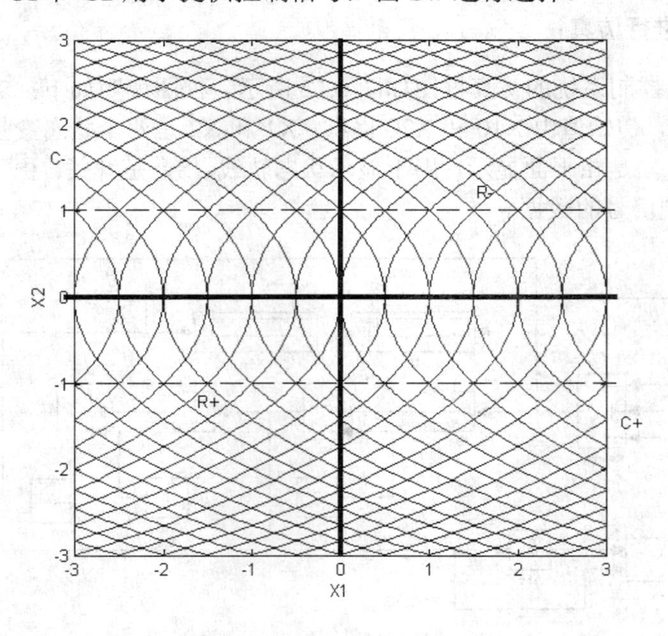

图6.13　系统相图和切换曲线

仿真结果显示如图 6.14 所示。图中，状态初始点在 X10=2，X20=−3 处。既位于 R_+ 的区域，其值小于 0，则控制信号取 1，然后状态变量沿着切换轨线移动到 C_-的切换轨线时，控制信号切换成−1，并沿 C_-的切换轨线到达平衡点。改变初始状态数据将影响最优状态的轨线。图 6.15 显示从初始点开始的状态轨线，控制信号轨线和切换时间。切换时间发生在 4.58s，该控制系统在最优控制作用下以最短时间 6.16s 到达平衡点

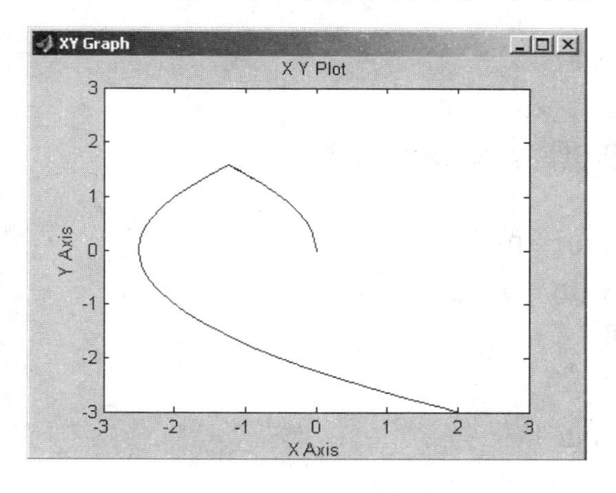

图 6.14　最短时间控制相平面

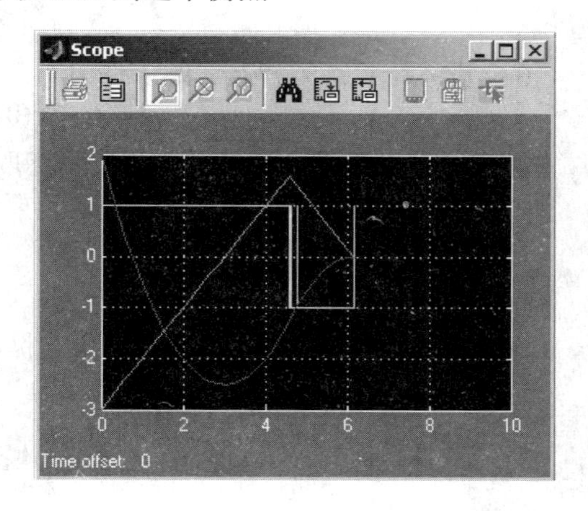

图 6.15　最短时间控制状态轨线

6.8　小　　结

所谓最优控制，就是在给定的控制域中，寻找合适的控制，使评价系统控制性能好坏的性能指标取得极值，这样所选取的控制称为最优控制。本章首先介绍最优控制的基本概念，其次讨论在控制作用不受约束时实现最优控制的必要条件，然后是最小值原理及线性二次最优控制问题，最后介绍 MATLAB 在最优控制中的应用。

6.9　习　　题

6.1 用薄铁皮做一个有盖的圆柱形水桶，其表面积为 A_0，希望水桶的容量为最大。试用拉格朗日乘子法及嵌入法决定水桶的高度及底面半径。

6.2 试用拉格朗日乘子法及嵌入法求从原点(0,0,0)至下列平面的最短距离。

$$ax_1+bx_2+cx_3+d=0$$

6.3 设系统状态方程及边界条件为

$$\dot{\boldsymbol{x}}=\boldsymbol{u},\quad \boldsymbol{x}(0)=16,\quad \boldsymbol{x}(t_f)=0$$

试求最优控制 $\boldsymbol{u}(t)$，使下列性能指标

$$\boldsymbol{J}=t_f^2+\frac{1}{2}\int_0^{t_f}\boldsymbol{u}^2\mathrm{d}t$$

取最小值。

6.4 求从 $x(0)=1$ 到直线 $x(t)=2-t$ 之间距离最短的曲线及最优终端时间。

6.5 系统状态方程及边界条件为

$$\begin{cases}\dot{x}_1 = x_2 \\ \dot{x}_2 = u\end{cases} \qquad \begin{cases}\dot{x}_1(0)=1 \\ \dot{x}_2(0)=1\end{cases} \qquad \begin{cases}x_1(0)=0 \\ x_2(0)=0\end{cases}$$

试求最优控制使下列指标取极值并求最优轨线。

$$\boldsymbol{J}=\frac{1}{2}\int_0^1 \boldsymbol{u}^2 \mathrm{d}t$$

6.6 设系统状态方程及初始条件为

$$\dot{\boldsymbol{x}}=\boldsymbol{u}；\boldsymbol{x}(0)=1；\boldsymbol{x}(t_f)=0$$

t_f 未给定，试求最有控制及 t_f 使下列指标取极值，并求出最优轨线。

6.7 设系统状态方程及初始条件为

$$\dot{x}_1 = x_1, \qquad x_1(0)=0$$
$$\dot{x}_2 = u, \qquad x_2(0)=0$$

中断状态受如下约束 $M = x_1(1)+x_2(1)-1=0$

试求最优控制是下列性能指标

$$\boldsymbol{J}=\frac{1}{2}\int_0 u^2(t)\mathrm{d}t$$

取极小值，且求出最优轨线。

6.8 设一阶离散系统方程为

$$\boldsymbol{x}(k+1)=\boldsymbol{x}(k)+a\boldsymbol{u}(k)$$

边界条件为：$\boldsymbol{x}(0)=1, \boldsymbol{x}(10)=0$ 。试求最优控制序列，使下列性能指标

$$\boldsymbol{J}=\frac{1}{2}\sum_{K=0}^{9}\boldsymbol{u}^2(k)$$

取极小值，并求出状态序列。

6.9 设系统状态方程及边界条件为

$$\dot{\boldsymbol{x}}=\boldsymbol{u}\,， \qquad \boldsymbol{x}(t_0)=\boldsymbol{x}_0\,，\ \boldsymbol{x}(T)=0$$

试求最优控制是指标 $\boldsymbol{J}=\frac{1}{2}\int_{t_0}^{\mathrm{T}} \boldsymbol{u}^2 \mathrm{d}t$ 取极值，并求出最优轨线及最优性能指标。

6.10 设系统状态方程及边界条件为

$$\dot{\boldsymbol{x}}=\boldsymbol{u}\,，\ \boldsymbol{x}(0)=1\,，\ \boldsymbol{x}(t_f)=0$$

试求最有控制及 t_f 使 $\boldsymbol{J}=t_f^2+\int_0^{t_f} \boldsymbol{u}^2(t)\mathrm{d}t$ 取极值。

6.11 设系统状态方程为

$$\dot{\boldsymbol{x}}_1=\boldsymbol{x}_2\,，\ \dot{\boldsymbol{x}}_2=\boldsymbol{u}$$

试确定最优控制 $u(t)$，使下列性能指标

$$\boldsymbol{J}=\int_0^{\infty}\frac{1}{2}\left(x_1^2+\boldsymbol{u}^2\right)\mathrm{d}t$$

取极小值。

6.12 设有下列受控系统状态方程：

(1) $\begin{bmatrix} \dot{x}_1 \\ \dot{x}_2 \end{bmatrix} = \begin{bmatrix} -1 & 0 \\ 0 & -2 \end{bmatrix} \begin{bmatrix} x_1 \\ x_2 \end{bmatrix} + \begin{bmatrix} 0 \\ 1 \end{bmatrix} \boldsymbol{u}$　　(2) $\begin{bmatrix} \dot{x}_1 \\ \dot{x}_2 \end{bmatrix} = \begin{bmatrix} 1 & 0 \\ 0 & 1 \end{bmatrix} \begin{bmatrix} x_1 \\ x_2 \end{bmatrix} + \begin{bmatrix} 0 \\ 1 \end{bmatrix} \boldsymbol{u}$

(3) $\begin{bmatrix} \dot{x}_1 \\ \dot{x}_2 \end{bmatrix} = \begin{bmatrix} 0 & 1 \\ 0 & 1 \end{bmatrix} \begin{bmatrix} x_1 \\ x_2 \end{bmatrix} + \begin{bmatrix} 0 \\ 1 \end{bmatrix} \boldsymbol{u}$

试分别研究有无最优控制使下列性能指标

$$\boldsymbol{J} = \frac{1}{2} \int_0^{\infty} \left(x_1^2 + x_2^2 + \boldsymbol{u}^2 \right) \mathrm{d}t$$

取极小值？是否存在正定矩阵 $\hat{\boldsymbol{K}}$ ？分析受控系统状态可控性、稳定性与最优解的关系。

第 7 章　自适应控制系统

自适应对象是那些存在不定性的系统。这种控制应首先能在控制系统的运行过程中，通过不断地量测系统的输入、状态、输出或性能参数，逐渐了解和掌握对象。然后根据所得的过程信息，按一定的设计方法，做出控制决策去更新系统控制器的结构、参数或控制作用，以便在某种意义下使控制效果达到最优或次最优，或达到某个预期目标。按此设计思想建立的控制系统便是自适应控制系统。

7.1　自适应控制的任务

倘若过程的脉冲响应函数或传递函数已知，则可用经典控制理论设计一种控制器，使控制系统的过渡过程指标，如超调量、振荡次数、过渡时间和通频带等符合要求。如果掌握了过程的运动方程，就可以用最优控制理论设计一种最优控制器，使控制系统的某项性能指标达到最佳。例如，产品产量最高、质量最好、能耗最少、成本最低、运行时间最短、跟踪指令信号的速度最快以及输出方差最小，等等。但是，如果我们对受控系统本身的动力学特殊性未知或不完全掌握，或者在运行过程中发生了实现未知的变化，则上述控制设计方法就无法实现，或者即便能实现但实际控制效果却很差，甚至出现不稳定现象。

然而，由于种种原因，要实现完全掌握受控系统的动力学特性几乎是不可能的。受控系统动态特性的这种未知性质成为不定性。概括地讲，形成受控系统不定性的原因如下。

(1) 现代工业装置的特征是既精细又复杂，所以除了比较简单的情形外，一个受控系统总是或多或少具有某些非线性、时变性、分布性和随机性。因此，单纯依靠机理分析无法确知它的动态特性，必须辅以一定的实验才能获得描述它的某种近似的数学模型。这种近似性是由于实验装置、测量仪表、实验方法、试验实践和实验费用的限制所造成。从这个意义上讲，所有过程的数学模型都是近似的，受控系统的结构和参数存在不定性是一种普遍现象。

(2) 一般地讲，环境特性对过程的影响是不可避免的。例如，空间飞行器的空气动力学参数随飞行高度、飞行速度和大气条件的变化在大范围内发生变化；化学反应过程的参数随环境温度和湿度的变化而变化；传播的动态特性随水域状态而变化，等等。环境干扰可分为随机干扰和突发性干扰，前者如各种各样的噪声，后者如大雨、阵风或负荷突变等。这些干扰有的不能量测，有的虽然能量测但无法预计它们的变化。因此，环境干扰也必然在受控系统中引入某种不定性。

(3) 过程本身的特性在运行过程中也会发生变化。例如，空间飞行器的质量和重心随燃料的消耗而变化，化学反应速度随催化剂活性的衰减而变慢，机械手的动态特性随臂的伸曲变化，等等。这类变化都具有相当的不稳定性。

总之，任何受控系统都存在不定性，仅强弱程度不同而已。因此可以断言，一个实际系统的数学模型不可能描述它的全部动态特性。未被描述的那部分动态特性称为未建模动力学特性，已被描述的那部分动态特性成为已建模动力学特性。这两种动力学特性显然都具有不定性，而且前者强于后者。

面对如此众多的具有较强不定性的受控系统，如何设计一个满意的控制器，就是自适应控制的任务。这意味着，当对受控系统特性尚未完全掌握，系统本身又存在不可忽视的不定性时，采用自适应控制方案是控制人员的一种合乎逻辑的抉择。与具有不定性的确定性定常系统相比，对一个具有不定性的随机非线性时变系统施加自适应控制显然要困难得多。

由此可见，一个自适应控制系统必然具有下列三个特征。

1. 过程信息的在线积累

在线积累过程信息的目的，是为了降低受控系统原有的不定性。为此可用系统辨识的方法在线辨识受控系统的结构和参数，直接积累过程信息；也可通过量测能反映过程状态的某些辅助变量，间接积累过程信息；在系统辨识中，结构辨识比参数估计困难得多。

2. 可调控制器

可调控制器是指它的结构、参数或信号可以根据性能指标要求进行自动调整。这种可调性要求是由受控系统的不定性决定的，否则就无法对过程实现有效控制。

3. 性能指标的控制

性能指标的控制可分为开环控制方式和闭环控制方式两种。若与过程动态相关联的辅助变量可测，而且此辅助变量与可调控制器参数之间的关系又可根据物理学的知识和经验导出，这时就可通过此辅助变量直接调整可调控制器，以期达到预定的性能指标。这就是性能指标的开环控制，它的特点是没有根据系统实际达到的性能指标在作进一步的调整。与开环控制方式不同，在性能指标的闭环控制中，还要获取实际性能与预定性能之间的偏差信息，将其反馈后修改可调控制器，直到实际性能达到或接近预定性能为止。

7.2　自适应控制的理论问题

自适应控制系统常常兼有随机、非线性和时变等多种特征，内部机理也相当复杂，所以分析这类系统非常困难。目前广泛研究的理论课题主要集中在以下 3 个方面。

1. 稳定性

自适应控制系统的稳定性是指系统的状态、输入和输出以及参数的有界性。保证全局稳定性是自适应控制系统能正常工作的前提条件。目前，稳定性理论已成为研究模型参考自适应控制系统的主要理论基础。大多数模型参考自适应控制系统在分析其稳定性时，都可以归纳为研究一个误差模型，它由一个线性系统和一个非线性反馈环节所组成。关于稳定性的一个主要结论是：如果误差模型线性部分的传递函数是严格正实的，而非线性部分是无源的，则闭环系统是稳定的。若线性系统的传递函数不是严格正实的，就用一个线性滤波器对误差进行滤波，使组合的传递函数是严格正实的。模型参考自适应控制系统的许多自适应律都由此导出。

然而，为使上述结果成立，须附加很强的假设条件，而这些条件在实际中往往难于满足，以致按稳定性理论设计的某些自适应控制系统在一定条件下仍会丧失稳定性。因此，建立新的理论体系，逐步放宽对被控对象及其环境的限制条件是当前迫切需要解决的理论问题。

2. 收敛性

一个自适应控制算法具有收敛性是指在给定的初始条件下，算法渐近地达到其预期目标并在收敛过程中保持系统所有的变量有界。

在许多自适应控制系统中，特别是在自校正控制中，需要采用各种形式的递推算法。当一个自适应控制算法能证明是收敛的，则可提高该算法在实际应用中的可信度。另外，收敛性的理论还有助于区分各种算法的优劣，指明改进算法的正确途径。因此，收敛性的研究对自适应控制系统具有重要的理论和实际意义。

由于自适应算法的非线性特性，对建立收敛性理论带来很大的困难。目前，只在有限的几类简单的自适应算法中取得了一定的结果。而且现有的收敛性结果局限性太大。假设条件限制过严，不便于实际应用。因此，收敛性仍然是普遍关注的理论课题。

3. 鲁棒性

自适应控制系统的鲁棒性，主要是指在存在扰动和未建模动力学特性的条件下，系统保持其稳定性和性能的能力。扰动能使系统参数产生严重的漂移，导致系统的不稳定，特别是存在未建模的高频动态特性的条件下，如果指令信号过大或有高频成分，或自适应增益过大，都可能使自适应控制系统丧失稳定性。现已提出的几种克服上述各种原因引起的不稳定方案，仍末达到令人满意的程度。因此，如何设计一个鲁棒性强的自适应控制系统是当前十分重要的理论课题。

自适应控制系统理论的建立基础是一般性稳定理论、不变性理论、最优系统理论、随机控制理论、随机逼近理论和双重控制理论。因此，自适应控制理论的发展和完善有赖于非自适应控制理论的发展和完善，也有赖于广泛的应用实践。

7.3　模型参考自适应系统

模型参考自适应系统的主要特点是实现容易、自适应速度快，并在许多领域中得到了应用。对于这类控制系统，1974 年法国的 Landau 给出了下述定义：一个自适应控制系统，就是利用它的可调系统的输入、状态和输出变量来度量某个性能指标，然后根据实测性能指标值与给定性能指标集相比较的结果，由自适应机构修正可调系统的参数，或者产生一个辅助信号，以保持系统的性能指标接近给定的性能指标集。

模型参考自适应控制系统由以下几个部分组成：即参考模型、被控对象、反馈控制器和调整控制器参数的自适应机构等部分，如图 7.1 所示。从图 7.1 可以看出，这类控制系统包含两个环路：内环和外环。内环是由被控对象和控制器组成的普通反馈回路，而控制器的参数则由外环调整。参考模型的输出 y_m 就是对象输出 y 的期望值。控制器参数的自适应调整过程为：当参考输入 $r(k)$ 同时加到系统和参考模型的入口时，由于对象的初始参数未知，控制器的初始参数不会调整得很好。因此，系统的输出响应 $y(k)$ 在初始运行时与模型的输出响应 $y_m(k)$ 也不会完全一致，结果产生偏差信号 $e(k)$，由 $e(k)$ 驱动自适应机构，产生适当的调节作用，直接改变控制器的参数，从而使系统输出 $y(k)$ 逐渐逼近模型输出 $y_m(k)$，直到 $y(k)=y_m(k)$， $e(k)=0$ 为止。当 $e(k)=0$ 后，自适应参数调整过程就自动停止了。

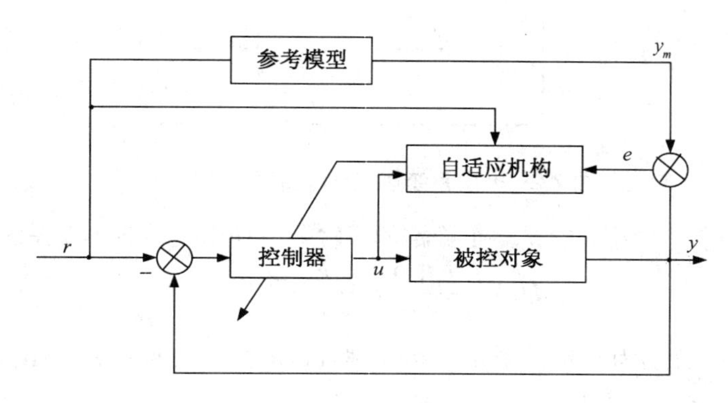

图 7.1　模型参考自适应控制系统

当对象特性在运行过程中发生了变化，这时控制器参数的自适应调整过程与上述过程相同。设计这类自适应控制系统的核心问题是如何综合自适应调整规律(简称自适应律)，即自适应所遵循的算法。目前，自适应律的设计存在两类不同的方法。一种称为局部参数最优方法，即利用梯度或其他参数优化的递推算法，求出一组控制器的参数，使得某个预定的性能指标，如 $\int e^2(k)\mathrm{d}k$ 达到最小。最早的 MIT 自适应律就是利用这种方法求得的。这种方法的缺点是不能确保所设计的自适应系统的全局渐近稳定性。甚至对简单的受控对象，在某些输入信号作用下，控制系统也可能丧失稳定性。自适应律的另一种设计方法是基于稳定性理论的方法，其基本思想是保证控制器参数自适应调节过程是稳定的。因此，这种自适应律的设计自然要采用适用于非线性系统的稳定性理论。李雅普诺夫稳定性理论和 Popov 的超稳定性理论都是设计自适应律的有效工具。由于保证系统稳定性是任何闭环控制系统的基本要求，所以基于稳定性理沦的设计方法引起了更广泛的关注。

下面，用一个一阶系统为例子，介绍模型参考自适应控制的基本思想，包括控制器的结构和自适应率的设计。

[例 7.1] (1) 自适应律的推导。假设被控对象是一个一阶线性时不变系统，如图 7.2 所示。它的传递函数为

$$P(s)=\frac{y_P(s)}{u(s)}=\frac{k_P}{s+a_P} \tag{7.1}$$

式中， $y_P(s)$、$u(s)$ 分别为对象输出和控制的拉式变换； k_P 和 a_P 是未知参数。

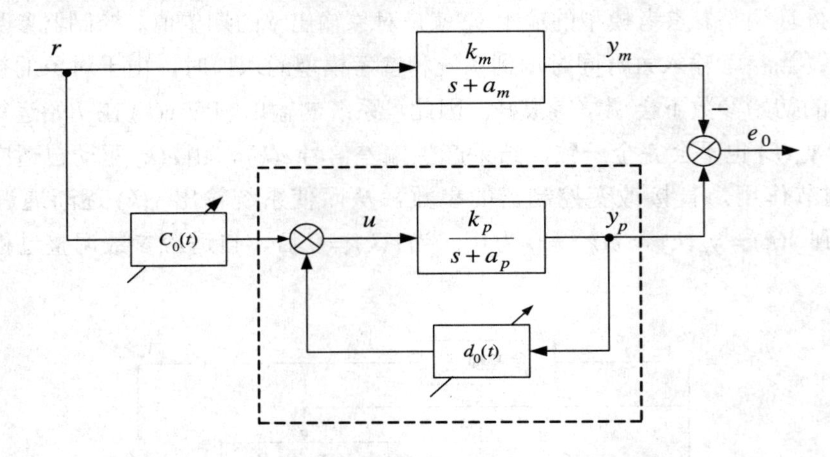

图 7.2　一阶系统模型参考自适应控制统

我们选择一个参考模型，它是一个稳定的单输入单输出线性时不变系统，其传递函数为

$$M(s)=\frac{y_m(s)}{r(s)}=\frac{k_m}{s+a_m} \tag{7.2}$$

式中，$y_m(s)$、$r(s)$ 分别为理想模型输出和控制 $r(k)$ 的拉氏变换；k_m 和 $a_m>0$ 可由设计者按期望的输出响应来任意选取。

控制的目标就是设计控制 $u(k)$ 使对象输出 $y_P(k)$ 能渐进跟踪参考模型的输出 $y_m(k)$，而且在整个控制过程中，所有系统中的信号都是有界的。

对象和模型的时域描述为

$$\dot{y}_p(k)=-a_P y_P(k)+k_P u(k) \tag{7.3}$$

$$\dot{y}_m(k)=-a_m y_m(k)+k_m r(k) \tag{7.4}$$

控制信号 $u(k)$ 可以由参考输入 $r(k)$ 和对象的输出信号 $y_P(k)$ 的线性组合而构成。图 7.2 中虚框线的部分是一个闭环可调系统，它由被控对象、前馈可调参数 $C_0(k)$ 和反馈可调参数 $d_0(k)$ 组成。$u(k)$ 的方程可以从图 7.2 中直接得出

$$u(k)=C_0(k)r(k)+d_0(k)y_P(k) \tag{7.5}$$

当 $C_0(k)$，$d_0(k)$ 等于其标称参数 C_0^*,d_0^* 时

$$C_0^*=\frac{k_m}{k_P},d_0^*=\frac{a_P-a_m}{k_P} \tag{7.6}$$

则可调系统的传递函数就可以和参考模型的传递函数完全匹配。由(7.3)和(7.5)可得

$$\begin{aligned}\dot{y}_P(t)&=-a_P y_P(k)+k_P[C_0(k)r(k)+d_0(k)y_P(k)]\\&=-[a_P-k_P d_0(k)]y_P(k)+k_P C_0(k)r(k)\end{aligned} \tag{7.7}$$

当 $C_0(k)=C_0^*,d_0(k)=d_0^*$ 时，上式简化为

$$\dot{y}_P(k)=-a_m y_P+k_m r(k) \tag{7.8}$$

正好与参考模型的方程一样。

为了分析方便，引入输出误差和参数误差及其动态方程，定义输出误差 e_0 为

$$e_0=y_P-y_m \tag{7.9}$$

定义参数误差 φ 为

$$\varphi=\begin{bmatrix}\varphi_r(k)\\ \varphi_y(k)\end{bmatrix}=\begin{bmatrix}C_0(k)-C_0^*\\ d_0(k)-d_0^*\end{bmatrix} \tag{7.10}$$

式(7.7)减式(7.4)得

$$\begin{aligned}\dot{e}_0&=-a_m(y_P-y_m)+(a_m-a_P+k_Pd_0)y_P+k_PC_0r-k_mr\\&=-a_m\mathrm{e}_0+k_P[(C_0-C_0^*)r+(d_0-d_0^*)y_P]\\&=-a_m\mathrm{e}_0+k_P[\varphi_rr+\varphi_yy_P]\end{aligned} \tag{7.11}$$

为简便起见，若 s 代表拉氏变换变量，有时也可理解为微分算子，则式(7.11)可以写成以下比较紧凑的形式

$$\dot{e}_0=\frac{k_P}{s+a_m}(\varphi_rr+\varphi_yy_P)=\frac{k_P}{k_m}M(\varphi_rr+\varphi_yy_P)=\frac{1}{C_0^*}M(\varphi_rr+\varphi_yy_P) \tag{7.12}$$

注意：此处的 $M(\varphi_rr+\varphi_yy_P)$ 代表对时域信号 $\varphi_rr+\varphi_yy_P$ 按传递函数 $M(\bullet)$ 的算子关系进行运算。方程式(7.12)是严格正实误差方程，因为 $M(s)$ 为严格正实函数。因此可考虑采用以下形式的可调参数自适应律

$$\begin{cases}\dot{c}_0=-ge_0r\\ \dot{d}_0=-ge_0y_p\end{cases}\quad(g>0) \tag{7.13}$$

这里有两点要求：$\dfrac{k_P}{k_m}>0$，一般 $k_m>0$ 由设计者选定，因此需要知道对象 k_P 的符号；M 是严格正实的。即参考模型的类别受到限制，只能是严格正实的传递函数。

首先假设 r 是有界的，所以 y_m 也是有界的，自适应控制系统的误差方程可用以下微分方程组描述

$$\begin{cases}\dot{e}_0=-a_me_0+k_P(\varphi_rr+\varphi_y\mathrm{e}_0+\varphi_yy_m)\\ \dot{\varphi}_r=-\mathrm{g}\mathrm{e}_0r\\ \dot{\varphi}_y=-\mathrm{g}\mathrm{e}_0^2-\mathrm{g}\mathrm{e}_0y_m\end{cases} \tag{7.14}$$

式中最后一个方程利用了 $y_P=e_0+y_m$ 的关系。选用以下李雅普诺夫函数

$$V(e_0,\varphi_r,\varphi_y)=\frac{e_0^2}{2}+\frac{k_P}{2g}(\varphi_r^2+\varphi_y^2) \tag{7.15}$$

沿式(7.14)的轨线对式(7.15)取时间导数有

$$\begin{aligned}\dot{V}=&-a_me_0^2+k_P\varphi_ye_0r+k_P\varphi_re_0^2+k_P\varphi_ye_0y_m\\&-k_P\varphi_re_0r-k_p\varphi_ye_0^2-k_P\varphi_ye_0y_m=-a_me_0^2\leqslant0\end{aligned}$$

因此，该自适应控制系统在李雅普诺夫稳定的意义下是稳定的。即对于任意初始条件，e_0,φ_r,φ_y 都是有界的。根据式(7.14)可知，$\dot{e}_0$ 也是有界的。既然 V 是单调减函数，而且有下界，即

$$\int_0^\infty\dot{V}\mathrm{d}k=-a_m\int_0^\infty e_0^2\mathrm{d}k=V(\infty)-V(0)<\infty$$

根据有关推论，当 $k\to\infty$ 时，$e_0(k)\to0$。

上述算法称为直接控制算法，因为这种自适应算法直接用来改进控制量的参数 C_0 和 d_0。还有间接控制方法，这里就不作介绍了。

(2) 自适应系统的结构。下面给出自适应控制系统的具体结构，如图 7.3 所示。图中 r_1, r_2 表示自适应调整回路的增益，虚框内部分由自适应的计算机软件或模拟计算机来实现。图中乘法符号上的信号 r，k_1，k_2 为自适应算法的系数。C_0^*，d_0^* 为自适应控制器的标称参数。即在正常情况下，由前馈增益 C_0^*，反馈增益 d_0^* 和对象 $k_P/(s+a_P)$ 所组成的反馈控制系统，其传递函数恰好与参考模型的传递函数相匹配。如果对象的参数 k_P 和 a_P 发生了变化，则误差 $e_0(k) \neq 0$。通过自适应律的信号调整，将使误差 $e_0(k) = 0$。可调系统与参考模型的输出将再次达到一致。

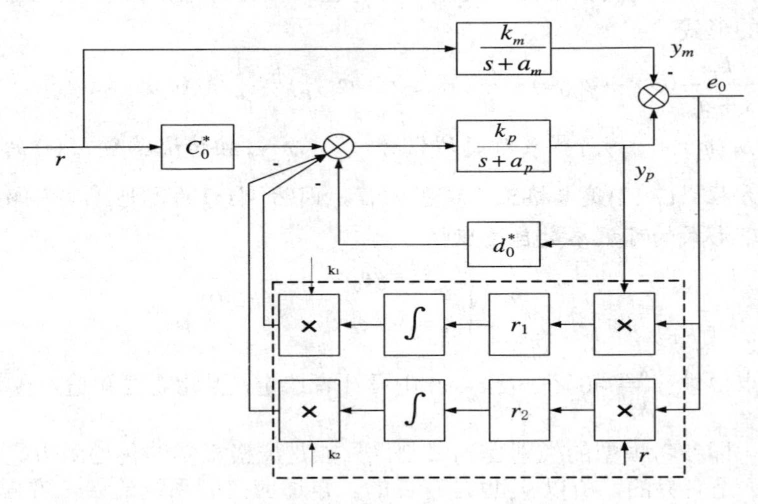

图 7.3　一阶自适应控制系统结构图

以上讨论的最简单的一阶系统自适应律的推导，这些基本思路，对于分析和设计复杂的高阶系统具有指导意义。

7.4　自校正控制系统

当过程的随机、时滞、时变和非线性特性比较明显时，采用常规的 PID 调节器很难收到良好的控制效果，甚至无法达到基本要求。此外，在初次运行或者工况发生变化时，都需要重新定 PID 参数，这非常耗费时间。如果采用自校正控制技术，上述问题都能得到圆满解决。理论分析和应用结果表明，自校正控制技术特别适用于结构部分已知和参数未知而恒定或缓慢变化的随机受控系统。由于大多数工业对象都具有这些特征，再加上自校正控制技术理解直观，实现简单且经济，所以它在工业过程控制中已得到了广泛的应用，现已成为十分重要的一类自适应控制系统。

Gibson 在 1962 年给出了自校正控制系统的定义：一个自校正控制系统必须连续地提供受控系统的当前状态信息，也就是必须对过程进行辨识，然后，将系统的当前性能与期望的或最优的性能进行比较，做出使系统趋向期望的或最优的性能的决策，最后，必须对控制器进行适当的修正，以驱使系统接近最优状态。这就是一个自适应控制系统必须具备的 3 个内在功能。

自校正控制系统的典型结构如图 7.4 所示。这类自适应控制系统的一个主要特点是具有一个被控对象数学模型的在线辨识环节。由于估计的是对象参数，而调节器参数还要求解一个设计问题方能得出。这种自适应调节器的内环包括被控对象和一个普通的线性反馈调节器，这个调节器的参数由外环调节，外环则由一个递推参数估计器和一个设计机构所组成。这种系统的过程建模和控制的设计都是自动进行的，每个采样周期刷新一次。这种结构的自适应控制器之所以称为自校正调节器，主要是为了强调控制器能自动校正自己的参数，以得到希望的闭环性能。

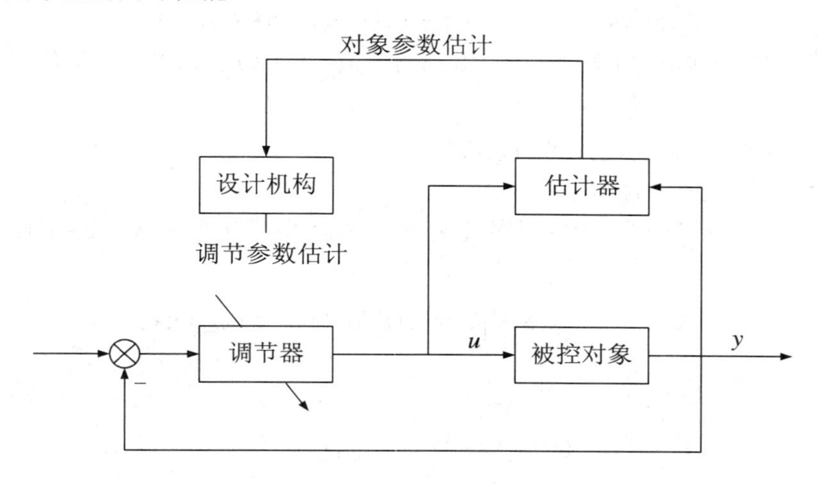

图 7.4 自校正调节器(STR)的结构图

自校正控制是目前应用最广的一类自适应控制方法，它的基本思想是将参数估计递推算法与各种不同类型的控制算法结合起来，形成一个能自动校正控制器参数的实时计算机控制系统。根据所采用的不同类型的控制算法，可以组成不同类型的自校正控制器。下面简要介绍基于单步预测的最小方差控制，广义最小方差控制，基于多步预报和滚动优化的预测控制。这三类控制算法，尽管复杂程度不同，但都是基于优化某种性能指标而设计的。而极点配置自校正抑制与 PID 自校正控制，这两类自校正控制算法则是基于经典控制理论而设计的。

1. 最小方差自校正控制器

最小方差自校正调节器，是 1973 年由 Àström 和 Wittenmark 提出的。它按最小输出方差为目标设计自校正控制律，用递推最小二乘估计算法直接估计控制器参数。它是一种最简单的自校正控制器。最小方差控制的基本思想是：由于一般工业对象存在纯延迟 d，当前的控制作用要滞后 d 个采样周期才能影响输出。因此，要使输出方差最小，就必须提前 d 步，对输出量做出预测。然后，根据所得的预测值来设计所需的控制。这样，通过连续不断的预测和控制，就能保证稳态输出方差为最小。因此，实现最小方差控制的关键在于预测。

1) 预测模型

已知被控对象的数学模型

$$A(z^{-1})y(k) = z^{-d}B(z^{-1})u(k) + C(z^{-1})\varepsilon(k) \tag{7.16}$$

式中

$$A(z^{-1})=1+a_1 z^{-1}+\cdots+a_{n_a} z^{-n_a}$$
$$B(z^{-1})=1+b_1 z^{-1}+\cdots+b_{n_b} z^{-n_b}\ ,E\{\varepsilon(k)\}=0\ \ ,E\{\varepsilon(i)\varepsilon(j)\}=\begin{cases}\sigma^2, i=j\\ 0,\ \ i\neq j\end{cases}$$
$$C(z^{-1})=1+c_1 z^{-1}+\cdots+c_{n_c} z^{-n_c}$$

假定$C(z^{-1})$是 Hurwitz 多项式，即$C(z^{-1})$的根位于 Z 平面的单位圆内。对于过程式(7.16)，到k时刻为止的所有输入输出观测数据可记作

$$\{y^*,u^*\}=\{y(k),y(k-1),\cdots,u(k),u(k-1),\cdots\}$$

基于$\{y^*,u^*\}$对$k+d$时刻输出的预测，记作$\overline{y}((k+d)k)$，预测误差记作

$$\tilde{y}((k+d)k)=v(k+d)-\overline{y}(k+d)\big|k)$$

则提前d步最小方差预测的结果可归纳成为以下定理。

定理 7.1 最优d步预测。

使预测误差的方差$E\{\tilde{y}^2((k+d)\big|k)\}$为最小的$d$步最优预测$y^*((k+d)|k)$必须满足方程

$$C(z^{-1})y^*((k+d)\big|k)=G(z^{-1})y(k)+F(z^{-1})u(k) \tag{7.17}$$

式中

$$F(z^{-1})=E(z^{-1})B(z^{-1}) \tag{7.18}$$
$$C(z^{-1})=A(z^{-1})E(z^{-1})+z^{-d}G(z^{-1}) \tag{7.19}$$
$$E(z^{-1})=1+e_1 z^{-1}+\cdots+e_{n_e} z^{-n_e}$$
$$G(z^{-1})=g_0+g_1 z^{-1}+\cdots+g_{n_g} z^{-n_g}$$
$$F(z^{-1})=f_0+f_1 z^{-1}+\cdots+f_{n_f} g^{-n_f}$$

$E(z^{-1}),G(z^{-1})$和$F(z^{-1})$的阶次分别为$d-1$、n_a-1和n_b+d-1，这时最优预测误差的方差为

$$E\{\tilde{y}^*((k+d)\big|k)^2\}=\{1+\sum_{i=1}^{d-1}e_i^2\}\sigma^2 \tag{7.20}$$
$$y(k+d)=E\{\varepsilon(k+d)\}+\frac{F}{C}u(k)+\frac{G}{C}y(k) \tag{7.21}$$

称为预测模型，而式(7.17)称为最优预测器方程，式(7.19)称为 Diophantine 方程。

当$A(z^{-1}),B(z^{-1}),C(z^{-1})$和$d$已知时，可用(7.19)式两边$z^{-1}$的同幂项系数相等，求解获得$E(z^{-1})$和$G(z^{-1})$的系数，进而可求得$F(z^{-1})$。

2) 最小方差控制

假设$B(z^{-1})$是 Hurwitz 多项式，即过程是最小相位或逆稳定的，则有以下定理。

定理 7.2 最小方差控制。

假定控制的目标是使实际输出$y(k+d)$与希望输出$y_r(k+d)$之间误差方差为最小，则最小方差控制律为

$$F(z^{-1})u(k)=y_r(k+d)+[C(z^{-1})-1]y^*(k+d\big|k)-G(z^{-1})y(k) \tag{7.22}$$

对于调节器问题，可以设$y_r(k+d)=0$，则最小方差控制律(7.22)简化为

$$F(z^{-1})u(k)=-G(z^{-1})y(k)$$

或

$$u(k) = -\frac{G(z^{-1})}{F(z^{-1})} y(k) = -\frac{G(z^{-1})}{E(z^{-1})B(z^{-1})} y(k) \tag{7.23}$$

调节系统的结构如图 7.5 所示。

由结构很容易得到闭环系统方程

$$\begin{cases} y(k) = \dfrac{CF}{AF + z^{-d}BG}\varepsilon(k) = \dfrac{CBF}{CB}\varepsilon(k) = F(z^{-1})\varepsilon(k) \\ u(k) = \dfrac{CG}{AF + z^{-d}BG}\varepsilon(k) = -\dfrac{CG}{CB}\varepsilon(k) = -\dfrac{G}{B}\varepsilon(k) \end{cases} \tag{7.24}$$

由方程(7.24)和图 7.5 都可以看出，最小方差控制的实质，就是用控制器的极点（$F(z^{-1})$的零点)去对消对象的零点($B(z^{-1})$ 的零点)。当 $B(z^{-1})$ 不稳定时，输出虽大多数有界，但对象输入将按指数增长并达到饱和，最后导致系统不稳定。因此，采用最小方差控制时，要求对象必须是最小相位的，这也是这种方法的一个缺点。它的另一个缺点是：最小方差控制对靠近单位圆的稳定零点非常灵敏，在设计时要加以注意。

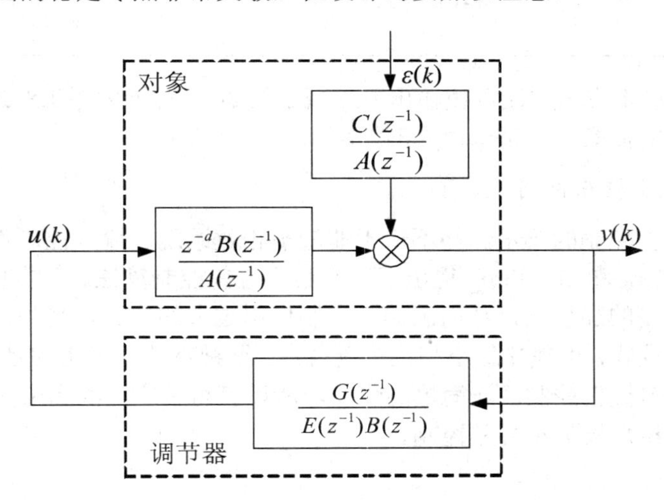

图 7.5　最小方差调节器的结构图

3) 最小方差自校正调节器

当被控对象模型式(7.16)的参数未知时，将递推最小二乘参数估计和最小方差控制相结合，就形成了最小方差自校正调节器。

[例 7.2] 求对象的最小方差控制 $u(k)$ 和输出方差

$$y(k) + a_1 y(k-1) = b_0 u(k-2) + \varepsilon(k) + c_1\varepsilon(k-1)$$

[解] 已知 $A(z^{-1}) = 1 + a_1 z^{-1}$，　$B(z^{-1}) = b_0$，$C(z^{-1}) = 1 + c_1 z^{-1}$，$d = 2$

根据对 E, F, G 的要求有

$$G(z^{-1}) = g_0，\ E(z^{-1}) = 1 + e_1 z^{-1}，\ F(z^{-1}) = f_0 + f_1 z^{-1}$$

由(7.19)可得

$$e_1 = c_1 - a_1,\quad g_0 = a_1(a_1 - c_1)$$

$$f_0 = b_0,\quad f_1 = b_0(c_1 - a_1)$$

若 $y_r(k+d)=0$，根据式(7.23)可得最小方差控制

$$u(k) = -\frac{1}{b_0}[\frac{a_1(a_1 - c_1)}{1+(c_1 - a_1)z^{-1}}]y(k)$$

若将 $a_1 = -0.9$，$b_0 = 0.5$，$c_1 = 0.7$ 代入，则有

$$u(k) = -\frac{1.44}{0.5+0.8q^{-1}}y(k)$$

输出方差

$$E\{y^2(k)\} = (1+1.6^2)\sigma^2 = 3.56\sigma^2$$

如果不加控制，根据对象方程

$$y(k) = 0.9y(k-1) + \varepsilon(k) + 0.7\varepsilon(k-1)$$

可得出当 $u(k)=0$ 时，输出方差为

$$E\{y^2(k)\} = 14.47\sigma^2$$

此例说明，采用最小方差控制可使输出方差减小约 3/4。对于大型工业过程，输出方差减小意味着产品质量的提高，会带来巨大的经济效益。

2. 广义最小方差自校正控制

为了克服最小方差控制的不足，如不适于非最小相位系统。输入控制作用未受约束等等，1975 年英国的 Clark 和 Gawthrop 提出了广义最小方差控制算法。它的基本思想是在性能指标中引入了对控制的加权项，从而限制了控制作用过大的增长。另外，只要适当选择性能指标中各加权多项式，可使非最小相位系统稳定。这种算法仍采用的是单步预测模型。因此保留了最小方差自校正控制算法简单的优点，所以获得了广泛的应用。

这里只扼要地介绍加权最小方差控制。

对于被控对象

$$A(z^{-1})y(k) = z^{-d}B(z^{-1})u(k) + C(z^{-1})\varepsilon(k)$$

指标函数 J 为

$$J = E\{[\phi(k+d) - R(z^{-1})r(k)]^2 + [A(z^{-1})u(k)]^2\} \tag{7.25}$$

式中，$\phi(k+d) = p(z^{-1})y(k+d)$，$r(k)$ 是参考输入；$p(z^{-1})$，$R(z^{-1})$，$A(z^{-1})$ 分别为对实际输出、希望输出和控制输入的加权多项式。设计的目地是选择控制律 $u(k)$，使式(7.25)中的 J 为最小。

为使设计简化，可把求指标函数 J 为最小转换为求解广义输出方差为最小，因此要引入辅助系统

$$S(k+d) = \phi(k+d) - R(z^{-1})r(k) + \frac{\lambda_0}{b_0}A(z^{-1})u(k) \tag{7.26}$$

式中，λ_0 是加权多项式 $A(z^{-1})$ 的常数项；b_0 是多项式 $B(z^{-1})$ 的常数项；$S(k+d)$ 称为辅助系统的广义输出。现在的问题是求出允许控制 $u(k)$，使得广义输出 $S(k+d)$ 的方差 $E\{[S(k+d)]^2\}$ 为最小。

$$u(k)=\frac{CRr(k)-Gy(k)}{\frac{\lambda_0}{b_0}CA+BE} \tag{7.27}$$

因此，只要适当选择λ_0和多项式$p(z^{-1})$，就可以获得较好的闭环特性，对控制作用的大小也有一定的约束，这样，广义最小方差控制就可以用于非最小相位系统了。

3. 多步预测的自适应控制

预测控制从 19 世纪 70 年代末出现至今，虽仅有 20 多年的历史，但它的应用，特别是在复杂的石油化工过程中的应用已相当广泛。预测控制算法已由最初的用非参数模型描述而且只适用于稳定对象的模型算法控制(Model Arithmetic Control，MAC)发展到目前可适用于不稳定系统、非最小相位系统以及其他复杂系统的广义预测控制(Generalized Predictive Control，GPC)。

下面简介预测控制的基本思想。

预测控制的各种算法在形式上虽然各有不同，但其基本思想和机理在本质上是相同的。预测控制可由预测模型、滚动优化、反馈校正三大特征所概括。

预测控制对模型的要求不同于其他传统的控制，它强调的是模型的功能而不是结构，只要模型可利用过去已知的数据预测未来系统输出行为就可以作为预测控制的模型。如脉冲响应模型、阶跃响应模型以及易于在线辨识并能描述不稳定系统的 CARMA 模型和 CARIMA 模型都可以作为预测模型。

预测控制是一种优化控制算法，其优化过程是反复在线进行的，采用的是滚动式的有限时域优化策略。虽然这种局部的有限时域的优化目标使它只能获得全局的次优解，但由于这种优化过程是在线反复进行，可更为及时地校正因模型失配、时变和干扰等引起的不确定性，始终把优化过程建立在实际过程中获得的最新信息的基础上，因此可以获得鲁棒性较好的结果。由于实际系统存着非线性、时变、模型失配和干扰等不确定因素，使得基于模型的预测不可能准确地与实际相符。在预测控制中，通过输出的实测值与模型的预测值相比较，得出模型的预测误差，再利用它来校正模型的预测，从而得到更为准确的将来的输出预测值。正是这种由模型预测再加反馈校正的过程使预测控制具有很强的抗干扰和克服系统不确定的能力。

图 7.6 的结构说明了预测控制的基本思想。

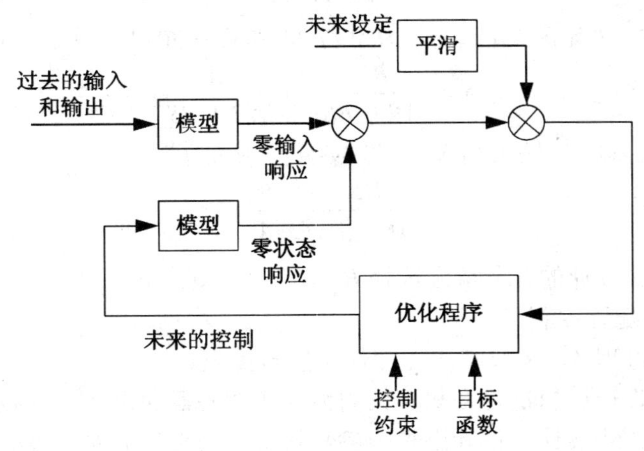

图 7.6　预测控制的基本框图

20 世纪 80 年代以来，已出现了许多基于参数模型，如 CARMA、CARIMA 和状态空间模型的预测控制算法，其中最具代表性的是 1987 年 Clark 等人提出的广义预测控制算法(GPC)。GPC 算法采用的模型是 CARIMA 模型(即受控自回归积分滑动平均过程模型),它是 CARMA 模型的一种发展，适用于存在非平稳随机扰动的情况。由于将积分引入到控制律中，可自然消除由于非零设定值和阶跃负载扰动引起的静差。

预测控制作为一种复杂控制的策略和方法，产生于实际应用的需要。对于它的理论研究至今仍很薄弱。目前的理论研究主要集中于解释预测控制的机理及鲁棒性好的原因，导出设计参数与闭环特性间的定量关系，为设计提供指导等。具体地说，以下几个方面的研究较活跃。

(1) 通过把预测控制算法转化为某种控制结构，如内模控制、状态反馈与观测器、二次型最优控制等，以解释预测控制算法的机理。

(2) 导出预测控制的闭环传递函数，分析各种设计参数对系统稳定性的影响，或者在特殊的控制策略下，定量分析各种参数对系统稳定性和鲁棒性的影响。

(3) 由于复杂工业控制对象通常是多变量和存在耦合关系的，因此，深入研究多变量情况下具有各种不同性能指标和不同约束条件时的优化策略，是预测控制进一步研究的课题。

4. 极点配置自校正控制简介

极点配置的主要思想是寻求一个反馈控制律，使得闭环传递函数的极点位于希望的位置。

1) 对象参数已知时极点配置的设计

被控制的过程由以下方程描述

$$A(z^{-1})y(k) = B(z^{-1})u(k) + V(k) \tag{7.28}$$

式中，$V(k)$ 为扰动，假设 A 和 B 互质。

从参考输入 r 到希望的输出响应 y_m 可由以下动态方程描述

$$A_m y_m = B_m r \tag{7.29}$$

采用以下线性控制器方程

$$Ru = Tr - Sy \tag{7.30}$$

式中的多项式 R，S，T 如图 7.7 所示。从式(7.28)和式(7.30)中消去 u，可得

$$y = \frac{BT}{AR+BS}r + \frac{R}{AR+BS}V \tag{7.31}$$

为了获得希望的输入−输出响应，下列条件必须成立

$$\frac{BT}{AR+BS} = \frac{B_m}{A_m} \tag{7.32}$$

因此，极点配置设计的任务就是选择 R、S 和 T，满足式(7.32)。

2) 自校正极点配置控制

下面讨论被控过程 A、B 和 C 未知如何实现自校正。

自校正控制的设计思想是将未知参数的估计和控制器的设计分开独立进行，过程的未知参数用递推方法在线估计，估计出来的参数就看成是真参数而不考虑估计误差的方差。

该法称为确定性等价原理。将递推参数估计算法和极点配置的控制算法结合起来，就可得到一种间接的自适应控制算法。间接的含义是指控制器参数不直接更新，而是通过估计过程模型参数而间接实现更新控制器的参数。

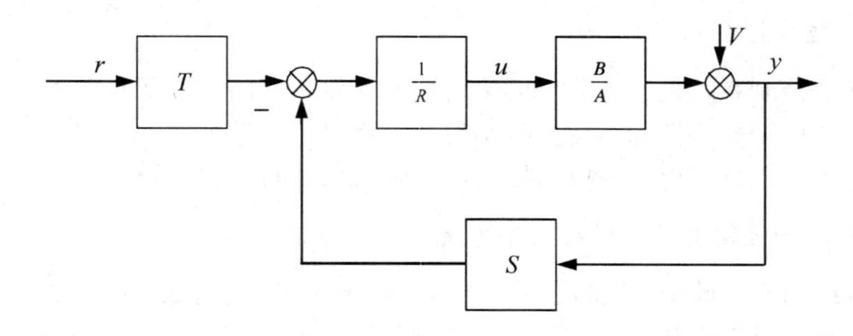

图7.7 控制系统的结构

如果把估计模型按控制器的参数重新参数化，就不需要估计过程参数，而应直接估计控制器参数。由此得到的控制算法称为直接自适应算法。

对于确定性的伺服跟踪问题，极点配置的设计方法直观、简单、动态响应好。因而目前已获得了较广泛的应用。

还有自校正PID控制方法。自校正PID控制器是自校正控制思想与常规PID调节器相合的产物。它吸收了两者的优点。自校正PID调节器需要整定的参数少，而且能够在线地调整这些参数，从而增强了控制器的自适应能力，并在工业中获得了实际的应用。

7.5 其他形式的自适应控制器简介

除了模型参考自适应控制系统和自校正控制系统外，还有许多其他类型的自适应控制系统。这些系统尽管在理论上和应用上还存在一些尚待解决的问题，但它们各有特色，在有些情况下，甚至表现出相当的优越性和强大的生命力。下面简单扼要地加以介绍。

1. 自寻最优控制系统

自寻最优控制系统是一种自动搜索和保持系统输出位于极值状态的控制系统。它一般不要求建立被控对象的数学模型，而直接用于具有漂移型极值特性或其他非线性特性的工业对象。由于自寻最优控制系统的这种自适应能力，以及它易于理解和容易实现，已使它成为一种很有发展前景的自动化技术。

2. 变结构控制系统

变结构控制是对具有不定性动力学的系统进行控制的一种重要方法。对于状态空间的一个特定子空间中的参数变化和外部扰动，这种控制具有完全的或较高的鲁棒性或不变性。

变结构系统一般由一个线性受控对象和一个变结构控制器构成。控制器中含有一个逻辑环节。它操纵控制器结构的变更。当对象状态穿越状态空间中的某个事先规定的切换面时，控制器的结构就发生变化，近似系统状态沿切换曲面作渐近稳定的滑动，从而部分地或完全地实现系统状态对参数变化和扰动的不变性。即一个变结构控制系统的滑动模态与受控对象的某些参数和扰动无关。因此，变结构控制方案也能有效地用于参数具有不定性和时变性的被控对象。此外，它还具有降阶、解耦、响应速度快、动态特性好，实现容易的优点。

3. 模糊自适应控制系统

模糊自适应控制系统是一种简单的学习控制系统。它的主要优点是对参数变化和环境变化不灵敏，能用于非线性和多变量复杂对象，而且收敛速度快，鲁棒性也好，特别是它能在运行过程中不断修正自己的控制规则，以改善系统的控制性能。

4. 基于人工神经网络的自适应控制系统

神经元网络的研究始于20世纪50年代末60年代初，直到20世纪80年代中期在各个领域，特别是在信息工程和控制工程方面又重新活跃起来。这主要是神经元网络具有非线性描述，并行分布处理、硬件实现、学习和适应、数据融合等重要特性。从控制理论的观点看，能够对非线性控制系统进行描述和处理，也许是神经网络最主要的和最吸引人的特点。

内模控制(Internal Model Control)也是一种重要的控制结构,近年来在有关过程控制的文献中的讨论较多。将其与神经网络结合，可以构成基于神经网络的非线性内模控制。

5. 智能自适应控制系统

智能控制是人工智能、运筹学和控制理论相结合的产物。智能自适应控制是利用人工智能中的模式识别、推理规则、学习、专家系统和智能搜索等方法，整定、校正和优化自适应控制参数，选择工作模式，处理异常事故，圆满完成实时控制任务。

7.6　MATLAB 在自适应系统中的应用

[例 7.3 MATLAB 程序]

已知参考模型为 $y(k)-1.5y(k-1)+0.7y(k-2)=u(k-1)+0.5u(k-2)+v(k)$, 其中系统噪声 $v(k)$ 为 N(0,1)分布的白噪声,控制信号 $u(k)$ 采用15拍M序列;被辨识模型为 $y(k)+a1y(k-1)+a2y(k-2)=b1u(k-1)+b2u(k-2)+v(k)$，试利用自适应的思路，采用正向辨识的方法估计系统参数。

```
%程序清单
U=idinput([15 1 30],'prbs',[0 1],[-1 1]);
subplot(1,2,1);stem(U);
title('系统输入序列U');
hold on
i=100;R0=1;S=2.^25 *eye(4);
Y=zeros(i,1);
theta0=[1.5;-0.7;1;0.5];
theta=[1;1;1;1];
V=idinput(i,'rgs',[0 1],[0 1]);       %系统噪声
for m=3:i
   X=[Y(m-1) Y(m-2) U(m-1) U(m-2)];
   Y(m)=X*theta0+V(m);
```

```
        F=S'*X';
        Beta=R0+F'*F;
        Arfa=1/(Beta+(R0*Beta)^0.5);
        K=S*F/Beta;
        theta(:,(m-1))=theta(:,(m-2))+K* (Y(m)-X*theta(:,(m-2)));
        S=(eye(4)-Arfa*Beta*K*X)*S/R0^0.5;
    end
    result=[(-theta(1:2,(i-1)));theta(3:4,(i-1))];  %进行辨识模型并输出系数
a1,a2,b1,b2 结果
    subplot(1,2,2);stem(Y);title('系统输出 Y');  %绘制输出信号 Y
    figure;
    plot(1:(i-1),-theta(1,:),'--',1:(i-1),-theta(2,:),'-.',1:(i-1),theta(3,
:),':',1:(i-1),theta(4,:),'-');
    A=plot(1:(i-1),-theta(1,:),'--',1:(i-1),-theta(2,:),'-.',1:(i-1),theta(
3,:),':',1:(i-1),theta(4,:),'-');
    legend(A,'a1','a2','b1','b2');
    title('参数辨识');hold on   %绘制辨识参数
    %辨识结果及未知系数阵
    程序运行结果
    a1=-1.5097
    a2=0.7007
    b1=0.9732
    b2=0.4847
```

下面只给出辨识的参数曲线如图 7.8 所示。

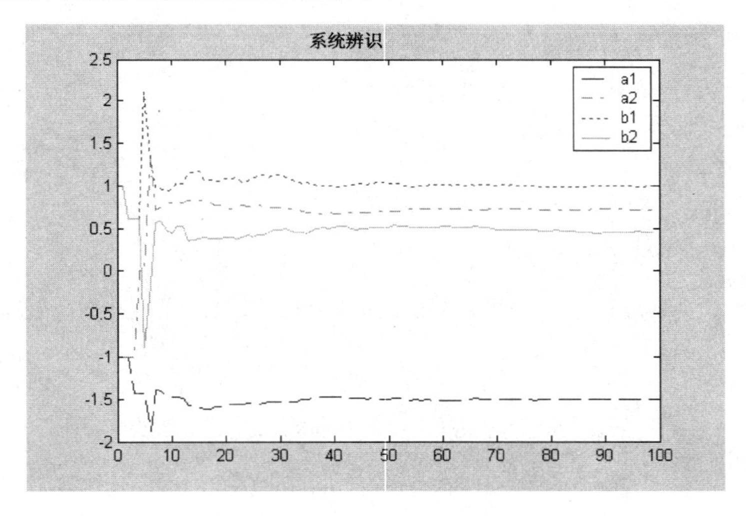

图 7.8 运行结果中的辨识参数

7.7 小 结

自适应控制自 20 世纪 70 年代以来，由于空间技术和过程控制的需要，特别在微电子和计算机技术的推动下，自适应控制理论和设计方法有了显著的发展，它已成为

现代控制理论中的一个十分活跃和富有魅力的重要科学领域。与传统的调节原理和最优控制理论不同，自适应控制能在受控过程的模型知识和环境知识知之不全甚至知之甚少的情况下，给出高质量的控制品质。本章首先介绍了自适应控制的任务、自适应控制的理论问题，重点阐述了目前比较成熟的自适应控制系统，即模型参考自适应系统和自校正控制系统。

7.8 习　　题

7.1 自适应控制与最优控制的各自特点？

7.2 模型参考自适应系统与自校正控制系统的区别？

7.3 设受控对象的差分方程为

$$\left(1-1.3q^{-1}+0.4q^{-2}\right)y(t)=q^{-2}\left(1+0.5q^{-1}\right)u(t)+\left(1-0.65q^{-1}+0.1q^{-2}\right)\varepsilon(t)$$

式中，$\varepsilon(t)$ 是零均值方差为 0.1 的白噪声。设计最小方差自校正调节器。

参 考 文 献

1 许世范，陈颖，侯媛彬. 现代控制理论简明教程. 徐州：中国矿业大学出版社，1996

2 尤昌德. 线性系统理论基础. 北京：电子工业出版社，1985

3 任和生. 现代控制理论及其应用. 北京：电子工业出版社，1992

4 涂奉生，董达生. 多变量线性控制系统. 北京：煤炭工业出版社，1989

5 侯媛彬，汪梅，王立琦. 系统辨识及其 MATLAB 仿真. 北京：科学出版社，2004

6 张宏才. 系统辨识与参数估计. 北京：冶金工业出版社，1996

7 方崇智，萧德云. 过程辨识. 北京：清华大学出版社，1988

8 高为炳. 非线性控制系统导论. 北京：科学出版社，1991

9 张志芳，孙常胜. 线性控制系统教程. 科学出版社，1993

10 [美]Katsuhiko Ogata. 卢伯英，于海勋等译. 现代控制工程(第三版). 北京：电子工业出版社，2000

11 郑大钟. 线性系统理论. 北京：清华大学出版社，1990

12 常春馨. 现代控制理论基础. 北京：机械工业出版社，1988

13 [日]绪方胜彦. 卢伯英，佟明安等译. 现代控制工程. 北京：科学出版社，1976

14 于长官. 现代控制理论. 哈尔滨：哈尔滨工业大学出版社，1998

15 刘豹. 现代控制理论. 北京：机械工业出版社，1982

16 常春馨. 现代控制理论概论. 北京：机械工业出版社，1982

17 段广仁. 线性系统理论. 哈尔滨：哈尔滨工业大学出版社，1996

18 章卫国. 先进控制理论与方法导论. 西安：西北工业大学出版社，2000

19 韩曾晋. 自适应控制. 北京：清华大学出版社，1995

20 何衍庆等. 控制系统分析、设计和应用——MATLAB 语言的应用. 北京：化学工业出版社，2002

21 薛定宇等. 系统仿真技术与应用. 北京：清华大学出版社，2002

22 Morris Driels．Linear Control System Engineering(影印版)．北京：清华大学出版社，2000

23 Rrichard • C • Dorf，Robert • H • Bishop．Modern Control System. (影印版)．北京：高等教育出版社，2001

24 Robert • H • Bishop．Modern Control System Analysis and design UsingMatlab 安定 Simulink(影印版)．北京：清华大学出版社，2002

25 John J •D'Azzo, Constantine H •Houpis．Linear Control System Analysis and design: Conventional and Modern．New York：McGraw-Hill Book Company, 1988

26 阙志宏．线性系统理论．西安：西北工业大学出版社，1995

27 于长官等．现代控制理论及应用．哈尔滨：哈尔滨工业大学出版社，2005

21世纪全国高等院校自动化系列实用规划教材

联合编写学校名单（按拼音顺序排名）

1 安徽建筑工业学院
2 安徽科技学院
3 北华大学
4 北京工商大学
5 北京建筑工程学院
6 长春大学
7 长春工程学院
8 长春工业大学
9 长春理工大学
10 成都理工大学
11 东北电力大学
12 福州大学
13 广东工业大学
14 桂林工学院
15 合肥工业大学
16 河南工业大学
17 河南科技学院
18 河南理工大学
19 河南农业大学
20 华东交通大学
21 黄石理工学院
22 吉林工程技术师范学院
23 吉林化工学院
24 吉林建筑工程学院
25 江南大学
26 兰州理工大学
27 辽宁大学
28 聊城大学
29 内蒙古大学
30 南昌工程学院
31 平顶山工学院
32 平顶山学院
33 青岛科技大学
34 山东建筑工程学院
35 山东科技大学
36 陕西科技大学
37 陕西理工学院
38 沈阳大学
39 沈阳工程学院
40 沈阳工业大学
41 沈阳化工学院
42 四川理工学院
43 太原科技大学
44 潍坊学院
45 武汉大学
46 武汉理工大学
47 西安工程科技学院
48 西安建筑科技大学
49 西安科技大学
50 西安理工大学
51 西安石油大学
52 西安外事学院
53 西安邮电学院
54 西南大学
55 西南科技大学
56 中北大学
57 中北大学分校